對本書的讚譽

資料世界發展到現在已經有一段時間。首先是設計師，然後是資料庫管理員，接著是首席資訊官，然後是資料架構師。這本書將促使該行業朝著更加成熟和先進的方向發展。對於任何認真對待自己的專業和職業的人來說，這本書是一本必讀之作。

——比爾・英蒙（Bill Inmon），資料倉儲的創建者

本書是一本絕佳的入門書籍，它涵蓋了資料遷移、處理和管理的相關業務。它解釋了資料概念的分類，而不過於關注個別工具或供應商，因此這些技術和想法應該能夠比任何個別的趨勢或產品更持久。這本書非常適合任何想要快速瞭解資料工程或分析的人，或者想要填補自己知識漏洞的現有從業人員。

——喬丹・蒂加尼（Jordan Tigani），MotherDuck 的創始人和首席執行官，
以及 BigQuery 的創始工程師和共同創始人

如果想在行業中取得領先地位，你必須有能力提供優質的客戶和員工體驗。這不僅僅是技術問題，更是一個發掘和培養人才的機遇。這種轉變將影響你的業務。而在這個轉變的過程中，資料工程師處於核心地位，扮演著關鍵角色。但如今這個領域往往被誤解。這本書將揭開資料工程的神祕面紗，並成為你成功利用資料的終極指南。

——布魯諾・阿齊扎（Bruno Aziza），Google Cloud 資料分析主管

這本書實在太棒了！Joe 和 Matt 回答了一個問題：「我必須瞭解什麼才能從事資料工程的工作？」無論你是剛開始成為一名資料工程師，還是想要加強自己的技能，你都不會希望尋找另一本技術手冊。你會希望更瞭解這個角色的基本原則和核心概念，以及它的職責、它的技術和組織環境、它的使命──這正是 Joe 和 Matt 在這本書中所提供的。

──安迪・彼得雷拉（Andy Petrella），Kensu 創始人

這是資料工程必備的書籍。它非常全面地介紹了成為優秀的資料工程師所需具備的要素，包括周到的現實考量。我建議所有未來的資料專業人員教育，都應該參考 Joe 和 Matt 的這本書。

──薩拉・克拉斯尼克（Sarah Krasnik），資料工程負責人

資料工程師必須掌握的知識之廣度，令人難以置信。但不要被它嚇到了。這本書提供了關於各種架構、作法、方法論和模式的基礎性概述，任何從事資料工作的人都需要瞭解。但更有價值的是，這本書充滿了金玉良言、最佳作法的建議，以及在做出與資料工程相關的決策時，需要考慮的事項。對於有經驗的資料工程師和一般新手來說，這都是必讀的書籍。

──維羅尼卡・杜爾金（Veronika Durgin），資料和分析主管

Joe 和 Matt 邀請我來對他們的傑作《資料工程基礎》進行技術審查，我深感榮幸和慚愧。他們分解關鍵要素的能力是無人能及的，而這些要素對於任何想要進入資料工程職位的人來說，都是至關重要的。他們的寫作風格使資訊易於吸收，並且毫不遺漏任何細節。能與資料領域中一些最優秀的思想領袖合作，我感到非常榮幸。我迫不及待地想要知道，他們接下來會做什麼。

──克里斯・塔布（Chris Tabb），LEIT DATA 的共同創始人

《資料工程基礎》是第一本深入而全面探討當今資料工程師需求的書籍。正如你所看到的,這本書深入探討了資料工程的關鍵領域,包括在當今複雜的技術環境中管理、移動、整理資料所使用的技能集、工具和架構。

更重要的是,Joe 和 Matt 展現了他們對資料工程的深入瞭解,並花時間深入探討資料工程更細微的領域,使其與讀者產生共鳴。無論你是經理、經驗豐富的資料工程師,還是想要進入這個領域的人,這本書都提供了對當今資料工程領域的實用見解。

—金喬恩(Jon King),首席資料架構師

有兩件事到了 2042 年仍將與資料工程師息息相關:SQL 和這本書。Joe 和 Matt 避免了被工具的誇大宣傳所影響,專注於揭示該領域中重要且持續演變的要素。無論你是剛踏上資料工程之旅,還是想進一步提升自己的專業水準,本書都將為你奠定精通資料工程的基礎。

—胡凱文(Kevin Hu),Metaplane 首席執行官

在這個瞬息萬變的領域中,不斷湧現新的技術解決方案,Joe 和 Matt 提供了清晰而永恆的指導,專注於作為一名資料工程師所需具備的核心概念和基礎知識。這本書包含了大量資訊,使你能夠在設計資料架構和在整個資料工程生命週期中實施解決方案時,提出正確的問題、瞭解權衡並做出最佳決策。無論你是正在考慮成為一名資料工程師,還是已經在這個領域工作許多年,我保證你會從這本書中學到一些東西!

—朱莉 · 普萊斯(Julie Price),SingleStore 高階產品經理

《資料工程基礎》不僅僅是一本指導手冊,它還教你如何像資料工程師一樣思考。這本書一部分是歷史課程,一部分是理論,一部分是從 Joe 和 Matt 數十年的經驗中所獲得的知識,絕對應該在每位資料專業人士的書架上佔有一席之地。

—斯科特 · 布萊特諾爾(Scott Breitenother),Brooklyn Data Co. 創始人
兼首席執行官

沒有其他書籍能如此全面地涵蓋成為一名資料工程師的意義。Joe 和 Matt 深入探討了責任、影響、架構選擇等等許多方面。儘管談論了如此複雜的主題，但這本書卻很容易閱讀和消化。這是一個非常強大的組合。

　　　　　　　　　　　　　　　—丹尼・萊布宗（Danny Leybzon），MLOps 架構師

真希望這本書在我幾年前開始與資料工程師合作時就已經問世。這本書對這一領域的廣泛覆蓋使相關的角色變得明確清晰，有助於讀者瞭解建構一個專業的資料學科所需要的眾多角色。

　　　　　　　　　　　　　　　—托德・漢斯曼（Tod Hansmann），工程副總裁

對於從事資料工程領域的任何人來說，這都是一本必讀且經典的書籍。這本書填補了當前知識庫中的空白，討論了其他書籍中沒有的基本主題。你將瞭解基本概念，洞察資料工程的歷史背景，這將幫助任何人取得成功。

　　　　　　　　　　—馬修・夏普（Matthew Sharp），資料和機器學習工程師

資料工程是每個分析、機器學習模型和資料產品的基礎，因此做好資料工程至關重要。資料工程師所使用的各項技術，都有無數的手冊、書籍和資料可供參考，但很少有（如果有的話）資源可以全面探討資料工程師的工作內容和意義。這本書填補了行業中的關鍵需求，並且做得很好，為新人和在職的資料工程師奠定了成功和有效履行職務的基礎。這本書我會推薦給想在任何層面上處理資料的任何人。

　　　　　　—托比亞斯・麥西（Tobias Macey），Data Engineering Podcast 主持人

資料工程基礎
規劃和建構強大、穩健的資料系統

Fundamentals of Data Engineering
Plan and Build Robust Data Systems

Joe Reis and Matt Housley 著

蔣大偉 譯

目錄

前言   xix

第一篇   基本概念和構成要素

第一章   資料工程概述   3

資料工程是什麼？ 3

    資料工程的定義 5

    資料工程生命週期 5

    資料工程師的演進 7

    資料工程和資料科學 13

資料工程技能和活動 15

    資料成熟度和資料工程師 16

    資料工程師的背景和技能 19

    業務職責 20

    技術職責 21

    資料工程角色的分類，A 型與 B 型 25

組織內部的資料工程師 26

    面對內部與面對外部的資料工程師之區別 26

    資料工程師和其他技術角色 27

　　　　資料工程師和企業領導層 32

　　結語 36

　　其他資源 36

第二章　　資料工程生命週期　　　　　　　　　　　　39

　　資料工程生命週期是什麼？ 39

　　　　資料生命週期與資料工程生命週期的區別 41

　　　　產生：來源系統 41

　　　　儲存 44

　　　　攝取 47

　　　　轉換 50

　　　　提供資料 52

　　資料工程生命週期中的主要潛在因素 57

　　　　安全性 57

　　　　資料管理 58

　　　　資料運營 69

　　　　資料架構 74

　　　　編排 74

　　　　軟體工程 76

　　結語 78

　　其他資源 79

第三章　　設計良好的資料架構　　　　　　　　　　　　81

　　資料架構是什麼？ 81

　　　　企業架構的定義 82

　　　　資料架構的定義 85

　　　　「良好的」資料架構 87

　　良好資料架構的原則 88

　　　　原則 1：明智地選擇常用組件 89

　　　　原則 2：為失敗做規劃 89

　　　　原則 3：為可擴展性進行架構設計 90

　　　　原則 4：架構就是領導力 91

　　　　原則 5：始終保持架構思維 92

原則 6：建構鬆耦合系統 93

原則 7：做出可逆的決策 95

原則 8：優先考慮安全性 95

原則 9：擁抱財務運營 97

主要架構概念 99

領域和服務 99

分散式系統、可擴展性及為失敗做規劃 100

緊耦合與鬆耦合的區別：層次結構、單體應用和微服務 102

用戶存取：單租戶與多租戶的區別 107

事件驅動架構 108

棕地與綠地專案的區別 109

資料架構的範例和類型 111

資料倉儲 111

資料湖泊 115

融合、下一代資料湖泊和資料平台 116

現代資料堆疊 117

Lambda 架構 118

Kappa 架構 119

資料流模型以及統一的批次處理和串流處理 120

物聯網架構 120

資料網格 123

其他的資料架構範例 125

誰參與資料架構的設計？ 126

結語 126

其他資源 127

第四章　在資料工程生命週期中的各個階段，選擇適合的技術　　133

團隊的規模和能力 135

上市速度 135

互通性 136

成本優化和業務價值 137

總擁有成本 137

總機會擁有成本 138

財務運營 139

現在與未來：不變的技術與暫時的技術 139

我們的建議 141

位置 142

本地部署 142

雲端 143

混合雲 147

多雲 148

去中心化：區塊鏈和邊緣計算 149

我們的建議 150

雲端遣返論點 151

建構與購買的區別 153

開源軟體 154

專有封閉生態系統 159

我們的建議 161

單體式與模組化的區別 161

單體式 161

模組化 163

分散式單體模式 164

我們的建議 165

無伺服器與有伺服器的區別 165

無伺服器 166

容器 167

如何評估伺服器與無伺服器 168

我們的建議 169

優化、性能和基準測試之爭 170

大數據…1990 年代 171

不合理的成本比較 172

非對稱優化 172

買家當心 172

潛在因素及其對技術選擇的影響 172

　　　　資料管理 173

　　　　資料運營 173

　　　　資料架構 174

　　　　編排範例：Airflow 174

　　　　軟體工程 175

　　結語 175

　　其他資源 176

第二篇　　資料工程生命週期深入解析

第五章　　來源系統中資料的產生　　　　　　　　　　　　　179

　　資料來源：如何建立資料？ 180

　　來源系統：主要概念 180

　　　　檔案和非結構化資料 181

　　　　API 181

　　　　應用程式資料庫（OLTP 系統） 181

　　　　線上分析處理系統 183

　　　　異動資料擷取 184

　　　　日誌 184

　　　　資料庫日誌 186

　　　　CRUD 187

　　　　僅插入 187

　　　　訊息和串流 188

　　　　時間類型 189

　　來源系統的實際細節 190

　　　　資料庫 191

　　　　API 200

　　　　資料共享 203

　　　　第三方資料來源 203

　　　　訊息佇列和事件串流平台 204

　　你將與誰合作 208

　　潛在因素及其對來源系統的影響 210

　　　　　　　　安全性 210

　　　　　　　　資料管理 210

　　　　　　　　資料運營 211

　　　　　　　　資料架構 212

　　　　　　　　編排 213

　　　　　　　　軟體工程 214

　　　　　結語 214

　　　　　其他資源 215

第六章　　　儲存　　　　　　　　　　　　　　　　　　　　　　　　217

　　　　資料儲存的基本要素 219

　　　　　　　　磁碟機 219

　　　　　　　　固態硬碟 221

　　　　　　　　隨機存取記憶體 222

　　　　　　　　網路和 CPU 223

　　　　　　　　序列化 224

　　　　　　　　壓縮 225

　　　　　　　　快取 225

　　　　資料儲存系統 226

　　　　　　　　單機與分散式儲存的區別 226

　　　　　　　　最終一致性與強一致性的區別 227

　　　　　　　　檔案儲存 228

　　　　　　　　區塊儲存 231

　　　　　　　　物件儲存 235

　　　　　　　　快取和基於記憶體的儲存系統 241

　　　　　　　　Hadoop 分散式檔案系統 241

　　　　　　　　串流儲存 242

　　　　　　　　索引、分割和叢集化 243

　　　　資料工程的儲存抽象概念 245

　　　　　　　　資料倉儲 246

　　　　　　　　資料湖泊 247

　　　　　　　　資料湖倉 247

資料平台 248

串流到批次式儲存架構 248

儲存領域的重要概念和趨勢 249

資料編目 249

資料共享 250

綱要 250

計算與儲存分離 251

資料儲存生命週期和資料保留 255

單租戶儲存與多租戶儲存的區別 258

你將與誰合作 259

潛在因素 260

安全性 260

資料管理 260

資料運營 261

資料架構 261

編排 262

軟體工程 262

結語 262

其他資源 263

第七章　攝取　　　　　　　　　　　　　　　　　　　　　　265

資料攝取是什麼？ 266

攝取階段的關鍵工程考慮因素 267

有界資料與無界資料的區別 268

頻率 270

同步攝取與非同步攝取的區別 271

序列化和反序列化 272

吞吐量和可擴展性 272

可靠性和持久性 273

有效負載 274

推送模式與拉取模式與輪詢模式的區別 277

批次攝取時需要考慮的因素 278

快照或差異提取 279

基於檔案的匯出和攝取 280

ETL 與 ELT 280

插入、更新和批次規模 280

資料遷移 281

訊息和串流攝取的考慮因素 282

綱要的演進 282

延遲到達的資料 282

順序和多次傳遞 282

重播 283

存留時間 283

訊息規模 283

錯誤處理和無效字母佇列 284

消費者的拉取和推送 284

位置 285

攝取資料的方法 285

直接資料庫連接 285

異動資料擷取 287

API 289

訊息佇列和事件串流平台 290

託管的資料連接器 291

使用物件儲存移動資料 292

EDI 292

資料庫和檔案匯出 292

常見檔案格式的實際問題 293

Shell 294

SSH 294

SFTP 和 SCP 294

webhook 295

web 介面 296

網頁抓取 296

用於資料遷移的傳輸設備 297

　　　　　　資料共享 297

　　　你將與誰合作 298

　　　　　　上游利益相關者 298

　　　　　　下游利益相關者 298

　　　潛在因素 299

　　　　　　安全性 299

　　　　　　資料管理 299

　　　　　　資料運營 301

　　　　　　編排 304

　　　　　　軟體工程 304

　　結語 305

　　其他資源 305

第八章　　　查詢、建模和轉換　　　　　　　　　　　　　　　　　　　307

　　查詢 308

　　　　查詢是什麼？ 309

　　　　查詢的生命週期 310

　　　　查詢優化器 311

　　　　提高查詢性能 311

　　　　對串流資料的查詢 318

　　資料建模 325

　　　　資料模型是什麼？ 326

　　　　概念、邏輯和實體資料模型 326

　　　　正規化 328

　　　　批次分析資料的建模技術 332

　　　　串流資料建模 347

　　轉換 348

　　　　批次轉換 349

　　　　具體化視圖、聯合和查詢虛擬化 365

　　　　串流轉換和處理 369

　　你將與誰合作 372

　　　　上游利益相關者 372

　　　　下游利益相關者 373

潛在因素 373

　　安全性 373

　　資料管理 374

　　資料運營 375

　　資料架構 376

　　編排 376

　　軟體工程 376

結語 377

其他資源 378

第九章　　為分析、機器學習和反向 ETL 提供資料　　　　　　　　381

提供資料的一般考慮因素 382

　　信任 382

　　使用案例是什麼，用戶又是誰？ 384

　　資料產品 385

　　自助式與否？ 386

　　資料定義和邏輯 387

　　資料網格 388

分析 388

　　業務分析 389

　　運營分析 390

　　嵌入式分析 393

機器學習 394

資料工程師應該瞭解的機器學習知識 394

為分析和機器學習提供資料的方法 396

　　檔案交換 396

　　資料庫 397

　　串流系統 399

　　聯合查詢 399

　　資料共享 400

　　語義層和指標層 401

　　以 Notebook 來提供資料 402

反向 ETL 404

你將與誰合作 406

潛在因素 407

安全性 407

資料管理 408

資料運營 409

資料架構 409

編排 410

軟體工程 410

結語 411

其他資源 412

第三篇　安全性、隱私以及資料工程的未來

第十章　安全性和隱私　417

人 418

負面思考的力量 418

永遠保持警覺 419

流程 419

安全劇場與安全習慣的區別 419

主動安全 420

最小特權原則 420

雲端中的共同責任 420

始終備份你的資料 421

安全政策範例 421

技術 423

修補和更新系統 423

加密 423

日誌登錄、監控和警示 424

網路存取 425

低階資料工程的安全性 426

結語 426

其他資源 427

第十一章　資料工程的未來　　　　　　　　　　　　　**429**

　　　　資料工程生命週期不會消失 430

　　　　複雜性的衰落和易用資料工具的興起 430

　　　　雲端規模的資料作業系統和改進的互通性 431

　　　　「企業級」資料工程 433

　　　　職稱和責任將發生變化… 434

　　　　超越現代資料堆疊，邁向即時資料堆疊 435

　　　　　即時資料堆疊 436

　　　　　串流處理管道和即時分析資料庫 436

　　　　　資料與應用程式的融合 438

　　　　　應用程式和機器學習之間的緊密反饋 438

　　　　　暗物質資料和…電子試算表的崛起？！ 439

　　　　結語 439

附錄 A　　序列化和壓縮技術細節　　　　　　　　　441

附錄 B　　雲端網路　　　　　　　　　　　　　　　　449

索引　　　　　　　　　　　　　　　　　　　　　　　455

前言

這本書是怎麼來的?它的源頭深植於我們從資料科學轉向資料工程的旅程中。我們常開玩笑地稱自己為「康復中的資料科學家」。我們兩人都有過被指派參與資料科學專案的經驗,但由於缺乏適當的基礎而無法順利進行這些專案。我們的資料工程之旅始於我們承擔資料工程任務以建構基礎架構和基礎設施。

隨著資料科學的興起,企業大肆投資於資料科學人才,希望獲得豐厚的回報。很多時候,資料科學家都在努力解決他們的背景和培訓無法解決的基本問題——資料蒐集、資料清理、資料存取、資料轉換和資料基礎架構。而這些都是資料工程所要解決的問題。

這本書不是什麼

在我們介紹這本書的內容以及你會從中得到什麼之前,讓我們來快速瞭解一下這本書不是什麼。關於資料工程,本書不會探討特定的工具、技術或平台。儘管有許多優秀的書籍會從這個角度來介紹資料工程技術,但這些書籍的保存期很短。相反地,我們只會專注在資料工程背後的基本概念。

這本書是什麼

本書的目標是填補當前資料工程相關內容和材料中的空白。雖然有許多技術資源涉及特定的資料工程工具和技術，但人們很難理解如何將這些元件組合成一個適用於現實世界的連貫整體。這本書將資料生命週期的各個環節聯繫了起來。向你展示如何將各種技術組合起來，以滿足分析師、資料科學家和機器學習工程師等下游資料消費者的需求。這本書是 O'Reilly「專門探討特定技術、平台和程式設計語言細節」之其他書籍的補充。

本書的重要概念是資料工程生命週期（*data engineering lifecycle*）：資料的產生、儲存、攝取、轉換和提供。自從資料開始被廣泛應用以來，我們見證了無數特定技術和供應商產品的興衰，但資料工程生命週期的各個階段基本保持不變。透過這個框架，讀者將會對如何把技術應用於現實世界中的商業問題有一個很好的瞭解。

我們的目標是制定一套跨越兩個維度的原則。首先，我們希望將資料工程提煉成可以包含任何相關技術（*any relevant technology*）的原則。其次，我們希望提出經得起時間考驗的原則。我們希望這些想法能夠反映過去二十年來從資料技術變革中所學到的教訓，並且我們的思維框架在未來十年或更長時間內仍然有用。

需要注意的一點是：我們毫不後悔地採用了雲端優先的作法。我們將雲端視為一個根本性的變革，而且將會持續數十年；大多數的本地資料系統和工作負載，最終將遷移到雲端託管。我們假設基礎架構和系統是短暫的（*ephemeral*）且可擴展的（*scalable*），並且資料工程師將傾向於在雲端部署託管服務。儘管如此，本書中的大多數概念也適用於非雲端環境。

誰應該閱讀這本書

本書的主要目標讀者包括技術從業者、中高級軟體工程師、資料科學家或有興趣進入資料工程領域的分析師；或者在特定技術領域內從事工作的資料工程師，但希望發展更全面的視角。我們的次要目標讀者是與技術從業人員相關的資料利益相關者，例如，具有技術背景並負責監督資料工程師團隊的資料團隊負責人，或者希望從本地技術（on-premises technology）遷移到基於雲端之解決方案（cloud-based solution）的資料倉儲主管。

理想情況下，你是一個好奇且渴望學習的人——否則你為什麼會閱讀這本書呢？你會透過閱讀有關資料倉儲／資料湖泊、批次和串流系統、編排、建模、管理、分析、雲端技術開發等方面的書籍和文章，維持對資料技術和趨勢的最新瞭解。這本書將幫助你把所閱讀到的內容，編織成一幅跨越技術和範式的資料工程完整圖像。

先備知識和技能

我們假設讀者對於企業環境（corporate setting）中的各種資料系統有相當的熟悉度。此外，我們假設讀者對 SQL 和 Python（或其他程式設計語言）有一定的熟悉度，並且有使用雲端服務的經驗。

對於有志於成為資料工程師的人來說，有大量的資源可供練習 Python 和 SQL。免費的線上資源（部落格文章、教學網站、YouTube 影片）比比皆是，並且每年還會有許多新的 Python 書籍出版。

雲端提供了前所未有的機會，讓人們能夠親身體驗資料工具。我們建議有志成為資料工程師的人在 AWS、Azure、Google Cloud Platform、Snowflake、Databricks 等雲端服務上設置帳戶。需要注意的是，其中許多平台都有提供免費的選項，但讀者在學習時應密切關注成本，並僅使用少量資料和單節點叢集來進行工作。

企業環境之外的人，要熟悉企業資料系統仍然很困難，這為那些尚未找到第一份資料工程工作的有志之士帶來了一定的障礙。本書可以幫上他們的忙。我們建議資料工程新手，先瞭解資料工程的基本概念和原則，然後查閱每章末尾「其他資源」中所列的資料。在第二次閱讀時，注意任何不熟悉的術語和技術。你可以利用 Google、維基百科、部落格文章、YouTube 影片和供應商網站來熟悉新術語，填補你對相關知識理解上的空白。

你將學到什麼以及它將如何提升你的能力

本書的目的是在幫助你建構解決真實世界之資料工程問題的堅實基礎。

閱讀完本書後，你將能夠瞭解：

- 資料工程如何影響你目前的角色（資料科學家、軟體工程師或資料團隊負責人）

- 如何避免被行銷宣傳所迷惑，選擇正確的技術、資料架構和流程

- 如何使用資料工程生命週期來設計和建構堅實的架構

- 資料生命週期每個階段的最佳作法

而且你將能夠：

- 在你目前的角色（資料科學家、分析師、軟體工程師、資料團隊負責人等）中融入資料工程原則

- 將多種雲端技術整合在一起，以滿足下游資料消費者的需求

- 使用端到端的最佳實踐框架來評估資料工程問題

- 在整個資料工程生命週期中融入資料治理和安全性

本書導覽

本書分為四個部分：

- 第一篇，「基本概念和構成要素」

- 第二篇，「資料工程生命週期深入解析」

- 第三篇，「安全性、隱私以及資料工程的未來」

- 附錄 A 和 B：分別涵蓋序列化和壓縮以及雲端網路

第一篇中，我們首先在第 1 章中定義資料工程，然後在第 2 章中描繪資料工程生命週期。在第 3 章中，我們討論了*良好的架構*（*good architecture*）。在第 4 章中，我們介紹了一個選擇合適技術的框架，雖然我們經常看到技術和架構被混為一談，但實際上它們是非常不同的主題。

第二篇以第 2 章為基礎，深入探討了資料工程生命週期；每個生命週期階段（資料產生、儲存、攝取、轉換和提供）都在獨立的章節中進行了介紹。第二篇可以說是本書的核心，其他章節存在的目的是為了支持這裡介紹的核心觀點。

第三篇涵蓋了其他主題。在第 10 章中，我們討論了安全性（*security*）和隱私（*privacy*）。雖然安全性一直是資料工程專業的重要組成部分，但隨著有利可圖之黑客活動（profit hacking）和國家級之網路攻擊（state sponsored cyber attacks）的興起，它變得更加重要。那麼隱私呢？企業隱私虛無主義的時代已經結束——沒有公司希望看到自己的名字出現在有關隨意處理隱私（sloppy privacy practices）的文章標題中。隨著 GDPR、CCPA 和其他法規的出現，對個人資料的草率處理也可能產生重大的法律後果。簡而言之，在任何資料工程工作中，安全性和隱私必須是首要的任務。

在從事資料工程工作、為本書進行研究並採訪眾多專家的過程中，我們思考了該領域近期和長期的發展方向。第 11 章概述了我們對資料工程未來的高度推測性想法。就其本質而言，未來是一個棘手的問題。時間會證明我們的一些想法是否正確。我們很想聽聽讀者對未來的看法與我們的看法有何一致或不同之處。

在附錄中，我們介紹了一些與資料工程的日常工作極其相關但不適合放入正文的主題。具體來說，工程師需要瞭解序列化和壓縮（見附錄 A），這樣既可以直接處理資料檔，也可以評估資料系統中的性能因素，而隨著資料工程轉向雲端，雲端網路（見附錄 B）成為了一個關鍵主題。

本書編排慣例

本書使用了以下的排版慣例：

斜體字

> 用於新術語、網址、電子郵件地址、檔名和副檔名。中文以楷體表示。

定寬字

> 用於程式列表，以及在段落內引用的程式元素，例如變數或函式名稱、資料庫、資料類型、環境變數、陳述句和關鍵字。

 此圖示用於提示或建議。

此圖示用於一般註釋。

 此圖示用於警告或注意事項。

致謝

當我們開始撰寫這本書時，許多人警告我們，我們面臨著一項艱巨的任務。像這樣的一本書涉及許多方面，並且由於它探討了資料工程領域的各個方面，因此需要大量的研究、訪談、討論和深入思考。我們不會聲稱已經捕捉到了資料工程的每一個細微差別，但我們希望結果能引起你的共鳴。許多人為我們的努力做出了貢獻，我們非常感謝許多專家對我們的支持。

首先，感謝我們出色的技術審查團隊。他們努力閱讀了本書許多次，並提供了寶貴的（而且往往是毫不留情的）反饋。如果沒有他們的努力，這本書將遜色不少。我們要向以下人士表達無盡的感謝，排名不分先後：Bill Inmon、Andy Petrella、Matt Sharp、Tod Hansmann、Chris Tabb、Danny Lebzyon、Martin Kleppman、Scott Lorimor、Nick Schrock、Lisa Steckman、Veronika Durgin 和 Alex Woolford。

其次，我們有一個獨特的機會在直播節目（live shows）、播客（podcasts）、聚會和無休止的私人電話中，與資料領域的頂尖專家交流。他們的觀點讓我們的書籍得以成形。有太多人無法一一列舉，但我們想向以下人士表達謝意：Jordan Tigani、Zhamak Dehghani、Ananth Packkildurai、Shruti Bhat、Eric Tschetter、Benn Stancil、Kevin Hu、Michael Rogove、Ryan Wright、Adi Polak、Shinji Kim、Andreas Kretz、Egor Gryaznov、Chad Sanderson、Julie Price、Matt Turck、Monica Rogati、Mars Lan、Pardhu Gunnam、Brian Suk、Barr Moses、Lior Gavish、Bruno Aziza、Gian Merlino、DeVaris Brown、Todd Beauchene、Tudor Girba、Scott Taylor、Ori Rafael、Lee Edwards、Bryan Offutt、Ollie Hughes、Gilbert Eijkelenboom、Chris Bergh、Fabiana Clemente、

Andreas Kretz、Ori Reshef、Nick Singh、Mark Balkenende、Kenten Danas、Brian Olsen、Rhaghu Murthy、Greg Coquillo、David Aponte、Demetrios Brinkmann、Sarah Catanzaro、Michel Tricot、Levi Davis、Ted Walker、Carlos Kemeny、Josh Benamram、Chanin Nantasenamat、George Firican、Jordan Goldmeir、Minhaaj Rehmam、Luigi Patruno、Vin Vashista、Danny Ma、Jesse Anderson、Alessya Visnjic、Vishal Singh、Dave Langer、Roy Hasson、Todd Odess、Che Sharma、Scott Breitenother、Ben Taylor、Thom Ives、John Thompson、Brent Dykes、Josh Tobin、Mark Kosiba、Tyler Pugliese、Douwe Maan、Martin Traverso、Curtis Kowalski、Bob Davis、Koo Ping Shung、Ed Chenard、Matt Sciorma、Tyler Folkman、Jeff Baird、Tejas Manohar、Paul Singman、Kevin Stumpf、Willem Pineaar、 以 及 來 自 Tecton 的 Michael Del Balalso、Emma Dahl、Harpreet Sahota、Ken Jee、Scott Taylor、Kate Strachnyi、Kristen Kehrer、Taylor Miller、Abe Gong、Ben Castleton、Ben Rogojan、David Mertz、Emmanuel Raj、Andrew Jones、Avery Smith、Brock Cooper、Jeff Larson、Jon King、Holden Ackerman、Miriah Peterson、Felipe Hoffa、David Gonzalez、Richard Wellman、Susan Walsh、Ravit Jain、Lauren Balik、Mikiko Bazeley、Mark Freeman、Mike Wimmer、Alexey Shchedrin、Mary Clair Thompson、Julie Burroughs、Jason Pedley、Freddy Drennan、Jason Pedley、Kelly 和 Matt Phillipps、Brian Campbell、Faris Chebib、Dylan Gregerson、Ken Myers、Jake Carter、Seth Paul、Ethan Aaron 以及許多其他人。

如果沒有特別提到你,請不要覺得受到冷落。你知道自己是誰。告訴我們,我們會在下一版中加入你的名字。

我們還要感謝 Ternary Data 團隊(Colleen McAuley、Maike Wells、Patrick Dahl、Aaron Hunsaker 等),我們的學生以及世界各地無數支持我們的人。這提醒我們,世界很小。

與 O'Reilly 團隊一起工作非常愉快!特別感謝 Jess Haberman 在新書提案過程中對我們的信任,感謝我們出色且極富耐心的開發編輯 Nicole Taché 和 Michele Cronin 的寶貴編輯意見、反饋和支持。還要感謝 O'Reilly(Greg 和工作人員)一流的產品團隊。

Joe 要感謝他的家人——Cassie、Milo 和 Ethan——讓他寫了一本書。他們不得不忍受很多，Joe 承諾再也不會寫書了。;)

Matt 要感謝他的朋友和家人的持久耐心和支持。他仍然希望 Seneca 能夠給他一個五星級的評價，畢竟他付出了大量的努力，也錯過了假期前後與家人團聚的時間。

第一篇

基本概念和構成要素

第一章

資料工程概述

如果你從事資料或軟體相關工作，可能已經注意到了資料工程正從幕後走向前台，並與資料科學共同站在舞台上。資料工程是資料處理和技術中最熱門的領域之一，這是有充分理由的。它為營運環境中的資料科學和分析奠定了基礎。本章探討了資料工程是什麼、這個領域的起源及其演進、資料工程師的技能以及他們的合作對象。

資料工程是什麼？

儘管資料工程目前很受歡迎，但人們對於資料工程的含義和資料工程師的工作，仍然滿懷困惑。自從企業開始處理資料（例如預測分析、描述性分析和報告）以來，資料工程已經以某種形式存在，並且隨著 2010 年代資料科學的興起而成為人們關注的焦點。就本書而言，定義資料工程（*data engineering*）和資料工程師（*data engineer*）的含義至關重要。

首先，讓我們瞭解一下資料工程的描述方式，並發展出一些我們可以在本書中使用的術語。資料工程的定義無窮無盡。2022 年初，在 Google 上對「what is data engineering?」（資料工程是什麼？）進行精確匹配搜索，傳回了超過 91,000 個非重複的結果。在我們給出自己的定義之前，可以先看看該領域的一些專家定義資料工程的幾個例子：

資料工程是一組操作，目的在為資訊的流動和存取建立介面和機制。它需要專家——資料工程師——來維護資料，以便其他人可以繼續使用。簡而言之，資料工程師負責設置和運營組織的資料基礎架構，為資料分析師和科學家的進一步分析做好準備。

— 摘自 AlexSoft 的「Data Engineering and Its Main Concepts」[1]

資料工程的第一種定義係以 SQL 為重點。資料的工作和主要儲存係以關聯式資料庫來進行。所有的資料處理都是使用 SQL 或基於 SQL 的語言來完成。有時，這種資料處理是用 ETL 工具來完成的[2]。資料工程的第二種定義係以大數據（Big Data）為重點。此時資料的工作和主要儲存係以 Hadoop、Cassandra 和 HBase 等大數據技術來進行。所有的資料處理都是在 MapReduce、Spark 和 Flink 等大數據框架中完成。當使用 SQL 時，主要的處理係以 Java、Scala 和 Python 等程式設計語言來完成。

— Jesse Anderson（傑西・安德森）[3]

相對於先前存在的角色，資料工程領域可以被認為是商業智慧（business intelligence）和資料倉儲（data warehousing）的超集，它從軟體工程中引入了更多元素。這個領域還整合了「大數據」分散式系統操作方面的專門知識，並且擴展了 Hadoop 生態系統、資料流處理和大規模計算的概念。

— Maxime Beauchemin（馬克西姆・博赫明）[4]

---

1   見 AlexSoft 的〈Data Engineering Concepts, Processes, and Tools〉（資料工程概念、流程與工具），最後更新日期：2023 年 3 月 13 日，*https://oreil.ly/e94py*。

2   *ETL* 代表提取（*extract*）、轉換（*transform*）、載入（*load*），這是我們在本書中介紹的一種常見模式。

3   見 Jesse Anderson 的〈The Two Types of Data Engineering〉（資料工程的兩種定義），最後更新日期：2018 年 6 月 27 日，*https://oreil.ly/dxDt6*。

4   見 Maxime Beauchemin 的〈The Rise of the Data Engineer〉（資料工程師的崛起），2017 年 1 月 20 日，*https://oreil.ly/kNDmd*。

資料工程就是資料的移動、操作和管理。

— Lewis Gavin（路易斯‧加文）[5]

哇！如果你對資料工程感到困惑，這是完全可以理解的。這只是一小部分的定義，但它們包含了關於資料工程（*data engineering*）含義的廣泛觀點。

資料工程的定義

當我們分析不同人對資料工程之定義的共同點時，就會浮現一個明顯的模式：資料工程師負責獲取資料、儲存資料，並將其準備好供資料科學家、分析師和其他人使用。我們對資料工程（*data engineering*）和資料工程師（*data engineer*）的定義如下：

資料工程（*data engineering*）是開發、實作和維護系統和流程的過程，這些系統和流程可以接收原始資料，並產生高品質、一致的資訊，以支援下游的使用案例（例如分析和機器學習）。資料工程是安全性、資料管理、資料運營（*DataOps*）、資料架構、編排（*orchestration*）和軟體工程的交集。資料工程師（*data engineer*）管理資料工程生命週期，由從來源系統獲取資料開始，到為分析或機器學習等使用案例提供資料結束。

資料工程生命週期

人們很容易沉迷於技術而短視地錯過大局。本書的核心是一個稱為資料工程生命週期（*data engineering lifecycle*）（圖 1-1）的重要概念，這個概念為我們提供了瞭解資料工程師角色的整體背景。

5　見 Lewis Gavin 的《*What Is Data Engineering?*》（資料工程是什麼？）（O'Reilly，2020 年），*https://oreil.ly/ELxLi*。

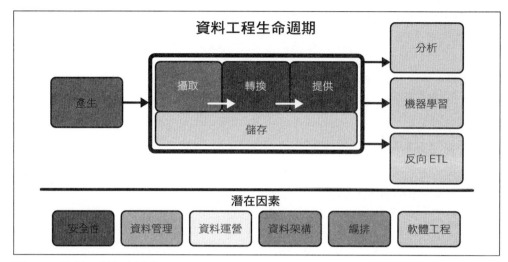

圖 1-1　資料工程生命週期

資料工程生命週期將對話焦點，從技術轉移到了資料本身以及其必須服務的最終目標。資料工程生命週期的各個階段如下所示：

- 產生

- 儲存

- 攝取

- 轉換

- 提供

資料工程生命週期還有一種潛在因素（*undercurrents*）的概念，它代表著整個生命週期中的重要趨勢。其中包括安全性、資料管理、資料運營（DataOps）、資料架構、編排（orchestration）和軟體工程。我們將在第 2 章中更廣泛地介紹資料工程生命週期及其潛在因素。儘管如此，我們還是想在這裡介紹一下，因為它對於我們的資料工程定義以及本章接下來的討論至關重要。

現在，本書對資料工程已經有了一個可以理解的定義，並對其生命週期進行了介紹，讓我們退後一步，來看一下歷史背景。

資料工程師的演進

> 歷史不會重演,但會押韻。
>
> ─ 馬克吐溫的一句名言

欲瞭解今日和未來的資料工程,需要瞭解該領域的演進背景。本節不是一堂歷史課,但回顧過去,對於瞭解我們今日所處的位置和未來的發展方向,是非常有價值的。過去的事物或概念在不同的時期或環境中不斷重複出現或者再度被重視。

早期:1980 年至 2000 年,從資料倉儲到 web

資料工程師的誕生源於資料倉儲的使用,可以追溯到 1970 年代,企業資料倉庫(*business data warehouse*)在 1980 年代形成,Bill Inmon(比爾・英蒙)在 1989 年正式創造了資料倉儲(*data warehouse*)一詞。在IBM的工程師開發了關聯式資料庫(relational database)及結構化查詢語言(Structured Query Language,SQL)之後,Oracle(甲骨文)普及了這項技術。隨著新興資料系統的發展,企業需要專用的工具和資料管道(data pipelines)來進行報告和商業智慧(business intelligence,BI)分析。為了幫助人們在資料倉儲中正確地建立其業務邏輯的模型,Ralph Kimball(拉爾夫・金博爾)和 Inmon(英蒙)分別開發了同名的資料建模技術和方法,這些技術和方法至今仍被廣泛使用。

資料倉儲的使用迎來了可擴展分析(scalable analytics)的第一個時代,新的大規模並行處理(massively parallel processing,MPP)資料庫進入了市場,利用多個處理器來處理大量的資料,並支援前所未有的資料量。BI 工程師、ETL 開發人員和資料倉儲工程師等角色滿足了資料倉儲的各種需求。資料倉儲和 BI 工程是當今資料工程的先驅,並且仍然在該領域中發揮著核心作用。

網際網路(internet)在 1990 年代中期成為主流,創造了一批以 web[譯註]為先的全新公司,例如 AOL(美國線上)、Yahoo(雅虎)和 Amazon(亞馬遜)。網際網路泡沫(the dot-com boom)孕育了大量的 web 應用活動以及支援它們的後端系統──伺服器、資料庫和儲存。大部分基礎設施都很昂貴、龐大且受到嚴格的授權限制。銷售這些後端系統的供應商可能沒有預料到 web 應用會產生如此龐大的資料量。

譯註 web 在此處指的是全球資訊網,它是一個由網頁和超鏈結構成的系統,用戶可以透過瀏覽器或應用程式存取和分享資訊。

2000 年代初：現代資料工程的誕生

快轉到 2000 年代初期，90 年代末網際網路泡沫破裂，只留下一小群倖存者。其中一些公司，例如 Yahoo、Google 和 Amazon，將成長為強大的科技公司。最初，這些公司繼續依賴於 90 年代傳統的單體式關聯資料庫和資料倉儲，將這些系統推向了極限。隨著這些系統的崩潰，需要較新的方法來處理資料的成長。新一代的系統必須具有成本效益、可擴展性、可用性及可靠性。

在資料爆炸成長的同時，商用硬體（例如伺服器、隨機存取記憶體、磁碟和快閃碟）也變得便宜且無處不在。一些創新技術，使得在大規模計算叢集（massive computing clusters）上進行分散式計算和儲存成為可能。這些創新開始分散和打破傳統的單體式服務。「大數據」（big data）時代就此開始。

《牛津英語詞典》將「大數據」（big data）（*https://oreil.ly/8IaGH*）定義為「可透過計算分析之極大的資料集，以揭示模式、趨勢和關聯，特別是與人類行為和互動相關的。」對大數據的另一個著名而簡潔的描述是資料（data）的三個 *V*：速度（velocity）、多樣性（variety）和數量（volume）。

2003 年，Google 發表了一篇關於 Google File System（谷歌檔案系統）的論文，不久之後，在 2004 年，發表了一篇關於 MapReduce 的論文，這是一種超級可擴展的資料處理範式。事實上，大數據在 MPP 資料倉儲和實驗物理計畫的資料管理中已有先例，但 Google 發表的論文對於資料技術和資料工程的文化根源來說，具有「大爆炸」（big bang）的意義。本書將分別在第 3 章和第 8 章中介紹更多關於 MPP 系統和 MapReduce 的內容。

Google 的論文啟發了 Yahoo 的工程師在 2006 年開發並隨後開源（open source）了 Apache Hadoop[6]。Hadoop 的影響力不可小覷。對大規模資料問題感興趣的軟體工程師，被這個新的開源技術生態系統之可能性所吸引。隨著各種規模和類型的公司的資料成長到數萬億位元組（terabytes 或 TB；即 2 的 40 次方）甚至數千萬億位元組（petabytes 或 PB；即 2 的 50 次方），大數據工程師的時代就此誕生。

6　見 Cade Metz（凱德・梅茨）在 Wired 發表的〈How Yahoo Spawned Hadoop, the Future of Big Data〉（雅虎如何孕育 Hadoop, 大數據的未來），2011 年 10 月 18 日，*https://oreil.ly/iaD9G*。

大約在同一時間，Amazon（亞馬遜）也需要滿足自己爆炸式成長的資料需求，因此創建了彈性計算環境（Amazon Elastic Compute Cloud 或 EC2）、可無限擴展的儲存系統（Amazon Simple Storage Service 或 S3）、高度可擴展的 NoSQL 資料庫（Amazon DynamoDB），以及許多其他的核心資料構成單元（core data building blocks）[7]。Amazon 選擇透過 *Amazon Web Services*（或 AWS）為內部和外部消費提供這些服務，結果 AWS 成為了第一個流行的公共雲。AWS 透過虛擬化和轉售大量商品硬體，創建了一個超靈活的即用即付（pay-as-you-go）資源市場。開發人員無須為資料中心購買硬體，只需從 AWS 租用計算和儲存即可。

隨著 AWS 為 Amazon 帶來可觀的利潤，其他公共雲很快跟進，例如 Google Cloud、Microsoft Azure 和 DigitalOcean。公共雲可以說是 21 世紀最重要的創新之一，它引發了軟體和資料應用開發和部署方式的革命。

早期的大數據工具和公共雲為今日的資料生態系統奠定了基礎。如果沒有這些創新，現代的資料格局以及我們現在所知的資料工程就不會存在。

2000 年代和 2010 年代：大數據工程

Hadoop 生態系統中的開源大數據工具迅速成熟，並從矽谷擴散到全球的科技公司。這是首次，任何企業都可以使用頂尖科技公司所使用的最先進資料工具。隨著從批次計算（batch computing）到事件串流處理（event streaming）的轉變，另一場革命發生了，開啟了大型「即時」資料（big "real-time" data）的新時代。你將在本書中瞭解批次處理和事件串流處理的相關內容。

工程師可以選擇最新和最優秀的技術，例如 Hadoop、Apache Pig、Apache Hive、Dremel、Apache Hbase、Apache Storm、Apache Cassandra、Apache Spark、Presto 以及其他許多新技術。傳統的企業導向和基於 GUI 的資料工具突然變得過時了，隨著 MapReduce 的崛起，以程式碼為先的工程方式開始流行。我們（作者）在這段時期裡，感覺就像舊的教條突然死在大數據的祭壇上。

7　見 Ron Miller（羅恩・米勒）在 TechCrunch 發表的〈How AWS Came to Be〉（AWS 的由來），2016 年 7 月 2 日，*https://oreil.ly/VJehv*。

2000 年代末和 2010 年代，資料工具的爆炸式成長迎來了**大數據工程師**（*big data engineer*）。為了有效地使用這些工具和技術——即 Hadoop 生態系統，包括 Hadoop、YARN、HDFS（Hadoop Distributed File System）和 MapReduce——大數據工程師必須精通軟體開發和低階基礎設施的技術開發，但重點有所轉移。大數據工程師通常需要維護大量的商用硬體叢集以大規模交付資料。雖然他們可能偶爾會向 Hadoop 核心程式碼提交拉取請求（submit pull requests），但他們的重點已經從核心技術開發（core technology development）轉移到資料交付（data delivery）。

大數據很快成為了其自身成功的犧牲品。作為一個流行語，**大數據**（*big data*）在 2000 年代初期到 2010 年代中期開始流行。大數據激發了企業的想像力，他們試圖理解不斷成長的資料量，以及來自銷售大數據工具和服務之公司無休止的行銷轟炸。由於過度炒作，經常看到企業使用大數據工具來解決小數據問題，有時建立一個 Hadoop 叢集來處理幾十億位元組（gigabytes）的資料。Dan Ariely（丹・艾瑞里）在推特上寫道（*https://oreil.ly/cpL26*）：「大數據就像青少年的性：每個人都在談論它，但沒有人真正知道如何去做，每個人都認為其他人都在做，所以每個人都聲稱他們正在做。」

圖 1-2 展示了搜索詞「big data」（大數據）在 Google Trends 上的趨勢圖，用以瞭解大數據的興衰趨勢。

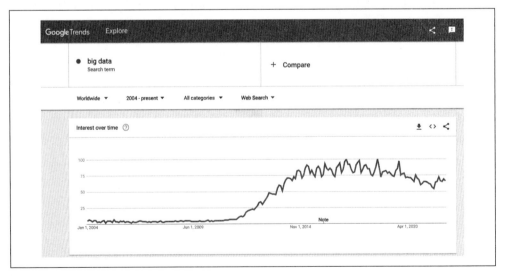

圖 1-2　「big data」（大數據）在 Google Trends 上的趨勢圖（2022 年 3 月）

儘管「大數據」這個詞很受歡迎，但它已經失去了動力。發生了什麼事？一言以蔽之：簡化（simplification）。儘管開源大數據工具的功能強大且複雜，但管理它們是一項艱巨的工作，需要不斷關注。通常，企業會聘請整個大數據工程師團隊，每年花費數百萬美元，來照顧這些平台。大數據工程師經常花費過多的時間來維護複雜的工具，而且可能沒有太多時間來提供業務的見解和價值。

開源開發人員、雲端服務提供商和第三方開始尋找方法來抽象、簡化和提供大數據，而免去管理叢集以及安裝、設定和升級其開源程式碼的高昂管理開銷和成本。大數據（big data）這個術語本質上是一個遺留之物，用於描述一個特定的時代和處理大量資料的方法。

今日，資料的傳輸速度比以往任何時候都更快，而且規模也越來越大，但大數據的處理已經變得如此容易，以致於它不再需要一個獨立的術語；無論實際的資料規模大小，每家公司都致力於解決其自身的資料問題。現在，大數據工程師也只是稱為資料工程師。

2020 年代：「資料生命週期」工程

在撰寫本文當時，資料工程的角色正在迅速演變。我們預計這種演變在可預見的未來將繼續快速進行。雖然資料工程師歷來傾向於處理 Hadoop、Spark 或 Informatica 等單體框架的低階細節，但趨勢正在轉向分散化、模組化、管理化和高度抽象化的工具發展。

的確，資料工具以驚人的速度激增（圖 1-3）。2020 年代初期的流行趨勢包括現代資料堆疊（modern data stack），它代表了一系列現成的開源和第三方產品的集合，目的在簡化分析師的工作。與此同時，資料來源和資料格式的種類和規模都在成長。資料工程越來越成為一門互相操作的學科，像搭建樂高積木一樣連接各種技術，以實現最終的業務目標。

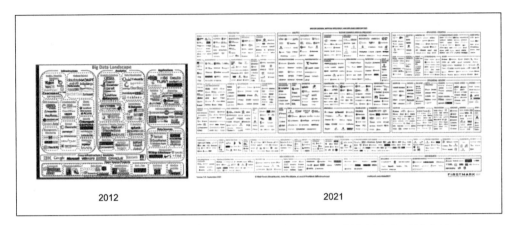

2012

2021

圖 1-3　Matt Turck（馬特・圖爾克）之2012 年與 2021年的資料生態系統比較（*https://oreil.ly/TWTfM*）

本書中討論的資料工程師可以更準確地描述為資料生命週期工程師。隨著更高程度的抽象化和簡化，資料生命週期工程師不再受到昨日大數據框架的繁瑣細節所束縛。雖然資料工程師維持著低階資料程式設計的技能，並根據需要使用這些技能，但他們越來越發現自己的角色集中在價值鏈中更高的事項上：安全性、資料管理、資料運營（DataOps）、資料架構、編排（orchestration）和一般資料生命週期管理 [8]。

隨著工具和工作流程的簡化，我們看到資料工程師的態度發生了明顯的轉變。開源專案和服務不再關注誰擁有「最多的資料」，而是越來越關注資料的管理和治理，使資料更易於使用和發現，並改善資料的品質。資料工程師現在熟悉各種首字母縮寫，例如 CCPA 和 GDPR[9]；建立資料管道的同時，他們也關心隱私、匿名化、資料垃圾收集以及法規遵守等問題。

8　DataOps 是 data operations（資料運營）的縮寫。我們將在第 2 章中介紹這個主題。有關細節，請閱讀 DataOps Manifesto（資料運營宣言）（*https://oreil.ly/jGoHM*）。

9　這些首字母縮寫分別代表 California Consumer Privacy Act（加州消費者隱私法）和 General Data Protection Regulation（通用資料保護條例）。

過去的東西又重新來了。在大數據時代之前，像資料管理（包括資料的品質和治理）這樣的「企業級」（enterprisey）事項，對大型企業來說很常見，但對於較小型的公司並不普遍。過去資料系統中許多具有挑戰性的問題，現在都已經得到了解決，而且被整合成產品並打包銷售，技術人員和企業家的焦點又重新回到「企業級」事項，但強調去中心化（decentralization）和敏捷性（agility），這與傳統的企業指揮和控制方式形成鮮明對比。

我們認為現在是資料生命週期管理的黃金時代。管理資料工程生命週期的資料工程師擁有比以往更好的工具和技術。我們將在下一章中更詳細地討論資料工程生命週期及其潛在因素。

資料工程和資料科學

資料工程與資料科學之間的關係是怎樣的？這個問題存在一些爭議，有些人認為資料工程是資料科學的一個子學科。我們認為資料工程與資料科學和分析是不同的。它們相輔相成，但有明顯的區別。資料工程位於資料科學的上游（圖 1-4），這意味著資料工程師提供資料科學家（資料工程的下游）所使用的輸入資料，而資料科學家則將這些輸入資料轉換為有用的資訊。

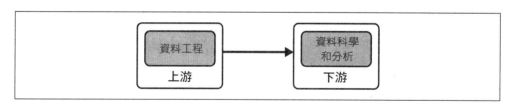

圖 1-4　資料工程位於資料科學的上游

考慮到資料科學需求的層次結構（圖 1-5）。2017 年，Monica Rogati（莫妮卡·羅加蒂）在一篇文章中發表了這個層次結構（*https://oreil.ly/pGg9U*），此結構展現了人工智慧（AI）和機器學習（ML）與一些較「普通」領域（例如，資料移動／儲存、蒐集和基礎架構）之間的關聯性。

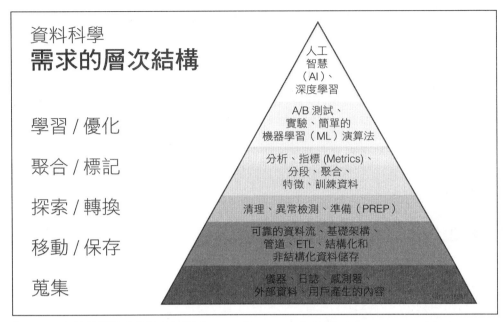

資料科學
需求的層次結構

人工
智慧
（AI）、
深度學習

A/B 測試、
實驗、簡單的
機器學習（ML）演算法

學習 / 優化

聚合 / 標記

分析、指標 (Metrics)、
分段、聚合、
特徵、訓練資料

探索 / 轉換

清理、異常檢測、準備（PREP）

移動 / 保存

可靠的資料流、基礎架構、
管道、ETL、結構化和
非結構化資料儲存

蒐集

儀器、日誌、感測器、
外部資料、用戶產生的內容

圖 1-5　資料科學需求的層次結構（*https://oreil.ly/pGg9U*）

儘管許多資料科學家熱衷於建構和調整機器學習（ML）模型，但現實情況是，估計他們有 70% 到 80% 的時間都花在層次結構的底部三個部分上——蒐集資料、清理資料、處理資料——而只有一小部分時間花在分析和 ML 上。Rogati（羅加蒂）認為，企業在解決 AI 和 ML 等問題之前，需要建構一個堅實的資料基礎（層次結構的底部三個層級）。

資料科學家一般沒有接受過建構「生產級」（production-grade）資料系統的培訓，所以他們最終會草率完成這項工作，因為他們缺乏資料工程師的支援和資源。在理想的世界中，資料科學家應該將 90% 以上的時間花在金字塔的頂部層級：分析、實驗和 ML。當資料工程師專注於層次結構的底層部分時，他們可以為資料科學家的成功奠定堅實的基礎。

隨著資料科學推動了先進的分析和 ML，資料工程跨越了從「獲取資料」到「從資料中提供價值」之間的分界線（圖 1-6）。我們認為資料工程與資料科學具有同等的重要性和可見性，資料工程師在確保資料科學於生產環境中取得成功方面，發揮著至關重要的作用。

圖 1-6　資料工程師獲取資料並從中提供價值

資料工程技能和活動

資料工程師的「技能集」包括資料工程的「潛在因素」（undercurrents）：安全性、資料管理、資料運營、資料架構和軟體工程。此技能集需要瞭解如何評估資料工具，以及它們如何在整個資料工程生命週期中相互配合。此外，瞭解資料在來源系統中是如何產生的，以及分析師和資料科學家在處理和整理資料後，將如何使用和創造價值，也很重要。最後，資料工程師需要處理許多複雜的組成部分，並且不斷在成本、敏捷性、可擴充性、簡單性、重用性和互通性等方面進行優化（圖 1-7）。我們將在接下來的章節中更詳細地介紹這些主題。

圖 1-7　資料工程的平衡之道

正如我們所討論的，在不久的過去，人們預期資料工程師應該知道並瞭解如何使用少數功能強大的單體技術（Hadoop、Spark、Teradata、Hive 和許多其他技術）來建立資料解決方案。想利用這些技術，通常需要對軟體工程、網路、分散式計算、儲存或其他低階細節有深入的瞭解。他們的工作主要是叢集管理和維護、管理開銷、編寫管道和轉換作業等任務。

如今，資料工具在管理和部署方面的複雜度已經大大降低。現代資料工具大大抽象化和簡化了工作流程。因此，資料工程師現在的工作重點是平衡最簡單、最具成本效益、能為企業帶來價值的最佳服務。資料工程師還需要建立隨著新趨勢的出現而不斷發展的敏捷資料架構。

資料工程師不會做哪些事情？資料工程師通常不會直接建構 ML 模型、建立報告或儀錶板、進行資料分析、建構關鍵績效指標（KPI）或開發應用程式。資料工程師應該對這些領域有很好的瞭解，以便為利益相關者提供最好的服務。

資料成熟度和資料工程師

公司內部的資料工程複雜性，很大程度上取決於該公司的資料成熟度。這會顯著影響資料工程師的日常工作職責和職業發展。那麼，什麼是資料成熟度？

資料成熟度（*data maturity*）是指一家公司在整個組織中逐步提高資料利用率、能力和整合的過程，但資料成熟度不僅僅取決於一家公司的成立時間或收入。一家初創公司可以比一家成立超過 100 年、年收入達數十億美元的公司，具有更高的資料成熟度。重要的是，如何利用資料來作為一種競爭優勢。

資料成熟度模型有許多版本，例如資料管理成熟度（Data Management Maturity，DMM）（*https://oreil.ly/HmX62*）等等，很難選擇一個對於資料工程既簡單又有用的版本。因此，我們將建立自己的簡化資料成熟度模型。我們的資料成熟度模型（圖 1-8）有三個階段：開始使用資料、利用資料進行擴展，和以資料為導向的領導。讓我們看一下這些階段中的每一個，以及資料工程師在每個階段通常做什麼。

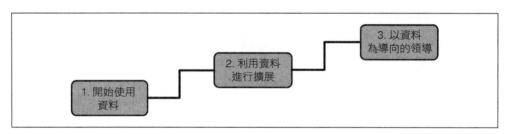

圖 1-8　我們為一家公司提供的簡化資料成熟度模型

第 1 階段：開始使用資料

根據定義，一家開始使用資料的公司處於資料成熟度的非常早期階段。該公司可能有模糊、鬆散定義的目標，或者根本沒有目標。資料架構和基礎設施處於規劃和開發的非常早期階段，採用率和利用率可能很低或根本不存在。資料團隊規模很小，通常只有幾個人。在這個階段，資料工程師通常是一個通才，通常會扮演其他幾個角色，例如資料科學家或軟體工程師。資料工程師的目標是快速行動、獲得推動力並增加價值。

人們通常對從資料中獲取價值的實際操作方式所知甚少，但對此的渴望是存在的。報告或分析缺乏正式的結構，大部分對資料的請求都是臨時性的。儘管在這個階段立即投入機器學習（ML）是很誘人的，但我們不建議這樣做。我們已經見過無數資料團隊，在沒有建立穩固資料基礎的情況下試圖投入 ML，最終陷入困境並無法達到預期效果。

這並不是說在這個階段你不能從機器學習（ML）中獲得成功——儘管罕見，但有可能。如果沒有穩固的資料基礎，你可能沒有資料來訓練可靠的 ML 模型，也沒有方法以可擴展和可重複的方式，將這些模型部署到生產環境中。我們半開玩笑地稱自己為「康復中的資料科學家」（recovering data scientists）（*https://oreil.ly/2wXbD*），這主要是基於我們個人參與過，沒有足夠資料成熟度或資料工程支援的資料科學專案。

在開始使用資料的組織中，資料工程師應該關注以下事項：

- 爭取關鍵利益相關者（包括高層管理人員）的支持。理想情況下，資料工程師應該有個贊助者支持關鍵計畫（critical initiatives），以便設計和建構資料架構來支持公司的目標。

- 定義正確的資料架構（通常是獨自進行，因為可能們沒有資料架構師可用）。這意味著確定業務目標以及你希望透過資料計畫（data initiative）實現的競爭優勢。努力建立支持這些目標的資料架構。請參閱第 3 章，以瞭解我們對「良好」資料架構的建議。

- 找出並審核哪些資料可以支援關鍵計畫（key initiatives），並且運作在你設計的資料架構中。

- 幫未來的資料分析師和資料科學家建構可靠的資料基礎，讓他們能夠做出有競爭力的報告和模型。同時，在還沒有僱用這些人之前，你可能還需要自己產生這些報告和模型。

這是一個充滿陷阱的關鍵階段。以下是對這個階段的一些建議：

- 如果資料沒有取得許多明顯的成功，組織的意志力可能會減弱。能快速獲得勝利將會確定資料在組織內的重要性。請記住，快速獲得勝利可能會產生技術債務。要有計畫地去減少此債務，否則未來在交付上會增加阻力。

- 走出去跟人們交談，避免獨自工作。我們經常看到資料團隊在自己的封閉環境中工作，不與部門以外的人溝通，也不從業務利益相關者那裡獲得觀點和反饋。這樣的危險在於，你會花很多時間在對人們沒什麼用處的事情上。

- 避免不必要的技術複雜性。不要讓自己被不必要的技術複雜性困住。盡可能使用現成的（off-the-shelf）、開箱即用的（turnkey）解決方案。

- 只有在可以創造競爭優勢的地方，才建構自定義的解決方案和程式碼。

第 2 階段：利用資料進行擴展

這個時候，公司已經從臨時性的資料請求轉變到有正式的資料實踐方法（data practices）。現在的挑戰是建立可擴展的資料架構，並規劃公司真正以資料為驅動的未來。資料工程師的角色從通才轉變為專家，專注於資料工程生命週期的特定層面。

在處於資料成熟度第 2 階段的組織中，資料工程師的目標是：

- 建立正式的資料實踐方法

- 創建可擴展且強大的資料架構

- 採用開發運營（DevOps）和資料運營（DataOps）實踐方法

- 建構支援機器學習（ML）的系統

- 繼續避免不必要的技術複雜性，僅在可以獲得競爭優勢時才進行自定義

我們將在本書稍後的部分逐一探討這些目標。需要注意的問題包括：

- 隨著我們對資料的瞭解越來越深入，人們傾向於採用基於矽谷公司之社交證明（social proof）的最新技術。這並不一定是明智之舉，可能會分散你的注意力並浪費資源。任何技術決策都應該基於它們將為客戶帶來的價值。

- 擴展規模的主要瓶頸不是叢集節點、儲存或技術，而是資料工程團隊。專注於易於部署和管理的解決方案，以擴展團隊的處理能力。

- 你會很想把自己塑造成一個技術專家，一個能夠提供神奇產品的資料天才。但請將你的注意力轉移到務實的領導上，並開始過渡到下一個成熟階段；與其他團隊就資料的實際用途進行溝通。教導組織如何消化和利用資料。

第 3 階段：以資料為導向的領導

在這個階段，公司是以資料為驅動的。資料工程師建立的自動化管道和系統，讓公司內部的人員得以進行自助式分析和 ML。新的資料來源能夠無縫導入，並從中獲得有形的價值。資料工程師採取了適當的控制措施和實踐方法，以確保資料始終可供人們和系統使用。資料工程角色比第 2 階段更加專業化。

在處於資料成熟度第 3 階段的組織中，資料工程師將繼續在先前階段的基礎上進行構建，並且還將進行以下工作：

- 為新資料的無縫導入和使用建立自動化流程
- 專注於建構自定義工具和系統，利用資料作為競爭優勢
- 關注資料的「企業級」面向，例如資料管理（包括資料的治理和品質）和資料運營（DataOps）
- 部署能夠在整個組織中公開和傳播資料的工具，包括資料編目（data catalogs）、資料沿襲工具（data lineage tools）和中介資料管理系統（metadata management systems）
- 與軟體工程師、機器學習工程師、分析師和其他人高效協作
- 建立一個社群和環境，讓人們可以自由協作和公開發言，無論其角色或職位

需要注意的問題包括：

- 在這個階段，自滿是一個重大危險。一旦組織達到第 3 階段，就必須不斷專注於維護和改進，否則就有退回到較低階段的風險。
- 與其他階段相比，技術分心在這個階段更危險。人們傾向於追求昂貴的愛好專案（hobby projects），這些專案不會為企業帶來價值。僅在提供競爭優勢的情況下，才使用自定義的技術。

資料工程師的背景和技能

資料工程是一個快速發展的領域，關於如何成為一名資料工程師仍然存在很多問題。由於資料工程是一門相對較新的學科，進入這個領域的正式培訓很少。大學沒有標準的資料工程培訓課程。儘管少數資料工程訓練營和線上教材涵蓋了各種主題，但目前這個領域還沒有一個通用的課程。

進入資料工程領域的人具有不同的教育、職業和技能背景。每個進入這個領域的人都應該預計自己會投入大量時間在自學上。閱讀這本書是一個很好的起點；本書的主要目標之一，是幫助讀者建立起在資料工程領域取得成功所需的基本知識和技能基礎。

如果你想將自己的職業生涯轉向資料工程領域，我們發現從相鄰領域（例如，軟體工程、ETL 開發、資料庫管理、資料科學或資料分析）轉入最為容易。這些學科往往具有「資料意識」（data aware），能為組織中的資料角色提供良好的背景知識。它們還能為人們提供解決資料工程問題的相關技術技能和背景知識。

儘管缺乏正式的培訓課程，但存在一個必要的知識體系，我們相信資料工程師應該瞭解這些知識，才能在這個領域取得成功。根據定義，資料工程師必須同時瞭解資料和技術。就資料而言，這意味著需要瞭解有關資料管理的各種最佳作法。在技術方面，資料工程師必須瞭解工具的各種選擇、它們之間的相互作用以及它們之間的權衡取捨。這需要對軟體工程、資料運營和資料架構有很好的瞭解。

放大視野看，資料工程師還必須瞭解資料使用者（資料分析師和資料科學家）的要求，以及資料在整個組織中的更廣泛影響。資料工程是一種整體性的實踐；最優秀的資料工程師會透過業務和技術的角度來看待自己的職責。

業務職責

本節列出的宏觀職責不僅適用於資料工程師，對於在資料或技術領域工作的任何人來說都是至關重要的。因為一個簡單的 Google 搜索就可以產生大量學習這些領域的資源，為了簡潔起見，我們將只會列出它們，不會進行詳細的解釋或討論：

懂得如何與非技術人員和技術人員溝通。

    溝通是關鍵，你需要能夠與組織中的人建立良好的關係和信任。我們建議密切關注組織的層次結構、誰向誰報告、人們如何互動以及存在哪些訊息孤島。這些觀察對你的成功非常有價值。

懂得如何界定和蒐集業務和產品需求。

    你需要知道自己要建構什麼，並確保你的利益相關者同意你的評估。此外，你需要培養自己對資料和技術決策如何影響業務的敏感度。

懂得敏捷開發、開發運營和資料運營的文化基礎。

許多技術人員錯誤地認為這些做法是透過技術來解決的。我們認為這是危險的錯誤觀念。敏捷開發（Agile）、開發運營（DevOps）和資料運營（DataOps）從根本上說是文化性的，需要整個組織的支持和參與。

控制成本。

當你能夠在提供超額價值的同時壓低成本時，你將取得成功。瞭解如何對實現價值的時間、總擁有成本和機會成本進行優化。學會監控成本以避免出現意外情況。

不斷學習。

資料領域似乎以光速在變化。在這個領域取得成功的人，在不斷學習新事物的同時，也不斷提升自己的基礎知識。他們還擅長於篩選，判斷哪些新發展與他們的工作最相關，哪些還不成熟，哪些只是一時的潮流。跟上這個領域的步伐，並學會如何學習。

一個成功的資料工程師總是放眼全局，瞭解整體情況以及如何為業務帶來超額價值。溝通對於技術人員和非技術人員都至關重要。我們經常看到資料團隊能夠基於「與其他利益相關者的溝通」而取得成功；成功或失敗很少是一個技術問題。瞭解如何在組織中穿梭、界定和蒐集需求、控制成本以及不斷學習，這將使你與那些僅依靠技術能力來發展自己職業生涯的資料工程師區分開來。

技術職責

你必須瞭解如何利用預先打包的（prepackaged）或自行開發的（homegrown）組件，建構可以在高層次上優化性能和成本的架構。歸根結柢，架構和組成技術是用來服務資料工程生命週期的構件（building blocks）。讓我們回顧資料工程生命週期的各個階段：

- 產生
- 儲存
- 攝取

- 轉換

- 提供

資料工程生命週期的潛在因素：

- 安全性

- 資料管理

- 資料運營

- 資料架構

- 編排

- 軟體工程

在本節中，我們將稍微深入地討論，作為資料工程師所需的一些戰術性資料和技術技能；在後續章節中，我們將更詳細地討論這些內容。

人們經常問，資料工程師是否應該知道如何編寫程式碼？簡短的答案為：是的。資料工程師應該具有生產級（production-grade）軟體工程的能力。我們注意到，在過去幾年中，資料工程師承擔軟體開發專案的性質，已經從根本上發生了變化。現在，完全託管的服務（fully managed services）已經取代以前需要工程師進行大量低階的程式設計工作，工程師現在使用受託管的開源軟體（managed open source）和簡單之即插即用（plug-and-play）的軟體即服務 （software-as-a-service，SaaS）解決方案。例如，資料工程師現在專注於高層次的抽象化，或在編排框架（orchestration framework）內以程式碼來編寫管道（pipelines）。

即使在更抽象的世界中，軟體工程的最佳實踐仍然提供了競爭優勢，而那些能夠深入研究程式碼基底（codebase）之深層架構細節的資料工程師，可以在出現特定技術需求時，為他們的公司帶來優勢。簡而言之，無法編寫生產級程式碼的資料工程師，將受到嚴重的限制，而且我們不認為這種情況會在短時間內發生改變。資料工程師除了他們的許多其他角色外，仍然是軟體工程師。

資料工程師應該懂哪些程式語言？我們將資料工程的程式語言分為主要和次要類別。在撰寫本文當時，資料工程的主要程式語言包括 SQL、Python、Java 虛擬機（JVM）語言（通常是 Java 或 Scala）和 bash：

SQL

資料庫（databases）和資料湖泊（data lake）最常用的介面。在為大數據的處理編寫自定義之 MapReduce 程式碼的需求被短暫擱置一段時間後，SQL（以各種形式）重新成為資料處理的通用語言。

Python

資料工程和資料科學之間的橋樑語言。有越來越多的資料工程工具是用 Python 編寫的，或者具有 Python 的 API。Python 被稱為「在各方面都是第二好的語言」。Python 是許多流行的資料工具（例如 pandas、NumPy、Airflow、sci-kit learn、TensorFlow、PyTorch 和 PySpark）之基礎。Python 是底層組件的黏著劑，並且經常是與框架進行互動的一流 API 語言。

JVM 語言，例如 Java 和 Scala

在 Apache 開源專案（例如 Spark、Hive 和 Druid）中非常普遍。JVM 的性能通常比 Python 更高，並且可以提供比 Python API 更低階的功能（例如，Apache Spark 和 Beam 就是這種情況）。如果你使用的是流行的開源資料框架，那麼瞭解 Java 或 Scala 將是有益的。

bash

Linux 作業系統的命令列介面（command-line interface 或 CLI）。瞭解 bash 命令並能熟練地使用 CLI，將顯著提高你在需要編寫命令稿或進行作業系統操作時的生產力和工作流程。即使在今天，資料工程師也經常使用 awk 或 sed 之類的命令列工具來處理資料管道（data pipeline）中的檔案或從編排框架（orchestration frameworks）來調用 bash 命令。如果你使用的是 Windows 作業系統，也可以使用 PowerShell 來代替 bash。

SQL 非尋常的有效性

MapReduce 的出現和大數據時代的到來，使 SQL 被視為過時的技術。從那以後，各種發展極大地增強了 SQL 在資料工程生命週期中的實用性。Spark SQL、Google BigQuery、Snowflake、Hive 和許多其他資料工具，可以使用聲明式（declarative）、集合論的（set-theoretic）SQL 語義來處理大量資料。SQL 也受到許多串流框架（streaming frameworks）的支援，例如

Apache Flink、Beam 和 Kafka。我們認為，有能力的資料工程師應該高度精通 SQL。

我們是否提到 SQL 是萬能的語言？絕對不是。但 SQL 是一個強大的工具，可以快速解決複雜的分析和資料轉換問題。對資料工程團隊的產能而言，時間是主要的限制因素，因此工程師應該採用結合簡單性和高生產力的工具。資料工程師還應該在組合 SQL 與其他操作（無論是在 Spark 和 Flink 之類的框架內，還是透過編排來結合多個工具）方面發展專業知識。資料工程師還應該學習處理 JSON（JavaScript Objcct Notation）解析和嵌套資料的現代 SQL 語義，並考慮利用 SQL 管理框架，例如 dbt（Data Build Tool）（*https://www.getdbt.com*）。

一位熟練的資料工程師還應該能夠判斷 SQL 何時不是適合的工具，並且可以選擇合適的替代方案來進行撰碼。一位精通 SQL 的專家可能會編寫一個查詢，來對自然語言處理（natural language processing，NLP）管道中的原始文字進行詞幹提取（stem）和分詞（tokenize），但他們也會意識到使用原生 Spark 進行撰碼是遠比這種自虐式練習要優越的替代方案。

資料工程師可能還需要掌握其他次要的程式設計語言，包括 R、JavaScript、Go、Rust、C / C++、C# 和 Julia。當這些語言在整個公司內部流行或與特定領域的資料工具一起使用時，通常需要使用這些語言進行開發。例如，JavaScript 已被證明是雲端資料倉儲（cloud data warehouses）中用戶自定義函式的熱門語言。同時，在利用 Azure 和 Microsoft 生態系統的公司中，C# 和 PowerShell 也是必不可少的。

在快速發展的領域中保持步伐

當新技術來勢洶洶，如果你不成為推動它的力量，那你就會淪為它的犧牲品。

— Stewart Brand（斯圖爾特·布蘭德）

你如何在資料工程這樣瞬息萬變的領域中保持技能的熟練度？你應該專注於最新的工具，還是深入研究基礎知識？以下是我們的建議：專注於基本原理，以瞭解哪些內容不會改變；關注當前的發展動態，以瞭解該領域的發展方向。新的範疇和作法經常被引入，而你有責任保持最新狀態。努力瞭解新技術在生命週期中將如何發揮作用。

資料工程角色的分類，A 型與 B 型

儘管職位描述（job descriptions）將資料工程師描繪成必須具備各種可想像之資料技能的「獨角獸」，但資料工程師並非都從事相同類型的工作或具有相同的技能集（skill set）。資料成熟度（data maturity）是瞭解公司在提高其資料能力時將面臨的資料挑戰類型的有用指南。觀察工程師之工作類型的一些關鍵區別是有益的。雖然這些區別過於簡化，但它們澄清了資料科學家和資料工程師的工作內容，並避免了將任何一個角色歸入獨角獸類別。

在資料科學中，有 A 型和 B 型資料科學家的概念[10]。*A 型資料科學家*（*type A data scientists*）── 其中 A 代表分析（*analysis*）── 專注於瞭解資料並從中獲得見解。*B 型資料科學家*（*type B data scientists*）── 其中 B 代表建構（*building*）── 與 A 型資料科學家具有相似的背景，並擁有強大的程式設計技能。B 型資料科學家負責建構使資料科學在生產環境中發揮作用的系統。借用這種資料科學家的分類概念，我們將為兩種類型的資料工程師建立類似的區別：

A 型資料工程師

A 代表抽象（*abstraction*）。A 型資料工程師會避免進行重複的繁重工作，盡可能使資料架構保持抽象和簡單，不重新發明輪子。A 型資料工程師主要透過使用完全現成的產品、受託管的服務以及工具來管理資料工程生命週期。A 型資料工程師存在於各行各業、各種資料成熟度的公司。

10　見 Robert Chang（羅伯特・張）於 Medium 發表的文章〈Doing Data Science at Twitter〉（在 Twitter 上進行資料科學），發表於 2015 年 6 月 20 日，*https://oreil.ly/xqjAx*。

B 型資料工程師

B 代表建構（*build*）。B 型資料工程師會建構能夠擴展並利用公司核心能力和競爭優勢的資料工具和系統。在資料成熟度範圍內，B 型資料工程師更常見於處在第 2 和第 3 階段（利用資料進行擴展和發揮領導作用）的公司，或者當初始資料用例如此獨特且至關重要，以致於需要自行定義資料工具來展開工作。

A 型和 B 型資料工程師可能在同一家公司工作，甚至可能是同一個人！更常見的情況是，首先聘請 A 型資料工程師來奠定基礎，然後學習 B 型資料工程師的技能集（skill sets），或根據公司內部的需要僱用 B 型資料工程師。

組織內部的資料工程師

資料工程師並不是獨自工作的。根據他們正在從事的工作，他們將與技術人員和非技術人員互動，並面對不同的方向（內部和外部）。讓我們探討一下資料工程師在組織內部的工作以及他們與誰互動。

面對內部與面對外部的資料工程師之區別

一位資料工程師服務多個終端用戶，並面對許多內部和外部的問題（圖 1-9）。由於並非所有資料工程的工作量和職責都相同，因此瞭解資料工程師為誰提供服務至關重要。根據終端使用案例，資料工程師的主要職責可能是面對外部、面對內部或兩者的混合。

圖 1-9　資料工程師所面對的問題

面對外部的（*external-facing*）資料工程師通常與面對外部之應用程式（例如，社交媒體應用程式、物聯網（Internet of Things，IoT）設備和電子商務平台）的用戶存在協調一致的關係。這類資料工程師負責設計、建構和管理從這些應用程式中蒐集、保存以及處理交易和事件資料的系統。這些資料工程師所建構的系統，具有從應用程式到資料管道，然後再回到應用程式的反饋迴圈（圖 1-10）。

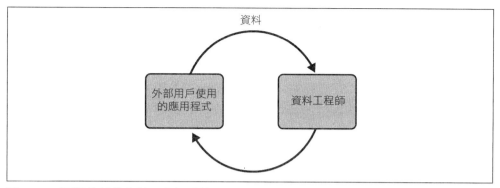

圖 1-10　面對外部的資料工程師系統

面對外部的資料工程帶來了一系列獨特的挑戰。面對外部的查詢引擎通常需要處理比面對內部之系統承受更大的並行負載（concurrency loads）。工程師還需要考慮對用戶可以運行的查詢進行嚴格限制，以限制任何單一用戶對基礎架構的影響。此外，對於外部查詢來說，安全性是一個更加複雜和敏感的問題，特別是如果查詢的資料是多租戶（來自許多客戶的資料並保存在單一資料表中）的情況下。

面對內部的資料工程師（*internal-facing data engineer*）通常專注於對企業和內部利益相關者的需求至關重要的活動（圖 1-11）。例如為 BI 儀錶板、報告、業務流程、資料科學和機器學習（ML）模型建立，並維護資料管道（data pipelines）和資料倉儲（data warehouses）。

圖 1-11　面對內部的資料工程師

面對外部和面對內部的職責通常是混在一起的。實際上，面對內部的資料通常是面對外部的資料之前提。資料工程師擁有兩組用戶，他們對查詢並行性、安全性等方面有非常不同的要求。

資料工程師和其他技術角色

實際上，資料工程的生命週期涉及許多責任領域。資料工程師處於各種角色的交集處，直接或透過管理者與許多組織單位進行互動。

讓我們看看資料工程師可能會對誰造成影響。在本節中，我們將討論與資料工程相關的技術角色（圖 1-12）。

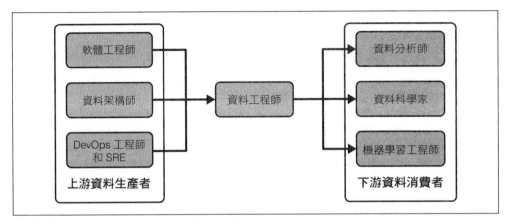

圖 1-12　資料工程的關鍵技術利益相關者

資料工程師是資料生產者（*data producers*）——例如軟體工程師、資料架構師和開發運營（DevOps）工程師或網站可靠性工程師（SREs）——與資料消費者（*data consumers*）——例如資料分析師、資料科學家和機器學習工程師——之間的樞紐。此外，資料工程師將與運營角色（例如，DevOps工程師）互動。

考慮到新的資料角色出現的速度（例如，分析師和機器學習工程師），這絕不是一個詳盡的清單。

上游利益相關者

要成為一名成功的資料工程師，你需要瞭解正在使用或設計的資料架構以及產生你所需資料的來源系統。接下來，我們將討論一些熟悉的上游利益相關者：資料架構師、軟體工程師和 DevOps 工程師。

資料架構師。　資料架構師（*data architects*）功能的抽象層次略高於資料工程師。資料架構師負責為組織的資料管理設計藍圖、規劃流程和整體資料架構及系統[11]。同時，他們也充當組織的技術和非技術方面之間的橋樑。成功的資料架構

11　見 Paramita (Guha) Ghosh（帕拉米塔（古哈）戈什）於 Dataversity 網站所發表的文章〈Data Architect vs. Data Engineer〉（資料架構師與資料工程師的區別），2021 年 11 月 12 日，*https://oreil.ly/TlyZY*。

師通常擁有豐富的工程經驗，這讓他們能夠指導和協助工程師，同時成功地將工程上的挑戰傳達給非技術的業務利益相關者。

資料架構師負責實施跨不同業務單位和部門的資料管理策略，指導整個組織的戰略，比如資料管理和資料治理，並引導重大計畫。資料架構師通常在雲端遷移（cloud migrations）和全新雲端設計（greenfield cloud design）中扮演核心角色。

雲端的出現改變了資料架構和資料工程之間的界限。雲端資料架構比本地系統更加靈活，因此傳統上需要廣泛研究、較長的準備時間、採購合約和硬體安裝的架構決策，現在通常在實施過程（implementation process）中就進行，成為整個策略中的一個步驟。儘管如此，資料架構師在企業中仍將是具有影響力的專家，與資料工程師攜手合作，共同確定架構實踐和資料策略的大局。

根據公司的資料成熟度和規模，資料工程師可能會與資料架構師的職責重疊或承擔相同的職責。因此，資料工程師應該對架構的最佳實踐和方法有很好的瞭解。

請注意，我們已將資料架構師放在上游利益相關者（upstream stakeholders）的範疇中。資料架構師通常會協助設計應用程式資料層，這些資料層是資料工程師的資料來源。架構師也可能在資料工程生命週期的各個其他階段與資料工程師互動。我們將在第 3 章中介紹「良好」的資料架構。

軟體工程師。 軟體工程師負責建構運行企業的軟體和系統；他們主要負責產生資料工程師將要使用和處理的內部資料（internal data）。由軟體工程師建構的系統通常會產生應用程式事件資料和日誌，這些資料本身就是重要的資產。這些內部資料與從 SaaS 平台或合作夥伴企業中獲取的外部資料（external data）形成對比。在運行良好的技術組織中，軟體工程師和資料工程師從新專案的開始就協調合作，設計應用程式資料以供分析和機器學習應用程式使用。

資料工程師應該與軟體工程師合作，瞭解產生資料的應用程式、所產生的資料數量、頻率和格式，以及任何其他將影響資料工程生命週期的因素，例如資料安全性及合規性（regulatory compliance）。例如，這可能意味著，對軟體工程師展開工作的需求設定上游的期望。資料工程師必須與軟體工程師密切合作。

開發運營工程師和網站可靠性工程師。　開發運營（DevOps）工程師和網站可靠性工程師（SREs）通常會透過運營監控來產生資料。我們將他們歸類為資料工程師的上游，但他們也可能位於下游，透過儀錶板消費資料，或直接與資料工程師互動，以協調資料系統的操作。

下游利益相關者

資料工程的存在是為了服務下游資料消費者和使用案例。本節將討論資料工程師如何與各種下游角色互動。我們還將介紹一些服務模型，包括集中式資料工程團隊和跨職能團隊。

資料科學家。　資料科學家會建構前瞻性（forward-looking）模型，以進行預測和提出建議。然後，根據即時資料（live data）對這些模型進行評估，以各種方式提供價值。例如，模型評分（model scoring）可能根據即時條件（real-time conditions）確定自動操作，根據客戶當前互動期間（session）的瀏覽歷史記錄（browsing history）向客戶推薦產品，或者進行交易員（traders）使用的即時經濟預測（live economic predictions）。

根據普遍的行業傳聞，資料科學家花費 70% 到 80% 的時間蒐集、清理和準備資料 [12]。根據我們的經驗，這些數字通常反映了不成熟的資料科學和資料工程作法。特別是，許多流行的資料科學框架，如果不能適當擴展，可能會成為瓶頸。僅在單一工作站上工作的資料科學家，會強迫自己對資料進行採樣，這使得資料的準備變得更加複雜，並可能會損害他們所產生之模型的品質。此外，本地開發的程式碼和環境，通常難以部署到生產環境，並且缺乏自動化，這嚴重阻礙了資料科學的工作流程。如果資料工程師有做好自己的工作並成功協作，那麼資料科學家就不應該在最初的探索工作之後花時間蒐集、清理和準備資料。資料工程師應盡可能地自動化這項工作。

---

[12] 這個概念有各種參考資料。儘管這種陳詞濫調廣為人知，但在不同的環境下，關於它的有效性已經出現了健康的辯論。更詳細的資訊，請參閱 Leigh Dodds 的文章〈Do Data Scientists Spend 80% of Their Time Cleaning Data? Turns Out, No?〉（資料科學家是否花費 80% 的時間清理資料？事實證明，不是嗎？），2020 年 1 月 31 日發表於 Lost Boy blog（迷失男孩的部落格），*https://oreil.ly/szFww*；以及 Alex Woodie 的文章〈Data Prep Still Dominates Data Scientists'Time, Survey Finds〉（調查發現，資料的準備仍然佔據資料科學家大部分的時間），2020 年 7 月 6 日發表於 Datanami 網站，*https://oreil.ly/jDVWF*。

讓資料科學的解決方案能夠在實際生產環境中使用（production-ready data science）的需求，是資料工程專業崛起的重要驅動力。資料工程師應該幫助資料科學家將解決方案部署到實際的生產環境。事實上，我們（作者）在認識到這一基本需求後，從資料科學轉向了資料工程。資料工程師致力於提供資料自動化和規模化，進而使資料科學更加高效。

資料分析師。　資料分析師（或業務分析師）致力於瞭解業務的績效和趨勢。資料科學家具有前瞻性，而資料分析師通常關注過去或現在。資料分析師通常在資料倉儲（data warehouse）或資料湖泊（data lake）中運行 SQL 查詢。他們還可能利用電子表格進行計算和分析，以及使用各種 BI（商業智慧）工具，例如 Microsoft Power BI、Looker 或 Tableau。資料分析師是他們經常處理的資料領域專家，並且非常熟悉資料定義、特徵和品質問題。資料分析師的典型下游客戶是業務用戶、管理層和執行長。

資料工程師與資料分析師合作，為業務所需的新資料來源建構管道。資料分析師於特定領域的專業知識在提高資料品質方面非常有價值，他們經常以這種角色與資料工程師合作。

機器學習工程師和 AI 研究人員。　機器學習（ML）工程師與資料工程師（data engineers）及資料科學家（data scientists）有重疊的部分。ML 工程師負責開發先進的 ML 技術、訓練模型以及設計和維護在規模化生產環境（scaled production environment）[譯註 1] 中運行 ML 流程的基礎架構。ML 工程師通常具有 ML 和深度學習（deep learning）技術以及框架（例如 PyTorch 或 TensorFlow）的先進工作知識。

機器學習（ML）工程師還瞭解運行這些框架所需的硬體、服務和系統，無論是用於模型訓練還是在生產規模（production scale）[譯註 2] 上進行模型部署。通常，ML 流程在雲端環境中運行，ML 工程師可以按需要啟動和擴展基礎架構資源，也可以依賴託管服務（managed services）。

譯註 1　規模化生產環境（scaled production environment）係指將應用程式部署到可以處理大量用戶和流量的生產環境。

譯註 2　生產規模（production scale）係指在實際生產環境中的規模化應用。

正如我們之前提到的，機器學習（ML）工程、資料工程和資料科學之間的界限是模糊不清的。資料工程師可能對 ML 系統承擔一些運營責任，而資料科學家可能會與 ML 工程師密切合作，設計先進的 ML 流程。

機器學習（ML）工程的世界正在迅速擴大，並且與資料工程領域中出現的許多發展相呼應。幾年前，人們對 ML 的關注集中在如何建構模型上，而現在 ML 工程越來越強調結合機器學習運營（machine learning operations，MLOps）的最佳實踐方法，以及軟體工程和開發運營（DevOps）之前採用的其他成熟方法。

人工智慧（AI）研究人員致力於開發先進的 ML 新技術。他們可能在大型科技公司、專門的智慧財產權初創公司（例如 OpenAI、DeepMind）或學術機構中工作。一些從業者在公司內部兼顧 ML 工程職責的同時，還致力於研究工作。那些在專門的 ML 實驗室工作的人，通常 100% 致力於研究工作。所研究的問題可能針對即時的實際應用或更抽象的 AI 演示。DALL-E、Gato AI、AlphaGo 以及 GPT-3/GPT-4 是 ML 研究專案的很好例子。考慮到 ML 的發展速度，這些例子在幾年後很可能會顯得過時。我們在第 36 頁的「其他資源」中提供了一些參考資料。

在資金充足的組織中，AI 研究人員高度專業化，並與工程師支援團隊合作以促進他們的工作。在學術界中，ML 工程師通常資源較少，但依靠研究生、博士後研究員和大學工作人員的團隊來提供工程支援。部分時間從事研究的 ML 工程師通常依靠相同的支援團隊進行研究和生產。

資料工程師和企業領導層

我們已經討論了資料工程師與哪些技術角色有互動。但資料工程師還可以在更廣泛的範疇中作為組織協調者（organizational connectors）的角色，通常以非技術層的方式。企業已越來越依賴資料作為許多產品的核心部分或產品本身。資料工程師現在參與策略規劃，並主導超越 IT 範疇的重要計畫。資料工程師通常透過在業務和資料科學 / 分析之間充當聯繫人來支援資料架構師的工作。

C 級管理層的資料

C 級高階主管（C-level executive）^{譯註}越來越多地參與資料和分析工作，因為這些被認為是現代企業的重要資產。例如，現在 CEO 們關注的是曾經只屬於 IT 部門的計畫，例如雲端遷移或部署新的客戶資料平台。

首席執行官。 非科技公司的首席執行官（Chief executive officer 或 CEO）不會涉及資料框架和軟體的細節。相反地，他們會與技術 C 級主管和公司負責資料的領導者合作，一起確定願景。資料工程師提供了瞭解資料可能性的窗口。資料工程師及其管理者維護著一張地圖，指出組織內部和第三方在什麼時間範圍內可以獲得哪些資料。他們還負責與其他工程角色合作研究主要的資料架構異動。例如，資料工程師通常在雲端遷移、遷移到新的資料系統或串流技術部署方面扮演重要角色。

首席資訊官。 首席資訊官（chief information officer 或 CIO）是負責組織內資訊技術的 C 級高階主管；這是一個面對內部的角色。CIO 必須具備資訊技術和業務流程的深厚知識，兩者缺一不可。CIO 負責指導資訊技術組織，制定持續的政策，同時在 CEO 的指導下定義和執行重大計畫。

在具有良好資料文化的組織中，CIO 通常會與資料工程領導層合作。如果一個組織的資料成熟度（data maturity）不是很高，CIO 通常會幫忙塑造其資料文化。CIO 將與工程師和架構師合作，制定重大計畫，並做出採用重要架構元素的策略性決定，例如企業資源規劃（enterprise resource planning，ERP）和客戶關係管理（customer relationship management，CRM）系統、雲端遷移、資料系統和面對內部的 IT。

首席技術官。 首席技術官（chief technology officer，CTO）類似於 CIO，但面對外部。CTO 負責外部應用程式（例如 mobile、Web apps 和 IoT）的關鍵技術策略和架構，這些都是資料工程師的重要資訊來源。CTO 可能是一位熟練的技術專家，並且對軟體工程基礎知識和系統架構有很好的瞭解。在一些沒有 CIO 的組織中，由 CTO 或有時是首席運營官（chief operating officer，COO）扮演 CIO 的角色。資料工程師通常直接或間接透過 CTO 進行報告。

譯註　C-level executive 是指公司最高層管理團隊中的管理人員，包括 CEO、CIO、CTO 等等。

首席資料官。　首席資料官（chief data officer，CDO）是在 2002 年由 Capital One 創建的，因為認識到資料作為業務資產（business asset）的重要性日益增加。CDO 負責管理公司的資料資產（data assets）和策略。CDO 專注於資料的商業效用，但也應該具備強大的技術基礎。CDO 負責監督資料產品、策略、計畫和核心功能，例如主資料管理（master data management）和隱私保護。有時，CDO 也會管理業務分析和資料工程。

首席分析官。　首席分析官（chief analytics officer，CAO）是 CDO 角色的一種變體。在這兩種角色同時存在的情況下，CDO 專注於交付資料所需的技術和組織。CAO 負責業務的分析、策略和決策。CAO 可能監督資料科學和 ML，但這在很大程度上取決於公司是否有 CDO 或 CTO 角色。

首席演算法官。　首席演算法官（chief algorithms officer，CAO-2）是 C 級管理層中一個新興的職位，這是一個高度技術化的角色，專注於資料科學和機器學習（ML）。CAO-2 通常具有在資料科學或 ML 專案中擔任個人貢獻者和團隊領導的經驗。他們通常具有 ML 研究背景和相關的高等學位。

CAO-2 應該熟悉當前的 ML 研究，並對公司的 ML 計畫有深入的技術知識。除了創建業務計畫外，他們還提供技術領導力、制定研究和發展議程，並建構研究團隊。

資料工程師和專案經理

資料工程師經常參與重大的計畫，可能跨越多年的時間。在我們撰寫本書的同時，許多資料工程師正在進行雲端遷移（cloud migrations），將資料管道和資料倉儲遷移到下一代資料工具。有些資料工程師正在展開全新的專案（greenfield projects），透過從數量驚人的最佳架構和工具選項中進行選擇，從頭開始建構新的資料架構。

這些大型計畫通常受益於專案管理（相對於下面討論的產品管理）。而資料工程師是在基礎架構和服務交付能力方面發揮作用，專案經理則負責指揮流量並充當看門人。大多數專案經理都會遵循敏捷（Agile）和 Scrum 的某種變體，偶爾會出現瀑布模型。業務永不停息，業務利益相關者通常有很多重要的事項需要處理和新計畫需要啟動。專案經理必須過濾一長串請求，優先處理關鍵的可交付成果，以保持專案正常進行，並更好地為公司服務。

資料工程師與專案經理互動，通常會規劃專案的開發週期（sprints）^{譯註}，以及開發週期後續的站立會議（standups）。雙方之間會有回饋，資料工程師向專案經理和其他利益相關者通報進度和障礙，而專案經理則需要平衡技術團隊的節奏與企業不斷變化的需求。

資料工程師和產品經理

產品經理負責監督產品開發，他們通常需要擁有產品線（product lines）。就資料工程師而言，這些產品稱為資料產品（*data products*）。資料產品可以從頭開始建構，也可以是對現有產品的漸進改進。隨著企業界開始將資料置於核心位置，資料工程師與產品經理（*product managers*）的互動越來越頻繁。與專案經理一樣，產品經理需要平衡技術團隊的活動與客戶和企業的需求。

資料工程師和其他管理角色

除了專案和產品經理，資料工程師還會與其他各種經理進行互動。然而，這些互動通常遵循服務模型或跨職能模型。資料工程師可能作為一個集中式團隊來為各種請求提供服務，也可能作為一個資源被指派給特定的經理、專案或產品而展開工作。

如果需要關於資料團隊及其結構的更多資訊，我們建議閱讀 John Thompson（約翰．湯普森）的《*Building Analytics Teams*》（建構分析團隊）（Packt 出版）和 Jesse Anderson（傑西．安德森）的《*Data Teams*》（資料團隊）（Apress 出版）。這兩本書提供了強大的框架和觀點，說明了高階主管在資料方面的角色、如何招聘員工以及如何為你的公司建構最有效的資料團隊。

公司僱用工程師不是為了讓他們獨自開發程式碼。為了配得上他們的頭銜，工程師應該深入瞭解他們負責解決的問題、他們可以使用的技術工具以及與他們一起工作和服務的人。

譯註　sprints 指的是一種敏捷式開發的開發週期。

結語

本章為你提供了資料工程領域的簡要概述，包括：

- 定義資料工程並描述資料工程師的工作內容
- 描述公司的資料成熟度類型
- A 型和 B 型資料工程師
- 資料工程師跟誰合作

我們希望第一章能夠激發你的興趣，無論你是軟體開發從業者、資料科學家、機器學習工程師、業務利益相關者、企業家還是風險投資家。當然，在隨後的章節中仍有許多內容需要說明。第 2 章將介紹資料工程生命週期，而第 3 章則會介紹架構。接下來的章節將深入探討生命週期每個部分的技術決策細節。整個資料領域都在不斷變化，因此每一章都盡可能關注不變的（*immutables*）基本觀點——在無盡的變化中，這些觀點的有效性將持續多年。

其他資源

- 〈The AI Hierarchy of Needs〉（AI 需求層次結構），作者：Monica Rogati（*https://oreil.ly/1RJOR*）
- AlphaGo 研究網頁（*https://oreil.ly/mNB6b*）
- 〈Big Data Will Be Dead in Five Years〉（五年後大數據將消失），作者：Lewis Gavin（*https://oreil.ly/R2Rus*）
- 《*Building Analytics Teams*》（建構分析團隊），作者：John K. Thompson（Packt 出版）
- 《*What Is Data Engineering?*》（資料工程是什麼？）的第一章，作者：Lewis Gavin（O'Reilly 出版）
- 〈Data as a Product vs. Data as a Service〉（資料即產品與資料即服務的區別），作者：Justin Gage（*https://oreil.ly/iOUug*）
- 《*Data Engineering: A Quick and Simple Definition*》（資料工程：一個快速簡單的定義）（*https://oreil.ly/eNAnS*），作者：James Furbush（O'Reilly 出版）
- 《*Data Teams*》（資料團隊），作者：Jesse Anderson（Apress 出版）

- 〈Doing Data Science at Twitter〉（在 Twitter 上進行資料科學），作者：Robert Chang（*https://oreil.ly/8rcYh*）

- 〈The Downfall of the Data Engineer〉（資料工程師的衰落），作者：Maxime Beauchemin（*https://oreil.ly/qxg6y*）

- 〈The Future of Data Engineering Is the Convergence of Disciplines〉（資料工程的未來是學科的融合），作者：Liam Hausmann（*https://oreil.ly/rDiqj*）

- 〈How CEOs Can Lead a Data-Driven Culture〉（CEO 如何引領資料驅動的文化），作者：Thomas H. Davenport 和 Nitin Mittal（*https://oreil.ly/7Kp6R*）

- 〈How Creating a Data-Driven Culture Can Drive Success〉（如何創建一個可以促進成功的資料驅動文化），作者：Frederik Bussler（*https://oreil.ly/UgzIZ*）

- 〈The Information Management Body of Knowledge〉（資訊管理知識體系）網站 （*https://www.imbok.org/*）

- 〈Information Management Body of Knowledge〉（資訊管理知識體系）維基百科頁面（*https://oreil.ly/Jk0KW*）

- 〈Information Management〉（資訊管理）維基百科頁面（*https://oreil.ly/SWj8k*）

- 《*On Complexity in Big Data*》（關於大數據中的複雜性）（*https://oreil.ly/r0jkK*），作者：Jesse Anderson（O'Reilly 出版）

- 〈OpenAI's New Language Generator GPT-3 Is Shockingly Good—and Completely Mindless〉（OpenAI 的新語言生成器 GPT-3 令人驚訝地好用——並且完全是無意識的）（*https://oreil.ly/hKYeB*），作者：Will Douglas Heaven

- 〈The Rise of the Data Engineer〉（資料工程師的崛起）（*https://oreil.ly/R0QwP*），作者：Maxime Beauchemin

- 〈A Short History of Big Data〉（大數據簡史）（*https://oreil.ly/BgzWe*），作者：Mark van Rijmenam

- 〈Skills of the Data Architect〉（資料架構師的技能）（*https://oreil.ly/gImx2*），作者：Bob Lambert

- 〈The Three Levels of Data Analysis: A Framework for Assessing Data Organization Maturity〉（資料分析的三個層次：評估資料組織成熟度的框架）（*https://oreil.ly/bTTd0*），作者：Emilie Schario

- 〈What Is a Data Architect? IT's Data Framework Visionary〉（資料架構師是什麼？IT 的資料框架願景先驅者）（*https://oreil.ly/2QBcv*），作者：Thor Olavsrud

- 〈Which Profession Is More Complex to Become, a Data Engineer or a Data Scientist?〉（資料工程師和資料科學家哪一個職業更複雜？）Quora 網站上的討論串（*https://oreil.ly/1MAR8*）

- 〈Why CEOs Must Lead Big Data Initiatives〉（為什麼 CEO 必須領導大數據計畫）（*https://oreil.ly/Zh4A0*），作者：John Weathington

第二章

資料工程生命週期

本書的主要目標是鼓勵你不要把資料工程視為資料技術的特定集合。資料領域正在經歷新資料技術和實踐方法的爆炸式成長，並且不斷提高抽象程度和易用性。由於技術抽象程度的提高，資料工程師將越來越成為資料生命週期工程師（*data lifecycle engineers*），根據資料生命週期管理的原則（*principles*）進行思考和操作。

在本章中，你將瞭解資料工程生命週期（*data engineering lifecycle*）的相關知識，這是本書的核心主題。資料工程生命週期是一個框架，用於描述資料工程「從開始到結束」（cradle to grave）的過程。你還將瞭解資料工程生命週期的潛在因素（undercurrents），它們是支援所有資料工程工作的關鍵基礎。

資料工程生命週期是什麼？

資料工程生命週期包括將原始資料轉化為有用之最終產品的各個階段，以供分析師、資料科學家、機器學習（ML）工程師和其他人員使用。本章將介紹資料工程生命週期的主要階段，重點放在每個階段的核心概念，並把細節保留到後面的章節。

我們將資料工程生命週期分為五個階段（圖 2-1，頂部）：

- 產生（Generation）

- 儲存（Storage）

- 攝取（Ingestion）

- 轉換（Transformation）

- 提供資料（Serving data）

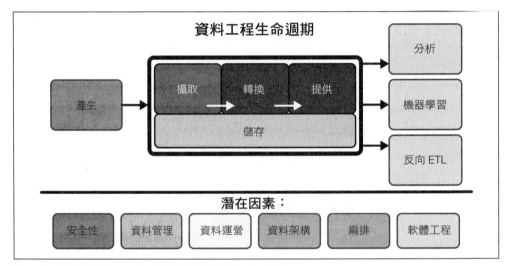

圖 2-1　資料工程生命週期的組成部分和潛在因素

我們透過從來源系統中獲取資料並保存它來開始資料工程生命週期。接下來，我們會對資料進行轉換，然後進行我們的核心目標，將資料提供給分析師、資料科學家、機器學習工程師和其他人員。實際上，因為資料從開始到結束都在流動，儲存在整個生命週期中都會發生——因此，如該圖所示，儲存「階段」（storage "stage"）是支撐其他階段的基礎。

通常，中間階段——儲存、攝取、轉換——可能有些混亂。沒關係。儘管我們將資料工程生命週期拆分成不同部分，但它並不總是一個整潔、連續的流程。生命週期的各個階段可能會重複出現、順序混亂、重疊或以有趣而意想不到的方式交織在一起。

作為基石的是貫穿資料工程生命週期多個階段的潛在因素（*undercurrents*）（圖 2-1，底部）：安全性、資料管理、資料運營（DataOps）、資料架構、編排和軟體工程。沒有這些潛在因素，資料工程生命週期的任何部分都無法充分發揮作用。

資料生命週期與資料工程生命週期的區別

你可能想知道整個資料生命週期和資料工程生命週期之間的區別。此二者之間存在一個微妙的區別。資料工程生命週期是整個資料生命週期的子集（圖 2-2）。完整的資料生命週期涵蓋了資料在整個生命週期中的各個階段，而資料工程生命週期則專注於資料工程師所控制的階段。

圖 2-2　資料工程生命週期是整個資料生命週期的子集

產生：來源系統

來源系統（*source system*）是資料工程生命週期中所使用資料的來源。例如，來源系統可以是 IoT 設備、應用程式訊息佇列或交易資料庫。資料工程師會從來源系統中提取資料，但通常並不擁有或控制來源系統本身。資料工程師需要對來源系統的工作方式、資料的產生方式、資料的產生頻率和速度以及所產生資料的種類有一定的瞭解。

工程師還需要與來源系統的擁有者保持良好的溝通，以瞭解可能會破壞管道（pipelines）和分析的任何變化。應用程式之程式碼可能會更改欄位中資料的結構，或者應用程式團隊甚至可能選擇將後端（backend）遷移到全新的資料庫技術。

資料工程中的一個主要挑戰是，工程師必須使用和瞭解令人眼花繚亂的資料來源系統。為了舉例說明，讓我們看一下兩個常見的來源系統，一個是非常傳統的（應用程式資料庫），另一個是比較新的（IoT swarms（物聯網群集））。

圖 2-3 展示了由一個資料庫支援多個應用程式伺服器的傳統來源系統。這種來源系統模式在 1980 年代隨著關聯式資料庫管理系統（RDBMS）的爆炸性成功而流行起來。「應用程式 + 資料庫」（application + database）模式今日在軟體開發實踐的各種現代演變中仍然很受歡迎。例如，應用程式通常由許多小型的服務／資料庫對（service/database pairs）與微服務（microservices）組成，而不是一個單體式應用程式。

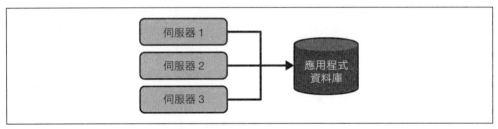

圖 2-3　來源系統範例：應用程式資料庫

讓我們看另一個來源系統的例子。圖 2-4 展示了一個物聯網群集（IoT swarm）：一個由許多設備（圓形）組成的系統，這些設備會向中央收集系統發送資料訊息（矩形）。隨著感測器（sensors）、智慧設備（smart devices）等物聯網設備（IoT devices）在各個領域的應用越來越廣泛，這種物聯網來源系統變得越來越普遍。

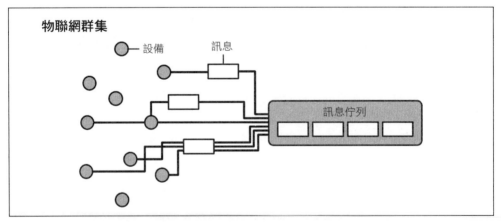

圖 2-4　來源系統範例：物聯網群集和訊息佇列

評估來源系統：關鍵的工程考慮因素

評估來源系統時，需要考慮許多因素，包括系統如何處理資料攝取、狀態和資料產生。以下是資料工程師必須考慮的一組來源系統評估問題：

- 資料來源的基本特徵是什麼？它是一個應用程式，還是一大群物聯網設備？

- 資料如何持久保存在來源系統中？資料是長期保留，還是臨時性的並且會很快被刪除？

- 資料產生的速率是多少？每秒有多少個事件？每小時有多少 GB？

- 資料工程師期望從輸出資料中獲得什麼程度的一致性？如果你對輸出資料執行資料品質檢查，則資料不一致（例如，意外的空值、糟糕的格式設定⋯等等）的發生頻率如何？

- 錯誤多久發生一次？

- 資料是否包含重複內容？

- 某些資料值是否會延遲到達，是否比同時產生的其他訊息晚得多？

- 資料攝取的綱要（schema）是什麼？資料工程師是否需要跨多個資料表或甚至多個系統進行聯接（join），以獲得資料的完整圖像？

- 如果綱要發生變化（例如，添加了新欄位），該如何處理並將其傳達給下游利益相關者？

- 從來源系統提取資料應該多久一次？

- 對於有狀態系統（例如，追蹤客戶帳戶資訊的資料庫），資料是以定期快照（periodic snapshots）的形式提供，還是以異動資料擷取（change data capture，CDC）的更新事件（update events）提供？變更的執行邏輯是什麼，這些變更要如何在來源資料庫中進行追蹤？

- 將資料傳輸給下游消費者的資料提供者是誰／什麼？

- 從資料來源讀取資料是否會影響其性能？

- 來源系統是否有上游資料的依賴性？這些上游系統的特徵是什麼？

- 是否有資料品質檢查過程來檢測延遲或遺漏的資料？

來源產生的資料可供下游系統消費，包括人工產生的電子試算表、物聯網感測器以及 Web 和行動應用程式。每個來源都有其獨特的資料產生量和節奏。資料工程師應該知道來源如何產生資料，包括相關的特徵或細微差別。資料工程師還需要瞭解與他們互動的來源系統之局限性。例如，針對來源應用程式資料庫的分析查詢，是否會導致資源爭用和性能問題？

來源資料（source data）中最具挑戰性的細微差別之一是綱要。綱要（*schema*）定義了資料的層次組織。從邏輯上說，我們可以把資料的層次組織分為整個來源系統、個別的資料表以及各個欄位的結構。來源系統發送的資料的綱要可以透過不同的方式進行各種處理。有兩個常見的選項：無綱要（schemaless）和固定綱要（fixed schema）。

無綱要（*schemaless*）並不表示沒有綱要。相反地，它意味著應用程式在資料被寫入時定義綱要（schema），不論是寫入訊息佇列（message queue）、平面檔案（flat file）、二進位大型物件（Binary Large Object，blob）還是 MongoDB 之類的文件資料庫（document database）。建構在關聯式資料庫儲存（relational database storage）之上的更傳統模型，則使用在資料庫中強制實施的固定綱要（*fixed schema*），應用程式的資料寫入必須符合該綱要。

這兩種模型都給資料工程師帶來了挑戰。資料庫的綱要會隨時間而變化；事實上，在敏捷軟體開發方法中，鼓勵對資料庫的綱要進行修改和擴充。資料工程師職務的一個關鍵部分，是把來源系統綱要中的原始資料輸入轉換為有價值的分析輸出。隨著來源系統綱要的發展，此工作將變得更具挑戰性。

我們將在第 5 章更詳細地介紹來源系統；我們還將分別在第 6 章和第 8 章介紹綱要（schema）和資料建模（data modeling）。

儲存

你需要一個保存資料的地方。選擇儲存解決方案（storage solution）是成功完成資料生命週期（data lifecycle）其餘部分的關鍵，它也是資料生命週期中最複雜的階段之一，原因有很多。首先，雲端中的資料架構（data architectures）通常會利用多種儲存解決方案。其次，很少有資料儲存解決方案僅作為儲存之用，其中許多解決方案支援複雜的轉換查詢；即使是物件儲存解決方案，也可能支援強大的查詢功能，例如 Amazon S3 Select（*https://oreil.ly/XzcKh*）。第三，雖然儲

存是資料工程生命週期的一個階段，但它經常涉及其他階段，例如攝取、轉換和提供。

儲存（storage）涵蓋整個資料工程生命週期，通常出現在資料管道（data pipeline）中的多個地方，儲存系統與來源系統，攝取、轉換和提供（serving）相互交疊。在許多方面，資料的保存方式會影響資料工程生命週期中所有階段的使用方式。例如，雲端資料倉儲（cloud data warehouses）可以保存資料，在管道中處理資料，並將其提供給分析師。Apache Kafka 和 Pulsar 等串流框架（streaming frameworks）可以同時作為訊息的攝取、儲存和查詢系統，而物件儲存則是資料傳輸的標準層。

評估儲存系統：關鍵的工程考慮因素

以下是選擇資料倉儲（data warehouse）、資料湖泊（data lakehouse）、資料庫（database）或物件儲存（object storage）等儲存系統時，需要考慮的幾個關鍵的工程問題：

- 這個儲存解決方案是否與架構所需的讀寫速度相容？

- 儲存是否成為下游流程的瓶頸？

- 你是否瞭解這種儲存技術的工作原理？你是否以最佳方式利用儲存系統，還是在進行不自然的操作？例如，你是否在物件儲存系統中應用了高速率的隨機存取更新操作？（這是一種反模式，會帶來顯著的性能開銷。）

- 這個儲存系統是否能夠應付預期的未來規模？你應該考慮儲存系統的所有容量限制：總可用儲存空間、讀取操作速率、寫入量…等等。

- 下游用戶和流程是否按照所需的「服務水準協議」（service-level agreement，SLA）檢索資料？

- 你是否捕獲了有關綱要演進（schema evolution）、資料流（data flow）、資料沿襲（data lineage）等的中介資料（metadata）？中介資料代表著對未來的投資，能顯著提高資料的可發現性（discoverability）和機構知識（institutional knowledge），進而簡化未來的專案和架構變更。

- 這是一個純粹的儲存解決方案（物件儲存），還是支援複雜的查詢模式（例如，雲端資料倉儲）？

- 儲存系統是否與綱要無關（例如，物件儲存）？是否使用彈性綱要（例如，Cassandra）？是否使用強制綱要（例如，雲端資料倉儲）？

- 你如何追蹤主要資料（master data）、黃金記錄資料品質（golden records data quality）和資料沿襲（data lineage）以進行資料治理（data governance）？（關於這個問題，我們在第 58 頁的「資料管理」中有更多的說明。）

- 你如何處理法規遵循（regulatory compliance）和資料主權（data sovereignty）問題？例如，你是否可以將資料儲存在特定的地理位置而不是其他地方？

瞭解資料存取頻率

並非所有資料的存取方式都相同。檢索模式（retrieval pattern）將根據要保存和查詢的資料而有很大的差異。這引出了資料的「溫度」概念。資料存取頻率將決定你的資料的溫度。

最常被存取的資料稱為熱門資料（*hot data*）。熱門資料通常每天被檢索多次，甚至可能每秒被檢索數次——例如，在為用戶請求提供服務的系統中。這些資料應該被保存以便快速檢索（fast retrieval），其中「快速」是相對於使用案例而言。微溫資料（*lukewarm data*）可能每隔一段時間被存取一次，比如說，每週或每月一次。

冷門資料（*cold data*）很少被查詢，適合保存在歸檔系統（archival system）中。冷門資料通常是為了合規性目的或在另一個系統中發生災難性故障的情況下而保留的。在「過去」，冷門資料會被保存在磁帶上，然後運送到遠端的歸檔設施。在雲端環境中，供應商提供了專門的儲存層級，每月的儲存成本非常便宜，但資料檢索價格較高。

選擇儲存系統

你應該使用哪種儲存解決方案？這取決於你的使用案例、資料量、攝取頻率、格式和資料大小——基本上，這些都是前面列出的關鍵考慮因素。沒有放之四海皆準的通用儲存建議。每種儲存技術都有其優缺點。儲存技術種類繁多，當你為資料架構決定最佳選項時，很容易不知所措。

第 6 章將更詳細地介紹儲存的最佳實踐和方法，以及儲存與其他生命週期階段之間的交叉或重疊。

攝取

在瞭解資料來源、你所使用的來源系統之特徵以及資料的保存方式後，你需要蒐集資料。資料工程生命週期的下一階段是從來源系統攝取資料。

根據我們的經驗，來源系統和資料攝取是資料工程生命週期中最重要的瓶頸。來源系統通常不在你的直接控制範圍內，並且可能會隨機變得無回應或提供品質較差的資料。或者，由於多種原因，你的資料攝取服務可能會神祕地停止運作。因此，資料流會停止或提供的資料不足，無法用於儲存、處理和提供。

不可靠的來源和攝取系統，會在整個資料工程生命週期中產生連鎖反應（ripple effect）。但只要你已經回答了關於來源系統的重要問題，那麼你就會處於良好的狀態。

攝取階段的關鍵工程考慮因素

在準備設計或建構系統時，以下是有關資料攝取階段的一些主要問題：

- 我的資料攝取的使用案例有哪些？我是否可以重複使用這些資料，而不是為相同的資料集建立多個版本？

- 系統產生和攝取資料的過程是否可靠，並且當我有需要時，資料是否可用？

- 資料攝取後的目的地是什麼？

- 我需要多久存取一次資料？

- 資料通常以多大的數量到達？

- 資料採用什麼格式？我的下游儲存和轉換系統能否處理這種格式？

- 來源資料是否適合立即在下游使用？如果是，可以使用多久時間，而什麼原因可能導致資料無法使用？

- 如果資料來自串流來源（streaming source），是否需要在資料到達目的地之前進行轉換？在資料流中即時進行轉換是否適當？

這些只是你在攝取資料時需要考慮什麼的一個例子，我們將在第 7 章中介紹這些問題以及更多內容。在離開之前，讓我們簡要介紹一下兩個主要的資料攝取概念：批次與串流的區別（batch versus streaming）以及推送與拉取的區別（push versus pull）。

批次與串流

實際上，我們處理的所有資料，本質上都是串流傳輸的方式（簡稱串流（*streaming*））。資料幾乎總是在其源頭持續產生和更新。批次攝取（*batch ingestion*）只是一種專門且方便的作法，以大型團塊的方式處理此資料流——例如，以單批次（single batch）方式處理一整天的資料。

串流攝取讓我們能夠以連續、即時的方式向下游系統（無論是其他應用程式、資料庫還是分析系統）提供資料。在這裡，即時（或接近即時）意味著資料在產生後的短時間內（例如，不到一秒鐘後）即可供下游系統使用。符合即時條件所需的延遲時間（latency）因領域和要求而異。

批次資料的攝取可以按預定的時間間隔（time interval）或當資料達到預設的大小閾值（size threshold）時進行。批次攝取是單向的：一旦資料被分批處理，下游消費者的延遲時間就會受到固有的限制。由於傳統系統的限制，長久以來，批次處理一直是攝取資料的預設方式。批次處理仍然是一種非常受歡迎的方式，用於攝取資料以供下游使用，尤其是在分析和機器學習領域。

然而，許多系統中將儲存和計算功能分開的作法，以及事件串流處理平台的普及，使得對資料流進行連續處理變得更加容易，且越來越受歡迎。選擇資料處理的方式時，主要取決於使用案例（use case）和對資料及時性（data timeliness）的期望。

批次攝取與串流攝取的關鍵考慮因素

你應該採用串流優先嗎？儘管串流優先方法很有吸引力，但仍有許多權衡需要瞭解和思考。以下是一些問題，可以幫助你確定是否應該選擇串流攝取，而不是批次攝取：

- 如果我即時攝取資料，下游儲存系統能否應付資料流的速度？

- 我是否需要毫秒級的即時資料攝取？還是微批次（micro-batch）的作法（例如，每分鐘積累並攝取資料）更合適？

- 對於串流攝取，我的使用案例是什麼？進行串流處理可以為我帶來哪些具體的好處？如果我即時獲取資料，我可以對該資料採取哪些行動，以改進批次處理的效果？

- 採用串流優先的作法在時間、金錢、維護、停機時間和機會成本方面是否比單純的批次處理更加昂貴？

- 如果基礎設施失效，我的串流管道和系統是否可靠且具有冗餘性？

- 哪些工具最適合我的使用案例？我應該使用託管服務（例如 Amazon Kinesis、Google Cloud Pub/Sub、Google Cloud Dataflow），還是搭建自己的 Kafka、Flink、Spark、Pulsar 等實例？如果我選擇後者，由誰負責管理它？成本和權衡是什麼？

- 如果我要部署一個機器學習模型，及時進行線上預測和可能的持續訓練，會為我帶來哪些好處？

- 我是否從生產環境中運行的一個實例（a live production instance）中獲取資料？如果是這樣，我的攝取過程對這個來源系統有什麼影響？

如你所見，串流優先（streaming-first）似乎是一個好主意，但它並不總是那麼簡單；額外的成本和複雜性是不可避免的。許多出色的攝取框架（ingestion framework）確實可以處理批次和微批次的攝取方式。我們認為，對於許多常見的使用案例，例如模型訓練和每週報告，批次處理是一種絕佳的作法。只有在確定業務使用案例（business use case）可以證明採用批次處理的權衡是合理的之後，才應該採用真正的即時串流處理（real-time streaming）。

推送與拉取的區別

在資料攝取的推送（*push*）模型中，來源系統會把資料寫入到目標系統，無論是資料庫、物件儲存還是檔案系統。在拉取（*pull*）模型中，將從來源系統檢索資料。推送和拉取範式（push and pull paradigms）之間的界限可能相當模糊；資料經常在其通過資料管道的各個階段時，被推送和拉取。

以批次導向（batch-oriented）之攝取工作流程中常用的提取、轉換、載入（extract, transform, load，ETL）流程為例。ETL 的提取（*E*）部分闡明了我們採用的是一種拉取攝取模型。在傳統的 ETL 中，攝取系統會按照固定的時間表（fixed schedule）查詢當前的來源資料表快照（source table snapshot）。在接

下來的章節中，本書將進一步介紹有關 ETL 和提取、載入、轉換（extract, load, transform，ELT）的相關內容。

另一個例子是持續的 CDC（資料異動擷取），這可以透過幾種方式實現。其中一種常見的方法是，每當來源資料庫中有資料列發生異動時便會觸發訊息。此訊息會被推送到一個佇列（queue），而攝取系統會從該佇列中提取它。另一種常見的 CDC 方法是，使用二進位日誌（binary logs），該日誌記錄了對資料庫的每次提交（commit）。資料庫會將其推送到日誌中。攝取系統會讀取日誌，但不會直接與資料庫互動。這幾乎不會給來源資料庫增加額外的負載。某些版本的批次 CDC 使用了拉取（*pull*）模式。例如，在基於時間戳記（timestamp-based）的 CDC 中，攝取系統會查詢來源資料庫，並拉取自上次更新以來發生異動的資料列。

採用串流攝取（streaming ingestion）時，資料會繞過後端資料庫，直接推送到一個端點，通常由事件串流處理平台（event-streaming platform）來緩存資料。這種模式對於大量發送感測器資料的 IoT 感測器非常有用。我們不再依靠資料庫來維護當前狀態，而是直接將每個記錄的讀取視為一個事件。這種模式在軟體應用程式中也越來越受歡迎，因為它簡化了即時處理，允許應用程式開發人員為下游分析自定義訊息，大大簡化了資料工程師的工作。

我們將在第 7 章中深入討論攝取的最佳作法和技術。接下來，讓我們轉向資料工程生命週期中的轉換階段（transformation stage）。

轉換

在你攝取並保存資料之後，需要對其進行處理。資料工程生命週期的下一階段是**轉換**（*transformation*），這意味著資料需要從其原始形式轉換為對下游使用案例有用的形式。如果沒有進行適當的轉換，資料將保持原樣，並且對報告、分析或機器學習毫無用處。通常，轉換階段是資料開始為下游用戶的使用創造價值的地方。

攝取完成之後，基本的轉換會立即將資料映射到正確的類型（例如，將所攝取的字串資料轉換為數值和日期），將紀錄轉換為標準格式，並刪除不良的紀錄。轉換的後期階段可能會轉換資料綱要（data schema）並進行正規化處理（normalization）。在下游，我們可以對資料進行大規模的聚合操作（large-scale aggregation）以便產生報告，或對資料進行特徵工程以便用於機器學習過程。

轉換階段的關鍵考慮因素

在考慮資料工程生命週期中的資料轉換時，以下幾點可以提供幫助：

- 轉換的成本和投資回報率（return on investment，ROI）是多少？相關的商業價值是什麼？

- 是否可以將轉換設計得盡可能簡單和自我隔離？

- 這些轉換支援哪些業務規則？

你可以批次轉換資料，也可以在串流處理的過程中轉換資料。如第 47 頁的「攝取」所述，幾乎所有資料都是以連續串流的形式開始的；批次處理只是處理資料流的一種特殊方式。批次轉換非常受歡迎，但隨著串流處理解決方案的日益普及和串流資料量的普遍增加，我們預計串流轉換的受歡迎程度將繼續成長，可能很快就會在某些領域完全取代批次處理。

從邏輯上講，我們將轉換視為資料工程生命週期的一個獨立領域，但實際上生命週期在現實中可能要複雜得多。轉換往往與生命週期的其他階段交織在一起。通常，資料是在來源系統中或在攝取過程中進行轉換的。例如，來源系統可能會在把紀錄轉發到攝取過程之前，對其添加事件時間戳記。或者，在串流管道中的紀錄，可能會在被發送到資料倉儲（data warehouse）之前被「擴充」（enriched），增加額外的欄位和計算。轉換在生命週期的各個階段是無處不在的。資料準備（data preparation）、資料整理（data wrangling）和清理（cleaning）等轉換任務，為資料的終端消費者（end consumers）增添了價值。

業務邏輯是資料轉換的主要驅動力，通常在資料建模（data modeling）中體現。資料將業務邏輯轉換為可重用的元素（例如，一筆銷售意味著「有人以每個 30 美元的價格，從我這裡購買了 12 個相框，總共 360 美元」）。在這種情況下，有人以每個 30 美元的價格購買了 12 個相框。資料建模對於獲得清晰和最新的業務流程至關重要。如果不添加會計規則（accounting rules）的邏輯，那麼僅僅對原始零售交易進行簡單的查看可能沒有用，這樣首席財務官（CFO）就難以清楚地瞭解財務狀況。確保在轉換過程中採用實現業務邏輯的標準作法。

機器學習的資料特徵化（featurization）是另一種資料轉換過程，其目的在提取和增強對訓練「機器學習模型」有用的資料特徵。特徵化可視為一門玄學（dark art），它結合了領域專業知識（用於確定哪些特徵對預測可能是重要的）與豐富的資料科學經驗。對本書來說，重點在於，一旦資料科學家確定了如何對資料進行特徵化，資料工程師就可以在資料管道的轉換階段自動進行特徵化過程。

轉換是一個深奧的主題，在此處的簡短介紹中，我們無法恰如其分地介紹它。第 8 章將深入探討查詢、資料建模以及各種轉換方式和細微差別。

提供資料

你已經到達了資料工程生命週期的最後一個階段。現在，資料已被攝取、保存並轉換為一致且有用的結構，是時候從你的資料中獲取價值了。從資料中「獲取價值」對不同的用戶意味著不同的事情。

資料僅在用於實際目的時才具有價值。未被使用或查詢的資料是無用的。「資料虛榮專案」是企業面臨的一個重大風險。在大數據時代，許多企業追求著虛榮專案，在資料湖泊（data lake）中蒐集大量的資料集，但這些資料集從未以任何有用的方式被消費。雲端時代正在觸發一波新的虛榮專案，這些專案建立在最新的資料倉儲、物件儲存系統和串流處理技術上。資料專案在整個生命週期中必須是有意義的。那麼這些經過精心蒐集、清理和保存的資料之最終商業目的是什麼？

資料提供（data serving）可能是資料工程生命週期中最令人興奮的部分。這就是魔術發生的地方。這是機器學習工程師可以應用最先進的技術的地方。讓我們看一下資料的一些流行用途：分析、機器學習和反向 ETL。

分析

分析是大多數資料工作的核心。一旦你的資料被保存和轉換後，你就可以產生報告或儀錶板，並對資料進行非計畫性的即興分析（ad hoc analysis）。雖然過去大多數分析都包含商業智慧，但現在它還包括其他方面。例如運營分析和嵌入式分析（圖 2-5）。讓我們簡要介紹這些分析的變化。

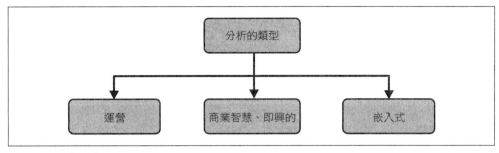

圖 2-5　分析的類型

商業智慧。　BI（商業智慧）就是整理蒐集到的資料，以提供對企業過去和現在狀態的描述和洞察力。BI 需要使用商業邏輯來處理原始資料。需要注意的是，用於分析的資料是資料工程生命週期的各個階段可能會混淆的另一個領域。如前所述，商業邏輯（business logic）通常在資料工程生命週期的轉換階段應用於資料，但一種稱為 logic-on-read（讀取時應用商業邏輯）的方法變得越來越流行。資料以乾淨但相當原始的形式保存著，僅有最少的後處理（postprocessing）商業邏輯。BI 系統維護了一個商業邏輯和定義的儲存庫（repository）。這個商業邏輯用於查詢資料倉儲（data warehouse），以便報告和儀錶板與商業定義（business definitions）保持一致。

隨著企業資料成熟度的提高，企業將從即興資料分析轉向自助式分析，這讓商業用戶無須 IT 干預即可實現資料存取的民主化。實現自助式分析的能力需要假設資料品質夠好，整個組織的人員可以輕鬆存取資料，按照自己的方式對其進行切片和切割，以便更深入瞭解資料。儘管自助式分析在理論上很簡單，但在實務上很難實現。主要原因是資料品質不佳、組織內部的隔閡以及缺乏足夠的資料技能，這些因素常常阻礙了分析的廣泛使用。

運營分析。　運營分析（operational analytic）專注於操作的細節，促使報告的用戶可以立即採取行動。運營分析可以是庫存狀況的即時視圖（live view of inventory），也可以是網站或應用程式運行狀況的即時儀錶板（real-time dashboarding）。在這種情況下，資料是被即時使用的，可以直接從來源系統取得或從串流資料管道（streaming data pipeline）中取得。運營分析中的洞察類型（types of insights）與傳統 BI 不同，因為運營分析專注於當前，不一定涉及歷史趨勢。

嵌入式分析。　你可能想知道為什麼我們將嵌入式分析（面對客戶的分析）與
BI 分開。實際上，在 SaaS（軟體即服務）平台上為客戶提供的分析，具有獨特
的要求和複雜性。內部的 BI 面對的是有限的受眾，通常只呈現少量的統一視圖
（unified views）。存取控制至關重要，但不是特別複雜。存取權限的管理可以
透過少數的角色和存取層級來實現。

嵌入式分析使得報告的請求率急劇上升，對分析系統的負擔也相應增加；存取控
制變得更加複雜且至關重要。企業可能需要向數千或更多客戶提供獨立的分析和
資料。每個客戶都必須看到資料，而且只能看到自己的資料。如果公司內部發生
資料存取錯誤，可能會引起對公司程序的檢討和審查。客戶之間的資料洩漏將被
視為對信任的嚴重破壞，這將引起媒體關注並導致大量客戶流失。要最大程度地
減少與資料洩漏和安全漏洞相關的風險。建議在儲存系統和可能存在資料洩漏風
險的地方，使用租戶級別或資料級別的安全措施。

多租戶

目前許多的儲存和分析系統以不同的方式支援多租戶（multitenancy）。資
料工程師可以選擇將多個客戶的資料保存在共同的資料表中，以便在內部分
析和機器學習中實現統一視圖（unified view）。透過適當定義的控制和過
濾條件，將這些資料以邏輯視圖（logical view）的形式呈現給個別客戶。
資料工程師有責任深入瞭解他們部署的系統中，多租戶的細節，以確保絕對
的資料安全性和隔離。

機器學習

機器學習的崛起和成功是最令人興奮的技術革命之一。一旦組織達到高水準的資
料成熟度，它們就可以確定適合機器學習解決的問題，並著手組建相應的實踐方
法。

資料工程師的職責在分析和機器學習領域有明顯的重疊，而且資料工程、機器
學習工程和分析工程之間的界限可能模糊不清。例如，資料工程師可能需要支
援 Spark 叢集，以促進分析管道和機器學習模型訓練。他們還可能需要提供一
個系統，以協調跨團隊的任務，並支援用於追蹤資料歷史和沿襲的中介資料

（metadata）和編目系統（cataloging systems）。確定這些責任範疇和相應的報告結構是一項關鍵的組織決策。

特徵保存（feature store）是最近開發出來的工具，它結合了資料工程和機器學習工程。特徵保存的設計目的是透過維護特徵的歷史記錄和版本，支援團隊之間的特徵共享，以及提供基本的操作和編排功能（例如，回填）來減輕機器學習工程師的操作負擔。實際上，資料工程師是儲存庫之核心支援團隊的一部分，以支援機器學習工程。

資料工程師應該熟悉機器學習嗎？這確實有助益。無論資料工程、機器學習工程、商業分析等之間的運營邊界如何，資料工程師都應該對其所在團隊的運營知識保持瞭解。優秀的資料工程師應該精通基本的機器學習技術和相關的資料處理需求、公司內部模型的使用案例以及組織各個分析團隊的職責。這有助於保持有效的溝通並促進協作。理想情況下，資料工程師將與其他團隊合作建構單一團隊無法獨立完成的工具。

本書不可能深入介紹機器學習。如果你有興趣瞭解更多資訊，有不斷成長的書籍、影片、文章和社群可以提供支援；我們在第 79 頁的「其他資源」中提供了一些建議。

以下是特定於機器學習之資料提供階段的一些考慮因素：

- 資料的品質是否足以進行可靠的特徵工程？品質要求和評估是與使用資料的團隊密切合作制定的。

- 資料是否具可發現性？資料科學家和機器學習工程師能否輕鬆找到有價值的資料？

- 資料工程和機器學習工程之間的技術和組織界限在哪裡？這個組織問題對於架構具有重要的影響。

- 資料集是否正確地表示了基本事實？它是否存在不公平的偏見？

儘管機器學習（ML）令人興奮，但我們的經驗是，許多公司往往過早地投入其中。在向 ML 投入大量資源之前，花時間建構一個堅實的資料基礎是很重要的。這意味著在整個資料工程和 ML 生命週期中設置最佳系統和架構。通常，最好在轉向 ML 之前先培養分析能力。許多公司就是因為在沒有適當基礎的情況下採取行動，反而粉碎了他們的 ML 夢想。

反向 ETL

反向 ETL 在資料領域一直是實際存在的現象，被視為一種反模式（antipattern），我們不喜歡談論它，也不想給它一個名字。反向 ETL 係從資料工程生命週期的輸出端獲取已處理的資料，並將其反饋到來源系統，如圖 2-6 所示。實際上，這種流程是有益的，而且往往是必要的；反向 ETL 可以讓我們將分析結果、評分模型等等反饋到生產系統或 SaaS 平台中。

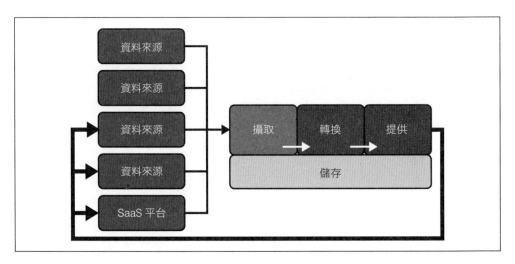

圖 2-6　反向 ETL

在 Google Ads（關鍵字廣告）上投放廣告時，市場分析師可能會使用其資料倉儲中的資料，在 Microsoft Excel 中計算出價金額，然後將此金額上傳到 Google Ads。這個過程通常是完全手動和原始的。

在我們撰寫這本書當時，一些供應商已經接受了反向 ETL 的概念，並針對它建構了產品，例如 Hightouch 和 Census。反向 ETL 作為一種實踐方法仍然處於萌芽狀態，但我們懷疑它將繼續存在。

隨著企業越來越依賴 SaaS（軟體即服務）和外部平台，反向 ETL 變得尤為重要。例如，公司可能希望將特定指標（metrics）從其資料倉儲推送到客戶資料平台或 CRM 系統。廣告平台是另一個日常使用案例，例如 Google Ads。我們預計在反向 ETL 領域會看到更多的活動和發展，並且在資料工程和機器學習工程領域會有一定的重疊。

目前還不確定「反向 ETL」這個術語是否會被廣泛接受。而且這種作法可能會發生變化。一些工程師聲稱，我們可以透過在事件流（event stream）中處理資料轉換，並根據需要將這些事件發送回來源系統，進而消除反向 ETL。這種模式在企業中是否可以被廣泛採用是另一個問題。重點是，轉換後的資料需要以某種方式傳回到來源系統，最好使用與來源系統相關聯的正確沿襲和業務流程。

資料工程生命週期中的主要潛在因素

資料工程正在迅速成熟。過去的資料工程生命週期僅關注技術層面，但隨著工具和實踐方法的不斷抽象和簡化，此關注點已經轉移了。資料工程現在包含的遠不止工具和技術。該領域現在正在朝向價值鏈（value chain）的上游移動，融合了傳統的企業實踐方法（例如，資料管理和成本優化）和較新的實踐方法（例如 DataOps）。

我們將這些實踐方法稱為潛在因素（*undercurrents*）——安全性、資料管理、資料運營（DataOps）、資料架構、編排（orchestration）和軟體工程——它們支援資料工程生命週期的各個方面（圖 2-7）。在本節中，我們將簡要概述這些潛在因素及其主要組成部分，你將在整本書中看到更詳細的內容。

圖 2-7　資料工程的主要潛在因素

安全性

安全性必須是資料工程師的首要考慮因素，而忽視它的人將面臨危險。這就是為什麼安全性是首要潛在因素。資料工程師必須瞭解資料和存取安全性，並遵循最低特權原則。最低特權原則（*https://oreil.ly/6RGAq*）意味著給予用戶或系統僅限於執行預期功能所需的基本資料和資源。資料工程師中常見的反模式，是在缺乏安全經驗的情況下，將管理員權限授予所有用戶。這是一場等待發生的災難！

僅向用戶提供他們完成當前工作所需的存取權限，不要給予多餘的權限。當你只需要使用標準用戶權限就能夠查看可見的檔案時，不要從 root shell 進行操作。在使用權限較低的角色查詢資料表時，不要在資料庫中使用超級用戶的角色。遵循最低權限原則可以預防意外損害，並使你保持安全第一的心態。

人員和組織結構始終是任何公司中最大的安全漏洞。當我們在媒體上聽到重大安全漏洞時，通常會發現公司內部有人忽視了基本的預防措施，成為網路釣魚攻擊的受害者，或者採取了不負責任的行為。資料安全的第一道防線是建立一種貫穿整個組織的安全文化。所有能夠存取資料的個人都必須瞭解他們在保護公司敏感資料及其客戶方面的責任。

資料安全還涉及時間性——僅對確實需要存取資料的人員和系統提供存取權限，並僅在執行工作所需的時間範圍內提供。為保護資料免受非必要可見性的影響，無論資料是在傳輸過程中還是在靜態保存中，都應該使用加密（encryption）、標記化（tokenization）、資料遮罩（data masking）、混淆技術（obfuscation）以及簡單且強大的存取控制措施。

資料工程師必須是能幹的安全管理者，因為安全屬於他們的責任範圍。資料工程師應該瞭解雲端和本地環境的最佳安全實踐方法。瞭解用戶和身份存取管理（identity access management，IAM）的角色、策略、群組、網路安全、密碼策略及加密等知識，是一個不錯的起點。

在整本書中，我們會特別強調在資料工程生命週期的各個階段中，安全性應該是一個重要的關注點。你還可以在第 10 章中獲得更詳細的安全性見解。

資料管理

你可能認為資料管理（data management）聽起來非常…企業化。傳統的資料管理實踐方法已經成為資料和機器學習工程的一部分。舊有的資料管理方式再度興起。資料管理已經存在了數十年，但最近才在資料工程中得到很大的關注。資料工具變得越來越簡單，資料工程師的管理複雜度也相對降低了。因此，資料工程師在價值鏈（value chain）上向著最佳實踐方法的下一個階段邁進。過去只有大型企業才使用的最佳實踐方法——資料治理、主要資料管理、資料品質管理、中介資料管理——現在正開始普及到各種規模和成熟度的企業。正如我們所說，資料工程正在變得更加「企業化」。這終究是一件好事！

國際資料管理協會（Data Management Association International，DAMA）《資料管理知識體系》（*Data Management Body of Knowledge*，*DMBOK*）是企業資料管理的權威書籍，它提供了以下定義：

> 資料管理涵蓋了計畫、策略、方案和實踐方法的開發、執行及監督，目的在整個資料和資訊資產的生命週期中交付、控制、保護和增強資料和資訊資產的價值。

的確，資料管理與資料工程密切相關。資料工程師負責管理資料生命週期，而資料管理則包含了資料工程師將用於技術和策略上完成此項任務的一套最佳實踐方法。如果沒有一個管理資料的框架，資料工程師只是缺乏支援的技術人員。資料工程師需要從更廣泛的視角（從來源系統到最高管理層，以及介於兩者之間的各個環節）來瞭解資料在整個組織中的用途。

為什麼資料管理很重要？資料管理顯示了資料對日常運營的重要性，就像企業把財務資源、成品或房地產視為資產一樣。資料管理實踐方法形成了一個有凝聚力的框架，每個人都可以採用該框架，以確保組織可以從資料中獲取價值，並對其進行適當處理。

資料管理有很多方面，包括：

- 資料治理，包括可發現性和責任制
- 資料建模和設計
- 資料沿襲
- 儲存和操作
- 資料整合和互通性
- 資料生命週期管理
- 用於高級分析和機器分析的資料系統
- 道德和隱私

雖然本書絕不是關於資料管理的詳盡資源，但我們會簡要介紹一下各個領域與資料工程相關的一些要點。

資料治理

根據《*Data Governance: The Definitive Guide*》（資料治理：權威指南）的說法，「資料治理首要是資料管理功能，目的在確保組織所蒐集的資料的品質、完整性、安全性和可用性[1]。」

我們可以進一步擴展該定義：資料治理涉及人員、流程和技術，以最大限度地提高整個組織的資料價值，同時透過適當的安全控制來保護資料。有效的資料治理是有意識地發展起來的，並得到組織的支援。當資料治理是偶然和隨意的時候，副作用的範圍可能從不受信任的資料到安全漏洞以及介於兩者之間的一切問題。有意識地進行資料治理，將最大限度地提高組織的資料能力和從資料中產生的價值。這還有望使公司避免因可疑或極其魯莽的資料實踐方法而登上頭條新聞。

思考一個資料治理做得不好的典型例子。一位業務分析師收到報告請求，但不知道應該使用哪些資料來回答問題。他們可能會花費數小時在交易資料庫中搜尋數十個資料表，瘋狂猜測哪些欄位可能有用。分析師編制了一份「方向正確」的報告，但並不完全確定報告的底層資料是否準確或合理。報告的接收者也質疑資料的有效性。該分析師的可信度以及公司系統中所有資料的完整性都受到質疑。公司對其績效感到困惑，這使業務規劃變得不可能。

資料治理是資料驅動之業務實踐方法的基礎，也是資料工程生命週期中至關重要的一部分。當資料治理做得很好時，人員、流程和技術就會保持一致，把資料視為一個關鍵的業務驅動力；如果出現資料問題，將會迅速獲得處理。

資料治理的核心類別包括可發現性、安全性和可問責性[2]。這些核心類別中還包括子類別，例如資料品質、中介資料和隱私。讓我們依次看一下每個核心類別。

可發現性。　在一個以資料為基礎的公司中，資料必須是可用且**可發現**的。終端用戶應該能夠快速且可靠地存取完成工作所需的資料。他們應該知道資料來自哪裡，它與其他資料的關聯性以及資料的含義。

1　見 Evren Eryurek 等人所著的《*Data Governance: The Definitive Guide*》（資料治理：權威指南）（O'Reilly，2021 年），第 1 章，*https://oreil.ly/LFT4d*。

2　見 Eryurek 所著的《*Data Governance*》（資料治理），第 5 章。

資料可發現性的一些關鍵領域包括中介資料管理（metadata management）和主要資料管理（master data management）。讓我們簡要描述一下這些領域。

中介資料。　中介資料（*metadata*）是「用於描述和解釋資料的資料」，它支撐著資料工程生命週期的每個部分。中介資料正是讓資料可發現和可治理所需的資料。

我們將中介資料分為兩大類：自動產生和人工產生。現代資料工程是圍繞自動化進行的，但中介資料的蒐集通常是手動的，容易出現錯誤。

科技可以協助完成此過程，減少手動中介資料蒐集（manual metadata collection）中容易出錯的工作。我們正見證資料編目、資料沿襲追蹤系統和中介資料管理工具的激增。這些工具可以對資料庫進行爬取（crawl）以查找關聯性，並監控資料管道以追蹤資料的來源和去向。一種低保真度的手動方法是由內部主導的工作，在組織內各方利益相關者共同參與中介資料蒐集。這些資料管理工具在整本書中都有深入的介紹，因為它們在很大程度上影響了資料工程生命週期的各個方面。

中介資料成為資料和資料處理的副產品。然而，一些關鍵挑戰依然存在。特別是，互通性和標準仍然不足。中介資料工具的好壞取決於其與資料系統的連接器及其共享中介資料的能力。此外，自動化中介資料工具不應完全排除人的參與。

資料具有社會要素；每個組織都會在流程、資料集和管道方面積累社會資本和知識。以人為導向的中介資料系統，側重於中介資料的社會層面。這是 Airbnb 在其多篇關於資料工具的部落格文章中強調的內容，特別是其原始的 Dataportal 概念[3]。此類工具應該提供一個地方，用於披露資料擁有者、資料消費者和領域專家。文件和內部 Wiki 工具，為中介資料管理提供了一個關鍵基礎，但這些工具還應該與自動化資料編目（automated data cataloging）整合。例如，資料掃描工具可以產生帶有相關資料物件之連結的 Wiki 頁面。

一旦有了中介資料系統和流程，資料工程師就能夠以有用的方式使用中介資料。中介資料將成為在整個生命週期內設計管道（designing pipelines）和管理資料（managing data）的基礎。

---

[3]　見 Chris Williams 等人的文章〈Democratizing Data at Airbnb〉（Airbnb 上的資料民主化），2017 年 5 月 12 日發表於 Airbnb Tech Blog，*https://oreil.ly/dM332*。

DMBOK 確定了對資料工程師有用之四個主要的中介資料類別:

- 業務中介資料

- 技術中介資料

- 運營中介資料

- 參考中介資料

讓我們簡要介紹每個中介資料類別。

業務中介資料(*business metadata*)涉及資料在業務中的使用方式,包括業務和資料定義、資料規則和邏輯、資料的使用方式和位置,以及資料的擁有者。

資料工程師使用「業務中介資料」來回答有關是誰(who)、做什麼(what)、在哪裡(where)以及如何(how)的非技術性問題。例如,一個資料工程師可能負責為客戶銷售分析(customer sales analysis)建立資料管道。但何謂客戶?是指在最近 90 天內有購買紀錄的人嗎?還是指在業務開放的任何時間內有購買紀錄的人?資料工程師將使用正確的資料來引用業務中介資料(資料字典或資料編目)以查找「客戶」是如何定義的。業務中介資料為資料工程師提供了正確的情境和定義,以便正確使用資料。

技術中介資料(*technical metadata*)描述了在整個資料工程生命週期中由系統建立和使用的資料。它包括資料的模型(model)和綱要(schema)、資料沿襲(data lineage)、欄位映射(field mappings)和管道工作流程(pipeline workflows)。資料工程師將使用「技術中介資料」來建立、連接和監控資料工程生命週期中的各種系統。

以下是資料工程師常使用的一些技術中介資料類型:

- 管道中介資料(通常在編排系統中產生)

- 資料沿襲

- 綱要

編排（orchestration）是一個中央樞紐（central hub）用於協調跨系統的工作流程。在編排系統中捕獲的管道中介資料（*pipeline metadata*）提供了工作流程時間表（workflow schedule）、系統和資料依賴關係、組態、連接細節等的詳細資訊。

資料沿襲中介資料（*data-lineage metadata*）用於追蹤資料的來源和異動，以及其隨時間的推移所產生的依賴關係。當資料流經資料工程生命週期時，它會因為轉換和與其他資料組合而發生演變。資料沿襲提供了資料演變的審計線索。

綱要中介資料（*schema metadata*）描述了保存在資料庫、資料倉儲、資料湖泊或檔案系統等系統中之資料的結構；它是區分不同儲存系統的主要特徵之一。例如，物件保存（object stores）並不管理綱要中介資料；而是必須在 *metastore* 中進行管理。另一方面，雲端資料倉儲則是在內部管理綱要中介資料。

這些只是資料工程師應該瞭解之技術中介資料的幾個例子。這並不是一個完整的清單，我們在整本書中會介紹技術中介資料的其他方面。

運營中介資料（*operational metadata*）描述了各種系統的運營結果，包括關於流程（processes）、作業識別碼（job IDs）、應用程式執行時期日誌（application runtime logs）、流程中使用的資料以及錯誤日誌（error logs）的統計資訊。資料工程師使用運營中介資料來確定一個流程是成功還是失敗，以及該流程中涉及的資料。

編排系統能夠提供運營中介資料的有限訊息，但後者往往分散在許多系統中。對更高品質的運營中介資料以及更好的中介資料管理之需求，是推動下一代編排系統和中介資料管理系統的主要動機。

參考中介資料（*reference metadata*）是用於對其他資料進行分類的資料。這也稱為查找資料（*lookup data*）。參考資料的標準範例包括內部代碼、地理代碼、度量單位和內部日曆標準。需要注意的是，大部分的參考資料完全由內部進行管理，但一些像地理代碼這樣的項目可能來自標準的外部參考。參考資料本質上是用於解釋其他資料的標準，因此如果它發生變化，這種變化會隨著時間的推移緩慢發生。

資料可問責性。　　資料可問責性（*data accountability*）意味著指派一個人負責管理一部分資料。負責人隨後協調其他利益相關者的治理活動。如果沒有人對相關的資料負責，管理資料品質就會變得很困難。

需要注意的是，負責資料的人不一定是資料工程師。負責人可能是軟體工程師或產品經理，或者擔任其他角色。此外，負責人通常不具備維護資料品質所需的所有資源。相反地，他們會與所有接觸資料的人協調，包括資料工程師。

資料可問責性可以在各種層級上實現；可問責性能夠在資料表或日誌流的層級上實現，但粒度也可以細到跨多個資料表的單個欄位實體。一個人可能負責管理跨多個系統的客戶識別碼。對於企業資料管理來說，資料領域是指在給定的欄位類型中，可能出現的所有可能值之集合，例如在此識別碼範例中。這可能看起來過於官僚和細膩，但它會顯著影響資料品質。

資料品質

> 我可以信任這些資料嗎？
>
> 　　　　　　　　　　　　　　　　　　　 — 企業中的每個人

資料品質（*data quality*）是將資料優化到所預期的狀態，並圍繞著一個問題：「與預期相比，你得到了什麼？」。資料應該符合業務中介資料之預期。資料是否與營業單位商定的定義相符？

資料工程師負責確保整個資料工程生命週期中的資料品質。這包括進行資料品質測試，確保資料符合綱要的預期，確保資料完整性和精確性。

根據《資料治理：權威指南》（*Data Governance: The Definitive Guide*），資料品質的定義有三個主要特徵[4]：

準確性

　　所蒐集的資料是否真實上正確？是否存在重複值？數值資料是否準確？

完整性

　　紀錄是否完整？所有必填欄位是否都包含有效值？

4　根據 Eryurek 在《資料治理》（*Data Governance*）的第 113 頁所述。

及時性

紀錄是否及時可用？

這些特徵中的每一個都是相當微妙。例如,當處理網路事件資料(web event data)時,我們如何看待機器人(bot)和網路爬蟲(web scraper)?如果我們打算分析客戶旅程,就必須有一個流程,讓我們得以把人類與機器產生的流量分開。任何機器人產生之事件都會被錯誤地歸類為人類事件,這會帶來資料的準確性問題,反之亦然。

就完整性和及時性而言,會出現各種有趣的問題。在 Google 所發表之介紹資料流模型(dataflow model)的論文中,作者舉了一個離線視訊平台顯示廣告的例子[5]。該平台會在有網路連接時下載視訊和廣告,允許使用者在離線時觀看這些內容,然後於再度有網路連接時,上傳廣告觀看資料。這些資料可能會在廣告被觀看很長一段時間後才到達。平台該如何處理廣告計費問題呢?

基本上,這個問題無法純粹透過技術手段來解決。相反地,工程師將需要確定遲到資料的處理標準,並可能需要藉助各種技術工具,統一執行這些標準。

主要資料管理

主要資料(*master data*)是關於企業實體(例如員工、客戶、產品和地點)的資料。隨著組織透過有機成長和收購變得越來越大和複雜,並與其他企業合作,維護實體和身份的一致圖像,變得越來越具有挑戰性。

主要資料管理(*Master data management*,MDM)是建構一致之實體定義(稱為黃金紀錄)的實踐方法。黃金紀錄(*golden records*)可以協調整個組織及其合作夥伴的實體資料。MDM 是透過建構和部署技術工具來實現的業務運營流程。例如,一個 MDM 團隊可能會確定地址的標準格式,並與資料工程師合作建構 API,傳回一致的地址,以及使用地址來比對公司各部門的客戶紀錄。

5　見 Tyler Akidau 等人的論文〈The Dataflow Model: A Practical Approach to Balancing Correctness, Latency, and Cost in Massive-Scale, Unbounded, Out-of-Order Data Processing〉(資料流模型:在大規模、無邊界、無順序的資料處理中平衡正確性、延遲和成本的實用方法),發表於《*VLDB Endowment*》期刊第 8 卷(2015 年)的 1792–1803 頁,*https://oreil.ly/Z6XYy*。

MDM 涵蓋整個資料生命週期，包括運營資料庫（operational databases）。它可能直接歸屬資料工程的範疇，但通常由一個跨越整個組織的專責團隊負責。即使資料工程師不直接負責 MDM，他們也必須始終意識到它的存在，因為他們可能會在 MDM 計畫上進行合作。

資料品質跨越了人類和技術問題的界限。資料工程師需要可靠的流程來蒐集關於資料品質的具有可操作性的人類反饋，並使用技術工具在下游用戶發現之前預先檢測品質問題。我們將在本書適當的章節中介紹這些蒐集過程。

資料建模和設計

要透過業務分析（business analytics）和資料科學（data science）從資料之中獲得業務見解（business insights），資料必須處於可用的形式。將資料轉換為可用形式的過程稱為資料建模和設計（*data modeling and design*）。雖然我們傳統上認為資料建模是資料庫管理員（DBA）和 ETL 開發人員的問題，但資料建模幾乎可以在組織中的任何地方發生。韌體工程師為 IoT 設備開發的紀錄資料格式，或 Web 應用程式開發人員為 API 調用（call）設計的 JSON 回應，或 MySQL 資料表綱要（table schema）——這些都是資料建模和設計的實例。

由於新資料來源和使用案例的多樣性，資料建模變得更具挑戰性。例如，傳統的嚴格正規化不適用於事件資料。幸運的是，新一代的資料工具提高了資料模型的靈活性，同時保留了度量、維度、屬性和層次的邏輯分離。雲端資料倉儲支援對非正規化（denormalized）和半結構化（semistructured）資料的大量攝取，同時仍支援常見的資料建模模式（data modeling patterns），例如 Kimball、Inmon 和 Data Vault。Spark 等資料處理框架能夠處理各種形式的資料，範圍從平面結構（flat structured）的關聯紀錄（relational records）到原始的非結構化文字（unstructured text）。我們將在第 8 章中更詳細地討論這些資料建模和轉換模式。

由於工程師必須處理各種資料，有時候會有想要放棄資料建模的誘惑。然而，這是一個糟糕的想法，會帶來可怕的結果，尤其是當人們提到「只寫一次，從不讀取」（write once, read never，WORN）的存取模式或提到資料沼澤（*data swamp*）時，這一點就變得更加明顯了。資料工程師需要瞭解建模的最佳作法，同時培養靈活性，以便將適當層次和類型的建模應用於資料來源和使用案例。

資料沿襲

隨著資料在其生命週期中的移動，我們如何知道哪個系統影響了資料，以及資料在傳遞和轉換的過程中，資料的組成情況？資料沿襲（*data lineage*）描述了資料在其生命週期中的審計軌跡（audit trail）記錄，既追蹤處理資料的系統，也追蹤其所依賴的上游資料。

資料沿襲有助於錯誤追蹤、可問責性和資料的除錯。它具有為資料生命週期提供審計軌跡（audit trail）的明顯優勢，並有助於實現合規性（compliance）。例如，如果用戶希望從你的系統中刪除他們的資料，具有該資料的沿襲可以讓你知道資料的保存位置及其依賴關係。

資料沿襲在具有嚴格合規標準的大型公司中已經存在了很長時間。然而，隨著資料管理成為主流，它如今在小型公司中也得到更廣泛的採用。我們還注意到，Andy Petrella（安迪·佩特雷拉）的資料可觀測性驅動開發（Data Observability Driven Development，DODD）（*https://oreil.ly/3f4WS*）概念與資料沿襲密切相關。DODD 在整個資料沿襲中觀察資料。此過程應用在開發、測試和最終生產過程中，可以確保所交付的結果具有品質且符合預期。

資料整合及互通性

資料整合及互通性（*data integration and interoperability*）是將資料跨工具和流程進行整合的過程。隨著我們從單一堆疊分析方法轉向各種工具按照需求處理資料的異質雲端環境，整合及互通性在資料工程師的工作中變得越來越重要。

越來越多的整合是透過通用的應用程式設計介面（API）而不是自定義的資料庫連接進行的。例如，資料管道（data pipeline）可能會從 Salesforce API 提取資料，將其保存到 Amazon S3，調用 Snowflake API 將其載入到資料表中，再次調用 API 以進行查詢，然後將結果匯出到 S3，以供 Spark 使用。

所有這些活動都可以透過相對簡單的 Python 程式碼來管理，此程式碼是與資料系統互動，而不是直接處理資料。雖然與資料系統互動的複雜性降低了，但系統的數量和管道的複雜性卻大幅增加。從頭開始的工程師很快就無法滿足自定義命令稿的能力，並發現自己對編排（*orchestration*）的需求。編排是我們的一個重要議題，我們將在第 74 頁的「編排」中詳細討論它。

資料生命週期管理

資料湖泊（data lakes）的出現促使組織忽略了資料的歸檔（archival）和銷毀（destruction）。當你可以無限制地添加更多儲存空間時，為什麼要丟棄資料？兩個變化促使工程師更加關注資料工程生命週期結束階段發生的事情。

首先，有越來越多的資料保存在雲端中。這意味著我們可以按需求支付儲存成本，而不需負擔本地資料湖泊的大量前期資本支出。當每個位元組都出現在每月的 AWS 報表上時，首席財務官（CFO）會看到節省成本的機會。雲端環境讓資料歸檔（data archival）成為一個相對簡單的過程。主要的雲端供應商提供了特定於歸檔的物件儲存類別，允許以極低的成本長期保留資料，前提是存取頻率非常低（應該注意的是，資料檢索並不便宜，但這是另一個話題）。這些儲存類別還支援額外的策略控制，以防止意外或故意刪除關鍵的歸檔（critical archives）。

其次，隱私和資料保留法律，例如 GDPR 和 CCPA，要求資料工程師積極管理資料的銷毀，以尊重使用者的「被遺忘權」（right to be forgotten）。資料工程師必須知道他們保留了哪些消費者資料，並且必須制定銷毀資料的程序，以回應請求及合規性要求。

在雲端資料倉儲中，資料銷毀非常簡單。SQL 語法允許根據 where 子句刪除符合條件的資料列。在資料湖泊中，資料銷毀更具挑戰性，因為預設的儲存模式為「一次寫入、多次讀取」（write-once, read-many）。Hive ACID 和 Delta Lake 等工具可以輕鬆管理大規模刪除事務。新一代的中介資料管理、資料沿襲和編目工具也將簡化資料工程生命週期的結束階段。

道德和隱私

過去幾年的資料洩漏、錯誤資訊和資料處理不當問題，清楚地表明了一件事：資料會對人們造成影響。過去資料的使用和流通就像生活在野蠻的西部相對無序，缺乏規範和監管，如同棒球卡被視為一種可以自由蒐集和交易的資源。那些日子早已過去。雖然資料的道德和隱私影響，曾經被認為是額外的要求，比如安全性，但它們現在是整個資料生命週期的核心。資料工程師需要在沒有人關注的時候做正確的事情，因為總有一天每個人都會關注[6]。我們希望有更多的組織能夠鼓勵良好的資料道德和隱私文化。

6　我們主張的道德行為是在沒有人監督的情況下做正確的事情，這個觀念出現在克里斯多福・斯特普爾・路易斯（C. S. Lewis）、查理斯・馬歇爾（Charles Marshall）和許多其他作者的著作中。

道德和隱私如何影響資料工程生命週期？資料工程師需要確保資料集遮罩（mask）個人身份資訊（personally identifiable information，PII）和其他敏感資訊；在資料集被轉換的過程中，可以檢測和追蹤資料中的偏見。監管要求和合規處罰只會越來越多。確保你的資料資產符合越來越多的資料法規，例如 GDPR 和 CCPA。請認真對待這一點。我們在整本書中提供了一些建議，以確保你將道德和隱私融入資料工程生命週期中。

資料運營

資料運營（DataOps）將敏捷開發方法（Agile methodology）、開發運營（DevOps）和統計流程控制（statistical process control，SPC）的最佳實踐方法應用於資料。DevOps 的目標在改進軟體產品的發佈和品質，而 DataOps 則針對資料產品實現相同的目標。

資料產品與軟體產品的區別在於資料的使用方式。軟體產品為終端用戶提供了特定的功能和技術特性。相比之下，資料產品建構在良好的業務邏輯和度量標準基礎上，其用戶可以做出決策或建構模型來執行自動化操作。資料工程師必須瞭解建構軟體產品的技術面以及業務邏輯、品質和度量標準，這樣才能創造出優秀的資料產品。

與開發運營（DevOps）一樣，資料運營（DataOps）從精益製造和供應鏈管理中汲取了很多經驗，將人員、流程和技術混合在一起，以減少價值的實現時間。正如 Data Kitchen（DataOps 專家）所描述的那樣[7]：

> *DataOps* 是一系列技術實踐方法、工作流程、文化慣例和架構模式的集合，目的在實現以下目標：

- 快速的創新和實驗，以更快的速度為客戶提供新的見解

- 極高的資料品質和極低的錯誤率

- 在複雜的人群、技術和環境中進行協作

- 明確的測量、監控和結果的透明度

7　「What Is DataOps」（什麼是資料運營），DataKitchen FAQ page（常見問題解答頁面），2022 年 5 月 5 日造訪，*https://oreil.ly/Ns06w*。

我們很高興看到在軟體和資料運營中，精益實踐（例如，縮短交付時間和最大限度地減少缺陷）以及由此帶來的品質和生產力的提高正在逐漸成為趨勢。

首先且最重要的是，資料運營（DataOps）是一套文化習慣；資料工程團隊需要採取一種循環模式，與業務單位溝通和協作、打破部門之間的孤立、不斷從成功和錯誤中學習，並快速迭代改進。只有當這些文化習慣被建立起來時，團隊才能從技術和工具之中獲得最佳結果。

根據公司的資料成熟度，資料工程師可以選擇將資料運營（DataOps）融入到整個資料工程生命週期之中。如果公司沒有現有的資料基礎架構或實踐方法，DataOps 是一個全新的機會，可以從一開始就將其納入。對於缺少 DataOps 的現有專案或基礎架構，資料工程師可以著手將 DataOps 納入到工作流程中。我們建議首先從可觀察性和監控開始，以瞭解系統的性能，然後添加自動化和事故回應。資料工程師可能會與現有的 DataOps 團隊合作，以改善資料成熟公司的資料工程生命週期。在所有情況下，資料工程師都必須對 DataOps 的核心理念和相關的技術層面有所瞭解。

資料運營（DataOps）有三個核心技術要素：自動化（automation）、監控（monitoring）和可觀察性（observability）以及事故回應（incident response）（圖 2-8）。讓我們來看看這些要素，以及它們與資料工程生命週期的關係。

圖 2-8　資料運營（DataOps）的三大支柱

自動化

自動化讓資料運營（DataOps）流程更有可靠性和一致性，並讓資料工程師快速部署新的產品功能，以及對現有工作流進行改進。DataOps 自動化具有與 DevOps 類似的框架和工作流程，包括變更管理（環境、程式碼和資料版本控制）、持續整合 / 持續部署（CI/CD）和組態即程式碼（configuration as code）。就像開發運營（DevOps），DataOps 實踐方法也監控和維護技術和系統（資料管道、編排等）的可靠性，並增加了檢查資料品質、資料 / 模型漂移、中介資料完整性（metadata integrity）等維度。

讓我們簡單聊聊，在一個假想的組織中，資料運營（DataOps）自動化的演進過程。DataOps 成熟度較低的組織，通常會嘗試使用 cron 作業（jobs）來安排資料轉換過程的多個階段。這在一段時間內效果很好。隨著資料管道變得越來越複雜，可能會出現若干情況或事件。如果 cron 作業被託管在雲端實例（cloud instance）上，則該實例可能存在運營問題，進而導致作業意外停止運行。隨著作業之間的間距變得更緊密，作業最終會運行過長時間，進而導致後續作業失敗或產生過期資料（stale data）。工程師可能不知道作業失敗的情況，直到他們從分析師那裡得知自己的報告已過時（out-of-date）。

隨著組織的資料成熟度的提高，資料工程師通常會採用一個編排框架（orchestration framework），可能是 Airflow 或 Dagster。資料工程師知道 Airflow 會帶來運營負擔，但編排框架的好處最終會超過複雜度。工程師將逐漸把他的 cron 作業遷移到 Airflow 作業中。現在，在作業運行之前會檢查依賴關係。由於每個作業都可以在上游資料準備就緒後立即開始，而不是在固定的、預定的時間點，因此可以在給定時間內進行更多的轉換作業。

資料工程團隊仍然有改進運營效率的空間。當資料科學家最終部署了一個有問題的 DAG，導致 Airflow web 伺服器癱瘓，並使資料團隊在運營方面陷入盲目狀態。在經歷了夠多的此類麻煩後，資料工程團隊成員意識到他們需要停止允許手動部署 DAG。在運營成熟度的下一階段，他們採用了自動化的 DAG 部署。在部署之前，DAG 會經過測試，並監控過程，以確保新的 DAG 能夠正常運行。此外，在安裝經過驗證之前，資料工程師會阻止部署新的 Python 依賴項。採用自動化之後，資料團隊的幸福感增加，遇到的困擾也少多了。

資料運營宣言（DataOps Manifesto）（*https://oreil.ly/2LGwL*）的原則之一是「擁抱變化」（Embrace change）。這並不意味著為了改變而改變，而是以目標為導向的變革。在我們自動化之旅的每個階段，都存在運營改進的機會。即使處於我們在這裡描述的高度成熟的階段，仍存在進一步的改進空間。工程師可能會採用具有更好中介資料能力的下一代編排框架。或者，他們可能嘗試開發一個會根據資料沿襲規範（data-lineage specifications）自動建構 DAG 的框架。重點是，工程師會不斷在自動化中尋求改進，以減少他們的工作量，並增加他們為業務提供的價值。

可觀察性和監控

正如我們告訴客戶的那樣,「資料是一個無聲的殺手」。我們已經看到無數例子,不良資料在報告中持續存在了數月或數年。高階管理人員可能會根據這些不良資料做出關鍵決策,直到很久以後才發現錯誤。結果通常是糟糕的,有時對企業來說甚至是災難性的。計畫遭到削弱和破壞,多年的工作都白費了。在最糟糕的情況下,不良資料可能會導致公司陷入財務困境。

另一個恐怖故事發生在用於產生報告所需資料的系統突然停止運行,導致報告延遲數日。資料團隊直到被利益相關者詢問,為什麼報告延遲或產生過時的資訊時才知道。最終,各種利益相關者對核心資料團隊的能力失去信任,並成立了自己的分支團隊。結果是出現許多不穩定的系統、不一致的報告和資訊孤立的情況。

如果你不觀察和監控你的資料以及產生資料的系統,你將不可避免地遇到自己的資料恐怖故事。可觀測性、監控、日誌記錄、警報和追蹤對於提前解決資料工程生命週期中之任何問題至關重要。我們建議你整合 SPC(統計流程控制)以瞭解所監控的事件是否超出正常的範圍,以及哪些事故值得回應。

本章前面提到之 Petrella 的 DODD 方法,為思考資料可觀測性提供了一個很好的框架。DODD 很像軟體工程中的測試驅動開發(test-driven development,TDD)[8]:

> *DODD 的目的是讓參與資料鏈(data chain)的每個人都能看到資料和資料應用程式,以便資料價值鏈(data value chain)中的每個參與者都能夠在每個步驟中—— 從資料的攝取到轉換再到分析 —— 識別資料或資料應用程式的變化,以協助排除或預防資料問題。DODD 著重於將資料可觀測性視為資料工程生命週期中的首要考慮因素。*

在後面的章節中,我們將說明資料工程生命週期中監控和可觀性的許多方面。

---

8 見 Andy Petrella 的文章〈Data Observability Driven Development: The Perfect Analogy for Beginners〉(資料可觀測性驅動開發:初學者的完美類比),Kensu 公司網站,2022 年 5 月 5 日造訪,*https://oreil.ly/MxvSX*。

事故回應

一個採用資料運營（DataOps）方法的高效資料團隊，將能夠快速推出新的資料產品。但錯誤是不可避免的。系統可能會有停機時間，新的資料模型可能會破壞下游報告，機器學習模型可能會變得過時並提供糟糕的預測——無數問題可能會中斷資料工程生命週期。**事故回應**（*incident response*）是利用先前提到的自動化和可觀測性能力，快速識別事故的根本原因，並盡可能以可靠和快速的方式解決它。

事故回應不僅僅涉及技術和工具，儘管這些是有益的；它還涉及資料工程團隊和整個組織之間的開放和無可指責的溝通。正如亞馬遜網路服務（Amazon Web Services）首席技術官（CTO）沃納・沃格爾斯（Werner Vogels）所說：「故障和問題是不可避免的」（Everything breaks all the time）。資料工程師必須為災難做好準備，並準備好盡可能快速有效地做出回應。

資料工程師應該在業務報告出問題之前主動發現問題。問題是不可避免的，當利益相關者或終端用戶看到問題時，他們會提出來。此時，他們會感到不滿意。當他們向團隊提出這些問題，並看到該團隊已經在積極努力解決時，他們的感覺就不同了。作為終端用戶，你會更信任哪個團隊的狀態呢？建立信任需要很長的時間，但卻可能在幾分鐘內失去。事故回應不僅僅是在事後對事故做出回應，在事故發生之前主動解決問題也同樣重要。

資料運營摘要

現在，資料運營（DataOps）仍然是一項正在進行的工作。從業人員在將 DevOps 原則應用到資料領域方面已經做得很好，並透過 DataOps 宣言和其他資源描繪出了初步的願景。資料工程師應該在所有工作中優先考慮 DataOps 的實踐方法。這種前期的努力將透過更快的產品交付、更可靠和準確的資料以及更大的業務整體價值帶來顯著的長期回報。

與軟體工程相比，資料工程的運營狀態仍然相當不成熟。許多資料工程工具，尤其是一些過時的單體系統，並非以自動化為首要考量。最近興起了一股潮流，即在整個資料工程生命週期中採用自動化的最佳實踐方法。像 Airflow 這樣的工具便為新一代的自動化和資料管理工具鋪平了道路。我們所提到的 DataOps 一般實踐方法是一種理想目標，我們建議企業嘗試在現有的工具和知識基礎上，盡可能充分採用它們。

資料架構

資料架構（data architecture）反映了企業資料系統的現狀和未來狀態，這些系統旨在支援企業的長期資料需求和策略目標。由於組織的資料需求可能會快速變化，並且幾乎每天都有新的工具和實踐方法出現，因此資料工程師必須對良好的資料架構有所瞭解。第 3 章將深入介紹資料架構，但我們在這裡想強調的是，資料架構是資料工程生命週期的一個潛在的要素。

資料工程師首先應該瞭解業務的需求，並蒐集新使用案例的需求。此外，資料工程師需要將這些需求轉化為設計新的資料擷取和提供方法，使其在成本和操作簡單性方面取得平衡。這意味著要瞭解來源系統、攝取、儲存、轉換和提供資料的設計模式、技術和工具方面的利弊。

這並不意味著資料工程師就是資料架構師，因為它們通常是兩個不同的角色。如果資料工程師與資料架構師一起工作，資料工程師應該實現架構師的設計，並提供架構方面的反饋。

編排

> 我們認為編排（orchestration）很重要，因為我們認為它實際上是資料平台以及資料生命週期的重心，也是資料相關之軟體開發生命週期的重心。
>
> — Elementl 創辦人，尼克・施洛克（Nick Schrock）[9]

編排不僅是資料運營（DataOps）中的一個核心流程，也是資料作業之工程和部署流程中的關鍵部分。那麼，編排是什麼？

編排（*orchestration*）就是協調多個作業，以便在預定的節奏上盡可能高效運行的過程。例如，人們經常將 Apache Airflow 等編排工具稱為排程器（*scheduler*）。這並不完全準確。純粹的排程器，例如 cron，只關注時間；而編排引擎（orchestration engine）則會建構作業依賴關係的中介資料，通常採用有

9　見 Ternary Data 的「An Introduction to Dagster: The Orchestrator for the Full Data Lifecycle - UDEM June 2021」（Dagster 簡介：全面資料生命週期的編排器 - UDEM 2021 年 6 月）YouTube 影片，片長 1 小時 9 分 40 秒，*https://oreil.ly/HyGMh*。

向無環圖（directed acyclic graph，DAG）的形式。DAG 可以運行一次，也可以按照每日、每週、每小時、每五分鐘等固定間隔運行。

在本書中，每當我們討論編排時，我們都會假設編排系統保持上線狀態，並具有高可用性。這使得編排系統能夠在無人工干預的情況下持續感知和監控，並在部署新作業時隨時運行它們。編排系統會監控它管理的作業，並在內部 DAG 依賴關係完成時啟動新任務。它還可以監控外部系統和工具，以等待資料到達和滿足條件。當某些條件超出範圍時，系統還會設置錯誤條件，並透過電子郵件或其他管道發送警報。例如，你可以把每晚資料流程的預期完成時間設置為上午 10 點。如果此時作業尚未完成，則會向資料工程師和用戶發出警報。

編排系統還具有建構作業歷史記錄（job history）的功能，以及可視化和警報的功能。先進的編排引擎可以在新的 DAG 或個別任務被添加到現有的 DAG 時，進行相應的回填操作（backfill）。它們還支援某個時間範圍內的依賴關係。例如，每月報告作業可能會在開始之前檢查整個月的 ETL 作業是否已完成。

編排（orchestration）長期以來一直是資料處理的關鍵功能，但除了最大型的企業之外，它往往不是人們關注的首要事項，也不容易被任何人接觸到。企業會使用各種工具來管理作業流程（job flow），但這些工具成本高昂，是小型初創公司無法企及的，而且通常無法擴展。Apache Oozie 在 2010 年代非常流行，但它被設計為在 Hadoop 叢集中工作，很難使用在多樣化的環境中。Facebook 在 2000 年代末開發了供內部使用的 Dataswarm；這一定程度上啟發了後來一些流行的工具，其中包括由 Airbnb 在 2014 年推出的 Airflow。

Airflow 從一開始就是開源的，並被廣泛採用。它是用 Python 編寫而成的，使其極易擴展以適應幾乎任何想像得到的使用案例。雖然還存在許多其他有趣的開源編排專案，例如 Luigi 和 Conductor，但 Airflow 目前在行業中佔主導地位。Airflow 正好出現在資料處理變得更加抽象和可存取的時候，工程師對於在多個處理器和儲存系統之間協調複雜流程的興趣也越來越高，尤其是在雲端環境中。

在撰寫本文當時，有幾個新興的開源專案旨在模仿 Airflow 核心設計的最佳元素，同時在關鍵領域對其進行改進。一些最有趣的例子是 Prefect 和 Dagster，它們旨在提高 DAG 的可移植性和可測試性，使工程師能夠更輕鬆地從本地開發環境轉移到生產環境。Argo 是一個基於 Kubernetes 原生功能建構而成的編排引擎；Metaflow 是 Netflix 的一個開源專案，旨在改進資料科學的編排。

我們必須指出，編排（orchestration）嚴格來說是一個批次概念（batch concept）。編排任務（orchestrated task）DAG 的串流替代方案是串流（streaming）DAG。串流 DAG 的建構和維護仍然具有挑戰性，但 Pulsar 之類的下一代串流平台，旨在大幅降低工程和運營負擔。我們將在第 8 章中詳細討論這些進展。

軟體工程

軟體工程一直是資料工程師的核心技能。在當代資料工程的早期（2000 年至 2010 年），資料工程師在低階框架上使用 C、C++ 和 Java 編寫 MapReduce 作業。在大數據時代的高峰期（2010 年代中期），工程師開始使用將這些低階細節抽象化的框架。

這種抽象化一直延續到今日。雲端資料倉儲支援使用 SQL 語義的強大轉換；像 Spark 這樣的工具已經變得更加具備用戶友善性，遠離低階的撰碼細節，轉向易於使用的資料框。儘管有這種抽象化，軟體工程對資料工程仍然至關重要。我們想簡要討論一下軟體工程適用於資料工程生命週期的幾個常見領域。

核心資料處理程式碼

儘管資料處理變得更加抽象且更易於管理，但核心資料處理程式碼仍然需要編寫，並且出現在整個資料工程生命週期中。無論是在攝取、轉換還是資料提供方面，資料工程師都需要對 Spark、SQL 或 Beam 之類的框架和語言，具有高水準的熟練度和生產力；我們反對 SQL 不是程式碼的觀點。

資料工程師還必須瞭解正確的程式碼測試方法，例如單元測試、回歸測試、整合測試、端對端測試和冒煙測試。

開源框架的開發

有許多資料工程師積極參與開源框架的開發。他們採用這些框架來解決資料工程生命週期中的特定問題，然後繼續開發框架程式碼，針對自己的使用案例改進工具，並回饋給社群。

在大數據時代，我們見證了 Hadoop 生態系統內部資料處理框架的「寒武紀爆發」（Cambrian explosion）。這些工具主要關注的是資料工程生命週期中的轉換和提供部分。資料工程工具的多樣化並未停止或放緩，但重點已經從直接資料處理轉向抽象的層次上。新一代的開源工具可幫助工程師管理、增強、連接、優化和監控資料。

例如，從 2015 年到 2020 年代初，Airflow 主導了編排領域。現在，一批新的開源競爭對手（包括 Prefect、Dagster 和 Metaflow）湧現，旨在解決 Airflow 被認為的局限性，提供更好的中介資料處理、可移植性和依賴關係管理。編排的未來走向是任何人都無法預測的。

在資料工程師著手開發新的內部工具之前，最好先調查一下公開可用之工具的情況。關注實施工具所帶來的總體擁有成本（total cost of ownership，TCO）和機會成本。很有可能已經存在一個開源專案可以解決他們想要解決的問題，他們最好與之合作，而不是重新發明輪子。

串流處理

串流資料處理本質上比批次處理更複雜，而且可以說相關的工具和範式（paradigms）還不夠成熟。隨著串流資料在資料工程生命週期的每個階段變得越來越普遍，資料工程師將面臨一些具有挑戰性的軟體工程問題。

例如，在批次處理的世界中，被我們認為理所當然的資料處理任務，例如聯接（joins），在即時處理中通常會變得更加複雜，需要更複雜的軟體工程。工程師還必須編寫程式碼來應用各種窗口化方法（*windowing* methods）。窗口化（windowing）允許即時系統（real-time systems）計算有價值的指標（metrics），例如追蹤統計（trailing statistics）。工程師有許多框架可供選擇，包括用於處理個別事件的各種函數平台（例如 OpenFaaS、AWS Lambda、Google Cloud Functions），或專用的串流處理器（例如，Spark、Beam、Flink 或 Pulsar）用於分析串流以支援報告和即時操作。

基礎架構即程式碼

基礎架構即程式碼（*Infrastructure as code*，IaC）將軟體工程實踐方法應用於基礎架構的組態和管理。隨著企業遷移到託管的大數據系統（例如 Databricks 和 Amazon Elastic MapReduce（EMR））以及雲端資料倉儲，大數據時代的基礎架構管理負擔已經減輕。當資料工程師必須在雲端環境中管理其基礎架構時，他們會傾向於使用 IaC 框架來進行自動化作業，而不是手動啟動實例及安裝軟體。一些通用和特定於雲端平台的框架，允許基於一組規範，自動部署基礎架構。許多這些框架還可以管理雲端服務和基礎架構。還有一種在容器（containers）和 Kubernetes 環境中應用 IaC 的概念，會使用 Helm 之類的工具。

這些實踐方法是開發運營（DevOps）的重要組成部分，它們允許版本控制和部署的可重複性。當然，在整個資料工程生命週期中，尤其是在我們採用資料運營（DataOps）實踐方法時，這些能力至關重要。

管道即程式碼

管道即程式碼（*pipelines as code*）是當今編排系統的核心概念，它涉及資料工程生命週期的每個階段。此時，資料工程師會使用程式碼（通常是 Python）來宣告資料任務和它們之間的依賴關係。編排引擎會解釋這些指令，以可用的資源來進行每個步驟。

通用問題解決能力

實際上，無論資料工程師採用哪種高階工具，他們都會在整個資料工程生命週期中遇到一些極端情況，此時需要他們解決超出所選工具範圍之外的問題並編寫自定義程式碼。當使用 Fivetran、Airbyte 或 Matillion 之類的框架時，資料工程師會遇到沒有現有連接器的資料來源，並且需要編寫自定義程式碼。他們應該精通軟體工程，以瞭解 API、拉取和轉換資料、處理異常情況等等。

結語

過去我們看到的關於資料工程的大多數討論都涉及技術，但忽略了資料生命週期管理的大局。隨著技術變得更加抽象，工作量越來越大，資料工程師有機會在更高的層次上思考和行動。資料工程生命週期（以其潛在因素為基礎）是一個非常有用的思考模型，用於組織和安排資料工程的工作。

我們將資料工程生命週期分為以下幾個階段：

- 產生（Generation）
- 儲存（Storage）
- 攝取（Ingestion）
- 轉換（Transformation）
- 提供資料（Serving data）

在資料工程生命週期中，有幾個主題貫穿其中。這些是資料工程生命週期的潛在因素。從高層次來看，這些潛在因素包括：

- 安全性（Security）
- 資料管理（Data management）
- 資料運營（DataOps）
- 資料架構（Data architecture）
- 編排（Orchestration）
- 軟體工程（Software engineering）

資料工程師在整個資料生命週期中有幾個頂級目標：產生最佳的投資回報率並降低成本（財務和機會）、降低風險（安全性、資料品質），以及最大化資料價值和效用。

接下來的兩章將討論這些因素如何影響良好的架構設計，以及如何選擇正確的技術。如果你對這兩個主題感到熟悉，請隨意跳到第二篇閱讀，我們將在其中介紹資料工程生命週期的每個階段。

其他資源

- 〈A Comparison of Data Processing Frameworks〉（資料處理框架的比較）（*https://oreil.ly/tq61F*），作者：Ludovic Santos
- DAMA International 網站（*https://oreil.ly/mu7oI*）
- 〈The Dataflow Model: A Practical Approach to Balancing Correctness, Latency, and Cost in Massive-Scale, Unbounded, Out-of-Order Data Processing〉（資料流模型：在大規模，無界，無序資料處理中平衡正確性、延遲和成本的實用方法）（*https://oreil.ly/nmPVs*），作者：Tyler Akidau 等人
- 「Data Processing」（資料處理）維基百科頁面（*https://oreil.ly/4mllo*）
- 「Data Transformation」（資料轉換）維基百科頁面（*https://oreil.ly/tyF6K*）
- 〈Democratizing Data at Airbnb〉（在 Airbnb 實現資料民主化）（*https://oreil.ly/E9CrX*），作者：Chris Williams 等人

- 〈Five Steps to Begin Collecting the Value of Your Data〉（開始蒐集你的資料價值的五個步驟）Lean-Data 網頁（*https://oreil.ly/F4mOh*）

- 〈Getting Started with DevOps Automation〉（開始使用 DevOps 自動化）（*https://oreil.ly/euVJJ*），作者：Jared Murrell

- 〈Incident Management in the Age of DevOps〉（DevOps 時代的事故管理）Atlassian 網頁（*https://oreil.ly/O8zMT*）

- 〈An Introduction to Dagster: The Orchestrator for the Full Data Lifecycle〉（Dagster 簡介：完整資料生命週期的編排器）影片（*https://oreil.ly/PQNwK*），作者：Nick Schrock

- 〈Is DevOps Related to DataOps?〉（DevOps 與 DataOps 是否有關？）（*https://oreil.ly/J8ZnN*），作者：Carol Jang 和 Jove Kuang

- 〈The Seven Stages of Effective Incident Response〉（有效事故回應的七個階段）Atlassian 網頁（*https://oreil.ly/Lv5XP*）

- 〈Staying Ahead of Debt〉（保持債務的前沿）（*https://oreil.ly/uVz7h*），作者：Etai Mizrahi

- 〈What Is Metadata〉（中介資料是什麼？）（*https://oreil.ly/65cTA*），作者：Michelle Knight

第三章

設計良好的資料架構

良好的資料架構可在資料生命週期和潛在因素的每個步驟提供無縫的能力。首先我們將先定義資料架構（*data architecture*），然後討論組成部分和注意事項。接著我們將介紹特定的批次處理模式（資料倉儲、資料湖泊）、串流處理模式，以及統一批次處理模式和串流處理模式。在整個過程中，我們將強調利用雲端的能力來提供可擴展性、可用性和可靠性。

資料架構是什麼？

成功的資料工程建立在堅如磐石的資料架構上。本章旨在回顧一些流行的架構方法和框架，然後詳細闡述我們對「良好」資料架構的主觀定義。確實，我們無法讓每個人都滿意。儘管如此，我們將為資料架構制定一個務實的、特定於領域的可行定義，我們認為這將適用於規模、業務流程和需求截然不同的公司。

資料架構是什麼？當我們開始深入研究它時，這個主題會變得有點模糊；研究資料架構會讀到許多不一致且經常過時的定義。這很像我們在第 1 章中定義資料工程（*data engineering*）時的情況 —— 沒有共識。在一個不斷變化的領域中，這是意料中之事。那麼，就本書而言，資料架構是什麼意思？在定義這個術語之前，必須瞭解它所處的語境。讓我們簡要介紹一下企業架構，它將為我們的資料架構的定義提供框架。

企業架構的定義

企業架構有許多子領域，包括業務、技術、應用和資料（圖 3-1）。因此，許多框架和資源都致力於企業架構。事實上，架構是一個具爭議性的話題。

圖 3-1　資料架構是企業架構的一個子集

企業（*enterprise*）這個詞會引起不同的反應。它讓人想起毫無生氣的企業辦公室、指揮與控制 / 瀑布式計畫（command-and-control/waterfall planning）、停滯不前的企業文化和空洞的口號。即便如此，在這裡我們仍然可以學到一些東西。

在我們定義和描述企業架構（*enterprise architecture*）之前，讓我們解釋一下這個術語。讓我們看看一些重要的思想領袖——TOGAF、Gartner 和 EABOK——如何定義企業架構：

TOGAF 的定義

TOGAF 即 *The Open Group Architecture Framework*（開放組織架構框架），這是 The Open Group 的一個標準。它被宣稱是當今使用最廣泛的架構框架。以下是 TOGAF 的定義[1]：

> 在「企業架構」的語境下，術語「企業」可以指整個企業（包括其所有資訊和技術服務、流程和基礎架構）或企業內的特定領域。在這兩種情況下，架構都涉及多個系統和企業內的多個功能群組。

1　The Open Group，TOGAF 9.1 版，*https://oreil.ly/A1H67*。

Gartner 的定義

Gartner 是一家全球性的研究和諮詢公司,提供有關企業趨勢的研究文章和報告。此外,它還負責製作(臭名昭著的)Gartner Hype Cycle(技術成熟度曲線)。Gartner 的定義如下 [2]:

> 企業架構(*EA*)是一門學科,旨在積極且全面引導企業對抗顛覆性力量,透過確定和分析變革的執行情況,達到所期望的業務願景和結果。*EA* 透過向業務和 *IT* 領導者提供經仔細評估可直接簽署的建議,以引導企業調整策略和計畫,實現目標業務成果,進而提供價值,並充分利用相關的業務變革。

EABOK 的定義

EABOK 即 *Enterprise Architecture Book of Knowledge*(企業架構知識手冊),係 MITRE 公司製作的企業架構參考資料。EABOK 於 2004 年以不完整的草案形式發佈,此後一直沒有更新。雖然看起來似乎過時,但 EABOK 在企業架構的描述中經常被引用;在撰寫本書當時,我們發現它的許多觀點很有幫助。以下是 EABOK 的定義 [3]:

> 企業架構(*EA*)是一種組織模型;一個企業的抽象代表,它將策略、運營和技術結合起來,以建立成功的路線圖(*roadmap*)。

我們的定義

我們在企業架構的這些定義中提取了一些共同點:變更、協調、組織、機會、解決問題和遷移。以下是我們對企業架構的定義,我們認為它與當今快速發展的資料環境更加相關:

> 企業架構是支援企業變革的系統設計,透過仔細評估權衡,做出靈活可逆的決策。

在這裡,我們將觸及一些關鍵領域,這些領域將在整本書中反覆討論:靈活可逆的決策、變更管理和權衡評估。在本節中我們將詳細討論每個主題,然後在本章的後半部分將透過提供資料架構的各種範例來讓定義更加具體。

---

2 引用自 Gartner Glossary 的「Enterprise Architecture (EA)」詞條,*https://oreil.ly/SWwQF*。

3 EABOK Consortium 網站,*https://eabok.org*。

由於兩個原因，靈活可逆的決策至關重要。首先，世界不斷在變化，預測未來是不可能的。可逆的決策讓你能夠隨著世界的變化而調整路線並蒐集新資訊。其次，隨著組織的發展，企業僵化的趨勢自然存在。採用可逆決策的文化有助於克服這種趨勢，因為這降低了決策所帶來的風險。

Jeff Bezos（傑夫・貝佐斯）被認為提出了單向門和雙向門的概念[4]。單向門指的是幾乎不可能逆轉的決策。例如，Amazon（亞馬遜）可以決定出售 AWS 或將其關閉。在採取這樣的行動之後，Amazon 幾乎不可能重建一個具有相同市場地位的公共雲。

另一方面，雙向門（*two-way door*）是一個容易逆轉的決策：如果你對房間裡的情況感到滿意，你可以選擇進入並繼續前進；如果你不滿意，你可以選擇退回門口。Amazon 可能決定要求在新的微服務資料庫中使用 DynamoDB。如果此策略不起作用，Amazon 可以選擇將其撤銷，並重構一些服務以使用其他資料庫。由於每個可逆決策（雙向門）所帶來的風險較低，因此組織可以做出更多決策，迭代、改進並快速蒐集資料。

變更管理與可逆決策密切相關，是企業架構框架的核心主題之一。即使強調可逆決策，企業也經常需要進行大型計畫。理想情況下，這些計畫會被分解為較小的變更，每個變更本身都是可逆的決定。回到 Amazon，我們注意到從發表一篇關於 DynamoDB 概念的論文，到 Werner Vogels 宣布在 AWS 上推出 DynamoDB 服務，有五年的差距（2007 年至 2012 年）。在幕後，團隊採取了許多小行動，使 DynamoDB 成為 AWS 客戶的具體現實。管理此類小行動是變更管理的核心。

架構師的角色並不僅僅是在制定 IT 流程和模糊地展望烏托邦式的遙遠未來，而是積極解決業務問題和創造新機會。技術解決方案存在的目的不是為了它們本身，而是為了支持業務目標。架構師會在當前狀態中確定問題（例如，資料品質差、可擴展性限制、賠錢的業務領域）、定義期望的未來狀態（例如，敏捷的資料品質改進、可擴展的雲端資料解決方案、改進的業務流程），並透過執行小而具體的步驟來實現這些計畫。值得重申的是：

> 技術解決方案的存在不僅僅是為了它們本身，而是為了支援業務目標。

4　見 Jeff Haden 的文章〈Amazon Founder Jeff Bezos: This Is How Successful People Make Such Smart Decisions〉（亞馬遜創始人傑夫・貝佐斯：這就是成功人士做出如此明智決策的方式），Inc. 網站，2018 年 12 月 3 日造訪，*https://oreil.ly/QwIm0*。

我們在 Mark Richards（馬克·理查茲）與 Neal Ford（尼爾·福特）所合著的《軟體架構基礎》（*Fundamentals of Software Architecture*）（O'Reilly 出版）中找到了重要的靈感。他們強調在工程領域中，權衡是不可避免且無處不在的。有時，軟體和資料的相對靈活性使我們相信，我們已經擺脫了工程師在嚴酷、冰冷的物理世界中所面臨的限制。事實上，這部分是正確的；修補軟體錯誤比重新設計和更換飛機機翼要容易得多。然而，數位系統最終受到物理限制的制約，例如延遲、可靠性、密度和能源消耗。工程師還面臨著各種非物理限制，例如程式語言和框架的特徵，以及在管理複雜性、預算等方面的實際限制。奇思妙想最終導致糟糕的工程。資料工程師必須步步權衡，以設計最佳系統，同時最大限度地減少高風險的技術債務。

讓我們重申企業架構定義中的一個核心觀點：企業架構要平衡靈活性和權衡利弊。這並不總是一個容易取得平衡的問題，架構師必須不斷評估和重新評價，並認識到這個世界是動態的。鑒於企業所面臨的變革速度，組織及其架構不能承擔停滯不前的風險。

資料架構的定義

現在你已經瞭解了企業架構，讓我們透過建立一個工作定義來深入研究資料架構，該定義將為本書的其餘部分奠定基礎。資料架構（*data architecture*）是企業架構的一個子集，並繼承了其屬性：流程、策略、變更管理和評估權衡。以下是幾個影響我們定義的資料架構。

TOGAF 的定義

TOGAF 對資料架構的定義如下 [5]：

> 這是對企業的主要資料類型和來源、邏輯資料資產、實體資料資產以及資料管理資源之結構和互動方式的描述。

DAMA 的定義

DAMA *DMBOK* 對資料架構的定義如下 [6]：

---

5 The Open Group，TOGAF 9.1 版，*https://oreil.ly/A1H67*。

6 《*DAMA-DMBOK: Data Management Body of Knowledge*》第 2 版（Technics Publications，2017 年）。

確定企業的資料需求（無論結構如何）並設計和維護主要藍圖以滿足這些需求。使用主要藍圖來引導資料整合、控制資料資產，並讓資料投資與業務策略保持一致。

我們的定義

考慮到上述兩個定義和我們的經驗，我們做出了資料架構的定義：

資料架構是設計系統以支援企業不斷變化的資料需求，透過對權衡的仔細評估，達成靈活且可逆的決策。

資料架構如何融入資料工程？正如資料工程生命週期是資料生命週期的子集，資料工程架構也是通用資料架構的子集。資料工程架構是構成資料工程生命週期關鍵部分的系統和框架。在本書中，我們將交替使用資料架構（*data architecture*）和資料工程架構（*data engineering architecture*）。

資料架構的其他方面，你應該瞭解的是運營和技術（圖 3-2）。運營架構（*operational architecture*）涵蓋了與人員、流程和技術相關的需求。例如，資料提供應用於哪些業務流程？組織如何管理資料品質？從產生資料到資料可供查詢之間的延遲要求是什麼？技術架構（*technical architecture*）概述了如何在資料工程生命週期中攝取、儲存、轉換和提供資料。例如，如何將每小時 10 TB 的資料從來源資料庫（source database）移動到資料湖泊（data lake）中？簡而言之，運營架構描述了需要做什麼，技術架構則詳細說明了如何實現。

圖 3-2　運營和技術資料架構

既然我們對資料架構已經有了一個可理解的定義，讓我們探討「良好」資料架構的要素。

「良好的」資料架構

> 永遠不要追求最好的架構，而是要追求最不糟糕的架構。
>
> ─ Mark Richards（馬克‧理查茲）和 Neal Ford（尼爾‧福特）[7]

根據 Grady Booch（*https://oreil.ly/SynOe*）的說法，「架構代表了塑造一個系統的重大設計決策，其中「重大」是透過變更成本來衡量的。」資料架構師的目標是在基本層面上做出重大決策，以達到良好的架構。

我們所說「良好的」資料架構是什麼意思？套用一句老話，當你看到它時，你就知道了。良好的資料架構（*good data architecture*）係以一組常見且可廣泛重複使用的建構元素（building blocks）來滿足業務需求，同時保持靈活性並做出適當的權衡。糟糕的架構則是專制的，並試圖將一堆通用的決策塞進一個混亂的系統中（*https://oreil.ly/YWfb1*）。

敏捷性（agility）是良好資料架構的基礎；它承認世界是流動不定的。良好的資料架構既靈活且易於維護。它的演進是為了回應業務內部的變化以及未來可能釋放更多價值的新技術和實踐方法。企業及其對資料的使用案例，總是在不斷演進。世界是動態的，資料領域的變化速度正在加快。去年為你提供良好服務的資料架構，可能已不足以滿足你當前的需求，更不用說明年了。

糟糕的資料架構通常是緊密耦合的、僵化的、過度集中的，或者使用了錯誤的工具，這些都會阻礙開發和變更管理。理想情況下，透過考慮可逆性來設計架構時，變更的成本將會更低。

資料工程生命週期的潛在因素，構成了處於資料成熟度任何階段之公司的良好資料架構基礎。同樣地，這些潛在因素是安全性、資料管理、資料運營、資料架構、編排和軟體工程。

良好的資料架構是一個不斷演進和發展的實體。事實上，根據我們的定義，變化和演進是資料架構的核心意義和目的。現在讓我們來看看良好資料架構的原則。

---

7 見《軟體架構基礎》（*Fundamentals of Software Architecture*）（O'Reilly，2020 年）作者：Mark Richards（馬克‧理查茲）和 Neal Ford（尼爾‧福特），*https://oreil.ly/hpCp0*。

良好資料架構的原則

本節將著眼於架構原則（這些關鍵的概念可以幫助我們評估重大的架構決策和實踐方法），並以此基礎從整體的角度來討論良好的架構。我們會從多個來源尋找架構原則的靈感，尤其是 AWS Well-Architected Framework（完好架構框架）和 Google Cloud 之 Cloud-Native Architecture（雲端原生架構）的五項原則。

AWS Well-Architected Framework（*https://oreil.ly/4D0yq*）由六大支柱組成：

- 卓越的運營（Operational excellence）
- 安全性（Security）
- 可靠性（Reliability）
- 性能成效（Performance efficiency）
- 成本優化（Cost optimization）
- 可持續性（Sustainability）

Google Cloud 之雲端原生架構的五項原則（*https://oreil.ly/t63DH*）如下：

- 設計自動化。
- 善於處理狀態。
- 偏好託管服務。
- 實踐深度防禦。
- 始終保持架構思維。

我們建議你仔細研究這兩個框架，找出有價值的想法，並確定分歧點。我們想用以下資料工程架構原則來擴展或闡述這些支柱：

1. 明智地選擇常用組件。
2. 為失敗做計畫。
3. 為可擴充性進行架構設計。
4. 架構就是領導力。
5. 始終保持架構思維。

---

6. 建構鬆耦合系統。

7. 做出可逆的決策。

8. 優先考慮安全性。

9. 擁抱財務運營（FinOps）。

原則 1：明智地選擇常用組件

資料工程師的主要工作之一，是選擇可在整個組織中廣泛使用的常見組件和實踐方法。當架構師選擇得當並有效領導時，通用組件將成為促進團隊協作和打破隔閡的基礎。通用組件與共享的知識和技能結合，可以在團隊內部和團隊之間實現敏捷性。

通用組件可以是在組織內具有廣泛適用性的任何東西。常見組件包括物件儲存、版本控制系統、可觀測性、監控和編排系統以及處理引擎。具有適當使用案例的每個人都應該可以取用通用組件，並鼓勵團隊依賴已在使用的通用組件，而不是重新發明輪子。通用組件必須支援強大的許可權和安全性，以便在團隊之間共享資產，同時防止未經授權的取用。

雲端平台是採用通用組件的理想場所。例如，雲端資料系統中的計算和儲存分離，讓用戶得以使用專用工具來存取共享的儲存層（最常見的是物件儲存），以存取和查詢特定使用案例所需的資料。

選擇通用組件是一種平衡的過程。一方面，你需要關注整個資料工程生命週期和團隊的需求，利用對個別專案有用的通用組件，同時促進互通性和協作。另一方面，架構師應避免其強制使用通用技術解決方案的決策，阻礙工程師處理特定領域問題時的工作效率。第 4 章將提供更多細節資訊。

原則 2：為失敗做規劃

> 一切都會失敗，一直都是如此。
>
> — 亞馬遜網路服務（Amazon Web Services）首席技術官（CTO）
> 沃納・沃格爾斯（Werner Vogels）[8]

---

8 見 UberPulse 的「Amazon.com CTO: Everything Fails」YouTube 影片，片長 3 分 3 秒，*https://oreil.ly/vDVlX*。

現代硬體非常堅固耐用。即便如此，只要時間夠長，任何硬體組件都會出現故障。要建構高度可靠的資料系統，必須在設計中考慮到故障問題。以下是幾個評估故障場景的關鍵術語；我們將在本章和整本書中對這些術語做更詳細的描述：

可用性

IT 服務或組件處於可運行狀態的時間百分比。

可靠性

系統在指定的時間間隔內，執行其預期功能並符合定義標準的概率。

恢復時間目標

服務或系統中斷（outage）的最大可接受時間。恢復時間目標（recovery time objective，RTO）通常是透過評估中斷對業務的影響來確定的。對於內部報告系統來說，一天的 RTO 可能是可接受的。但對線上零售商來說，僅僅五分鐘的網站中斷就可能會對業務產生重大不利的影響。

恢復點目標

恢復後的可接受狀態。在資料系統中，經常在中斷期間丟失資料。在此情況下，恢復點目標（recovery point objective，RPO）指的是可接受的最大資料丟失量。

工程師在設計失敗容忍性時，需要考慮可接受的可靠性、可用性、恢復時間目標（RTO）和恢復點目標（RPO）。這將影響他們在評估可能的故障場景時所做的架構決策。

原則 3：為可擴展性進行架構設計

在資料系統中，可擴展性包括兩個主要能力。首先，可擴展的系統能夠擴展以處理大量資料。我們可能需要啟動一個大型叢集（large cluster）來訓練一個 PB（即 1024 TB）級的客戶資料模型，或者擴展一個串流攝取系統（streaming ingestion system）來處理短暫的負載峰值。我們的擴展能力使我們能夠暫時處理極端負載。其次，可擴展的系統能夠縮小規模。一旦負載峰值消退，我們應該自動移除容量以降低成本（這與原則 9 有關）。一個彈性系統（elastic system）可以根據負載動態調整規模，理想情況下是以自動化方式實現。

有些可擴展的系統也可以被調整成零規模（*scale to zero*）：在不使用時完全關閉。一旦大型模型訓練作業完成後，我們可以刪除該叢集。許多無伺服器系統（例如，無伺服器函數（serverless functions）和無伺服器（serverless）線上分析處理（online analytical processing，OLAP）資料庫），可以自動調整成零規模。

請注意，部署不適當的擴展策略可能會導致系統過於複雜及成本高昂。對於某些應用程式而言，一個具有故障轉移節點（failover node）的簡單關聯式資料庫，可能比一個複雜的叢集配置更合適。測量當前負載，估算負載峰值，並估計未來幾年的負載，以確定你的資料庫架構是否合適。如果你的初創公司的成長速度遠遠超過預期，那麼這種成長也應該帶來更多的可用資源，可以用來重新設計系統架構以實現更好的擴充性。

原則 4：架構就是領導力

資料架構師負責技術決策和架構描述，並透過有效的領導和培訓來傳播這些選擇。資料架構師應該具有很高的技術能力，但大多數的具體工作可以委派給其他人。強大的領導能力和高度的技術能力相結合是罕見且極其有價值的。最好的資料架構師會認真對待這種雙重角色。

請注意，領導力並不意味著對技術採取命令和控制的作法。在過去，架構師常會選擇一種專有的資料庫技術，並強迫每個團隊將他們的資料保存在那裡，這在過去並不少見。我們反對這種方法，因為它可能會嚴重阻礙當前的資料專案。雲端環境讓架構師能夠在選擇常見組件同時，保持足夠的靈活性，以促進專案內的創新。

回到技術領導力的概念，馬丁・福勒（Martin Fowler）描述了理想軟體架構師的具體原型，這個原型在他的同事戴夫・賴斯（Dave Rice）身上得到了很好的體現[9]：

9　見馬丁・福勒（Martin Fowler）在《IEEE Software》雜誌中發表的一篇文章〈誰需要架構師〉（Who Needs an Architect?），2003 年 7/8 月，*https://oreil.ly/wAMmZ*。

在許多方面，*Architectus Oryzus* 最重要的活動之一是指導開發團隊，提高他們的水準，讓他們能夠處理更複雜的問題。提高開發團隊的能力為架構師提供了比「成為唯一決策者」更大的影響力，進而避免了成為架構瓶頸的風險。

理想的資料架構師也具有類似的特徵。他們擁有資料工程師的技能，但不再每天從事資料工程；他們會指導當前的資料工程師，與組織協商做出謹慎的技術選擇，並透過培訓和領導力傳播專業知識。他們培訓工程師遵循最佳實踐方法，並將公司的工程資源整合在一起，以追求技術和業務方面的共同目標。

作為一名資料工程師，你應該實踐架構領導力，並尋求架構師的指導。最終，你很可能會自己擔任架構師的角色。

原則 5：始終保持架構思維

我們直接從 Google Cloud 之雲端原生架構的五項原則中借用此一原則。資料架構師的角色不僅僅是為了維護現有狀態；相反地，他們不斷根據業務和技術的變化設計令人興奮的新東西。根據 EABOK（*https://oreil.ly/i58Az*）的說法，架構師的工作是深入瞭解基本架構（*baseline architecture*）（現狀），開發目標架構（*target architecture*），並制定一個有序計畫（*sequencing plan*）來確定優先順序和架構變更的順序。

以下是我們的補充：現代架構不應該是命令和控制（command-and-control）或瀑布式（waterfall）的，而應該是協作和敏捷的。資料架構師維護著一個隨時間變化的目標架構（target architecture）和有序計畫（sequencing plans）。目標架構成為一個不斷變動的目標，根據內部和全球的業務和技術變化進行調整。有序計畫確定了交付的即時優先順序。

原則 6：建構鬆耦合系統

> 當系統的架構旨在使團隊能夠在不依賴其他團隊的情況下進行測試、部署和系統變更時，團隊幾乎不需要溝通即可完成工作。換句話說，無論是架構還是團隊都是鬆耦合的。
>
> — 谷歌開發運營技術架構指南 [10]

2002 年，貝索斯（Bezos）給亞馬遜（Amazon）員工寫了一封電子郵件，後來被稱為貝索斯 API 授權（Bezos API Mandate）[11]：

1. 從現在開始，所有團隊都將透過服務介面公開其資料和功能。

2. 團隊必須透過這些介面相互溝通。

3. 不允許使用其他形式的行程間通訊（interprocess communication）：不能直接鏈結，不能直接讀取另一個團隊的資料儲存，不能使用共享記憶體模型，也不能使用任何後門。唯一允許的通訊方式是透過網路進行服務介面調用。

4. 使用什麼技術並不重要。HTTP、Corba、Pubsub、自定義協議 —— 都沒有關係。

5. 所有服務介面，無一例外，都必須從頭開始設計為可外部化（externalizable）。也就是說，團隊必須進行計畫和設計，以便能夠將介面公開給外界的開發者。絕無例外。

貝索斯之 API 授權（Bezos's API Mandate）的出現被廣泛視為亞馬遜的分水嶺。將資料和服務放在 API 後面實現了鬆耦合（loose coupling），最終導致了我們現在所熟知的 AWS。Google 對鬆耦合的追求，使其能夠將系統發展到非凡的規模。

---

10 見 Google Cloud（谷歌雲端）之 Cloud Architecture Center（雲端架構中心）的「DevOps Tech: Architecture」（開發運營技術：架構），*https://oreil.ly/j4MT1*。

11 見 Nordic APIs 的文章「The Bezos API Mandate: Amazon's Manifesto for Externalization」（貝索斯 API 授權：亞馬遜的外部化宣言），發表於 2021 年 1 月 19 日，*https://oreil.ly/vIs8m*。

對於軟體架構而言，鬆耦合系統具有以下特性：

1. 系統被分解成許多小組件。

2. 這些系統透過抽象層——例如，訊息匯流排（messaging bus）或 API——與其他服務互動。這些抽象層可以隱藏和保護服務的內部細節，例如資料庫後端或內部類別和方法調用。

3. 由於特性 2 的存在，變更系統組件之內部時，不需要變更其他部分。程式碼更新的細節被隱藏在穩定的 API 後面。每個組件可以單獨發展和改進。

4. 由於特性 3 的存在，整個系統不存在瀑布式的全域發佈週期。相反地，每個組件都會隨著變更和改進而單獨更新。

請注意，我們現在談論的是*技術系統*（*technical systems*）。我們需要從大處著眼。讓我們將這些技術特徵轉化為組織特徵：

1. 許多小型團隊共同開發了一個龐大而複雜的系統。每個團隊的任務是開發、維護和改進一些系統組件。

2. 這些團隊透過 API 定義、訊息綱要（message schemas）等方式，將其組件的抽象細節發佈給其他團隊。團隊不需要關心其他團隊的組件；他們只需使用已發佈的 API 或訊息規範（message specifications）來調用這些組件。隨著時間的推移，他們會透過迭代改進自己的部分，提高其性能和能力。隨著新功能的添加，他們也可能發佈新的能力，或者向其他團隊提出新的請求。同樣地，當後者發生時，團隊無須擔心所請求功能的內部技術細節。團隊透過*鬆耦合的通訊方式*（*loosely coupled communication*）一起合作。

3. 由於特徵 2 的存在，每個團隊都可以獨立於其他團隊的工作，快速發展和改進其組件。

4. 具體來說，特徵 3 意味著團隊可以在最短的停機時間內發佈其組件的更新。團隊在正常工作時間內持續發佈，進行程式碼的變更和測試。

技術和人員系統的鬆耦合將使你的資料工程師團隊能夠更有效地相互協作，並與公司其他部門進行協作。這個原則也直接促進了原則 7。

原則 7：做出可逆的決策

資料領域正在迅速變化。今日的熱門技術或堆疊可能在明日變得不再重要。流行觀點瞬息萬變。你應該以可逆決策為目標，因為這些趨勢往往有助於簡化你的架構並保持敏捷性。

正如福勒（Fowler）在 2003 年寫的那樣：「架構師最重要的任務之一是透過找到方法來消除軟體設計中的不可逆性，進而去除架構。」[12]。這一點在當時是正確的，而今日同樣如此。

正如我們之前所說的，貝索斯（Bezos）將可逆決策稱為「雙向門」。正如他所說的那樣，「如果你走進去，不喜歡你在另一邊看到的東西，你就無法回到之前的狀態。我們可以把這些稱為第 1 類決策。但大多數決策並非如此——它們是可變且可逆的——就像是雙向門。」應該盡可能選擇雙向門。

考慮到變化的速度以及整個資料架構中技術的解耦合和模組化，你應該始終努力選擇最適合當下的最佳解決方案。此外，也應該隨著形勢的發展做好升級或採用更佳作法的準備。

原則 8：優先考慮安全性

每個資料工程師都必須對其所建構和維護之系統的安全性負責。我們現在關注在兩個主要觀念：零信任安全和責任共擔安全模型。這些觀念與雲端原生架構密切相關。

強化的邊界和零信任安全模型

要定義零信任安全性（*zero-trust security*），首先來瞭解傳統的硬邊界安全模型及其侷限性會很有幫助，這在 Google Cloud 的「五項原則」中有詳細描述 [13]：

12　見福勒（Fowler）的文章「誰需要架構師？」（Who Needs an Architect?）。

13　見 Tom Grey 於 2019 年 6 月 19 日在 Google Cloud 部落格發表的文章「5 Principles for Cloud-Native Architecture — What It Is and How to Master It」（雲端原生架構的 5 個原則─是什麼以及如何掌握它），*https://oreil.ly/4NkGf*。

傳統架構非常倚賴邊界安全，粗略地說，就是在強化的網路邊界內有「可信任的事物」，而在外面有「不可信任的事物」。不幸的是，這種作法始終容易受到內部攻擊的威脅，同時也容易受到外部的威脅，例如魚叉式網路釣魚（*spear phishing*）攻擊。

1996 年的電影《不可能的任務》（*Mission Impossible*）是強化邊界安全模型及其局限性的完美例子。在電影中，中央情報局（CIA）將高度敏感的資料託管在一個實體安全性極其高之房間內的儲存系統上。伊森・亨特（Ethan Hunt）滲透到 CIA 總部，並利用人類目標，以獲得對儲存系統的實體存取許可權。一旦進入安全的房間，他就可以相對輕鬆地洩漏資料。

在過去至少十年的時間裡，令人擔憂的媒體報導讓我們意識到，在強化的組織安全邊界內，利用人類目標之安全漏洞的威脅越來越大。即使員工在高度安全的企業網路上工作，他們仍然透過電子郵件和行動裝置與外界保持聯繫。外部威脅實際上變成了內部威脅。

在雲端原生環境中，強化邊界的概念變得難以維持。所有資產在某種程度上都與外界相連。雖然可以在沒有外部連接的情況下定義虛擬私有雲（virtual private cloud，VPC）網路，但工程師用於定義這些網路的 API 控制平面（control plane）仍然面對著網際網路。

責任共擔模式

亞馬遜（Amazon）強調責任共擔模型（shared responsibility model）（*https://oreil.ly/rEFoU*），該模型將安全性分為雲端安全性和雲端中的安全性。AWS 負責雲端安全性 [14]：

> *AWS 負責保護在 AWS 雲端中運行之 AWS 服務的基礎架構。AWS 還為你提供了可以安全使用的服務。*

AWS 用戶負責雲端中的安全性：

> 你的責任由你使用的 *AWS* 服務決定。你還需要負責其他因素，包括資料的敏感性、組織的要求以及適用的法律和法規。

14　見 Amazon Web Services 的 AWS WAF 文件「Security in AWS WAF」，*https://oreil.ly/rEFoU*。

通常，所有雲端服務供應商都遵循著某種形式的共擔責任模型。他們會根據公佈的規範來保護其服務。儘管如此，用戶最終有責任為其應用程式和資料，設計一個安全模型，並利用雲端能力來實現此模型。

資料工程師作為安全工程師

當今企業界中，對安全採取命令和控制的作法非常普遍，其中安全和網路團隊負責管理邊界和一般的安全規範。雲端將這個責任轉移到並未明確擔任安全角色的工程師身上。由於這一責任，再加上更加普遍的強化安全邊界的侵蝕，所有的資料工程師都應該將自己視為安全工程師。

未能承擔這些新的隱含責任，可能會導致嚴重的後果。許多資料洩漏事件都是由於一些簡單的錯誤，例如把 Amazon S3 儲存桶（buckets）設置為可公開存取[15]。處理資料的人必須承擔最終保護資料的責任。

原則 9：擁抱財務運營

讓我們先參考一下財務運營（FinOps）的幾個定義。首先，FinOps Foundation 提供了以下定義[16]：

> 財務運營（*FinOps*）是一個不斷發展的雲端財務管理學科和文化實踐，它透過協助工程、財務、技術和業務團隊，在基於資料的支出決策上進行合作，使組織能夠獲得最大的商業價值。

此外，J. R. Sorment 和 Mike Fuller 在《*Cloud FinOps*》一書中提供了以下定義[17]：

> 術語「*FinOps*」通常是指一種新興的專業運動，倡導在 *DevOps*（開發運營）和 *Finance*（財務）之間建立協作的工作關係，進而實現對基礎架構支出（*infrastructure spending*）的迭代和資料驅動管理（即降低雲端的單位經濟效益），同時提高雲端環境的盈利能力。

---

15 見 Ericka Chickowski 於 2018 年 1 月 24 日在 Bitdefender Business Insights 部落格發表的「Leaky Buckets: 10 Worst Amazon S3 Breaches」（洩漏的儲存桶：10 個最嚴重的 Amazon S3 洩漏事件），*https://oreil.ly/pFEFO*。

16 見 FinOps Foundation 網站上的「What Is FinOps?」（財務運營是什麼？），*https://oreil.ly/wJFVn*。

17 見 J. R. Storment 和 Mike Fuller 所著的《*Cloud FinOps*》（O'Reilly，2019 年），*https://oreil.ly/QV6vF*。

在雲端時代，資料的成本結構發生了巨大的變化。在自有機房的環境中，資料系統通常是以資本支出的形式（詳見第 4 章）購得，每隔幾年就需要購買新系統。責任的一方必須在預算和所需的計算及儲存容量之間取得平衡。過度購買意味著浪費資金，而購買不足則意味著阻礙未來的資料專案，並導致需要大量人力時間來控制系統負載和資料大小；購買不足可能需要更快的技術更新週期，進而產生額外費用。

在雲端時代，大多數資料系統都是按需要付費（pay-as-you-go）且具備可擴展性。系統可以採用按查詢付費（cost-per-query）模型、按處理能力付費（cost-per-processing-capacity）模型，或者按需要付費（pay-as-you-go）模型的其他變體。這種作法可能比資本支出（capital expenditure）作法更有效。現在可以根據需求擴展規模以獲得高性能，然後縮減規模以節省費用。然而，按需要付費的作法會使支出變得更加動態。資料領導者所面臨的新挑戰是管理預算、優先順序和效率。

雲端工具需要一套用於管理支出和資源的流程。在過去，資料工程師從性能工程（performance engineering）的角度來考慮，即在一組固定的資源上最大限度地提高資料處理的性能，並根據未來的需求購買足夠的資源。而在財務運營（FinOps）中，工程師需要學會思考雲端系統的成本結構。例如，運行分散式叢集（distributed cluster）時，適當的 AWS spot 執行個體（instances）混合比例是什麼？就成本效益和性能而言，運行大量日常工作最合適的作法是什麼？公司何時應該從按查詢付費（pay-per-query）模型切換到預留容量（reserved capacity）？

財務運營（FinOps）將運營監控（operational monitoring）模型進一步發展以持續監控開支。與僅監控 web 伺服器的請求和 CPU 利用率不同，FinOps 可能會監控處理流量之無伺服器函數（serverless function）的持續成本，並在開支激增時觸發警報。正如系統被設計成在流量過多的情況下優雅地失敗一樣，公司可以考慮對開支激增採取硬性限制，以優雅的失敗模式來回應開支激增的情況。

運營團隊也應該從成本攻擊（cost attacks）的角度來考慮。正如分散式阻斷服務（distributed denial-of-servic，DDoS）攻擊可以阻止對 web 伺服器的存取一樣，許多公司都發現令人懊惱的是，從 S3 儲存桶的過度下載可能會導致開支飆升，並對一家小型初創公司造成破產的威脅。在公開共享資料時，資料團隊可以透過設置請求者付費策略來解決這些問題，或者只是監控過多的資料存取開支，並在開支開始上升到不可接受的程度時，快速刪除存取許可權。

撰寫本文當時，財務運營（FinOps）是一項近期形成的實踐方法。FinOps 基金會僅於 2019 年成立[18]。但是，我們強烈建議你在遇到高額雲端帳單之前，儘早開始考慮 FinOps。你可以從 FinOps 基金會（*https://oreil.ly/4EOIB*）和 O'Reilly 出版的《*Cloud FinOps*》開始你的旅程。我們還建議資料工程師參與到為資料工程建立 FinOps 實踐方法的社群過程（community process）── 在這樣一個新的實踐領域，還有很多領域需要探索。

現在你已經對良好的資料架構原則有了大致的瞭解，讓我們更深入地探討設計和建構良好資料架構所需的主要概念。

主要架構概念

如果你關注當前的資料趨勢，似乎每週都會有新型的資料工具和架構出現。在這一連串忙碌的活動中，我們不能忽視所有這些架構的主要目標：獲取資料並將其轉換為對下游消費有用的東西。

領域和服務

> 領域（Domain）：知識、影響力或活動的範疇。用戶使用程式的主題範疇就是軟體的領域。
>
> ── 埃里克・埃文斯（Eric Evans）[19]

在深入探討架構的組件之前，讓我們簡要介紹兩個你經常看到的術語：領域（domain）和服務（services）。領域是你正在設計架構時所關注的真實世界主題範疇。服務是一組功能，其目標是完成一項任務。例如，你可能會有一個銷售訂單處理服務，其任務是在訂單被建立時處理訂單。銷售訂單處理服務的唯一工作就是處理訂單；它不提供其他功能，例如庫存管理或更新用戶個人資料。

18　「FinOps 基金會的會員人數激增至 300 人，並為雲端服務提供者和供應商引入了新的合作夥伴層級」，美國商業資訊（Business Wire），2019 年 6 月 17 日，*https://oreil.ly/XcwYO*。

19　見埃里克・埃文斯（Eric Evans）所著的《領域驅動設計參考：定義和模式摘要》（*Domain-Driven Design Reference: Definitions and Pattern Summaries*），2015 年 3 月，*https://oreil.ly/pQ9oq*。

一個領域可以包含多個服務。例如,你可能有一個銷售領域(sales domain),其中包含三項服務:訂單、開發票和產品。每項服務都有支援銷售領域的特定任務。其他領域也可以共享服務(圖 3-3)。在這種情況下,會計領域(accounting domain)負責基本的會計功能:開發票(invoicing)、薪資支付(payroll)和應收帳款(accounts receivable,AR)。請注意,會計領域與銷售領域共享發票服務,因為銷售會產生發票,而會計部門必須追蹤發票,以確保收到付款。銷售和會計各自擁有自己的領域。

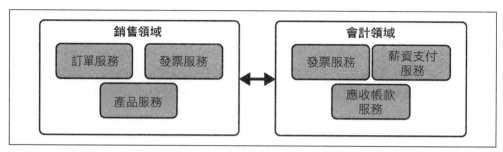

圖 3-3 兩個領域(銷售和會計)共享一個公共服務(發票),銷售和會計擁有各自的領域

在考慮領域的構成要素時,應該著重於領域在真實世界中所代表的內容,並逆向思考。在前面的例子中,銷售領域(sales domain)應該代表著你公司銷售功能中所發生的事情。在架構(architecting)銷售領域時,應該避免照抄其他公司的作法。你公司的銷售功能可能具有獨特之處,需要特定的服務才能使其按照你的銷售團隊的期望運作。

識別領域中應該包含哪些內容。在確定領域應該包含什麼以及應該包含哪些服務時,最好的建議是直接與用戶和利益相關者交談,傾聽他們的意見,並建構能夠幫助他們完成工作的服務。避免僅在自己的思考中進行架構設計。

分散式系統、可擴展性及為失敗做規劃

本節的討論與我們先前討論的資料工程架構之第二和第三個原則有關:為失敗做規劃(plan for failure),以及為可擴展性進行架構設計(architect for scalability)。作為資料工程師,我們對資料系統的四個緊密相關的特徵感興趣(可用性和可靠性之前提到過,但為了完整起見,我們在這裡會重申它們):

可擴展性

允許我們增加系統的能力，以提高性能和處理需求。例如，我們可能希望擴展一個系統，以處理高查詢率或處理龐大的資料集。

彈性

可擴展系統的動態擴展能力；高彈性系統可以根據當前的工作負載自動擴展和縮減。隨著需求的增加，擴大規模的能力至關重要，而縮小規模可以在雲端環境中節省成本。現代系統有時會擴展到零，這意味著它們可以在空閒時自動關閉。

可用性

IT 服務或組件處於可操作狀態的時間百分比。

可靠性

系統在特定時間間隔內執行其預期功能，並符合已定義標準的概率。

請參閱 PagerDuty 的「Why Are Availability and Reliability Crucial?」（為什麼可用性和可靠性至關重要？）網頁（*https://oreil.ly/E6il3*），以瞭解有關可用性和可靠性的定義和背景資訊。

這些特徵之間有何關聯？如果一個系統在指定的時間間隔內無法滿足性能要求，可能會變得無法回應。因此，低可靠性可能會導致低可用性。另一方面，動態擴展有助於確保在沒有工程師手動干預的情況下獲得足夠的性能——彈性有助於提高可靠性。

可擴展性可以透過多種方式實現。對於你的服務和領域，單台機器是否可以處理所有事情？單台機器可以進行垂直擴展；你可以增加資源（CPU、磁碟、記憶體、I/O）。但是，單台機器的資源有一定的硬性限制。另外，如果這台機器故障了，怎麼辦？如果有足夠的時間，有些組件最終將會失效。你對備份和故障轉移（failover）有什麼計畫？單台電腦通常無法提供高可用性和可靠性。

我們利用分散式系統來實現更高的整體擴展能力以及更高的可用性和可靠性。**橫向擴展**（*horizontal scaling*）讓你得以添加更多機器以滿足負載和資源需求（圖3-4）。通常，橫向擴展系統有一個領導節點（leader node）充當實例化、進度和完成工作負載的主要聯繫點（point of contact）。當啟動一個工作負載時，領導節點會將任務分配給其系統內的工作節點（worker nodes），完成任務並將結果傳回給領導節點。典型的現代分散式架構還內建冗餘性。資料會被複製，以便在某台機器故障時，其他機器可以接替故障的機器；叢集可以添加更多機器以恢復其能力。

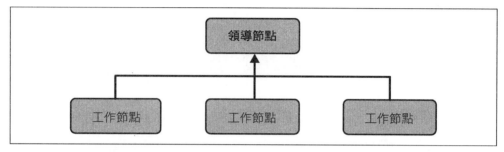

圖 3-4　一個簡單的橫向分散式系統，利用領導者-追隨者架構（leader-follower architecture），其中包含 1 個領導節點（leader node）和 3 個工作節點（worker nodes）

分散式系統在你的整個架構中被廣泛應用於各種資料技術。你使用的幾乎每個雲端資料倉儲（cloud data warehouse）和物件儲存系統（object storage system）在內部都有一定程度的分散概念。分散式系統的管理細節通常被抽象化，這讓你得以專注於高階架構，而不需要過度注意低階細節。但是，我們強烈建議你學習更多關於分散式系統的知識，因為這些細節對於瞭解和提高管道（pipelines）的性能非常有幫助；馬丁·克萊普曼（Martin Kleppmann）所著的《設計資料密集型應用程式》（*Designing Data-Intensive Applications*）（O'Reilly 出版）是一個很好的資源。

緊耦合與鬆耦合的區別：層次結構、單體應用和微服務

當設計資料架構時，你可以選擇在各種領域、服務和資源中包含多少相互依賴關係。在光譜的一端，你可以選擇擁有極度集中的依賴關係和工作流程。每個領域和服務的每個部分都非常依賴於每個其他的領域和服務。這種模式稱為**緊耦合**（*tightly coupled*）。

在光譜的另一端,你擁有分散的領域和服務,它們彼此之間沒有嚴格的依賴關係,這種模式稱為**鬆耦合**(loose coupling)。在鬆耦合的情況下,分散的團隊很容易建構一個系統,但這個系統的資料可能無法被其他團隊使用。請務必為擁有各自領域和服務的團隊分配共同的標準、擁有權、責任和問責制。設計「良好的」資料架構依賴於在領域與服務的緊耦合及鬆耦合之間做出權衡。

值得注意的是,本節中的許多想法都源於軟體開發。我們將努力保留這些重要觀念的初衷和精神 —— 使它們與資料無關 —— 同時在稍後解釋應用這些概念到資料時應該注意的一些差異。

架構層級

在開發你的架構時,瞭解架構層級會有所助益。你的架構具有不同的層級 —— 資料層、應用層、業務邏輯層、表示層等等 —— 你需要知道如何將這些層級解耦(decouple)。由於模組之間的緊耦合會存在明顯的漏洞,因此請記住如何構建你的架構的各個層級以實現最大的可靠性和靈活性。現在讓我們來看看單層和多層架構。

單層。 在**單層架構**(*single-tier architecture*)中,你的資料庫和應用程式之間採用緊耦合,位於單一伺服器上(圖 3-5)。此伺服器可以是你的筆記型電腦或雲端中的單一虛擬機(virtual machine,VM)。緊耦合的性質意味著如果伺服器、資料庫或應用程式失敗,整個架構就會失敗。雖然單層級架構適用於原型設計和開發,但由於存在明顯的失敗風險,不建議將其用於生產環境。

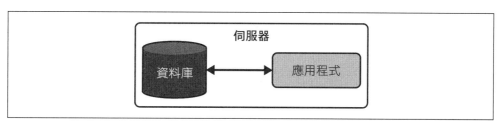

圖 3-5 單層架構

即使在單層架構中建構了冗餘性(例如,故障轉移副本),它們在其他方面仍存在顯著的限制。例如,針對生產環境之應用程式的資料庫運行分析查詢,通常是不切實際的(也不建議)。這樣做可能會使資料庫不堪重負並導致應用程式無法使用。單層架構適用於在本地機器上測試系統,但不建議用於生產用途。

多層。 緊耦合的單層架構所面臨的挑戰可以透過解耦資料和應用程式來解決。**多層**（*multitier*）（也稱為 *n 層*）架構由單獨的層級組成：資料層、應用層、業務邏輯層、展示層等等。這些層級是自下而上的分層，這意味著下層不一定依賴於上層；上層依賴於下層。這個概念是將資料與應用程式分開，並將應用程式與展示分開。

常見的多層架構是三層架構，這是一種廣泛使用的用戶端 - 伺服器（client-server）設計。這三層架構（*three-tier architecture*）由資料層、應用邏輯層和展示層組成（圖 3-6）。每個層級都與其他層級隔離，允許關注點分離。在三層架構中，你可以自由地在每個層級中使用你喜歡的任何技術，而無須專注於單一技術上。

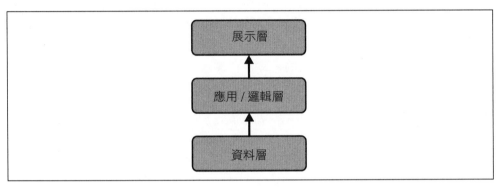

圖 3-6　三層架構

我們已經在生產環境中看到了許多單層架構。單層架構提供了簡單性，但也提供了嚴重的限制。最終，組織或應用程式會超越這種安排；它運作得很好，但也會遇到問題。例如，在單層架構中，資料和邏輯層共享並競爭資源（磁碟、CPU 和記憶體），而這在多層架構中是可以避免的。資源分布在各個層級中。資料工程師應該使用層級來評估他們的分層架構，以及處理依賴關係的方式。再次強調，從簡單開始，隨著架構變得更加複雜，逐步發展到其他層級。

在多層架構中，當使用分散式系統時，你需要考慮分離各層級以及在層級內共享資源的方式。分散式系統在整個資料工程生命週期中支援許多技術。首先，請考慮你是否希望節點之間存在資源競爭。如果不希望，可以使用**無共享架構**（*shared-nothing architecture*）：每個請求由單個節點處理，這意味著其他節點不與此節點或其他節點共享記憶體、磁碟或 CPU 等資源。資料和資源與節點隔

離。另一種選擇，多個節點可以處理多個請求並共享資源，但這樣做存在資源競爭的風險。另一個考慮因素是，節點是否應該共享所有節點都可以存取的磁碟和記憶體。這稱為共享磁碟架構（*shared disk architecture*），在發生隨機節點故障時需要共享資源很常見。

單體架構

單體架構（monolith）的一般概念包括將盡可能多的內容集中在一個系統中；在其最極端的版本中，單體架構由一個程式碼基底（codebase）在單一機器上運行，同時提供應用程式邏輯和用戶介面。

在單體架構中，耦合性可以從兩個方面來看：技術耦合和領域耦合。*技術耦合*（*technical coupling*）是指架構層級，而*領域耦合*（*domain coupling*）是指領域之間的耦合方式。單體架構在技術和領域之間具有不同程度的耦合。你可以擁有一個在多層架構中解耦各個層級的應用程式，但仍共享多個領域。或者，你可以擁有一個提供單一領域服務的單層架構。

單體架構的緊耦合意味著其組件缺乏模組化。在單體架構中替換或升級組件往往是將一種問題轉換為另一種問題的作法。由於緊耦合的耦合度高，在整個架構中重用組件變得困難或不可能。在評估如何改進單體架構時，往往是一場打地鼠遊戲（whack-a-mole）：當你改進單體架構中的某個組件時，可能會產生意想不到的影響，影響到架構中其他部分。

資料團隊往往會忽略解決其單體架構不斷成長的複雜性，使它變得非常混亂，難以管理（*https://oreil.ly/2brRT*）。

第 4 章將提供更廣泛的探討，除了比較單體架構與分散式技術，我們還會探討分散式單體架構（*distributed monolith*），這是一種奇怪的混合體，當工程師建構具有過度緊耦合的分散式系統時，它就會出現。

微服務

相較於單體架構的特性（交織在一起的服務、集中化以及服務之間的緊耦合），微服務則截然相反。*微服務架構*（*microservices architecture*）由獨立、去中心化和鬆耦合的服務組成。每個服務都有特定的功能，並與其領域內運行的其他服務解耦。如果其中一項服務暫時停止運行，並不會影響其他服務繼續運行的能力。

經常出現的一個問題是如何將你的單體架構轉換為多個微服務（圖 3-7）。這完全取決於你的單體架構的複雜程度，以及從中提取服務需要付出多少努力。你的單體架構完全有可能無法被拆分，在這種情況下，你需要著手建立一個新的並行架構（parallel architecture），以微服務友好的方式解耦服務。我們不建議對整個系統進行完全的重構，而是建議將系統拆分成獨立的服務。單體架構不是一夜之間產生的，它既是技術問題，也是組織問題。如果你打算拆分它，請確保從單體架構的利益相關者那裡獲得支持。

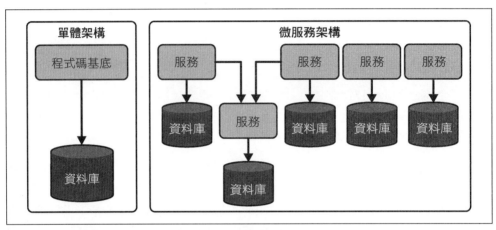

圖 3-7　一個極端的單體架構在單一的程式碼基底中運行所有的功能，可能還會將資料庫放在相同的主機伺服器上

如果你想更深入瞭解如何拆分一個單體架構，我們建議閱讀尼爾・福特（Neal Ford）等人所著的《軟體架構：困難部分》（*Software Architecture: The Hard Parts*）（O'Reilly 出版）這本出色的實用指南。

資料架構的考慮因素

正如我們在本節開頭提到的，緊耦合與鬆耦合的概念源自軟體開發，其中一些概念可以追溯到 20 多年前。儘管資料領域的架構實踐方法目前正採用軟體開發的一些概念，但仍然經常看到極其單一、緊耦合的資料架構。部分原因是由於現有資料技術的性質以及它們的整合方式。

例如，資料管道可能會從許多來源耗用資料，這些資料會被攝取到一個中央資料倉儲。中央資料倉儲本質上是單體式的。實現與資料倉儲等效之微服務的方法是使用特定領域的資料管道來解耦工作流程，這些資料管道會連接到相應之特定領域的資料倉儲。例如，銷售資料管道（sales data pipeline）會連接到特定於銷售領域的資料倉儲，庫存和產品領域也遵循類似的模式。

與其教條式地宣揚微服務優於單體架構（以及其他論點），我們建議你務實地使用鬆耦合把它當作一個理想和目標，同時認識到你在資料架構中使用的資料技術之狀態和局限性。在可能的情況下，採用可逆的技術選擇，以實現模組化和鬆耦合。

如圖 3-7 所示，你將架構的組件以垂直方式劃分為不同的關注層。雖然多層架構解決了解耦共享資源的技術挑戰，但它並沒有解決共享領域的複雜性。在單層架構和多層架構的思路上，還應該考慮如何分離資料架構的領域。例如，你的分析師團隊可能依賴於來自銷售和庫存的資料。銷售和庫存是不同的領域，應被看作是相互獨立的。

解決此問題的一種方法是集中化（centralization）：由一個團隊負責從所有領域蒐集資料並將其調和，以便在整個組織中使用（這是傳統資料倉儲中常見的作法）。另一種作法是資料網格（*data mesh*）。使用資料網格時，每個軟體團隊負責自己的資料準備工作，以供組織的其他單位使用。我們稍後將在本章中詳細探討資料網格。

我們的建議是：單體架構未必是不好的，在某些情況下，從單體架構開始可能是有道理的。有時你需要快速推進事務，從單體架構開始要簡單得多。只要準備好，最終將其拆分成更小的組件；不要讓自己過於舒服。

用戶存取：單租戶與多租戶的區別

作為資料工程師，你必須針對在多個團隊、組織和客戶之間的共享系統做出決策。從某種意義上說，所有的雲端服務都是多租戶的，儘管這種多租戶性質存在不同粒度。例如，雲端計算實例（cloud compute instance）通常在共享伺服器上運行，但虛擬機（VM）本身提供一定程度的隔離。物件儲存（object storage）是一個多租戶系統，但只要客戶正確設定其權限，雲端供應商就可以保證安全性和隔離性。

工程師經常需要在更小的規模上做出關於多租戶的決策。例如，在一個大型公司中，是否讓多個部門共享同一個資料倉儲？組織是否在同一張資料表中共享資料給多個大客戶？

在多租戶性質中，我們需要考慮兩個因素：性能和安全性。在雲端系統中存在多個大型租戶時，系統是否能夠為所有租戶提供一致性能，還是存在干擾其他租戶的問題？（也就是說，一個租戶的高使用量是否會降低其他租戶的性能？）關於安全性，不同租戶的資料必須得到適當的隔離。當一家公司有多個外部租戶時，這些租戶不應該知道彼此的存在，工程師必須防止資料洩漏。資料隔離策略因系統而異。例如，使用多租戶表（multitenant tables）並透過視圖（views）隔離資料通常是完全可以接受的。但是，必須確保這些視圖不會洩漏資料。閱讀供應商或專案文件，以瞭解適當的策略和風險。

事件驅動架構

你的業務很少是靜態的。在你的業務中經常會發生一些事情，例如獲得新客戶、客戶下新訂單，或者針對產品或服務的訂單。這些都是廣義稱為事件的例子，通常某事件的發生，代表著某種狀態的變化。例如，客戶可能建立了一個新訂單，或者客戶稍後可能會更新此訂單。

事件驅動的工作流程（圖 3-8）包括在資料工程生命週期的各個部分建立、更新和異步移動事件的能力。此工作流程可歸結為三個主要方面：事件的產生、繞送和消費。必須產生事件並將其繞送給消費者，而且生產者、事件路由器和消費者之間不能有緊耦合的依賴關係。

圖 3-8　在事件驅動的工作流程中，事件被產生、繞送，然後被消費

事件驅動架構（圖 3-9）包含事件驅動的工作流程，並利用它在各種服務之間進行通訊。事件驅動架構的優點在於它將事件的狀態分布到多個服務中。如果一個服務離線、分散式系統中的節點失敗，或者你希望多個消費者或服務存取相同的事件，這將非常有用。只要你擁有鬆耦合的服務，事件驅動架構就是一個很好的選擇。本章後面介紹的許多範例都採用了某種形式的事件驅動架構。

第 5 章中，你將學到有關事件驅動串流處理和訊息傳遞系統的更多資訊。

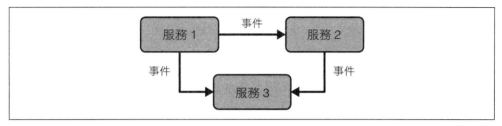

圖 3-9　在事件驅動架構中，事件在鬆耦合的服務之間傳遞

棕地與綠地專案的區別

在設計資料架構專案之前，你需要知道你是從零開始還是重新設計現有的架構。
每種類型的專案都需要評估權衡，儘管有不同的考慮因素和作法。專案大致分為
兩類：棕地（brownfield）和綠地（greenfield）。

棕地專案

棕地專案（*brownfield projects*）通常涉及重構（refactoring）和重組（reorganizing）
現有架構，並受到現在和過去的選擇所限制。由於架構的關鍵部分是變更管理，
因此你必須找出繞過這些限制的方法，並設計一條前進的道路，以實現新的業務
和技術目標。棕地專案需要對遺留架構以及各種新舊技術的相互作用有透徹的瞭
解。我們往往容易批評先前團隊的工作和決策，但更好的作法是深入探究、提出
問題並瞭解做出決策的原因。同理心和背景知識在幫助你診斷現有架構的問題、
識別機會和識別陷阱方面起著重要的作用。

在某個時候，你需要導入新的架構和技術，並逐漸淘汰舊有的內容。讓我們來看
看幾種常見的作法。許多團隊會毫不猶豫地進行一次性或大規模的舊架構改造，
通常在進行改造的過程中才考慮淘汰舊有的內容。雖然這種作法很受歡迎，但我
們不建議這麼做，因為這帶來了相關的風險並且缺乏計畫。這條道路往往會導致
災難，導致許多不可逆轉和代價高昂的決策。你的任務是做出可逆之高投資回報
率的決策。

直接重寫的一種流行替代方案是扼殺者模式（strangler pattern）：新系統逐漸且漸進地取代遺留架構的組件[20]。最終，遺留架構被完全取代。扼殺者模式的吸引力在於其有針對性和手術式的作法，即一次淘汰系統中的一個部分。這樣可以在評估淘汰對依賴系統的影響時，做出靈活且可逆的決策。

需要注意的是，淘汰可能是一種「理想化的」建議，並不實際或可行。如果你在一個大型組織中，要根除遺留技術或架構或許是不可能的。某個地方總會有人在使用這些遺留的組件。正如有人曾經說過的那樣：「遺留是一個貶抑詞，用來形容一些仍舊能夠帶來利益的東西。」

如果你有能力進行淘汰，那麼請瞭解有許多方式可以淘汰你的舊架構。關鍵是在新平台上逐漸提高其成熟度，以展示成功的證據，然後制定一個退出計畫來關閉舊系統。

綠地專案

在光譜的另一端，綠地專案（greenfield project）上你能夠開創一個全新的開始，不受先前架構之歷史或遺留的限制。綠地專案往往比棕地專案更容易，許多資料架構師和工程師也覺得它們更有趣！你有機會嘗試最新、最酷的工具和架構模式。還有什麼比這更令人興奮的呢？

在過於投入之前，你應該注意一些事情。我們看到團隊因閃亮物品綜合症（shiny object syndrome）而變得過於興奮。他們覺得有必要接觸最新和最潮的技術時尚，卻不瞭解這將如何影響專案的價值。還有一種誘惑是為了炫耀自己的履歷而開發，堆疊令人印象深刻的新技術，而不把專案的最終目標放在優先位置[21]。請總是優先考慮需求，而不是建構令人驚艷的東西。

無論你從事的是棕地專案還是綠地專案，請總是關注「良好的」資料架構原則。評估權衡，做出靈活且可逆的決策，並努力實現正面的投資回報率。

---

20 見馬丁‧福勒（Martin Fowler）的文章「StranglerFigApplication」，發表於 2004 年 6 月 29 日，https://oreil.ly/PmqxB。

21 見 Mike Loukides 在 O'Reilly Radar 發表的「Resume Driven Development」（以履歷為導向的開發），發表於 2004 年 10 月 13 日，https://oreil.ly/BUHa8。

現在，我們將來看一些架構的範例和類型——有些是建立了數十年的（資料倉儲），有些是全新的（資料湖屋[譯註]），還有一些曾經快速出現然後消失，但仍然影響著當前的架構模式（Lambda 架構）。

資料架構的範例和類型

由於資料架構是一門抽象的學科，因此透過實例來論證會有所助益。本節中，我們概述了當今流行之突出的資料架構例子和類型。雖然這些例子並非全面的，但我們的目標是讓你瞭解一些最常見的資料架構模式，並讓你思考在設計適合你的使用案例之良好架構時，所需的靈活性和權衡分析。

資料倉儲

資料倉儲（*data warehouse*）是用於報告和分析的中央資料樞紐（central data hub）。資料倉儲中的資料通常是高度格式化和結構化的，適用於分析使用案例。它是最古老且最完善的資料架構之一。

1989 年，比爾‧英蒙（Bill Inmon）提出了資料倉儲的概念，他將其描述為「一個主題導向、整合、非易失性和時變的資料集合，以支援管理層的決策」[22]。儘管資料倉儲的技術方面已經有了顯著的發展，但我們認為這個最初的定義，今日仍然很重要。

過去，資料倉儲廣泛用於具有可觀預算（通常在數百萬美元）的企業，這些企業有預算購買資料系統，並支付內部團隊費用以提供持續支援來維護資料倉儲。這是昂貴且勞力密集型的。從那時起，可擴展的按需要付費（pay-as-you-go）模型讓即使是小公司也可以使用雲端資料倉儲。由於有第三方供應商管理資料倉儲的基礎架構，因此即使資料的複雜性增加，公司也可以用更少的人力做更多的事情。

譯註　資料湖屋（data lakehouse）是一種結合了資料湖泊（data lake）和資料倉儲（data warehouse）特點的架構。

22　見 H. W. Inmon 所著的《Building the Data Warehouse》（Hoboken: Wiley，2005 年）。

值得注意的是，資料倉庫架構有兩種類型：組織型和技術型。**組織型資料倉儲架構**（*organizational data warehouse architecture*）組建了與特定業務團隊之結構和流程相關的資料。**技術型資料倉儲架構**（*technical data warehouse architecture*）反映了資料倉儲的技術性質，例如 MPP（大規模並行處理）。一家公司可以擁有一個沒有 MPP 系統的資料倉儲，也可以運行未被組建成資料倉儲的 MPP 系統。然而，技術型和組織型架構一直存在於良性循環中，並且經常相互關聯。

組織型資料倉儲架構具有兩個主要特徵：

將線上分析處理（*online analytical processing*，OLAP）與生產資料庫（線上交易處理）分離

隨著企業的發展，這種分離至關重要。將資料移入獨立的實體系統中，可將負載從生產系統中轉移出去，進而提高分析性能。

集中和組建資料

傳統上，資料倉儲會透過 ETL 的使用從應用系統中提取資料。提取階段從來源系統中提取資料。轉換階段對資料進行清理和標準化，以高度建模的形式組建和實施業務邏輯（第 8 章將介紹轉換和資料模型）。攝取階段把資料推送到資料倉儲目標資料庫系統中。資料被載入到多個資料市集（data marts），為特定領域或業務和部門的分析需求提供服務。圖 3-10 顯示了一般的工作流程。資料倉儲和 ETL 與特定的業務結構密不可分，包括 DBA 和 ETL 開發團隊，他們根據業務領導者的指示來實施，以確保報告和分析的資料與業務流程相符。

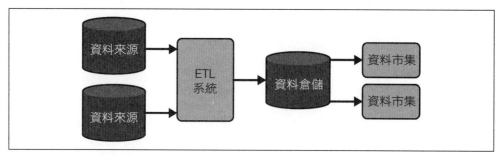

圖 3-10　基本的資料倉儲與 ETL

關於技術型資料倉儲架構，1970 年代後期的第一個 MPP（大規模並行處理）系統在 1980 年代開始流行。MPP 支援的 SQL 語義與關聯式應用資料庫中使用的基本相同。儘管如此，它們仍經過優化，可以並行掃描大量資料，因此可以實現高性能聚合操作和統計運算。近年來，有越來越多的 MPP 系統從基於列（row-based）的架構轉變為行式（columnar）架構，以便更好地處理更大的資料和查詢，尤其是在雲端資料倉儲中。隨著資料和報告需求的成長，MPP 對於為大型企業運行高性能查詢是必不可少的。

ELT 是 ETL 的一個變體。在 ELT 資料倉儲架構中，資料基本上是直接從生產系統移動到資料倉儲中的一個暫存區域（staging area）。在這種情況下，暫存表示資料處於原始形式。與使用外部系統進行轉換不同，轉換直接在資料倉儲中進行。這樣做的目的是充分利用雲端資料倉儲的大規模計算能力和資料處理工具。資料以批次方式進行處理，轉換後的輸出將寫入用於分析的資料表和視圖中。圖 3-11 展示了一般的過程。在串流處理中，ELT 也很受歡迎，因為事件從 CDC（資料異動擷取）過程中流出，保存在暫存區域中，然後在資料倉儲中進行後續轉換。

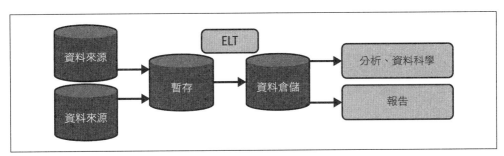

圖 3-11　ELT——提取（extract）、載入（load）和轉換（transform）

在 Hadoop 生態系統的大數據成長期間，第二版的 ELT 變得流行起來。這是一種稱為讀取時轉換（*transform-on-read*）的 *ELT* 方式，我們將在第 115 頁的「資料湖泊」中討論。

雲端資料倉儲

雲端資料倉儲（*cloud data warehouses*）代表了本地資料倉儲架構的重大演變，進而對組織架構帶來了重大變化。Amazon Redshift 掀起了雲端資料倉儲革命的序幕。公司不需要在未來幾年適當調整 MPP 系統的規模，並簽署價值數百萬美元的合約來採購該系統，而是可以選擇按需要啟動 Redshift 叢集，並隨著資料和分析需求的成長逐步擴展。他們甚至可以按需要啟動新的 Redshift 叢集來處理特定的工作量，並於不再需要時快速刪除它們。

Google BigQuery、Snowflake 和其他競爭對手普及了將計算與儲存分離的想法。在這種架構中，資料保存在物件儲存中，可以提供幾乎無限的儲存空間。這也為用戶提供了按需要啟動計算能力的選擇，提供臨時的大數據能力，而無須長期承擔數千個節點的成本。

雲端資料倉儲擴展了 MPP 系統的能力，以應付許多大數據使用案例，而此類案例在不久之前還需要用到一個 Hadoop 叢集。它們可以輕鬆地在單次查詢中處理以 PB（1024 TB）為單位的資料量。通常，它們支援的資料結構，允許每列儲存數十 MB（百萬位元組）的原始文字資料或極其豐富和複雜的 JSON 文件。隨著雲端資料倉儲（和資料湖泊）的成熟，資料倉儲和資料湖泊之間的界限將繼續模糊。

雲端資料倉儲所提供的新功能影響如此之大，以致於我們可能會考慮完全放棄資料倉儲（*data warehouse*）這個術語。相反地，這些服務正在演變成一個新的資料平台，其功能比傳統的 MPP 系統提供的功能要廣泛得多。

資料市集

資料市集（*data mart*）是資料倉儲的更精煉子集，旨在為分析和報告提供服務，專注於單個子組織、部門或業務領域；每個部門都有自己的資料市集，以滿足其需求。這與為更廣泛的組織或業務提供服務的完整資料倉儲形成鮮明對比。

資料市集的存在有兩個原因。首先，資料市集讓分析師和報表開發人員更容易存取資料。其次，資料市集提供了超出初始 ETL 或 ELT 管道所提供的額外轉換階段。如果報表或分析查詢需要對資料進行複雜的聯接（join）和聚合（aggregation），這可以顯著提高性能，尤其是在原始資料很大時。轉換過程可以將聯接和聚合的資料填充到資料市集，以改善即時查詢的性能。圖 3-12 顯示了一般的工作流程。我們將在第 8 章中討論資料市集和為資料市集建模的資料。

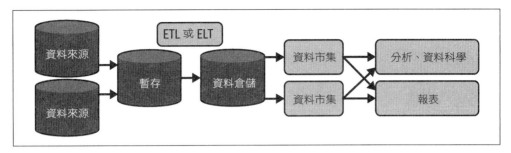

圖 3-12　ETL 或 ELT 加上資料市集

資料湖泊

在大數據時代出現的最流行架構之一是資料湖泊（*data lake*）。與其對資料施加嚴格的結構限制，為什麼不直接將所有資料（結構化和非結構化）轉存到一個中央位置呢？資料湖泊承諾成為一股民主化的力量，將企業從無限資料的噴泉中解放出來。第一代資料湖泊，即「資料湖泊 1.0」（data lake 1.0），做出了堅實的貢獻，但總體而言未能兌現其承諾。

資料湖泊 1.0 始於 HDFS。隨著雲端的日益普及，資料湖泊轉向基於雲端的物件儲存，具有極其廉價的儲存成本和幾乎無限的儲存容量。資料湖泊不再依賴於儲存和計算緊耦合的單體資料倉儲，而是允許保存任何大小和類型的大量資料。當需要查詢或轉換此資料時，你可以根據需要啟動一個叢集，以獲得幾乎無限的計算能力，並且可以為你手頭上的任務，選擇自己喜歡的資料處理技術，例如 MapReduce、Spark、Ray、Presto、Hive⋯等等。

儘管有承諾和炒作，但資料湖泊 1.0 存在嚴重的缺陷。資料湖泊變成了一個傾倒場所；一度充滿希望的資料專案失敗後，諸如資料沼澤（*data swamp*）、暗黑資料（*dark data*）和 WORN 之類的術語被創造了出來。資料不斷成長到難以管理的規模，幾乎沒有綱要管理（schema management）、資料編目（data cataloging）和發現工具（discovery tools）。此外，最初的資料湖泊概念基本上是「唯寫的」（write-only），這在 GDPR（要求針對性刪除用戶紀錄）之類的法規出現後，帶來了巨大的麻煩。

處理資料也具有挑戰性。相對簡單的資料轉換，例如聯接（join）在 MapReduce 作業（job）中實現起來非常困難。後來的框架，例如 Pig 和 Hive，在一定程度上改善了資料處理的情況，但對於資料管理的基本問題幾乎沒有什麼幫助。

SQL 中常見的簡易 DML（data manipulation language）操作——例如，刪除或更新資料列——很難實現，通常需要透過建立全新的資料表來實現。雖然大數據工程師對於資料倉儲領域的同行，抱持著一種特殊的輕蔑態度，但後者可能會指出，資料倉儲提供了開箱即用的基本資料管理功能，並且 SQL 是編寫複雜、高性能查詢和轉換的有效工具。

資料湖泊 1.0 也未能實現大數據運動的另一個核心承諾。Apache 生態系統中的開源軟體被吹捧為一種避免數百萬美元之專有 MPP 系統合約的手段。廉價的現成硬體將取代定製的供應商解決方案。實際上，由於管理 Hadoop 叢集的複雜性，大數據成本激增，迫使公司以高薪僱用大量工程師團隊。為了避開使用原始 Apache 程式碼基底的一些缺點和問題，以及獲得一組支撐工具讓 Hadoop 更具用戶友好性，許多公司經常選擇從供應商那裡購買 Hadoop 的授權定製版本。即使那些避免使用雲端儲存來管理 Hadoop 叢集的公司，也不得不花費大量資金來聘請人才編寫 MapReduce 作業。

我們應該小心，不要低估第一代資料湖泊的效用和威力。許多組織在資料湖泊中發現了顯著的價值，尤其是像 Netflix 和 Facebook 這樣重視資料的大型矽谷科技公司。這些公司擁有資源來建構成功的資料實踐方法，以及建立基於 Hadoop 的定製工具和增強功能。但對於許多組織來說，資料湖泊變成了一個組織內部需要努力處理的問題區域，充滿了浪費、失望和成本上升的問題。

融合、下一代資料湖泊和資料平台

針對第一代資料湖泊的局限性，各種參與者都試圖增強這一概念，以充分實現其承諾。例如，Databricks 提出了資料湖倉（*data lakehouse*）的概念。湖倉（lakehouse）整合了資料倉儲（data warehouse）中的控制、資料管理和資料結構，同時仍將資料保存在物件儲存中，並支援各種查詢和轉換引擎。特別是，資料湖倉支援具不可分割性（atomicity）、一致性（consistency）、隔離性（isolation）和持久性（durability），即 ACID 的交易，這與原始的資料湖泊有很大的不同，在原始資料湖泊中，你只需注入資料，從不更新或刪除資料。資料湖倉（*data lakehouse*）這個術語暗示了資料湖泊和資料倉儲之間的融合。

雲端資料倉儲的技術架構已經發展到與資料湖泊架構非常相似。雲端資料倉儲將計算與儲存分開，支援 PB（即 1024 TB）級的查詢，保存各種非結構化資料和半結構化物件，並與 Spark 或 Beam 等先進處理技術整合。

我們認為融合的趨勢只會繼續下去。資料湖泊和資料倉儲仍將作為不同的架構存在著。在實際應用中，它們的功能將融合在一起，因此很少有用戶會在日常工作中注意到它們之間的界限。我們現在看到一些供應商提供結合了資料湖泊和資料倉儲功能的資料平台。從我們的角度來看，AWS、Azure、Google Cloud（*https:// oreil.ly/ij2QV*）、Snowflake（*https://oreil.ly/NoE9p*）和 Databricks 都是一流的領導者，每個都提供了一系列緊密整合的工具，用於處理各種類型的資料，從關聯式資料到完全非結構化資料。未來的資料工程師可以選擇基於各種因素（包括供應商、生態系統和相對開放性）的融合資料平台，而不是在資料湖泊或資料倉儲架構之間做出選擇。

現代資料堆疊

現代資料堆疊（*modern data stack*）（圖 3-13）是一種時下流行的分析架構，它突顯了我們預計在未來幾年內更廣泛使用的抽象類型。過去的資料堆疊依賴於昂貴的單體工具集，而現代資料堆疊的主要目標是使用基於雲端的、隨插即用的、易於使用的現成組件，來建立模組化且具有成本效益的資料架構。這些組件包括資料管道、儲存、轉換、資料管理 / 治理、監控、視覺化和探索。該領域仍在不斷變化，具體工具正在迅速變化和演進，但核心目標將保持不變：降低複雜性和增加模組化。需要注意的是，現代資料堆疊的概念與上一節中的融合資料平台概念相互契合。

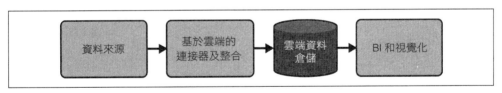

圖 3-13　現代資料堆疊的基本組件

現代資料堆疊的主要成果是自助服務（分析和管道）、敏捷的資料管理，以及使用開源工具或具有清楚定價結構的簡單專有工具。社群也是現代資料堆疊的一個核心面向。與過去的產品不同，過去的產品往往會對用戶隱藏發佈計畫（releases）和未來發展方向（roadmaps），而在現代資料堆疊空間中運營的專案和公司，通常擁有強大的用戶基礎和活躍的社群，他們透過儘早使用產品、建議功能並提交拉取請求（pull requests）來參與開發，進而改進程式碼。

無論「現代」走向何方（我們會在第 11 章中分享我們的想法），我們認為即插即用（plug-and-play）的模組化（modularity）關鍵概念以及易於瞭解的定價和實現方法是未來的發展方向。特別是在分析工程中，現代資料堆疊現在「是」並「將繼續是」資料架構的預定選擇。在整本書中，我們提到的架構包含了現代資料堆疊的各個部分，例如基於雲端的（cloud-based）和即插即用的（plug-and-play）模組化組件。

Lambda 架構

在「過去」（2010 年代早期到中期），隨著 Kafka 作為一種高度可擴展的訊息佇列（message queue）以及 Apache Storm 和 Samza 等串流／即時分析框架的出現，處理串流資料的流行度急遽上升。這些技術使得企業能夠對大量資料進行新型分析和建模、進行用戶聚合和排名，以及提供產品推薦等功能。資料工程師需要找到將批次和串流資料結合到單一架構的解決方案。Lambda 架構是對這個問題早期流行的回應之一。

在 *Lambda* 架構（圖 3-14）中，批次處理、串流處理和提供系統彼此獨立運行。理想情況下，來源系統是不可變（immutable）且僅追加的（append-only），將資料發送到兩個目的地進行處理：串流處理和批次處理。在串流處理中，以盡可能低的延遲在「速度」層（通常是 NoSQL 資料庫）中提供資料。在批次處理層中，資料在資料倉儲等系統中進行處理和轉換，以建立預先計算及聚合的資料視圖。提供層透過聚合來自兩個層的查詢結果來提供綜合視圖。

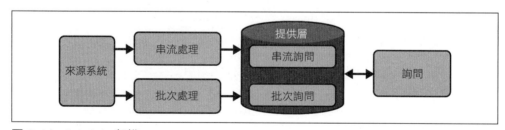

圖 3-14　Lambda 架構

Lambda 架構確實存在一些挑戰和批評。管理具有不同程式碼基底（codebases）的多個系統，就像聽起來一樣困難，這會創造出容易出錯的系統，程式碼和資料極難協調。

我們之所以提到 Lambda 架構，是因為它仍然受到關注，並且在資料架構（data architecture）的搜尋引擎結果（search-engine results）中很受歡迎。如果你嘗試結合串流和批次資料處理進行分析，Lambda 並不是我們的首選。技術和實踐已經向前發展了。

接下來，讓我們看一下 Kappa 架構對 Lambda 架構的回應。

Kappa 架構

為了回應 Lambda 架構的缺點，傑・克雷普斯（Jay Kreps）提出了一種稱為 *Kappa 架構*（*Kappa architecture*）的替代方案（圖3-15）[23]。其核心論點是：為什麼不直接以串流處理平台來作為所有資料處理（攝取、儲存和提供）的基礎？這有助於實現真正的事件驅動架構。透過直接讀取即時事件流，並重新回放大量資料以進行批次處理，可以無縫地對相同的資料進行即時和批次處理。

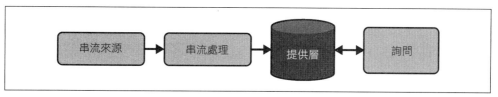

圖 3-15　Kappa 架構

雖然最初的 Kappa 架構文章是在 2014 年發表的，但我們還沒有看到它被廣泛採用。這可能有幾個原因。首先，串流處理本身對許多公司來說仍然是一個謎；這談論起來很容易，但執行起來比預期的要難。其次，Kappa 架構在實踐中被證明是複雜且昂貴。雖然一些串流處理系統可以擴展到處理巨大的資料量，但它們既複雜又昂貴；對於龐大的歷史資料集，批次儲存和處理仍然更加高效並具有成本效益。

23　見 Jay Kreps（傑・克雷普斯）在〈Questioning the Lambda Architecture〉中對 Lambda 架構的質疑，2014 年 7 月 2 日發表於 O'Reilly Radar，*https://oreil.ly/wWR3n*。

資料流模型以及統一的批次處理和串流處理

Lambda 和 Kappa 都試圖解決 2010 年代 Hadoop 生態系統的局限性，試圖將複雜的工具拼湊在一起，這些工具可能一開始就不適合。統一批次處理和串流處理資料的核心挑戰仍然存在，Lambda 和 Kappa 都為在這一領域繼續取得進展提供了靈感和基礎。

管理批次處理和串流處理的一個核心問題是統一多個程式碼路徑（code paths）。雖然 Kappa 架構依賴於統一的佇列（queuing）和儲存層（storage layer），但仍然必須面對使用不同的工具來蒐集即時統計資訊（real-time statistics）或運行批次聚合作業（batch aggregation jobs）。如今，工程師們試圖以各種方式解決這個問題。Google 透過開發 Dataflow 模型（*https://oreil.ly/qrxY4*）和實現該模型的 Apache Beam（*https://beam.apache.org*）框架取得了重要的成就。

Dataflow（資料流）模型中的核心思想是將所有資料視為事件，因為聚合（aggregation）是在各種類型的窗口上進行的。正在進行的即時事件流是無界資料（*unbounded data*）。資料批次處理只是有界事件流（bounded event streams），而邊界提供了一個自然窗口。工程師可以從各種窗口中進行選擇，以進行即時聚合（real-time aggregation），例如滑動窗口或翻滾窗口。即時和批次處理使用幾乎相同的程式碼在同一系統中進行。

「批次處理是串流處理之特例」的理念現在更加普遍。各種框架，例如 Flink 和 Spark，都採用了類似的作法。

物聯網架構

物聯網（*Internet of Things*，IoT）是設備的分散式集合，而設備也稱為物品（*things*）——包括電腦、感測器、行動裝置、智慧家居設備以及任何其他具有網際網路連線的設備。與直接人工輸入（例如，從鍵盤輸入資料）不同，IoT 資料是由設備產生的，這些設備會定期或連續地從周圍環境蒐集資料，並將其傳輸到目的地。IoT 設備通常是低功耗的，並且在低資源／低頻寬環境中運行。

雖然物聯網（IoT）設備的概念至少可以追溯到幾十年前，但智慧手機革命幾乎在一夜之間創造了龐大的物聯網群體。從那時起，出現了許多新的 IoT 類別，例如智慧恆溫器、車載娛樂系統、智慧電視和智慧揚聲器。IoT 已經從未來主義的

幻想發展成為一個龐大的資料工程領域。我們預計 IoT 將成為產生和消費資料的主要方式之一，本節的內容將比你閱讀過的其他章節更深入一些。

粗略地瞭解物聯網（IoT）架構將有助於你瞭解更廣泛的資料架構趨勢。讓我們簡要地介紹一些 IoT 架構概念。

設備

設備（也稱為物品）是連接到網際網路的實際硬體，可感知周圍的環境，並蒐集資料和將其傳輸到下游目的地。這些設備可用於消費類應用，例如門鈴攝像頭、智慧手錶或恆溫器。設備可能是一個由 AI 驅動的攝影機，用於監控生產線上是否有缺陷的零件；也可能是一個 GPS 追蹤器，用於記錄車輛位置；或者是一個經過程式設計的樹莓派（Raspberry Pi），用於下載最新的推文以及煮咖啡。任何能夠從其環境中蒐集資料的設備，都可以被視為物聯網（IoT）設備。

設備應該至少具備蒐集和傳輸資料的基本能力。但是，設備在將資料傳送到下游之前，還可以對蒐集到的資料進行處理或運行機器學習——分別稱為邊緣計算（edge computing）和邊緣機器學習（edge machine learning）。

資料工程師不一定需要知道 IoT 設備的內部細節，但應該知道設備的功能、蒐集的資料、在傳輸資料之前運行的任何邊緣計算或機器學習，以及發送資料的頻率。它還有助於瞭解設備或網路停擺、環境或其他外部因素對資料蒐集的影響，以及這些因素如何影響對設備進行的下游資料蒐集。

與設備進行互動

除非能夠獲取設備的資料，否則該設備就沒有實用價值。本節將介紹在現實世界與 IoT 設備進行互動所需的一些關鍵組件。

物聯網閘道。　物聯網閘道（IoT gateway）是一個中樞（hub），用於連接設備並安全地將其繞送到網際網路上適當的目的地。雖然你可以在沒有物聯網閘道的情況下，將設備直接連接到網際網路，但閘道可以讓設備以極低的功耗進行連接。它充當資料保留的中繼站，並管理與最終資料目的地的網際網路連線。

新的低功耗 WiFi 標準，目的是使物聯網閘道在未來變得不那麼重要，但這些標準現在才剛剛推出。通常，一群設備將會用到許多物聯網閘道，設備所在的每個物理位置都會有一個物聯網閘道（圖 3-16）。

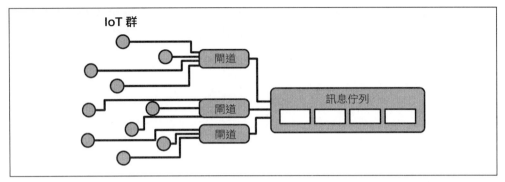

圖 3-16　設備群（圓圈）、IoT 閘道和帶有訊息的訊息佇列（佇列中的矩形）

攝取。　如前所述，攝取（*ingestion*）始於 IoT 閘道。從那裡，事件和度量可以流入事件攝取架構。

當然，其他模式也是可能的。例如，閘道可以累積資料並批次上傳，以供後續的分析處理。在遠端實體環境中，閘道可能大部分時間無法連接到網路。只有當它們被帶入行動通訊網路（cellular）或 WiFi 網路的範圍時，它們才能上傳所有資料。關鍵是，IoT 系統和環境的多樣性帶來了複雜性，例如，延遲到達的資料、資料結構和綱要的差異、資料損壞和連線中斷，工程師必須在其架構和下游分析中考慮這些複雜性。

儲存。　儲存（*storage*）需求很大程度上取決於系統中之 IoT 設備的延遲要求。例如，對於蒐集科學資料以供日後分析的遠端感測器，批次物件儲存（batch object storage）可能是完全可以接受的。但是，在家庭監控和自動化解決方案中，系統後端需要不斷分析資料並提供接近即時的回應。在這種情況下，訊息佇列（message queue）或時間序列資料庫（time-series database）更加合適。我們將在第 6 章中更詳細地討論儲存系統。

提供。　提供（*serving*）模式非常多樣化。在批次科學應用中，可以使用雲端資料倉儲分析資料，然後在報告中提供資料。在家庭監控應用中，資料將以多種方式呈現和提供。資料將在近期內使用串流處理引擎進行分析，或在時間序列資料庫中進行查詢，以尋找重要事件，例如火災、停電或入侵。檢測到異常將觸發對屋主、消防部門或其他實體的警報。還存在批次處理分析組件，例如，每月一次有關家庭狀態的報告。

IoT 的一個重要提供模式看起來像反向 ETL（圖 3-17），儘管我們傾向於不在 IoT 環境中使用這個術語。考慮以下場景：蒐集和分析來自製造設備上之感測器的資料。處理這些測量結果以尋找優化方案，進而使設備能夠更有效地運行。資料被傳送回來以重新設定設備的組態，並對其進行優化。

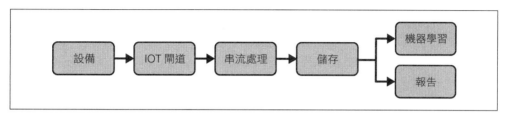

圖 3-17　下游使用案例的 IoT 提供模式

淺談 IoT

IoT 場景非常複雜，而且對於那些可能一直在處理商業資料的資料工程師來說，IoT 架構和系統也較為陌生。我們希望此處的介紹能夠鼓勵感興趣的資料工程師，能夠深入瞭解這個迷人且快速發展的專業領域。

資料網格

資料網格（*data mesh*）是對龐大的單體式資料平台（例如，集中式資料湖泊和資料倉儲）以及「資料的巨大分歧」（資料被劃分為操作資料和分析資料）的最新回應 24。資料網格試圖扭轉集中式資料架構的挑戰，將領域驅動設計的概念（通常用於軟體架構）應用於資料架構。由於資料網格最近引起了廣泛關注，因此你應該對此有所瞭解。

24　見札馬克·德赫加尼（Zhamak Dehghani）在 2020 年 12 月 3 日於 MartinFowler.com 網站所發表的文章〈Data Mesh Principles and Logical Architecture〉（資料網格的原則和邏輯架構），*https://oreil.ly/ezWE7*。

資料網格的一個重要部分是去中心化（decentralization），正如札馬克‧德赫加尼（Zhamak Dehghani）在其關於這個主題之開創性文章中所指出的那樣 [25]：

> 為了實現去中心化的單體式資料平台，我們需要扭轉我們對資料、其所在位置和擁有權的思考方式。領域（*domains*）需要以一種易於使用的方式託管（*host*）和提供（*serve*）其領域資料集，而不是將資料從領域串流傳輸到集中控制的資料湖泊或平台。

德赫加尼（Dehghani）後來確定了資料網格的四個關鍵組成部分 [26]：

* 領域導向之去中心化資料的擁有權和架構
* 資料即產品
* 自助式資料基礎架構即平台
* 聯合計算治理

圖 3-18 展示了一個簡化版的資料網格架構。你可以在德赫加尼（Dehghani）的著作《*Data Mesh*》（O'Reilly 出版）中瞭解有關資料網格的更多資訊。

25　見札馬克‧德赫加尼（Zhamak Dehghani）在 2019 年 5 月 20 日於 MartinFowler.com 網站發表的文章〈How to Move Beyond a Monolithic Data Lake to a Distributed Data Mesh〉（如何從單體式資料湖泊過渡到分散式資料網格），*https://oreil.ly/SqMe8*。

26　見札馬克‧德赫加尼（Zhamak Dehghani）所發表的文章〈Data Mesh Principles and Logical Architecture〉（資料網格原則和邏輯架構）。

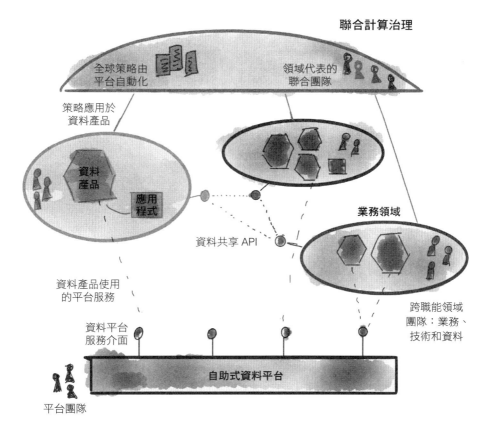

聯合計算治理

全球策略由
平台自動化

領域代表的
聯合團隊

策略應用於
資料產品

資料
產品

應用
程式

業務領域

資料共享 API

資料產品使用
的平台服務

跨職能領域
團隊：業務、
技術和資料

資料平台
服務介面

自助式資料平台

平台團隊

圖 3-18　資料網格架構的簡化範例。源自《Data Mesh》，作者：Zhamak Dehghani。
版權所有 © 2022 Zhamak Dehghani。由 O'Reilly Media, Inc. 出版。經授權使用

其他的資料架構範例

資料架構還有無數其他變體，例如資料經緯（data fabric）、資料中樞（data
hub）、可擴展架構（scaled architecture）（*https://oreil.ly/MB1Ap*）、中介資料
優先架構（metadata-first architecture）（*https://oreil.ly/YkA9e*）、事件驅動架構
（event-driven architecture）、即時資料堆疊（live data stack）（第 11 章）等
等。隨著作法的鞏固和成熟，以及工具的簡化和改進，新的架構將繼續出現。我
們專注於一些最關鍵的資料架構模式，這些模式非常成熟，發展迅速，或兩者兼
而有之。

作為一名資料工程師，要注意新的架構如何有助於你的組織。保持對資料工程生態系統發展的高層次認識，隨時關注新的發展。保持開放的心態，不要對一種方法產生情感上的依戀。一旦你確定了潛在價值，請深化你的學習並做出具體決策。當事情正確進行時，資料架構中的微小調整或重大修改都可能對業務產生積極的影響。

誰參與資料架構的設計？

資料架構不是在孤立狀態下進行設計的。大型公司可能仍然會僱用資料架構師，但這些架構師需要密切關注和瞭解技術和資料的最新狀態。過去的象牙塔式的資料架構已經一去不復返。過去，架構在很大程度上與工程是相互獨立的。我們預計，隨著資料工程和一般工程的快速發展，這種差異將消失，變得更加敏捷，工程和架構之間的分離更少。

理想情況下，資料工程師將與專門的資料架構師一起工作。但是，如果一家公司規模較小或者資料成熟度較低，則資料工程師可能需要兼任架構師的角色。由於資料架構是資料工程生命週期的潛在因素，因此資料工程師應該瞭解「良好的」架構和各種類型的資料架構。

在設計架構時，你將與業務利益相關者一起評估權衡。採用雲端資料倉儲與資料湖泊，存在哪些權衡？各種雲端平台的權衡又是什麼？統一的批次 / 串流處理框架（例如 Beam、Flink）在什麼情況下是一個合適的選擇？對這些選擇進行抽象研究，將使你能夠做出具體而有價值的決策。

結語

你已經瞭解了資料架構如何融入資料工程生命週期，以及什麼是「良好的」資料架構，並且你已經看到了幾個資料架構範例。由於架構是成功的關鍵基礎，我們鼓勵你花時間深入研究並瞭解任何架構固有的權衡。這樣你就能夠制定出符合組織獨特需求的架構。

接下來，讓我們來看看在資料架構和整個資料工程生命週期中選擇合適技術的方法。

其他資源

- 〈AnemicDomainModel〉（*https://oreil.ly/Bx8fF*），作者：Martin Fowler

- 〈Big Data Architectures〉（大數據架構）（*https://oreil.ly/z7ZQY*）Azure 文件

- 〈BoundedContext〉（*https://oreil.ly/Hx3dv*），作者：Martin Fowler

- 〈A Brief Introduction to Two Data Processing Architectures—Lambda and Kappa for Big Data〉（簡要介紹兩種資料處理架構——大數據的 Lambda 和 Kappa）（*https://oreil.ly/CcmZi*），作者：Iman Samizadeh

- 〈The Building Blocks of a Modern Data Platform〉（現代資料平台的基本組件）（*https://oreil.ly/ECuIW*），作者：Prukalpa

- 〈Choosing Open Wisely〉（明智地選擇開放性）（*https://oreil.ly/79pNh*），作者：Benoit Dageville 等人

- 〈Choosing the Right Architecture for Global Data Distribution〉（為全球資料分發選擇正確的架構）（*https://oreil.ly/mGkrg*）Google Cloud Architecture 網頁

- 〈Column-Oriented DBMS〉（行導向的 DBMS）維基百科頁面（*https://oreil.ly/pG4DJ*）

- 〈A Comparison of Data Processing Frameworks〉（資料處理框架的比較）（*https://oreil.ly/XSM7H*），作者：Ludovik Santos

- 〈The Cost of Cloud, a Trillion Dollar Paradox〉（雲端的成本，一個兆元悖論）（*https://oreil.ly/8wBqr*），作者：Sarah Wang 和 Martin Casado

- 〈The Curse of the Data Lake Monster〉（資料湖泊怪物的詛咒）（*https://oreil.ly/UdFHa*），作者：Kiran Prakash 和 Lucy Chambers

- 《*Data Architecture: A Primer for the Data Scientist*》（資料架構：資料科學家的入門指南），作者：W. H. Inmon 等人（Academic Press 出版）

- 〈Data Architecture: Complex vs. Complicated〉（資料架構：複雜與複雜化）（*https://oreil.ly/akjNd*），作者：Dave Wells

- 〈Data as a Product vs. Data as a Service〉（資料即產品與資料即服務）（*https://oreil.ly/6svBK*），作者：Justin Gage

- 〈The Data Dichotomy: Rethinking the Way We Treat Data and Services〉（資料二分法：重新思考我們對待資料和服務的方式）（*https://oreil.ly/Bk4dV*），作者：Ben Stopford

- 〈Data Fabric Architecture Is Key to Modernizing Data Management and Integration〉（資料經緯架構是現代化資料管理和整合的關鍵）（*https://oreil.ly/qQf3z*），作者：Ashutosh Gupta

- 〈Data Fabric Defined〉（定義資料經緯）（*https://oreil.ly/ECpAG*），作者：James Serra

- GitLab Data 的〈Data Team Platform〉（資料團隊平台）（*https://oreil.ly/SkDj0v*）

- 〈Data Warehouse Architecture: Overview〉（資料倉儲架構：總覽）（*https://oreil.ly/pzGKb*），作者：Roelant Vos

- Javatpoint 的〈Data Warehouse Architecture〉（資料倉庫架構）教材（*https://oreil.ly/XgwiO*）

- 〈Defining Architecture〉ISO/IEC/IEEE 42010 網頁（定義架構）（*https://oreil.ly/CJxom*）

- 〈The Design and Implementation of Modern Column-Oriented Database Systems〉（現代行導向資料庫系統的設計與實現）（*https://oreil.ly/Y93uf*），作者：Daniel Abadi 等人

- 〈Disaster I've Seen in a Microservices World〉（我在微服務世界中看到的災難）（*https://oreil.ly/b1TWh*），作者：Joao Alves

- 〈DomainDrivenDesign〉（領域驅動設計）（*https://oreil.ly/nyMrw*），作者：Martin Fowler

- Great Expectations 專案的〈Down with Pipeline Debt：Introducing Great Expectations〉（消除管道債務：介紹 Great Expectations）（*https://oreil.ly/EgVav*）

- *EABOK* 草案（*https://oreil.ly/28yWO*），編輯：Paula Hagan

- EABOK 網站（*https://eabok.org*）

- 〈EagerReadDerivation〉（積極讀取推導）（*https://oreil.ly/ABD9d*），作者：Martin Fowler

- 〈End-to-End Serverless ETL Orchestration in AWS：A Guid〉（在 AWS 上實現端到端的無伺服器 ETL 編排）（*https://oreil.ly/xpmrY*），作者：Rittika Jindal

- 〈Enterprise Architecture〉（企業架構），Gartner 的詞彙表定義 （*https://oreil.ly/mtam7*）

- 〈Enterprise Architecture's Role in Building a Data-Driven Organization〉（企業架構在建構資料驅動型組織中的作用）（*https://oreil.ly/n73yP*），作者：Ashutosh Gupta

- 《Event Sourcing》（事件溯源）（*https://oreil.ly/xrfaP*），作者：Martin Fowler

- 〈Fall Back in Love with Data Pipelines〉（重新愛上資料管道）（*https://oreil.ly/ASz07*），作者：Sean Knapp

- 〈Five Principles for Cloud-Native Architecture: What It Is and How to Master It〉（雲端原生架構的五個原則：它是什麼以及如何掌握它）（*https://oreil.ly/WCYSj*），作者：Tom Grey

- 〈Focused on Events〉（聚焦事件）（*https://oreil.ly/NsFaL*），作者：Martin Fowler

- 〈Functional Data Engineering: A Modern Paradigm for Batch Data Processing〉（功能性資料工程：批次資料處理的現代範式）（*https://oreil.ly/ZKmuo*），作者：Maxime Beauchemin

- Google Cloud Architecture 網頁的〈Google Cloud Architecture Framework〉（Google Cloud 架構框架）（*https://oreil.ly/Cgknz*）

- 〈How to Beat the Cap Theorem〉（如何克服 Cap 定理）（*https://oreil.ly/NXLn6*），作者：Nathan Marz

- 〈How to Build a Data Architecture to Drive Innovation—Today and Tomorrow〉（如何建構資料架構以推動創新——今日和未來）（*https://oreil.ly/dyCpU*），作者：Antonio Castro 等人

- 〈How TOGAF Defines Enterprise Architecture (EA)〉（TOGAF 如何定義企業架構）（*https://oreil.ly/b0kaG*），作者：Avancier Limited

- The Information Management Body of Knowledge website（資訊管理知識體系網站）（*https://www.imbok.org*）

- 〈Introducing Dagster: An Open Source Python Library for Building Data Applications〉（介紹 Dagster：一個用於建構資料應用程式的開源 Python 程式庫）（*https://oreil.ly/hHNqx*），作者：Nick Schrock

- 〈The Log: What Every Software Engineer Should Know About Real-Time Data's Unifying Abstraction〉（日誌：關於即時資料的統一抽象知識，每位軟體工程師都應該知道的事情）（*https://oreil.ly/meDK7*），作者：Jay Kreps

- 〈Microsoft Azure IoT Reference Architecture〉（Microsoft Azure IoT 參考架構）文件（*https://oreil.ly/UUSMY*）

- 微軟的「Azure 架構中心」（*https://oreil.ly/cq8PN*）

- 〈Modern CI Is Too Complex and Misdirected〉（現代 CI 過於複雜且方向錯誤）（*https://oreil.ly/Q4RdW*），作者：Gregory Szorc

- 〈The Modern Data Stack: Past, Present, and Future〉（現代資料堆疊：過去、現在和未來）（*https://oreil.ly/lt0t4*），作者：Tristan Handy

- 〈Moving Beyond Batch vs. Streaming〉（超越批次處理與串流處理的界線）（*https://oreil.ly/sHMjv*），作者：David Yaffe

- 〈A Personal Implementation of Modern Data Architecture: Getting Strava Data into Google Cloud Platform〉（現代資料架構的個人實現：將 Strava 資料匯入 Google Cloud 平台）（*https://oreil.ly/o04q2*），作者：Matthew Reeve

- 〈Polyglot Persistence〉（多種程式語言的持久性）（*https://oreil.ly/aIQcv*），作者：Martin Fowler

- 〈Potemkin Data Science〉（虛假的資料科學）（*https://oreil.ly/MFvAe*），作者：Michael Correll

- 〈Principled Data Engineering, Part I: Architectural Overview〉（原則導向的資料工程，第一部分：架構概述）（*https://oreil.ly/74rlm*），作者：Hussein Danish

- 〈Questioning the Lambda Architecture〉（質疑 Lambda 架構）（*https://oreil.ly/mc4Nx*），作者：Jay Kreps

- 〈Reliable Microservices Data Exchange with the Outbox Pattern〉（可靠的微服務資料交換，使用 Outbox 模式）（*https://oreil.ly/vvyWw*），作者：Gunnar Morling

- 〈ReportingDatabase〉（報表資料庫）（*https://oreil.ly/ss3HP*），作者：Martin Fowler

- 〈The Rise of the Metadata Lake〉（中介資料湖泊的崛起）（*https://oreil.ly/fijil*），作者：Prukalpa

- 〈Run Your Data Team Like a Product Team〉（像產品團隊一樣運營你的資料團隊）（*https://oreil.ly/0MjbR*），作者：Emilie Schario 和 Taylor A. Murphy

- 〈Separating Utility from Value Add〉（將效用與增值分開）（*https://oreil.ly/MAy9j*），作者：Ross Pettit

- 〈The Six Principles of Modern Data Architecture〉（現代資料架構的六項原則）（*https://oreil.ly/wcyDV*），作者：Joshua Klahr

- Snowflake 的〈What Is Data Warehouse Architecture〉（什麼是資料倉儲架構）網頁（*https://oreil.ly/KEG4l*）

- 〈Software Infrastructure 2.0：A Wishlist〉（軟體基礎架構 2.0：一個願望清單）（*https://oreil.ly/wXMts*），作者：Erik Bernhardsson

- 〈Staying Ahead of Data Debt〉（保持在資料債務前方）（*https://oreil.ly/9JdJ1*），作者：Etai Mizrahi

- 〈Tactics vs. Strategy: SOA and the Tarpit of Irrelevancy〉（戰術與策略：SOA 和無關緊要的泥淖）（*https://oreil.ly/NUbb0*），作者：Neal Ford

- 〈Test Data Quality at Scale with Deequ〉（使用 Deequ 大規模測試資料品質）（*https://oreil.ly/WG9nN*），作者：Dustin Lange 等人

- IBM Education 的〈Three-Tier Architecture〉（三層架構）（*https://oreil.ly/POjK6*）

- TOGAF 框架網站（*https://oreil.ly/7yTZ5*）

- 〈The Top 5 Data Trends for CDOs to Watch Out for in 2021〉（2021 年 CDO 需要關注的 5 大資料趨勢）（*https://oreil.ly/IFXFp*），作者：Prukalpa

- 〈240 Tables and No Documentation?〉（240 個資料表沒有文件？）（*https://oreil.ly/dCReG*），作者：Alexey Makhotkin

- 〈The Ultimate Data Observability Checklist〉（終極資料可觀察性清單）（*https://oreil.ly/HaTwV*），作者：Molly Vorwerck

- 〈Unified Analytics: Where Batch and Streaming Come Together; SQL and Beyond〉（統一分析：批次處理和串流處理的結合；SQL 和更多）Apache Flink 路線圖（*https://oreil.ly/tCYPh*）

- 〈UtilityVsStrategicDichotomy〉（效用與策略的二分法）（*https://oreil.ly/YozUm*），作者：Martin Fowler

- 〈What Is a Data Lakehouse?〉（資料湖倉是什麼？）（*https://oreil.ly/L12pz*），作者：Ben Lorica 等人

- 〈What Is Data Architecture? A Framework for Managing Data〉（資料架構是什麼？一個管理資料的框架）（*https://oreil.ly/AJgMw*），作者：Thor Olavsrud

- 〈What Is the Open Data Ecosystem and Why It's Here to Stay〉（開放資料生態系統是什麼以及為什麼它會持續存在）（*https://oreil.ly/PoeOA*），作者：Casber Wang

- 〈What's Wrong with MLOps?〉（MLOps 有什麼問題？）（*https://oreil.ly/c1O9I*），作者：Laszlo Sragner

- 〈What the Heck Is Data Mesh〉（資料網格到底是什麼鬼東西）（*https://oreil.ly/Hjnlu*），作者：Chris Riccomini

- 〈Who Needs an Architect〉（誰需要一位架構師）（*https://oreil.ly/0BNPj*），作者：Martin Fowler

- 〈Zachman Framework〉維基百科頁面（*https://oreil.ly/iszvs*）

第四章

在資料工程生命週期中的各個階段，選擇適合的技術

如今，資料工程面臨著有眾多技術可用的困擾。我們有解決各種資料問題的技術可供選擇。資料技術以成品的形式提供——包括開源（open source）、託管開源（managed open source）、專有軟體（proprietary software）、專有服務（proprietary service）等等——幾乎可以滿足任何需求。然而，人們很容易陷入對前沿技術（bleeding-edge technology）的追逐，而忽視資料工程的核心目的：設計強大可靠的系統，在整個生命週期中傳輸資料，並根據終端用戶的需求為其提供服務。正如結構工程師仔細選擇技術和材料來實現建築師對建築物的願景一樣，資料工程師的任務是做出適當的技術選擇，引導資料在整個生命週期中流動，為資料應用程式和用戶提供服務。

第 3 章討論了「良好的」資料架構及其重要性。現在，我們將解釋如何選擇正確的技術來支援此架構。資料工程師必須選擇良好的技術，以製作出最佳的資料產品。我們認為選擇優質資料技術的標準很簡單：它是否為資料產品和更廣泛的業務增加了價值？

許多人將架構和工具混淆在一起。架構是*策略性的*（*strategic*）；工具是*戰術性的*（*tactical*）。我們有時會聽到這樣的說法：「我們的資料架構是工具 X、Y 和 Z」。用這種方式思考架構是錯誤的。架構是資料系統的高層次設計、路線圖和藍圖，用於滿足業務的戰略目標。架構涉及「什麼」（*what*）、「為什麼」（*why*）和「何時」（*when*）。工具則用於使架構付諸實現；工具就是「如何」（*how*）的部分。

我們經常看到團隊在規劃架構之前就選擇技術，這往往會使事情「失控」。原因各不相同：追逐閃亮的新科技、以履歷為導向的開發，以及對架構知識不足。實際上，這種將技術放在首位的作法，通常意味著他們拼湊出了一種類似於 Seuss 博士的幻想機器，而不是一個真正的資料架構。我們強烈建議，在確定架構之前不要選擇技術。架構優先，技術其次。

本章將討論我們的戰術計畫：在擁有策略性架構藍圖後，再做出技術選擇。以下是在整個資料工程生命週期中選擇資料技術時的一些考慮因素：

- 團隊規模和能力
- 上市速度
- 互通性
- 成本優化和業務價值
- 現在與未來：不可變技術與過渡性技術
- 位置（雲端、本地端、混合雲、多雲）
- 自建與外購
- 單體化與模組化
- 無伺服器與伺服器
- 優化、性能和基準測試之爭
- 資料工程生命週期的潛在因素

團隊的規模和能力

首先，你需要評估團隊的規模及技術能力。你的團隊是否很小（可能只有一個人），成員需要擔任多種角色，還是你的團隊規模夠大，成員能夠擔任專門的角色？是由少數成員負責資料工程生命週期的多個階段，還是成員各自負責特定的領域？團隊的規模將影響你採用的技術類型。

技術可以從簡單到複雜分為不同的層次，而團隊的規模大致決定了團隊可以投入到複雜解決方案上的資源和專注度。我們有時會看到小型資料團隊閱讀有關大型科技公司之尖端新技術的部落格文章，然後嘗試模仿這些極其複雜的技術和作法。我們稱之為**貨物崇拜工程**（*cargo-cult engineering*），這通常是一個大錯誤，耗費了大量寶貴的時間和金錢，往往得不到什麼回報。特別是對於小型或技術能力較弱的團隊來說，應盡可能使用託管和 SaaS 工具，並將有限的資源和專注力用於解決直接為業務增加價值的複雜問題。

評估你的團隊成員的技能。他們是傾向於低程式碼（low-code）工具，還是更喜歡程式碼優先（code-first）的作法？他們是否擅長某些語言（例如 Java、Python或 Go）？現在的技術可以滿足低程式碼（low-code）到程式碼為主（code-heavy）的各種偏好。同樣地，我們建議團隊使用自己熟悉的技術和工作流程。我們曾經看到資料團隊投入大量時間來學習閃亮的新資料技術、語言或工具，結果卻從未在生產環境中使用。學習新技術、語言和工具是一項相當大的時間投資，因此請明智地進行這些投資。

上市速度

在科技領域，上市的速度取勝。這意味著選擇合適的技術，能夠在保持高品質標準和安全性的同時，更快地交付功能和資料。這同樣意味著在一個緊密的反饋迴圈中不斷推出、學習、迭代並尋求改進。

完美（perfect）是良好（good）的敵人。有些資料團隊會在技術選擇上花費數月或數年的時間，卻無法做出任何決策。緩慢的決策和產出是資料團隊的致命一擊。我們已經看到不少資料團隊因為行動太慢，未能交付他們被僱用的價值而解散。

儘早並經常交付價值。正如我們所提到的，使用有效的方法。你的團隊成員可能會更好地利用他們已經熟悉的工具。避免你的團隊參與不必要的複雜工作，而這些工作對增加價值幾乎沒有貢獻。選擇能夠幫助你快速、可靠、安全、保密地進行工作的工具。

互通性

只使用一種技術或系統的情況很罕見。在選擇技術或系統時，你需要確保它與其他技術進行互動和運作。互通性（*interoperability*）描述了各種技術或系統如何連接、交換資訊和互動。

假設你正在評估兩種技術，A 和 B。在考慮互通性時，技術 A 與技術 B 的整合有多容易？這通常是一個困難程度的範疇，從無縫（seamless）到時間密集（time-intensive）。無縫整合是否已經內建於每個產品中，使設置（setup）變得輕而易舉？還是你需要進行大量的手動組態設定（manual configuration）來整合這些技術？

通常，供應商和開源專案會在特定平台和系統之間實現互通性。大多數資料的攝取和可視化工具都內建了與熱門資料倉儲和資料湖泊的整合功能。此外，熱門的資料攝取工具將與常見的 API 和服務（例如，CRM、會計軟體⋯等等）進行整合。

有時，互通性需要遵循標準。幾乎所有資料庫都允許透過 Java 資料庫連線（Java Database Connectivity，JDBC）或開放式資料庫連線（Open Database Connectivity，ODBC）進行連接，這意味著你可以使用這些標準，輕鬆地連接到資料庫。有時，互通性可能在沒有標準的情況下發生。表徵性狀態傳輸（representational state transfer，REST）並不是 API 的真正標準；每個 REST API 都有其特點。在這些情況下，供應商或開源軟體（open source software，OSS）專案需要確保與其他技術和系統的順利整合。

始終要注意，在整個資料工程生命週期中，如何簡單地連接你的各種技術。正如其他章節所述，我們建議進行模組化設計，使自己能夠在新的作法和替代方案出現時，輕鬆替換技術。

成本優化和業務價值

理想的情況下，你可以嘗試所有最新、最酷的技術，而不考慮成本、時間投資或對業務的增值。實際上，預算和時間是有限的，成本是選擇正確的資料架構和技術的主要限制因素。你的組織希望從資料專案中獲得正面的投資報酬率（ROI），因此你必須瞭解你可以控制的基本成本。技術是主要的成本驅動因素，因此你的技術選擇和管理策略，將顯著影響你的預算。我們透過三個主要視角來看待成本：總擁有成本、機會成本和財務運營（FinOps）。

總擁有成本

總擁有成本（*total cost of ownership*，TCO）是一個計畫的總預估成本，包括所使用的產品和服務之直接和間接成本。直接成本（*direct costs*）可以直接歸因於計畫。例如，為該計畫工作之團隊的薪資或使用 AWS 服務所產生的費用。間接成本（*indirect costs*），也稱為經常性費用（*overhead*），與計畫無關，無論其歸屬何處：都必須支付。

除了直接和間接成本外，**購買方式**還會影響成本的核算方式。費用可分為兩大類：資本支出和運營支出。

資本支出（*capital expenses*），也稱為 *capex*，需要前期投資。支付款項的時間通常在當天或近期。在雲端出現之前，公司通常會透過大型採購合約預先購買硬體和軟體。此外，還需要大量投資來託管硬體於伺服器機房、資料中心和共用設施中。這些前期投資——通常為數十萬到數百萬美元或更多——將被視為資產並隨著時間的推移而逐漸折舊。從預算的角度來看，需要資金來資助整個購買過程。這就是 capex，一個需要長期計畫的重大資本支出，希望透過所付出的努力和費用，實現正面的投資報酬率。

運營支出（*operational expenses*），也稱為 *opex*，在某些方面與 capex 相反。opex 是漸進的且分散在一段時間內。capex 是長期的，而 opex 是短期的。opex 可以按需求支付（*pay-as-you-go*）或類似的方式，並且提供了很大的靈活性。opex 更接近直接成本，因此更容易歸因於資料專案。

直到最近，opex 還不是大型資料專案的選項。資料系統通常需要數百萬美元的合約。隨著雲端的出現，情況發生了變化，因為資料平台服務允許工程師按照消費模型進行付費。一般來說，opex 讓工程團隊有更大的能力選擇他們的軟體和硬體。基於雲端的服務讓資料工程師得以快速嘗試各種軟體和技術組態，而且通常成本低廉。

資料工程師需要在靈活性方面保持務實的態度。資料領域變化太快，無法投資長期硬體，這些硬體不可避免地會過時，無法輕鬆擴展，並可能限制資料工程師嘗試新事物的靈活性。考慮到靈活性和低初期成本的優勢，我們建議資料工程師優先採取 opex 的作法以雲端和靈活的、按需求付費的技術為中心。

總機會擁有成本

任何選擇本質上都排除了其他可能性。**總機會擁有成本**（*total opportunity cost of ownership*，TOCO）是指我們在選擇一項技術、架構或流程時所承擔之失去機會的成本[1]。需要注意的是，在這種情況下，所謂的擁有，並不需要長期購買硬體或許可證。即使在雲端環境中，一旦某項技術、堆疊或管道成為我們生產資料流程的核心部分且難以擺脫，我們實際上就擁有了它。在進行新專案時，資料工程師往往忽視了對 TOCO 的評估；在我們看來，這是一個極大的盲點。

如果你選擇資料堆疊 A，那麼你就選擇了資料堆疊 A 優於所有其他選項的優勢，實際上排除了資料堆疊 B、C 和 D。你致力於資料堆疊 A 及其所需的一切，包括支援它的團隊、培訓、設置和維護。如果資料堆疊 A 是一個糟糕的選擇，會發生什麼情況？當資料堆疊 A 變得過時的時候，會發生什麼事？你還能移動到其他資料堆疊嗎？

你能以多快的速度和多低的成本轉移到更新且更好的方案？這是在資料領域中的一個關鍵問題，因為新的技術和產品似乎以越來越快的速度出現。你在資料堆疊 A 上所積累的專業知識，能否適用於下一波技術浪潮？或者你是否能夠更換資料堆疊 A 的組件，為自己爭取一些時間和選擇權？

---

1 更多細節，請參閱 Joseph Reis 在《*97 Things Every Data Engineer Should Know*》（每位資料工程師都應該瞭解的 97 件事）（O'Reilly 出版）中的「總機會擁有成本」。

最小化機會成本（minimizing opportunity cost）的第一步是睜大眼睛評估它。我們見過無數資料團隊被困在當時看起來不錯的技術中，但這些技術要嘛不具備未來發展的靈活性，要嘛已經過時。不靈活的資料技術就像捕熊的陷阱。進去很容易，但要逃脫非常困難。

財務運營

在第 97 頁的「原則 9：擁抱財務運營」中，我們已經提到了財務運營（FinOps）。正如我們所討論的，典型的雲端支出本質上是運營支出（opex）：公司為運行關鍵的資料處理流程支付服務費用，而不是進行前期購買並在一段時間內回收價值。FinOps 的目標是透過應用類似開發運營（DevOps）之監控和動態調整系統的作法，全面實現財務責任和業務價值。

本章中，我們想強調一個關於財務運營（FinOps）的事情，這在下面的引言中得到了很好的體現[2]：

> 如果你覺得財務運營（FinOps）似乎是為了省錢，那麼請再想一想。FinOps 的目的是賺錢。雲端支出可以帶來更多收入，洞察到客戶群的成長，提高產品和功能的發佈速度，甚至有助於關閉資料中心。

在我們的資料工程設定中，快速迭代和動態擴展的能力，對於創造業務價值非常寶貴。這是將資料工作負載轉移到雲端的主要動機之一。

現在與未來：不變的技術與暫時的技術

在像資料工程這樣令人興奮的領域中，人們很容易專注於快速發展的未來，而忽視當下的具體需求。建構一個更好未來的意圖是崇高的，但往往會導致過度設計架構和過度工程化。選擇用於未來的工具可能在未來到來時已經陳舊和過時了；未來往往與我們多年前所設想的情況大不相同。

2　見 J. R. Storment 和 Mike Fuller 所著的《*Cloud FinOps*》（O'Reilly，2019 年），第 6 頁，*https://oreil. ly/RvRvX*。

正如許多生活教練會告訴你的那樣，專注於當下。在選擇技術時要考慮當下和接近未來的需求，但同時也要考慮到未來可能出現的不確定性和技術的發展。問問自己：你今日身處何處，未來的目標又是什麼？你對這些問題的回答，應該有助於你做出有關架構的決策，進而影響你在架構中使用的技術。這是透過瞭解哪些可能會改變以及哪些趨向於保持不變來完成的。

我們有兩類工具需要考慮：不變的和暫時的。**不變的技術**（*immutable technologies*）可能是支撐雲端的組件，也可能是經得起時間考驗的語言和範式。在雲端中，不變的技術包括物件儲存、網路、伺服器和安全性。例如，Amazon S3 和 Azure Blob Storage 等物件儲存將從今日開始存在，直到接下來的十年，甚至可能更長。將資料保存在物件儲存中是一個明智的選擇。物件儲存以各種方式不斷改進，並不斷提供新的選項，但無論整個技術如何快速演進，你的資料都將在物件儲存中安全可用。

對語言來說，SQL 和 bash 已經存在了幾十年，我們並不認為它們會很快消失。不變的技術受益於 Lindy 效應：一項技術存在的時間越長，它被使用的時間也會越長。想想電力網（power grid）、關聯式資料庫、C 程式設計語言或 x86 處理器架構。我們建議將 Lindy 效應作為一個檢驗標準，以確定一項技術是否具有潛在的不可變性。

暫時的技術（*transitory technologies*）是那些來來去去的技術。典型的軌跡通常從大量炒作開始，接著是人氣迅速成長，然後是慢慢下降到默默無聞。JavaScript 前端技術領域就是一個典型的例子。從 2010 年到 2020 年之間，有多少 JavaScript 前端框架來來去去？Backbone.js、Ember.js 和 Knockout 在 2010 年代初很受歡迎，而 React 和 Vue.js 在今日非常受關注。未來三年中，哪個 JavaScript 前端框架會成為熱門？誰知道呢。

資料領域每天都有資金充足的新參與者和開源專案。每個供應商都會說他們的產品將改變行業並「讓這個世界變得更美好」（*https://oreil.ly/A8Fdi*）。這些公司和專案多半不能長期維持關注度，而是逐漸淡出人們的視野。頂尖的風險投資公司明知他們的大多數資料工具投資都會失敗，但還是進行了大筆資金的押注。如果將數百萬（或數十億）美元投入資料工具的風險投資公司都無法獲得成功，那麼你怎麼可能知道該為自己的資料架構投資哪些技術呢？這很難。但可以參考我

們在第 1 章中曾看到的馬特・圖爾克（Matt Turck）對機器學習、人工智慧和資料（ML, AI, and data 或 MAD）領域（*https://oreil.ly/TWTfM*）的著名描述（圖 4-1）。

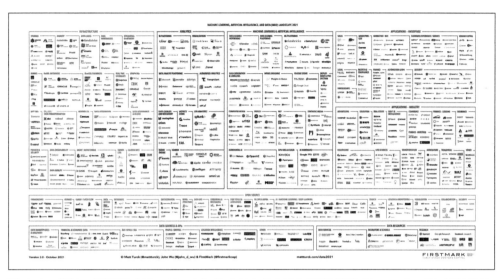

圖 4-1　馬特・圖爾克（Matt Turck）的 2021 年 MAD 資料領域（*https://oreil.ly/TWTfM*）

即使是相對成功的技術，在經過幾年的快速採用後，往往也會很快淡出人們的視野，成為其成功的犧牲品。例如，在 2010 年代初期，Hive 得到了快速的採用，因為它允許分析師和工程師查詢大量資料集，而無須手動編寫複雜的 MapReduce 作業。受到 Hive 成功的啟發，工程師們開發了 Presto 和其他技術，希望改進其缺點。現在，Hive 主要出現在舊版的部署中。幾乎每一項技術都遵循這條不可避免的衰落之路。

我們的建議

鑑於工具的快速發展和最佳作法的變化，我們建議每兩年評估一次工具（圖 4-2）。盡可能在資料工程生命週期中找到不變的技術，並將其用作基礎。在不變的技術周圍建構暫時的工具。

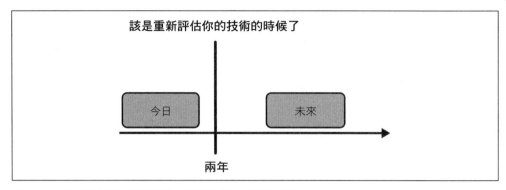

圖 4-2　使用兩年的時間範圍重新評估你的技術選擇

鑒於許多資料技術存在合理的失敗概率，你需要考慮從所選技術轉換的難易程度。離開的障礙是什麼？正如我們之前在討論機會成本（opportunity cost）時提到的，避免「陷阱」。在採用新技術時要保持警覺，明白這個專案可能會被放棄，公司可能無法維持運營，或者該技術已不再適合。

位置

現在，企業要決定在何處運行其技術堆疊時有許多選擇。逐漸轉向雲端的緩慢轉變，最終導致這些公司在 AWS、Azure 和 Google Cloud Platform（GCP）上啟動工作負載。在過去十年中，許多首席技術官（CTO）開始認為他們關於技術託管的決策，對其組織有重大意義。如果他們行動太慢，就有被更敏捷的競爭對手甩在後面的風險；另一方面，一個計畫不周全的雲端遷移，可能會導致技術失敗和災難性的成本。

讓我們來看一下運行技術堆疊的主要位置：本地部署、雲端、混合雲和多雲環境。

本地部署

雖然有越來越多的新創業公司在雲端中誕生，但對於已建立的公司來說，本地部署（on-premises）仍然是預定的選擇。基本上，這些公司擁有自己的硬體，這些硬體可能放在自己擁有的資料中心或租用的託管空間中。無論哪種情況，公司都對自己的硬體和在其上運行的軟體負有責任。如果硬體出現故障，他們必須修復或更換它。他們還必須管理每隔幾年進行的升級週期（upgrade cycles），因為

隨著時間的推移，新的、更新的硬體會不斷推出，而舊的硬體會老化、變得不太可靠。他們必須確保有足夠的硬體來應付高峰期；對於線上零售商來說，這意味著託管足夠的容量來處理「黑色星期五」的負載峰值。對於負責本地系統的資料工程師來說，這意味著需要購買足夠大的系統，以便在高峰期和大型作業中保持良好的性能，而不會過度購買和超支。

一方面，成熟的公司已建立了對他們很有幫助的運營實踐方法。假設一家依賴資訊技術的公司已經營了一段時間。這意味著它已成功地兼顧了運行硬體、管理軟體環境、部署開發團隊的程式碼，以及運行資料庫和大數據系統的成本和人員需求。

另一方面，成熟的公司看到年輕且更敏捷的競爭對手，正在迅速擴展並利用雲託管服務。他們還看到成熟的競爭對手進軍雲端，使他們能夠暫時擴展巨大的計算能力，應付大規模的資料處理作業或「黑色星期五」購物高峰。

在競爭激烈的行業中，公司通常沒有停滯不前的選擇。競爭非常激烈，總是存在被更敏捷的競爭對手（通常由大量風險投資資金支援）「顛覆」的威脅。每家公司都必須確保其現有系統高效運行，同時決定下一步要採取什麼行動。這可能涉及採用較新的 DevOps 實踐方法，例如容器、Kubernetes、微服務（microservices）和持續部署（continuous deployment），同時保持其硬體在本地運行。它可能涉及完全遷移到雲端，如下所述。

雲端

雲端將本地模型完全顛覆了。你無須購買硬體，只需從雲端供應商（例如 AWS、Azure 或 Google Cloud）租用硬體和託管服務。這些資源往往可以根據短期的需求進行預定；虛擬機器（VM）可以在不到一分鐘的時間內啟動，而且後續的使用按秒計費。這讓雲端用戶能夠動態調整資源，然而這在本地伺服器上是難以想像的。

在雲端環境中，工程師可以快速啟動專案並進行實驗，而無須擔心硬體規劃時間過長。他們可以在程式碼準備好部署的時候立即運行伺服器。這使得雲端模型對於預算和時間有限的初創公司來說，極具吸引力。

雲端時代的早期以 IaaS（基礎架構即服務）產品為主，這些產品（例如，虛擬機器和虛擬磁碟）本質上是租用的硬體切片。漸漸地，我們看到了向 PaaS（平台即服務）轉變的趨勢，在此同時 SaaS（軟體即服務）產品繼續快速成長。

PaaS（平台即服務）包括 IaaS（基礎架構即服務）產品，但添加了更複雜的託管服務（managed services）來支援應用程式。例如，Amazon Relational Database Service（RDS）和 Google Cloud SQL 之類的託管資料庫（managed databases），Amazon Kinesis 和 Simple Queue Service（SQS）之類的託管串流平台（managed streaming platforms），以及 Google Kubernetes Engine（GKE）和 Azure Kubernetes Service（AKS）之類的託管（managed）Kubernetes。PaaS 服務允許工程師忽略管理個別機器和跨分散式系統部署框架的操作細節。它們提供了即插即用的方式，讓用戶可以輕鬆地使用自動擴展的複雜系統，同時減少了操作上的負擔。

SaaS（軟體即服務）產品在抽象層次上又向前邁進了一步。SaaS 通常提供了一個功能完整的企業軟體平台，並且在操作管理方面需要的工作非常少。SaaS 的例子包括 Salesforce、Google Workspace、Microsoft 365、Zoom 和 Fivetran。主要的公有雲和第三方都提供 SaaS 平台。SaaS 涵蓋了企業領域的各個範疇，包括視訊會議、資料管理、廣告技術、辦公應用程式和 CRM 系統。

本章還會討論 PaaS 和 SaaS 產品中越來越重要的無伺服器（serverless）技術。無伺服器產品通常提供從零到極高使用率的自動擴展功能。它們以按需求付費（pay-as-you-go）的方式計費，並且工程師在操作上不需要意識到底層伺服器的存在。許多人對無伺服器（*serverless*）一詞提出質疑；畢竟，程式碼必須在某個地方運行。實際上，無伺服器通常意味著許多不可見的伺服器（*many invisible servers*）。

雲端服務對已有資料中心和 IT 基礎架構的成熟企業越來越有吸引力。對於處理季節性需求（例如，應付黑色星期五負載的零售企業）和 Web 流量尖峰負載的企業來說，動態、無縫的擴展非常有價值。2020 年 COVID-19 的出現，成為雲端採用的主要推動因素，因為企業認識到在高度不確定的商業環境中，快速擴展資料處理能力以獲得洞察力的價值；由於線上購物、Web 應用程式使用和遠端工作的激增，企業還必須應付大幅增加的負載。

在我們討論選擇雲端技術的細微差別之前，讓我們先討論為什麼遷移到雲端需要思維的巨大轉變，特別是在定價方面；這與第 139 頁的「財務運營」中介紹的財務運營（FinOps）密切相關。遷移到雲端的企業經常犯下重大的部署錯誤，因為沒有適當地調整其作法以適應雲端定價模型。

雲端經濟學簡述

為了透過雲端原生架構有效地使用雲端服務（*https://oreil.ly/uAhn8*），你需要瞭解雲端是如何賺錢的。這是一個極其複雜的概念，雲端服務提供商在這方面提供的透明度很有限。將此處的說明視為你研究、探索和制定流程的起點。

雲端服務和信用違約交換

讓我們稍微討論一下信用違約交換（credit default swaps）。不用擔心，稍後你就會明白這一點。記得在 2007 年全球金融危機之後，信用違約交換因而聲名狼藉。信用違約交換是一種機制，用於出售與資產（例如，抵押貸款）相關的不同風險級別。我們不打算詳細介紹此一概念，而是提供一個類比，說明許多雲端服務類似於金融衍生品；雲端供應商不僅透過虛擬化將硬體資產分割成小塊，而且還以不同的技術特徵和附加風險出售這些小塊。儘管供應商對其內部系統的細節守口如瓶，但透過瞭解雲端定價並與其他用戶交換意見，可以找到大量優化和擴展的機會。

以歸檔的雲端儲存（archival cloud storage）為例。在撰寫本文當時，GCP 公開承認其歸檔級別的儲存（archival class storage），運行在與標準的雲端儲存（standard cloud storage）相同的叢集上，但歸檔的儲存（archival storage）每月每 GB 的價格，大約是標準儲存的 1/17。這是如何辦到的？

以下是我們經過驗證的猜測。購買雲端儲存時，儲存叢集（storage cluster）中的每個磁碟都有三個資產，讓雲端服務供應商和消費者使用。首先，它具有一定的儲存容量，例如 10 TB。其次，它支援每秒一定數量的輸入 / 輸出操作（input/output operations，IOPs），例如 100 次。第三，磁碟支援一定的最大頻寬，即以最佳方式組織檔案的最大讀取速度。磁碟機可能能夠以 200 MB/s 的速度進行讀取操作。

這些限制（IOPs、儲存容量、頻寬）中的任何一個都可能是雲端供應商的潛在瓶頸。例如，雲端供應商可能有一個儲存了 3 TB 資料但已達到最大 IOPs 的磁碟。將剩餘的 7 TB 空置的另一種選擇是，在不出售 IOPs 的情況下，出售閒置空間。或者，更具體地說，出售低價的儲存空間和高價的 IOPs，以阻礙讀取操作。

就像金融衍生品的交易員一樣，雲端供應商也在處理風險。就歸檔的儲存（archival storage）而言，供應商正在銷售一種保險，但在發生災難時，這種保險是在為保險公司提供賠償，而不是為保單購買者。雖然每月的資料儲存成本非常便宜，但如果需要檢索資料，我可能會付出高昂的代價。但這是我在真正緊急的情況下很樂意付出的代價。

幾乎所有雲端服務都適用類似的考量。雖然本地伺服器基本上是作為通用硬體出售，而在雲端中的成本模型則更加微妙。雲端供應商不僅對 CPU 內核、記憶體和功能收費，還將耐用性、可靠性、持久性和可預測性等特性轉化為收費機制；各種計算平台會針對那些短暫性的工作負載（*https://oreil.ly/Tf8f8*）或在他處需要容量時可以任意中斷的工作負載（*https://oreil.ly/Y5jyU*）提供折扣優惠。

雲端 ≠ 本地伺服器

這個標題可能看起來像一個無聊的廢話，但認為雲端服務就像我們熟悉的本地伺服器，是一個普遍的認知錯誤，困擾著雲端遷移並導致可怕的帳單。這呈現了技術領域中一個更廣泛的問題，我們稱之為**熟悉的詛咒**（*curse of familiarity*）。許多新技術產品都有意設計成看起來很熟悉的東西，以便提供易用性並加速採用。但是，任何新技術產品都有微妙之處和缺陷，用戶必須學會識別、適應和優化它們。

逐一將本地伺服器移至雲端中之虛擬機的方式，也被直接稱為**搬遷和轉移**（*lift and shift*），對於雲端遷移的初期階段來說這是一種完全合理的策略，尤其是當公司面臨某種財務困境時，像是如果現有硬體不關閉的話，就需要簽署一份重要的新租約或硬體合約。然而，將雲端資產保留在這種初始狀態的公司，可能會面臨嚴重的衝擊。從直接比較的角度來看，在雲端上長時間運行的伺服器比本地伺服器的成本要高得多。

找到雲端的價值之關鍵在於，瞭解和優化雲端定價模型。與其部署一組能夠處理高峰負載之長時間運行的伺服器，不如使用自動擴展技術，使工作負載在負載較輕時縮減至最小的基礎架構，並在高峰時期擴展至大型叢集。要透過更短暫、更不持久的工作負載來實現折扣，可以使用預留實例（reserved instances）或競價實例（spot instances），或者使用無伺服器函數（serverless functions）來代替伺服器。

我們常常認為這種優化可以降低成本，但我們也應該努力透過利用雲端的動態特性來提高業務價值（*increase business value*）[3]。資料工程師可以透過在雲端環境中完成其本地環境中不可能完成的事情來創造新的價值。例如，可以快速啟動大型計算叢集，以便在本地硬體無法負擔的規模上運行複雜的轉換。

資料引力

除了基本錯誤（例如，在雲端中遵循本地的操作慣例）之外，資料工程師還需要注意其他常常讓用戶措手不及的雲端定價和激勵機制方面的問題。

供應商希望把你鎖在他們的產品中。在大多數雲端平台上，將資料傳輸到平台上是便宜或免費的，但要將資料取出來可能非常昂貴。在因為巨額帳單而措手不及之前，請注意資料傳出費用（data egress fees）及其對你的業務的長期影響。資料引力（*data gravity*）是真實存在的：一旦資料進入雲端，提取資料和遷移流程的成本可能非常高。

混合雲

隨著越來越多的成熟企業遷移到雲端，混合雲（hybrid cloud）模型變得越來越重要。幾乎沒有一家企業可以在一夜之間遷移所有工作負載。混合雲模型係假設組織將無限期地在雲端之外保留某些工作負載。

3　這是 Storment 和 Fuller 在《*Cloud FinOps*》中強調的重點之一。

考慮混合雲模型的原因有很多。組織可能認為他們已經在某些領域實現了卓越運營，例如他們的應用程式堆疊和相關硬體。因此，他們可能只遷移可以在雲端環境直接受益的特定工作負載。例如，本地的 Spark 堆疊被遷移到臨時雲端叢集，以減輕資料工程團隊管理軟體和硬體的運營負擔，並允許大規模作業的快速擴展。

這種把分析放在雲端的模式非常漂亮，因為資料主要是單向流動的，進而最大限度地降低了資料傳出成本（圖 4-3）。也就是說，本地應用程式產生的事件資料，基本上可以免費地推送到雲端。大部分資料保留在雲端中進行分析，而少量資料則被推送回本地，用於將模型部署到應用程式、反向 ETL 等等用途。

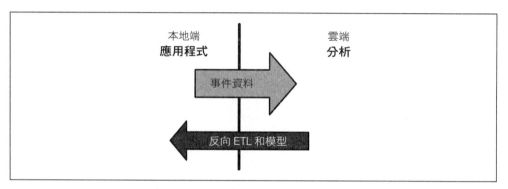

圖 4-3　混合雲資料流模型可最大限度地降低傳出成本

新一代的託管混合雲服務（managed hybrid cloud service）產品還允許客戶將雲端託管伺服器（cloud-managed servers）放置在其資料中心[4]。這讓用戶能夠將每個雲端中的最佳功能與本地基礎架構相結合。

多雲

多雲（*multicloud*）僅指將工作負載部署到多個公有雲。企業可能有多種進行多雲部署的動機。SaaS 平台常常希望在現有客戶的雲端工作負載附近提供服務。Snowflake 和 Databricks 之所以在多個雲端上提供其 SaaS 服務，就是為了這個原因。這對於資料密集型（data-intensive）應用程式尤其重要，因為網路延遲和頻寬限制可能會影響性能，並且資料傳出成本可能會令人望而卻步。

---

[4]　例如，Google Cloud Anthos（*https://oreil.ly/eeu0s*）和 AWS Outposts（*https://oreil.ly/uaHAu*）。

採用多雲方法的另一個常見動機是利用多個雲端中的最佳服務。例如，一家公司可能希望在 Google Cloud 上處理其 Google Ads 和分析資料，並透過 GKE 部署 Kubernetes。同時，該公司還可能專門為 Microsoft 工作負載採用 Azure。此外，該公司可能喜歡 AWS，因為它擁有多種一流的服務（例如 AWS Lambda）並且在市場上享有廣泛的知名度，使得僱用精通 AWS 的工程師相對容易。各種雲端供應商之服務的任何組合都是可能的。鑑於主要雲端供應商之間的激烈競爭，可以預期他們將提供更多最佳的服務，進而使得多雲策略更具吸引力。

多雲方法論有幾個缺點。正如我們剛才提到的，資料傳出成本和網路瓶頸至關重要。採用多雲可能會帶來極大的複雜性。企業現在必須在多個雲端上管理一系列令人眼花繚亂的服務；跨雲端整合及安全性，帶來了相當大的挑戰；多雲網路可能非常複雜。

新一代的「cloud of clouds」^{譯註} 服務旨在透過在多個雲端之間提供服務、無縫地複製資料，或透過單一介面管理多個雲端上的工作負載，進而降低多雲的複雜性。舉個例子，Snowflake 帳戶在單個雲端區域中運行，但客戶可以輕鬆地在 GCP、AWS 或 Azure 中啟動其他帳戶。Snowflake 在這些不同的雲端帳戶之間提供了簡單的定期資料複製。Snowflake 介面在所有這些帳戶中基本上都是相同的，進而消除了在雲端原生資料服務之間切換的培訓負擔。

「cloud of clouds」領域正在迅速演變；在本書出版後的幾年內，將會有更多這樣的服務可供使用。資料工程師和架構師最好保持對這種快速變化之雲端環境的認識。

去中心化：區塊鏈和邊緣計算

雖然現在還沒有被廣泛使用，但值得簡要提及的是，未來十年可能流行的新趨勢：去中心化計算（decentralized computing）。雖然今日的應用程式主要在本地和雲端運行，但區塊鏈（blockchain）、Web 3.0 和邊緣計算（edge computing）的興起可能會顛覆這種模式。目前，去中心化平台已被證明非常受歡迎，但在資料領域沒有產生重大影響；即便如此，在評估技術決策時，密切關注這些平台也是值得的。

譯註　cloud of clouds 是指將多個雲端供應商的雲端資料整合在一起，形成一個統一的雲端架構。

我們的建議

從我們的角度來看，我們仍處於向雲端過渡的初期階段。因此，關於工作負載之部署和遷移的證據和論點仍在不斷變化。雲端本身正在發生變化中，從以推動 AWS 成長之基於 Amazon EC2 的 IaaS 模型，更廣泛地轉向更多的託管服務產品，例如 AWS Glue、Google BigQuery 和 Snowflake。

我們還看到了新的工作負載部署方式的出現。本地服務變得越來越像雲端服務並被抽象化。混合雲服務使客戶能夠在自己的環境中運行完全託管的服務，同時促進本地和遠端環境之間的緊密整合。此外，在第三方服務和公共雲供應商的推動下，「cloud of clouds」正逐漸形成。

選擇現在的技術，但展望未來

正如我們在第 139 頁的「現在與未來：不變的技術與暫時的技術」中提到的，你需要一邊關注現在，一邊計畫未知的事物。現在是規劃工作負載部署和遷移的艱難時期。由於雲端行業競爭激烈並且變化迅速，決策空間在五到十年內看起來將截然不同。考慮所有可能的未來架構變化是很誘人的。

我們認為避免陷入無休止的分析陷阱是至關重要的。相反地，應該為現在做好計畫。根據當前的需求和近期的具體計畫，選擇最適合的技術。並根據實際的業務需求選擇部署平台，同時注重簡單性和靈活性。

特別是，除非有令人信服的理由，否則不要選擇複雜的多雲或混合雲策略。你是否需要在多個雲端上提供靠近客戶的資料？行業法規是否要求你在資料中心保存某些資料？你是否對兩個不同雲端上的特定服務有迫切的技術需求？如果這些情境都不適用於你，請選擇單一雲端部署策略。

另一方面，要有一個逃生計畫（escape plan）。正如我們之前所強調的，每種技術，即使是開源軟體，都有一定程度的鎖定效應（lock-in）。單一雲端（single-cloud）策略具有簡單性和整合性的顯著優勢，但也附帶了明顯的鎖定效應。在這種情況下，我們談論的是心智靈活性，也就是評估世界現狀和想像替代方案的靈活性。理想情況下，你的逃生計畫將一直被鎖在玻璃櫃中，但準備這個計畫將有助於你在當前做出更好的決策，並在未來出現問題時為你提供一條出路。

雲端遣返論點

在我們撰寫這本書的時候，Sarah Wang（莎拉・王）和 Martin Casado（馬丁・卡薩多）發表了《The Cost of Cloud，A Trillion Dollar Paradox》（雲端成本，一萬億美元悖論）（*https://oreil.ly/5kc52*），這篇文章在科技領域引起了極大的關注和討論。讀者普遍把這篇文章解釋為呼籲將雲端工作負載遣返回本地伺服器。他們提出了一個更微妙的論點，即公司應該花費大量資源來控制雲端支出，並應該考慮將遣返（repatriation）視為一種可能的選項。

我們想花一點時間來剖析他們討論中的一部分。Wang 和 Casado 引用了 Dropbox 將大量工作負載從 AWS 遣返回 Dropbox 擁有的伺服器之案例研究，給考慮類似遣返行動的公司做參考。

你不是 Dropbox，也不是 Cloudflare

我們認為這個案例研究經常在沒有適當背景的情況下使用，並且是虛假等價（*false equivalence*）邏輯謬誤的有力例子。Dropbox 提供特定的服務，在這些服務中，硬體和資料中心的擁有權可以提供競爭優勢。在評估雲端和本地部署選項時，企業不應該過分依賴 Dropbox 的例子。

首先，重要的是需要瞭解 Dropbox 保存了大量的資料。該公司對自己託管了多少資料守口如瓶，但表示它已達到許多 exabytes（EB）[譯註]，並且還在繼續成長。

其次，Dropbox 需要處理大量的網路流量。我們知道，該公司在 2017 年的頻寬消耗非常大，以致於需要增加「與傳輸供應商（區域和全球 ISP）以及數百個新對等合作夥伴（直接交換流量而不透過 ISP）數千億位元的網際網路連接」[5]。在公共雲環境中，資料輸出成本將非常高。

譯註　1 Exabyte (EB) = 1024 PB，1 Petabyte (PB) = 1024 TB。。

5　見 Raghav Bhargava（拉加夫・巴爾加瓦）於 2017 年 6 月 19 日在 Dropbox.Tech 網站上發表的文章〈Evolution of Dropbox's Edge Network〉（Dropbox 邊緣網路的演進），*https://oreil.ly/RAwPf*。

第三，Dropbox 本質上是一家雲端儲存供應商，但其擁有高度專業化的儲存產品，結合了物件和區塊儲存的特性。Dropbox 的核心競爭力是一個差異式檔案更新系統，該系統可以在用戶之間有效地同步正在編輯的檔案，同時最大限度地減少網路和 CPU 的使用率。該產品並不適用於物件儲存、區塊儲存或其他標準的雲端產品。相反地，Dropbox 得益於建構自定義的、高度整合的軟體和硬體堆疊[6]。

第四，當 Dropbox 將其核心產品轉移到自有硬體時，但它仍繼續建構其他 AWS 工作負載。這使得 Dropbox 能夠專注於以非凡的規模來建構一個高度調整的雲端服務，而不是試圖取代多個服務。Dropbox 可以專注於其在雲端儲存和資料同步方面的核心競爭力，同時將其他領域（例如資料分析）的軟體和硬體管理工作外包出去[7]。

其他經常被引用的企業在雲端之外建構的成功案例包括 Backblaze 和 Cloudflare，但這些都提供了類似的經驗教訓。Backblaze（*https://oreil.ly/zmQ3l*）最初是一款個人雲端資料備份產品，但後來開始提供 B2（*https://oreil.ly/y2Bh9*），這是一種類似於 Amazon S3 的物件儲存服務。Backblaze 目前保存超過 1 EB 的資料。Cloudflare（*https://oreil.ly/e3thA*）聲稱其為超過 2,500 萬個網際網路資產提供服務，在 200 多個城市擁有存在點，總網路容量每秒達到 51 terabits（terabits per second 或 Tbps；1 terabit（TB）等於 1,000 gigabits（GB））。

Netflix 提供了另一個有用的例子。該公司以在 AWS 上運行其技術堆疊而聞名，但這只是部分正確。Netflix 確實在 AWS 上運行視訊轉碼，約佔其 2017 年計算需求的 70%[8]。Netflix 還在 AWS 上運行其應用程式後端和資料分析。但是，Netflix 沒有使用 AWS 的內容分發網路（content distribution network），而是與網際網路服務提供廠商（internet service providers）合作建構了自定義 CDN（*https://oreil.ly/vXuu5*），利用高度專業化的軟體和硬體組合。對於一家消耗大

6　見 Akhil Gupta 於 2016 年 3 月 14 日在 Dropbox.Tech 網站上發表的文章〈Scaling to Exabytes and Beyond〉（擴展至 EB 級和更大規模），*https://oreil.ly/5XPKv*。

7　〈Dropbox Migrates 34 PB of Data to an Amazon S3 Data Lake for Analytics〉（Dropbox 將 34 PB 的資料遷移到 Amazon S3 資料湖泊進行分析），引用自 AWS 網站，2020 年，*https://oreil.ly/wpVoM*。

8　見 Todd Hoff 於 2017 年 12 月 4 日在 High Scalability 網站發表的文章〈The Eternal Cost Savings of Netflix's Internal Spot Market〉（Netflix 內部現貨市場的永恆成本節約），*https://oreil.ly/LLoFt*。

量網際網路流量的公司來說[9]，建構這個關鍵基礎架構，使其能夠以具成本效益的方式，向龐大的客戶群提供高品質的視訊。

這些案例研究表明，在特定情況下，公司管理自己的硬體和網路連接是有意義的。在建構和維護硬體方面，最大的現代成功案例涉及超大的規模（EB 級的資料、每秒 TB 級的頻寬…等等）和有限的使用案例，在這些使用案例中，公司可以通過設計高度整合的硬體和軟體堆疊來實現競爭優勢。此外，所有這些公司都會消耗大量的網路頻寬，這表明如果他們選擇完全從公共雲（public cloud）來運營，資料輸出費用（data egress charges）將是一項主要成本。

如果你運營的是一個真正的雲規模（cloud-scale）服務，請考慮繼續在本地運行工作負載或遣返雲端工作負載。什麼是雲規模？如果你儲存 EB（10 的 18 次方位元組）規模的資料，或者處理每秒 TB（10 的 12 次方位元組）規模的網際網路流量，那麼你可能正處於雲規模（實現每秒 TB 級的內部網路流量相當容易）。此外，如果資料輸出費用對你的業務來說是一個重要因素，那麼請考慮擁有自己的伺服器。為了說明哪些雲規模工作負載可能從遣返回本地受益，讓我們舉一個具體的例子：Apple 公司可以透過把 iCloud 儲存遷移到自己的伺服器，來獲得顯著的財務和性能優勢[10]。

建構與購買的區別

在技術領域，建構與購買是一個由來已久的爭論。建構的論點是，你可以對解決方案進行端到端的控制，不受供應商或開源社群的擺布。支持購買的論點，可歸結為資源限制和專業知識；你是否具備建構比現有解決方案更好之解決方案的專業知識？無論哪種決策，都取決於 TCO、TOCO 以及解決方案是否為你的組織提供競爭優勢。

9　見 Todd Spangler 於 2019 年 9 月 10 日在 Variety 網站上發表的文章〈Netflix Bandwidth Consumption Eclipsed by Web Media Streaming Applications〉（Netflix 頻寬消耗被 Web 媒體串流應用程式超越），*https://oreil.ly/tTm3k*。

10　見 Amir Efrati 和 Kevin McLaughlin 於 2021 年 6 月 29 日在 The Information 網站上發表的文章〈Apple's Spending on Google Cloud Storage on Track to Soar 50% This Year〉（Apple 公司對 Google Cloud Storage 的支出預計今年將成長 50%），*https://oreil.ly/OlFyR*。

如果你迄今為止已經注意到這本書的一個主題，那就是當建構（building）和自定義（customizing）能為你的業務提供競爭優勢時，我們建議你進行投資。否則，站在巨人的肩膀上，使用市場上已有的東西。考慮到開源和付費服務的數量，兩者都可能有志願者社群或高薪的優秀工程師團隊，如果你自己建構一切，那是愚蠢的。

正如我們經常問到的那樣，「當你的汽車需要新輪胎時，你會取得原材料，從頭開始製造輪胎，然後自己安裝？」。就像大多數人一樣，你可能會購買輪胎並找人安裝。同樣的論點也適用於技術領域的建構與購買。我們見過一些團隊從頭開始建構自己的資料庫。經過仔細檢查後我們發現，一個簡單的開源 RDBMS（關聯式資料庫管理系統）可能會更好地滿足他們的需求。團隊在自家製造的資料庫上投入大量的時間和金錢，實際效益可能不如預期。總擁有成本（TCO）和機會成本（opportunity cost）的投資回報率（ROI）將會很低。

這就是區別 A 型和 B 型資料工程師派得上用場的地方。正如我們之前指出的，A 型和 B 型角色通常體現在同一個工程師身上，尤其是在一個小型組織中。在可能的情況下，傾向於採取 A 型行為；避免進行無差別的繁重工作，並擁抱抽象化。使用開源框架，或者如果這太麻煩的話，考慮購買一個合適的託管或專有解決方案。無論哪一種情況，都有許多出色的模組化服務可供選擇。

值得一提的是，公司採用軟體的方式正在發生變化。過去，IT 部門常常以自上而下（top-down）的方式做出大部分軟體購買和採用決策，但如今，公司的軟體採用趨勢是由開發人員、資料工程師、資料科學家和其他技術角色主導之由下而上（bottom-up）的方式。公司內部的技術採用正在成為一個有機且持續的過程。

讓我們看一下開源（open source）和專有（proprietary）解決方案的一些選項吧。

開源軟體

開源軟體（*Open source software*，OSS）是一種軟體分發模型，其中軟體和其程式碼基底（codebase）通常根據特定的許可條款下供一般使用。OSS 通常由分散的協作者團隊建立和維護。大部分情況下，OSS 可以免費使用、更改和分發，但有特定的注意事項。例如，許多許可證要求在分發軟體時包含開源衍生軟體的原始程式碼。

建立和維護 OSS 的動機各不相同。有時，OSS 是有機的，源於個人或小團隊的創意，他們創造了一種新穎的解決方案，並選擇將其公開釋出，供大眾使用。而有時，一家公司可能會根據 OSS 許可證向大眾提供特定的工具或技術。

OSS 有兩種主要類型：社群託管型（community managed）OSS 和商業型（commercial）OSS。

社群託管型 OSS

OSS 專案憑藉強大的社群和活躍的用戶群而取得成功。社群託管型 OSS 是 OSS 專案的一個普遍模式。透過受歡迎的 OSS 專案，社群能夠吸引來自世界各地之開發者做出高比率的創新和貢獻。

以下是社群託管型 OSS 專案需要考慮的因素：

心智佔有率（*Mindshare*）

避免採用沒有受到關注和普及的 OSS 專案。查看 GitHub 上的星星數（stars；代表收藏數量）、分支數（forks；代表派生數量）以及提交的程式碼量（commit volume）和最近一次提交程式碼的時間（commit recency）。另一個需要注意的是相關聊天群組（chat groups）和論壇（forums）上的社群活動。專案是否具有強烈的社群意識？一個強大的社群能夠促使更多人採用該專案，形成一個正向的循環。這也意味著，你將更容易獲得技術支援，並找到合格的人才與之合作。

成熟度（*Maturity*）

該專案存在了多久時間？目前有多活躍？人們在生產環境中發現它的可用性如何？專案的成熟度表示人們發現它很有用，並願意將其納入到他們的生產工作流程中。

問題排除

如果出現問題，你將如何處理？你是否需要獨自解決問題，還是能夠依靠社群來幫你解決問題？

專案管理

查看 Git issues（Git 版本控制系統中所使用的問題追蹤功能）及問題的解決方式。它們是否能夠迅速得到解決？如果是這樣，提交問題並解決問題的流程是什麼？

團隊

是否有公司贊助這個 OSS 專案？誰是核心貢獻者？

開發者關係和社群管理

該專案在鼓勵接受和採用方面做了什麼？是否有一個活躍的聊天社群（例如 Slack）來提供鼓勵和支援？

貢獻

該專案是否鼓勵並接受拉取請求（pull requests）？拉取請求被接受並納入主程式碼基底（main codebase）的過程和時程表是什麼？

路線圖（*Roadmap*）

該專案是否有路線圖？如果有，它是否清晰透明？

自行管理和維護

你是否具備管理和維護 OSS 解決方案所需的資源？如果是這樣，與從 OSS 供應商處購買託管服務相比，其 TCO（總擁有成本）和 TOCO（總機會擁有成本）如何？

回饋社群

如果你喜歡該專案並正在積極使用它，請考慮投資它。你可以為程式碼基底做出貢獻，幫助修正問題，並在社群論壇和聊天室中提供建議。如果該專案允許捐款，可以考慮捐款。許多 OSS 專案本質上是社群服務專案，通常維護者除了協助 OSS 專案外還有全職工作。可惜的是，這往往是出於熱愛而從事的工作，無法為維護者提供生活費用。如果你有能力捐款，請考慮這樣做。

商業型 OSS

有時開源軟體（OSS）也會有一些缺點。其中一個缺點是，你必須在自己的環境中管理和維護解決方案。這可能很簡單，也可能非常複雜和繁瑣，具體取決於 OSS 應用程式。商業供應商（commercial vendors）試圖透過為你託管和管理 OSS 解決方案來解決這個管理的困擾，通常以雲端之軟體即服務（SaaS）的形式提供。此類供應商的例子包括 Databricks（Spark）、Confluent（Kafka）、DBT Labs（dbt），還有很多很多。

這種模型稱為商業型 *OSS*（*commercial OSS*，COSS）。通常，供應商將會免費提供 OSS 的「核心」部分，同時會對增強功能、精選程式碼分發或完全託管的服務收取費用。

供應商通常與社群 OSS 專案有關聯。隨著 OSS 專案變得越來越受歡迎，維護者可能會為 OSS 的託管版本創建單獨的商業實體。這通常會成為一個以託管版本之開源程式碼為基礎建構而成的雲端 SaaS 平台。這是一個普遍的趨勢：一個 OSS 專案變得受歡迎，一家相關的公司籌集了大量風險投資（venture capital，VC）資金將該 OSS 專案商業化，並且這家公司會快速擴展，就像一艘快速前進的火箭飛船。

此時，資料工程師有兩種選擇。你可以繼續使用社群託管的 OSS 版本，但需要繼續自行維護（更新、伺服器／容器的維護、錯誤修正的拉取請求…等等）。或者，你可以付費給供應商，讓其負責 COSS 產品的行政管理工作。

以下是商業型 OSS 專案需要考慮的因素：

價值

　　供應商提供的價值是否比你自己管理 OSS 技術更好？有些供應商會在其託管產品中添加許多功能，而這些功能在社群 OSS 版本中是不可用的。這些添加的功能對你來說是否具有吸引力？

交付模式

　　你如何使用該項服務？產品是透過下載、API 或是網頁／手機介面（web/mobile UI）提供嗎？請確保你可以輕鬆存取初始版本和後續版本。

支援

支援的重要性不能被低估，而且對買家來說往往是不透明的。產品的支援模型是什麼，是否需要額外的費用？通常，供應商會以額外費用出售支援。確保你清楚瞭解獲得支援的成本。此外，請瞭解支援所涵蓋的內容和未涵蓋的內容。任何未被支援涵蓋的內容，將成為你自己的責任，需要由你負責擁有和管理。

版本釋出和錯誤修正

供應商對發佈計畫、改進和錯誤修正是否透明？你是否可以輕鬆獲得這些更新？

銷售週期和定價

通常，供應商會提供按需求定價，尤其是對於 SaaS 產品，如果你承諾延長協議，還會為你提供折扣。請確保你瞭解按需求支付（paying as you go）與預先支付（paying up front）之間的權衡。是否值得一次性支付款項，還是將錢用於其他地方更好？

公司財務

這家公司有生存能力嗎？如果這家公司已經籌集了風險投資資金（VC funds），你可以在 Crunchbase 之類的網站上查看他們的融資情況。該公司還有多少現金流，並且在未來幾年內是否能夠繼續營業？

品牌標誌與收入

公司的重點是增加客戶數量（品牌標誌），還是試圖增加收入？你可能會驚訝於許多公司的重點是增加客戶數量、GitHub 星號數量或 Slack 頻道會員數量，而忽略了建立良好的財務狀況。

社群支援

這家公司是否真正支援 OSS 專案的社群版本？該公司對社群 OSS 程式碼基底的貢獻有多大？有些供應商將 OSS 專案納為己用，之後卻未對社群提供多少的價值，這會引起爭議。如果該公司關閉，該產品作為社群支援的開源軟體繼續生存的可能性有多大？

另請注意，雲端供應商也提供自己的託管開源產品。如果一個雲端供應商知道特定產品或專案具有吸引力，可預期該供應商會提供自己的版本。其範圍可以從簡單的服務（在虛擬機上提供的開源 Linux）到極其複雜的託管服務（完全託管的 Kafka）。這些產品的動機很簡單：雲端透過消費來賺錢。雲端生態系統中的產品越來越多，意味著「黏著度」增加和客戶支出增加，有更高的可能性。

專有封閉生態系統

雖然 OSS 無處不在，但非 OSS 技術也存在著一個巨大的市場。資料行業中有些大型的公司在銷售閉源（closed source）產品。讓我們看一下專有封閉生態系統（*proprietary walled gardens*）的兩種主要類型：獨立產品和雲端平台產品。

獨立產品

在過去幾年中，資料工具領域呈指數級的成長。每天都有新的獨立資料工具產品出現。憑藉從資本充裕的風險投資公司籌集資金的能力，這些資料公司可以擴大規模並聘請優秀的工程、銷售和營銷團隊。這造成了一種局面，用戶在市場上有一些很好的產品可供選擇，但同時不得不在無休止的銷售和行銷混亂中徘徊。撰寫本文當時，資料公司自由獲得資本的好時代即將結束，但這是另一個長篇故事，其後果仍在展開中。

通常，一家銷售資料工具的公司不會將其作為 OSS 發佈，而是提供專有解決方案。雖然你不會像純 OSS 解決方案那樣擁有透明度，但專有的獨立解決方案可以運作得很好，尤其是作為雲端中的完全託管服務。

以下是獨立產品需要考慮的因素：

互通性

確保所選的工具與你選擇的其他工具（OSS、其他獨立工具、雲端產品等等）能夠相互配合運作。互通性是關鍵，因此請確保在購買前你可以試用。

心智佔有率和市場佔有率

解決方案受歡迎嗎？它在市場上佔有一席之地嗎？它是否獲得正面的客戶評價？

文件和支援

問題和疑問是不可避免的。你是否清楚如何解決問題，無論是透過文件還是支援？

定價

定價是否容易瞭解？列出低、中和高概率的使用情境，以及相應的成本。你是否能夠協商合約以及折扣？這是否值得？如果你簽訂合約，你會失去多少靈活性，包括協商和嘗試新選項的能力？你是否能夠獲得有關未來定價的合約承諾？

持久性

公司能否存活夠長的時間，讓你得以從其產品中獲得價值？如果該公司籌集了資金，請瞭解其資金情況。查看用戶評論。向朋友詢問，並在社交網路上發佈有關使用該產品之用戶體驗的問題。確保你知道自己將要投入的是什麼。

雲端平台專有服務產品

雲端供應商開發並銷售其專有的儲存、資料庫等服務。其中許多解決方案是各兄弟公司使用的內部工具。例如，Amazon 創建了 DynamoDB 資料庫，以克服傳統關聯式資料庫的局限性，並處理隨著 Amazon.com 的成長而產生的大量的用戶和訂單資料。後來，Amazon 僅在 AWS 上提供 DynamoDB 服務；現在它是各種規模和成熟度的公司使用的頂級產品。雲端供應商通常會將他們的產品捆綁在一起，以確保良好的互通性。每個雲端供應商都可以透過創建一個強大的整合生態系統，來提高其用戶群的黏著度。

以下是專有雲端產品需要考慮的因素：

性能與價格的比較

雲端產品是否比獨立版本或 OSS 版本更好？選擇雲端產品的 TCO（總擁有成本）是多少？

購買考慮因素

按需求定價可能很昂貴。你能否透過購買預留容量（reserved capacity）或簽訂長期承諾協議來降低成本？

我們的建議

自建與購買的選擇取決你的競爭優勢，以及在哪些領域投入資源進行定製是有意義的。一般來說，預設情況下，我們會偏向 OSS 和 COSS，這樣你就可以專注於改進這些選項不足的領域。在這些領域中，建構一些東西將顯著增加價值或顯著減少摩擦。

不要將內部運營開銷視為不可挽回的成本。提高現有資料團隊的技能，使其在託管平台上建構複雜的系統，而不是在本地伺服器上，這非常有價值。此外，想想一家公司是如何賺錢的，尤其是它的銷售和客戶體驗團隊，這通常會顯示在銷售週期中，以及成為當你作為付費客戶時會受到的待遇。

最後，誰負責貴公司的預算？這個人如何決定獲得資助的專案和技術？在為 COSS 或託管服務提供商業案例之前，先嘗試使用 OSS 是否有意義？你最不希望看到的是，在等待預算批准時，你的技術選擇陷入困境。俗話說，**時不我待**（*time kills deals*）。就你而言，陷入困境時間越久，意味著你的預算批准失敗的可能性就越大。請事先去瞭解誰在控制預算以及哪些專案將成功獲得批准。

單體式與模組化的區別

單體式系統與模組化系統是軟體架構領域中的另一個長期的爭論。單體式系統是獨立的，通常在單一系統下執行多個功能。單體式系統陣營偏愛將所有功能集中在一處的簡單性。對單一實體進行推理較為容易，並且由於移動的部分較少，因此進展更快。模組化陣營傾向於使用解耦的、同類最佳的技術來執行它們獨特的出色任務。特別是考慮到資料世界中產品的變化速度，他們認為你應該在不斷變化的一系列解決方案之間追求互通性。

你應該在資料工程堆疊中採用什麼方法？讓我們來探討其中的權衡。

單體式

單體式系統（圖 4-4）在科技領域已經存在幾十年。過去的瀑布式開發方式意味著軟體發佈是龐大的、緊密耦合的、並且速度緩慢。大型團隊協同合作交付一個可運行的程式碼基底。單體資料系統至今仍在使用，包括 Informatica 等老牌軟體供應商和 Spark 等開源框架。

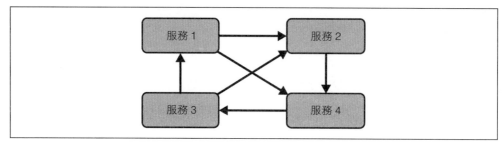

圖 4-4　單體式系統緊密耦合其服務

單體式系統的優點在於它很容易理解，並且需要較低的認知負擔和環境切換，因為一切都是獨立的。與處理數十種技術不同，你只需要處理「一種」技術，通常是一種主要的程式設計語言。如果你想要簡化架構和流程的推理，單體式系統是一個很好的選擇。

當然，單體式系統也有缺點。首先，單體式系統容易變得脆弱。由於組件眾多，更新和發佈需要更長的時間，並且往往包含許多「不必要的功能」。如果系統存在錯誤（希望軟體在發佈之前已經過徹底的測試！），則可能會對整個系統造成損害。

單體式系統也會出現用戶引起的問題。例如，我們曾看到一個單體式 ETL 管道運行時間長達 48 小時。如果管道中的任何地方出現問題，整個過程都必須重來一遍。與此同時，焦慮的業務用戶正在等待他們的報告，這些報告在預設情況下會晚兩天，而且通常會更晚。由於問題頻繁發生，以致於最終捨棄了這個單體式系統。

單體式系統中的多租戶情況也可能是一個重大問題。在單體式系統中，要隔離多個用戶的工作負載非常具有挑戰性。在本地資料倉儲中，一個用戶定義的函數可能會消耗大量的 CPU 資源，進而降低其他用戶的系統性能。依賴關係和資源爭用之間的衝突是經常令人頭疼的原因。

單體式系統的另一個缺點是，如果供應商或開源專案倒閉或終止，切換到新系統將會非常困難。由於你的所有流程都包含在單體式系統中，因此將自己從該系統中抽離並轉移到新平台上，將花費大量的時間和金錢。

模組化

模組化（*modularity*）（圖 4-5）是軟體工程中的一個古老概念，但隨著微服務的興起，模組化分散式系統才真正流行起來。與其依靠龐大的單體式系統來處理需求，為什麼不將系統和流程拆分為獨立的關注領域呢？微服務可以透過 API 進行通訊，使開發人員能夠專注於自己的領域，同時使他們的應用程式可供其他微服務存取。這是軟體工程的趨勢，在現代資料系統中也越來越常見。

圖 4-5　透過模組化，每個服務都與其他服務分離

大型科技公司一直是微服務運動的關鍵推動者。著名的貝佐斯（Bezos）API 授權減少了應用程式之間的耦合，使得重構（refactoring）和分解（decomposition）變得更容易。貝佐斯還實施了兩個披薩規則（任何團隊都不應該太大，以致於兩個披薩無法餵飽整個團隊）。實際上，這意味著一個團隊最多只能有五個成員。此上限還限制了團隊職責領域的複雜性，特別是它可以管理的程式碼基底。一個龐大的單體式應用程式可能需要一百人的團隊，而將開發人員分成五人小組，需要將此應用程式分解為小而可管理、鬆耦合的組件。

在模組化微服務環境中，組件是可互換的，並且可以建立 *polyglot*（多種程式語言）應用程式；Java 服務可以取代用 Python 編寫的服務。服務客戶只需要擔心服務 API 的技術規範，而不是實作的幕後細節。

透過為互通性提供強而有力的支援，資料處理技術已經轉向模組化模型。資料以標準格式保存在物件儲存架構中，例如資料湖泊（data lakes）和資料湖倉（data lakehouses）中的 Parquet。任何支援該格式的處理工具都可以讀取資料，並將處理後的結果寫回資料湖泊中，以便由其他工具進行處理。雲端資料倉儲（data warehouses）透過使用標準格式和外部資料表的匯入／匯出（即直接對資料湖泊中的資料進行查詢），來支援與物件儲存架構的互通性。

在當今的資料生態系統中，新技術以令人眼花繚亂的速度出現，大多數技術很快就會變得陳舊和過時。這種情況會反覆出現。隨著技術的變化而更換工具的能力，是非常寶貴的。我們認為資料的模組化比單體式資料工程更強大。模組化讓工程師能夠為管道中的每個工作或步驟，選擇最佳的技術。

模組化的缺點在於需要考慮的事情變得更多。與單一系統不同,現在你可能有無數個系統需要瞭解和操作。互通性是一個潛在的難題;希望這些系統都能很好地協同工作。

正是這個問題導致我們將編排(orchestration)分離出來,成為一個獨立的潛在因素,而不是將其歸類為資料管理的一部分。對於單體式資料架構,編排也非常重要;例如 BMC Software 的 Control-M 工具,在傳統資料倉儲領域的成功案例。但是,編排五個或十個工具比編排一個工具要複雜得多。編排成為將資料堆疊模組聯繫在一起的黏著劑。

分散式單體模式

分散式單體模式(*distributed monolith pattern*)是一種分散式架構,但仍然受到單體架構的許多限制。基本概念是運行一個具有不同服務的分散式系統,以執行不同的任務。儘管如此,服務和節點共享一組共用的依賴項或共用的程式碼基底。

一個標準的例子是傳統的 Hadoop 叢集。Hadoop 叢集可以同時託管多個框架,例如 Hive、Pig 或 Spark。叢集還具有許多內部依賴項。此外,叢集會運行核心的 Hadoop 組件:Hadoop 共用程式庫、HDFS、YARN 和 Java。實際上,叢集通常安裝了每個組件的一個版本。

在標準的本地 Hadoop 系統中,需要管理一個適用於所有用戶和所有作業(jobs)的共同環境。管理升級和安裝是一項重大挑戰。強制作業(jobs)升級依賴項可能會破壞它們;維護一個框架的兩個版本會增加額外的複雜性。

一些基於 Python 的現代編排技術(例如 Apache Airflow)也面臨此問題。雖然它們利用高度解耦且非同步的架構,但每個服務所運行的都是具有相同依賴項(dependencies)的相同程式碼基底(codebase)。任何的執行器(executor)都可以執行任何的任務(task),因此在一個 DAG 中運行之單一任務的用戶端程式庫(client library)必須安裝在整個叢集上。編排(orchestrating)多個工具需要為多個 API 安裝用戶端程式庫。依賴衝突(dependency conflicts)是一個持續存在的問題。

對於分散式單體架構的問題，一個解決方案是在雲端環境中設置暫時的基礎架構。每個作業（job）都有自己的暫時伺服器或叢集，並安裝其所需之依賴項。每個叢集仍然是高度單體化的，但將作業分離可以顯著減少衝突。例如，這種模式現在對於具有 Amazon EMR 和 Google Cloud Dataproc 等服務的 Spark 來說非常普遍。

第二種解決方案是使用容器技術（containers）將分散式單體架構適當地分解為多個軟體環境。關於容器，我們在下面的「無伺服器與有伺服器的區別」中有更多討論。

我們的建議

雖然單體式架構因其易於理解和降低複雜性而具有吸引力，但這需要付出高昂的代價。這個代價包括潛在的靈活性損失、機會成本和高摩擦的開發週期。

以下是評估單體式與模組化選項時需要考慮的因素：

互通性

　　在架構設計中考慮到共享和互通性的需求

避免「陷阱」

　　容易進入的事物或情況，可能會令人痛苦的或無法逃脫

靈活性

　　當前的資料領域發展得如此之快。致力於單體架構會降低靈活性和可逆決策的能力。

無伺服器與有伺服器的區別

對雲端供應商來說，無伺服器（serverless）是一大趨勢，它允許開發人員和資料工程師直接運行應用程式，而無須在幕後管理伺服器。無伺服器為適合的使用案例提供了快速的價值回報。但對於其他情況，可能不太合適。讓我們看看如何評估無伺服器是否適合你的情況。

無伺服器

儘管無伺服器已經存在相當長的一段時間,但無伺服器的**趨勢**是在 2014 年透過 AWS Lambda 全面引爆的。由於承諾無須管理伺服器,即可根據需要去執行小型程式碼團塊,使得無伺服器大受歡迎。其受歡迎的主要原因是成本和便利性。與支付伺服器成本相比,為什麼不直接在程式碼被調用時付費呢?

無伺服器有多種風格。儘管函數即服務(function as a service,FaaS)非常受歡迎,但無伺服器系統早在 AWS Lambda 之前就已經存在。例如,Google Cloud 的 BigQuery 就是無伺服器的系統,因為資料工程師不需要管理後端基礎架構,系統可以自動按需要擴展以處理大型查詢,並且可以自動縮減至零。只需將資料攝取到系統中,即可開始查詢。你所支付的費用,取決於查詢所消耗的資料量,以及保存資料的較低費用。這種支付模型——為消耗和儲存付費——正在變得越來越普遍。

無伺服器何時是有意義的?與許多其他雲端服務一樣,這取決於具體的情況;資料工程師最好能夠瞭解雲端定價的細節,以預測無伺服器部署何時會變得昂貴。以 AWS Lambda 為例,有些工程師已經找到以極低的成本運行批次工作負載的技巧[11]。另一方面,無伺服器存在額外的開銷及效率低下的問題。在高事件率下,每個函數調用處理一個事件,可能會帶來極高的成本,尤其是在有更簡單的方法可供選擇時,例如多執行緒(multithreading)或多行程(multiprocessing)等,這些方法是很好的替代方案。

與運營的其他領域一樣,監控和建模至關重要。**監控**是為了在實際環境中確定每個事件的成本和無伺服器執行的最大時間長度,而**建模**則是利用每個事件的成本來確定在事件率成長時的總體成本。建模還應該包括最壞情況的場景——如果我的網站受到 bot swarm(被惡意操控的電腦程式或機器人)或 DDoS(分散式阻斷服務)攻擊,會發生什麼情況?

11　見 Evan Sangaline 於 2018 年 5 月 2 日在 Intoli 部落格所撰寫的文章〈Running FFmpeg on AWS Lambda for 1.9% the Cost of AWS Elastic Transcoder〉(在 AWS Lambda 上運行 FFmpeg 的成本僅為 AWS Elastic Transcoder 的 1.9%),*https://oreil.ly/myzOv*。

容器

撰寫本文當時，與無伺服器和微服務相結合，容器（*containers*）是最具影響力的運營技術之一。容器在無伺服器和微服務中都扮演著重要的角色。

容器通常稱為輕量級虛擬機（*lightweight virtual machine*）。傳統的 VM 封裝了整個作業系統，而容器則封裝了一個隔離的用戶空間（例如，一個檔案系統和一些行程）；許多此類的容器可以共存在單個主機作業系統上。這提供了虛擬化的一些主要好處（即依賴關係和程式碼隔離），而沒有攜帶整個作業系統核心的開銷。

單個硬體節點可以託管多個容器，並進行細粒度的資源分配。撰寫本文當時，容器與 Kubernetes（容器管理系統）仍不斷在普及。無伺服器環境通常是使用容器來執行應用程式。事實上，Kubernetes 是一種類似無伺服器環境的技術，因為它允許開發人員和運營團隊部署微服務，而不必擔心部署的機器細節。

容器為本章前面提到之分散式單體（distributed monolith）的問題，提供了部分的解決方案。例如，Hadoop 現在支援容器，允許每個作業都擁有自己獨立的依賴項。

容器叢集（container clusters）無法提供與完整 VM 相同的安全性和隔離性。容器逃逸（*container escape*）是一種廣義的漏洞類型，指的是容器中的程式碼在作業系統級別獲得了超出容器範圍的特權，這種情況很常見，足以被視為多租戶環境下的風險。雖然 Amazon EC2 是一個真正的多租戶環境，同一硬體上託管了來自許多客戶的虛擬機，但 Kubernetes 叢集應僅在相互信任的環境中（例如，在同一家公司的內部）託管程式碼。此外，程式碼審查流程和漏洞掃描對於確保開發人員不會引入安全漏洞至關重要。

各種類型的容器平台添加了額外的無伺服器功能。容器化的函數平台將容器當作由事件觸發的臨時單元而不是持久性服務來運行[12]。這為用戶提供了 AWS Lambda 的簡單性，以及容器環境的全部靈活性，而不是高度限制性的 Lambda

---

12　例子包括 OpenFaaS（*http://www.openfaas.com*）、Knative（*https://oreil.ly/0pT3m*）和 Google Cloud Run（*https://oreil.ly/imWhI*）。

執行環境。而像 AWS Fargate 和 Google App Engine 這樣的服務可以運行容器，而無須管理 Kubernetes 所需的計算叢集。這些服務還可以完全隔離容器，防止與多租戶相關的安全問題。

抽象化將繼續在資料堆疊中發揮作用。請考慮 Kubernetes 對叢集管理的影響。雖然你可以管理自己的 Kubernetes 叢集——許多工程團隊都這樣做——但即使是 Kubernetes 也可以作為託管服務廣泛提供。Kubernetes 之後會發生什麼？我們和你一樣期待著這一切的發展。

如何評估伺服器與無伺服器

為什麼你會想要運行自己的伺服器，而不是使用無伺服器？有幾個原因。成本是一個重要因素。當使用量和成本超過運行及維護伺服器的持續成本時，無伺服器的意義就不大了（圖 4-6）。但是，在一定規模下，無伺服器的經濟效益可能會降低，而運行伺服器則變得更具吸引力。

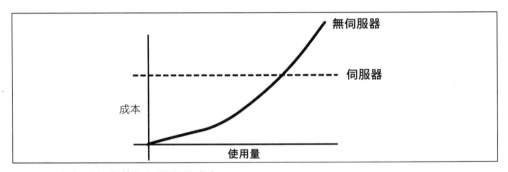

圖 4-6　無伺服器與使用伺服器的成本

選擇使用伺服器而非無伺服器的其他主要原因在於對定製化、性能和控制權的需求。對於某些使用案例，某些無伺服器框架可能功能不足或受到限制。以下是在使用伺服器時需要考慮的一些因素，尤其是在雲端中，伺服器資源是暫時的：

預計伺服器會出現故障。

伺服器有可能會故障。避免使用過度定製（overly customize）和脆弱（brittle）的「特殊雪花」（special snowflake）伺服器，因為這會在你的架構中引入一個明顯的漏洞。相反地，請將伺服器視為暫時的資源，你可以根據需要建立和刪除這些資源。如果你的應用程式需要在伺服器上安裝特定的

程式碼，請使用引導命令稿（boot script）或建構映像檔。透過 CI/CD 管道將程式碼部署到伺服器。

使用叢集和自動擴展功能。

利用雲端平台根據需求自動增減計算資源的能力。當你的應用程式使用量增加時，可以把應用伺服器叢集化，並使用自動擴展功能在需求成長時，自動橫向擴展你的應用程式。

將基礎架構視為程式碼。

自動化不僅適用於伺服器，還應盡可能擴展到你的基礎架構。使用 Terraform、AWS CloudFormation 和 Google Cloud Deployment Manager 等部署管理工具，來部署你的基礎架構（伺服器或其他資源）。

使用容器。

對於具有複雜安裝依賴項的複雜或繁重的工作負載，考慮在單一伺服器或 Kubernetes 上使用容器。

我們的建議

下面是一些關鍵考慮因素，可以幫助你確定無伺服器是否適合你：

工作負載的大小和複雜性

無伺服器最適合簡單獨立的任務和工作負載。如果你的應用程式有許多組件需要大量計算或記憶體資源，無伺服器就不那麼合適了。在這種情況下，請考慮使用容器以及 Kubernetes 之類的容器工作流程編排框架。

執行頻率和持續時間

你的無伺服器應用程式每秒將處理多少個請求？處理每個請求需要多長時間？雲端無伺服器平台對於執行頻率（execution frequency）、並行處理（concurrency）和持續時間（duration）都有限制。如果你的應用程式無法在這些限制內正常運作，那麼是時候考慮採用容器導向的作法了。

請求和網路

無伺服器平台通常使用某種形式的簡化網路架構，並且不支援所有雲端虛擬網路功能，例如 VPC（虛擬私有雲）和防火牆。

語言

你通常使用哪種程式語言？如果它不是無伺服器平台官方支援的語言之一，則應考慮使用容器。

運行期限制

無伺服器平台不提供完整的作業系統抽象化，而是限制在特定的運行期映像（runtime image）。

成本

無伺服器功能非常方便，但可能很昂貴。當無伺服器函數僅處理少數事件時，成本較低；隨著事件數量的增加，成本會迅速上升。這種情況是意外雲端帳單的常見來源。

最後，抽象化往往會獲勝。我們建議首先考慮使用無伺服器，然後在你超出無伺服器選項的限制之後，再考慮使用伺服器（如果可能，使用容器和編排工具）。

優化、性能和基準測試之爭

如果你是一位億萬富翁，正在購買新的交通工具。你已將選擇範圍縮小到兩個選項：

- 787 商務噴射機
  - 航程：9,945 海浬（搭載 25 名乘客）
  - 最大速度：0.90 馬赫
  - 巡航速度：0.85 馬赫
  - 燃料容量：101,323 公斤
  - 最大起飛重量：227,930 公斤
  - 最大推力：128,000 磅

- 特斯拉 Model S Plaid
  - 航程：560 公里
  - 最高速度：322 公里 / 小時

— 0–100 公里 / 小時：2.1 秒

— 電池容量：100 千瓦時

— 紐博格林賽道單圈時間：7 分 30.9 秒

— 馬力：1020

— 扭力：1050 磅 - 英尺

這兩個選項中哪一個選項提供更好的性能？你不必對汽車或飛機瞭解太多就可以意識到，這是一個愚蠢的比較。其中一個選項是一架專為洲際運營而設計的寬體私人飛機，而另一個選項則是電動超級跑車。

我們在資料庫領域一直看到這種不切實際的比較。基準測試（benchmark）要嘛比較為完全不同之使用案例進行優化的資料庫，要嘛使用與實際需求毫無相似之處的測試場景。

最近，我們看到資料領域的主要供應商之間爆發了新一輪的基準測試大戰。我們對基準測試表示讚賞，並很高興看到許多資料庫供應商最終從其客戶合約中刪除了 DeWitt 條款 [13]。即便如此，買方仍應該當心：資料領域充滿了毫無意義的基準測試 [14]。以下是一些常用的技巧，用於操縱基準測試的結果。

大數據…1990 年代

聲稱支援 PB 級（petabyte scale）「大數據」（big data）的產品，通常會使用小到可以輕鬆存入智慧型手機之儲存空間的基準測試資料集。對於依賴於快取層（caching layers）來提供性能的系統，測試資料集完全保存在固態硬碟（solid-state drive，SSD）或記憶體中，基準測試可以透過重複查詢相同的資料來展現超高性能。在比較價格時，小型的測試資料集還可以最大程度地降低 RAM 和 SSD 成本。

---

13 參閱 Justin Olsson（賈斯汀・奧爾森）和 Reynold Xin（辛雷諾）於 2021 年 11 月 8 日在 Databricks 網站上發表的文章〈Eliminating the Anti-competitive DeWitt Clause for Database Benchmarking〉（消除反競爭的 DeWitt 條款以進行資料庫基準測試），*https://oreil.ly/3iFOE*。

14 有關這個類型的經典作品，請參閱 William McKnight 和 Jake Dolezal 於 2019 年 2 月 7 日在 GigaOm 網站上發表的〈Data Warehouse in the Cloud Benchmark〉（雲端資料倉儲基準測試），*https://oreil.ly/QjCmA*。

要對真實世界的使用案例進行基準測試，你必須模擬預期的真實世界資料和查詢大小。根據對需求的詳細評估來評估查詢性能和資源成本。

不合理的成本比較

在分析性價比（price/performance）或總擁有成本（TCO）時，不合理的成本比較（nonsensical cost comparisons）是一個標準的技巧。例如，許多 MPP 系統即使駐留在雲端環境中，也無法被隨意建立和刪除；這些系統的組態一旦設定完成，就可以運行數年之久。有些資料庫支援動態計算模型，並按查詢或使用秒數收費。在每秒成本的基礎上比較暫時系統和非暫時系統是毫無意義的，但我們經常在基準測試中看到這種情況。

非對稱優化

非對稱優化（asymmetric optimization）的欺騙手法以多種形式出現，以下是一個例子。通常，供應商會透過在高度正規化資料（highly normalized data）上運行複雜 join 查詢，來比較基於橫列的（row-based）MPP 系統與直行式（columnar）資料庫。經正規化的資料模型對於基於橫列的（row-based）系統來說是最佳的，但直行式（columnar）系統只有透過進行一些綱要變更才能充分發揮其潛力。更糟糕的是，供應商會在他們的系統中加入額外的 join 優化（例如，為需要進行 join 操作的資料表預先建立索引），而不在相競爭的資料庫中應用類似的調整（例如，將 joins 操作放入物化視圖（materialized view）中）。

買家當心

與資料技術領域中的所有事物一樣，買家應該當心。在盲目依賴供應商的基準測試來評估和選擇技術之前，請先做好功課。

潛在因素及其對技術選擇的影響

如本章所示，資料工程師在評估技術時需要考慮很多因素。無論你選擇哪種技術，請務必瞭解它如何支援資料工程生命週期的潛在因素。讓我們簡要回顧一下它們。

資料管理

資料管理是一個廣泛的領域，就技術而言，一項技術是否將資料管理當作主要關注點，並不總是顯而易見的。例如，在幕後，第三方供應商可能會使用資料管理最佳實踐方法（法規遵從性、安全性、隱私性、資料品質和治理），但將這些細節資訊隱藏在有限的 UI（用戶介面）層後面。此情況下，在評估產品時，向該公司詢問其資料管理的實踐方法會有所幫助。以下是你應該詢問的一些問題：

- 你如何保護資料免受外部和內部的侵害？

- 你的產品是否符合 GDPR、CCPA 和其他資料隱私法規？

- 你們是否允許我託管我的資料以符合這些法規？

- 如何確保資料品質以及我在解決方案中查看的是正確的資料？

要問的問題還有很多，這些問題只考慮到了資料管理的幾種方法，因為它與選擇正確的技術有關。這些問題同樣也適用於你正在考慮的 OSS 解決方案。

資料運營

問題將會發生。這是不可避免的。伺服器或資料庫可能會出現故障，雲端服務的某個區域可能會發生故障，你可能會部署錯誤的程式碼，不良的資料可能會進入資料倉儲中，並且可能會出現其他不可預見的問題。

評估一項新技術時，你對部署新程式碼有多少控制權，如果出現問題，你將如何收到警報，以及出現問題時你將如何回應？答案很大程度上取決於你所考慮的技術類型。如果該技術是 OSS，你可能需要負責設置監控、主機託管和程式碼部署。你將如何處理問題？你的事故應對計畫是什麼？

如果你使用的是託管服務，那麼大部分操作都不受你的控制。請考慮供應商的 SLA（服務水準協議）、他們提醒你注意問題的方式，以及他們處理問題的方式是否透明，包括提供問題修復的預計時間（Estimated Time of Arrival，ETA）。

資料架構

如第 3 章所述，良好的資料架構意味著評估權衡，選擇對作業最適合的工具，同時保持你的決策具可逆性。隨著資料環境以驚人的速度變化，要找到對作業最適合的工具，是一個不斷變化的目標。主要目標是避免不必要的鎖定，確保資料堆疊之間的互通性，並產生高投資回報率。因此，請相應地選擇你的技術。

編排範例：Airflow

在本章的大部分內容中，我們一直積極避免過於廣泛地討論任何特定的技術。但在編排（orchestration）是一個例外，因為該領域目前由開源技術 Apache Airflow 主導。

2014 年，馬克西姆‧博謝曼（Maxime Beauchemin）在 Airbnb 發起了 Airflow 專案。Airflow 從一開始就是一個非商業性的開源專案。該框架在 Airbnb 之外迅速獲得了顯著的關注度，在 2016 年成為 Apache 孵化器專案（Incubator project），並在 2019 年成為完全由 Apache 贊助的專案。

Airflow 享有許多優勢，主要是因為它在開源市場中佔據主導地位。首先，Airflow 開源專案非常活躍，不僅提交率高，且對錯誤和安全問題的回應時間也很快，該專案最近發佈了 Airflow 2，這是對程式碼基底的重大重構。其次，Airflow 享有廣泛的關注度。Airflow 在許多通訊平台上，擁有充滿活力的社群，包括 Slack、Stack Overflow 和 GitHub。用戶可以輕鬆找到問題和問題的答案。第三，Airflow 不僅以開源專案的形式存在著，還以商業的形式提供，由多家供應商（包括 GCP、AWS 和 Astronomer.io）進行託管服務或軟體發行。

Airflow 同樣存在一些缺點。Airflow 依賴於一些核心的不可擴展組件（調度程式和後端資料庫），這些組件可能成為性能、規模和可靠性的瓶頸；Airflow 的可擴展部分仍遵循分散式單體模式（參見第 161 頁的「單體式與模組化的區別」）。最後，Airflow 缺乏對許多資料原生結構的支援，例如綱要管理（schema management）、沿襲（lineage）和編目（cataloging）；而且開發和測試 Airflow 工作流程具有一定的挑戰性。

在這裡，我們並不試圖對 Airflow 的替代方案進行全面討論，只是提及了一些撰寫本文當時的關鍵編排競爭者。Prefect 和 Dagster 旨在透過重新思考 Airflow 架構的組件來解決之前討論的一些問題。是否還有其他未在這裡討論的編排框架和技術？可以預期會有。

我們強烈建議選擇編排技術的任何人都要研究此處討論的選項。他們還應該熟悉這個領域的最新動態，因為當你閱讀本文時，肯定會出現新的發展。

軟體工程

作為資料工程師，你應該努力在整個資料堆疊中追求簡化和抽象化。盡可能購買或使用預先建構的開源解決方案。消除不必要的繁重工作應該是你的主要目標。將你的資源（自定義撰碼和工具）集中在能夠為你帶來穩固競爭優勢的領域。例如，手動編寫程式碼來建立你的生產資料庫（production database）和雲端資料倉儲（cloud data warehouse）之間的資料庫連接（database connection），對你來說是否具有競爭優勢？應該不會。這在很大程度上是一個已解決的問題。選擇現成的解決方案（開源或託管的 SaaS）。這個世界不需要第一百萬零一個「資料庫到雲端資料倉儲的連接器」。

另一方面，客戶為什麼會從你這裡購買？你的企業在做事方式上可能有一些特別之處。也許是你的金融科技平台（fintech platform）所採用的特殊演算法。透過抽象化大量冗餘的工作流程（workflows）和過程（processes），你可以繼續改進、完善和自定義那些對業務有重大影響的東西。

結語

選擇適合的技術並非易事，尤其是當每天都有新技術和模式不斷出現的情況下。如今可能是歷史上評估和選擇技術最混亂的時期。選擇技術是一種平衡使用案例、成本、建構與購買以及模組化的過程。總是以與架構相同的方式來處理技術：權衡利弊並致力於做出可逆決策。

其他資源

- 《Cloud FinOps》（雲端財務運營），作者：J. R. Storment 和 Mike Fuller（O'Reilly 出版）

- 《Cloud Infrastructure：The Definitive Guide for Beginners》（雲端架構：初學者權威指南）（*https://oreil.ly/jyJpz*），作者：Matthew Smith

- 〈The Cost of Cloud, a Trillion Dollar Paradox〉（雲端的成本，一萬億美元的悖論）（*https://oreil.ly/Wjv0T*），作者：Sarah Wang 和 Martin Casado

- FinOps Foundation（財務運營基金會）的「What Is FinOps」（什麼是財務運營）網頁（*https://oreil.ly/TO0Oz*）

- 〈Red Hot: The 2021 Machine Learning, AI and Data (MAD) Landscape〉（熱門：2021 年機器學習、人工智慧和資料領域概況）（*https://oreil.ly/aAy5z*），作者：Matt Turck

- Ternary Data 的〈What's Next for Analytical Databases? w/Jordan Tigani (MotherDuck)〉（分析資料庫的下一步是什麼？與 Jordan Tigani (MotherDuck) 一起訪談）影片（*https://oreil.ly/8C4Gj*）

- 〈The Unfulfilled Promise of Serverless〉（無伺服器未實現承諾）（*https://oreil.ly/aF8zE*），作者：Corey Quinn

- 〈What Is the Modern Data Stack?〉（什麼是現代資料堆疊？）（*https://oreil.ly/PL3Yx*），作者：Charles Wang

第二篇

資料工程生命週期深入解析

第五章

來源系統中資料的產生

歡迎來到資料工程生命週期的第一階段：來源系統中的資料產生。如前所述，資料工程師的工作是從來源系統中獲取資料，對其進行處理，並使其在下游使用案例中發揮作用。但在獲取原始資料之前，你必須瞭解資料存在的位置、產生的方式及其特徵和特點。

本章涵蓋了一些常見的操作型來源系統模式以及重要的來源系統類型。儘管存在許多用於產生資料的來源系統，但我們並沒有對它們進行全面的介紹。我們將考慮這些系統所產生的資料以及使用來源系統時應考慮的事項。我們還會討論資料工程的潛在因素如何應用於資料工程生命週期的第一階段（圖 5-1）。

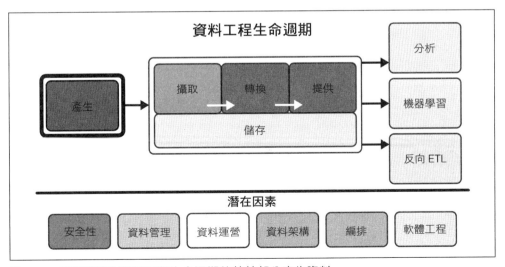

圖 5-1　來源系統為資料工程生命週期的其餘部分產生資料

隨著資料的激增，特別是隨著資料共享的興起（下面將討論），我們預期資料工程師的角色將在很大程度上轉變為瞭解資料來源和目的地之間的相互作用。資料工程的基本任務（把資料從 A 移動到 B）將大大簡化。另一方面，瞭解來源系統中建立資料的性質仍然至關重要。

資料來源：如何建立資料？

當你要學習產生資料的系統之各種基本操作模式時，瞭解資料的建立方式至關重要。資料是一個無組織、缺乏相關背景（context-less）之事實和數字的集合。它可以透過多種方式建立，包括類比（analog）和數位（digital）。

類比資料（*analog data*）的建立發生在真實世界中，例如口語、手語、在紙上書寫或演奏樂器。這些類比資料通常是暫時的；口語交談往往不會被記錄下來，而是交談結束後隨著時間的流逝而消散。

數位資料（*digital data*）要嘛是透過將類比資料轉換為數位形式來建立，要嘛是數位系統的原生產物。類比轉換為數位的一個例子是「將類比語音轉換為數位文字的」手機簡訊應用程式。數位資料建立的一個例子是電子商務平台上的信用卡交易。客戶下訂單，交易金額從他們的信用卡中扣除，而交易資訊則保存在各種資料庫中。

本章中，我們將使用一些常見的例子，例如與網站或手機應用程式互動時建立的資料。但事實上，資料在我們的世界中無處不在。我們可以從物聯網設備、信用卡終端設備、望遠鏡感測器、股票交易等各方面擷取資料。

熟悉你的來源系統及其產生資料的方式很重要。請花時間閱讀來源系統的相關文件，瞭解其模式和特點。如果你的來源系統是 RDBMS（關聯式資料庫管理系統），請學習它的操作方式（寫入、提交、查詢…等等）；瞭解可能影響你從來源系統提取資料的各項細節。

來源系統：主要概念

來源系統以各種方式產生資料。本節將討論你在使用來源系統時經常遇到的主要概念。

檔案和非結構化資料

檔案（*file*）是一個位元組序列，通常保存在磁碟上。應用程式通常會將資料寫入檔案。檔案可以保存本地參數、事件、日誌、圖像和音訊。

此外，檔案也是通用的資料交換媒介。儘管資料工程師希望能夠以程式設計的方式獲取資料，但世界上仍然有很多資料是透過檔案的形式進行發送和接收的。例如，若你從政府機構獲取資料，很有可能你會把資料下載為 Excel 或 CSV 檔案，或者透過電子郵件接收檔案。

作為資料工程師，你將遇到的主要來源檔案格式類型——這些檔案可能是手動產生的，也可能是來源系統處理後的輸出結果——有 Excel、CSV、TXT、JSON 和 XML。這些檔案都有其特點，可以是結構化的（Excel、CSV）、半結構化的（JSON、XML、CSV）或非結構化的（TXT、CSV）。儘管作為資料工程師，你將大量使用某些格式（例如 Parquet、ORC 和 Avro），但稍後才會介紹這些格式，現在我們把重點放在來源系統檔案上。第 6 章將介紹檔案的技術細節。

API

應用程式設計介面（*Application programming interface*，API）是在系統之間交換資料的標準方式。理論上，API 簡化了資料工程師的資料攝取任務。但實際應用中，許多 API 仍然暴露了大量的資料複雜性，需要工程師來處理。即使有各種的服務和框架以及自動化 API 資料攝取服務的出現，資料工程師通常仍需要投入大量精力來維護自定義的 API 連接。我們將在本章後面更詳細地討論 API。

應用程式資料庫（OLTP 系統）

應用程式資料庫（*application database*）會保存應用程式的狀態。一個典型的例子是保存銀行帳戶之帳戶餘額的資料庫。當客戶進行交易和付款時，應用程式會更新銀行帳戶的餘額。

線上交易處理（*online transaction processing*，OLTP）系統，它是一個以高速率讀取和寫入個別資料紀錄的資料庫。OLTP 系統通常稱為交易型資料庫（*transactional databases*），但這並不一定意味著該系統支援不可分割交易（*atomic transactions*）。

一般來說，OLTP 資料庫支援低延遲（low latency）和高並發性（high concurrency）。RDBMS 資料庫可以在不到一毫秒的時間內選擇或更新一列資料（不考慮網路延遲），並且可以每秒處理數千次讀取和寫入操作。文件資料庫叢集（document database cluster）可以管理更高的文件提交率，但代價是犧牲一致性。一些圖形資料庫也可以處理交易型使用案例（transactional use cases）。

從根本上說，當有數千甚至數百萬用戶可能同時與應用程式互動時，OLTP 資料庫可以很好地發揮應用程式後端的作用，同時更新和寫入資料。OLTP 系統不太適合由大規模分析驅動的使用案例，在此情況下，單次查詢必須掃描大量資料。

ACID

支援不可分割交易（atomic transactions）是一組關鍵的資料庫特徵之一，這組特徵共同被稱為 ACID（如第 3 章所述，這代表不可分割性（*atomicity*），一致性（*consistency*），隔離性（*isolation*），持久性（*durability*））。一致性意味著任何資料庫讀取，都將回傳被檢索項目的最後一個寫入版本。隔離性意味著，如果對同一項目同時進行兩筆更新，最終的資料庫狀態將與這些更新的順序一致。持久性表示即使在斷電的情況下，已提交的資料也永遠不會丟失。

請注意，ACID 特徵並不是支援應用程式後端所必需的，放寬這些限制對性能和規模有相當大的好處。但是，ACID 特徵可以保證資料庫將維持對世界的一致描述，進而大大簡化了應用程式開發人員的任務。

所有工程師（包括資料工程師或其他類型的工程師）都必須瞭解使用和不使用 ACID 的情況。例如，為了提高性能，一些分散式資料庫使用寬鬆的一致性約束（例如，最終一致性）來提高性能。瞭解你所使用的一致性模型有助於預防災難。

不可分割交易

不可分割交易（*atomic transaction*）是指將多筆變更操作視為一個單元進行提交。如圖 5-2 所示，在 RDBMS 上運行的傳統銀行應用程式，執行了一條 SQL 陳述，該陳述會檢查兩個帳戶的餘額：帳戶 A（來源）和帳戶 B（目標）。如果帳戶 A 有足夠的資金，資金將從帳戶 A 轉移到帳戶 B。整個交易應該在更新兩個帳戶之餘額的情況下運行，否則交易將失敗並不會更新任何帳戶之餘額。也就是說，整個操作應該作為一個交易進行。

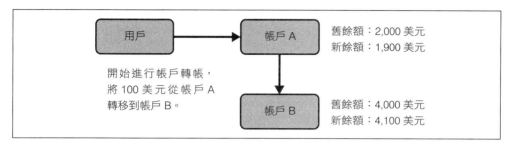

圖 5-2 一個不可分割交易的例子，使用 OLTP 進行的銀行帳戶轉帳

OLTP 和分析

小型公司通常會直接在 OLTP 上進行分析。這種模式在短期內可行，但最終不具可擴展性。在 OLTP 上進行分析查詢時，由於 OLTP 的結構限制或與競爭的交易性工作負載的資源爭用，總會遇到性能問題。資料工程師必須深入瞭解 OLTP 和應用程式後端的內部運作，以便在不降低生產應用程式之性能的情況下，與分析系統進行適當的整合。

隨著企業在 SaaS 應用程式中提供越來越多的分析能力，對混合能力（能夠快速進行更新，同時整合強大的分析能力）的需求為資料工程師帶來了新的挑戰。我們將使用術語資料應用程式（*data application*）來指稱將交易性和分析性的工作負載進行混合的應用程式。

線上分析處理系統

與 OLTP 系統相比，線上分析處理（*online analytical processing*，OLAP）系統是專門為進行大型分析查詢而建構的，並且通常在處理單筆紀錄的查找方面效率較低。例如，現代的直行式資料庫（column databases）經過優化，可以掃描大量資料，省去索引以提高可擴展性和掃描性能。任何查詢通常涉及掃描一個最小的資料區塊（data block），通常規模為 100 MB 或更大。嘗試在這樣的系統中每秒查找數千筆各別的項目將使它癱瘓，除非將它與專為此用例而設計的快取層（caching layer）相結合。

請注意，我們使用術語 *OLAP* 來指稱支援大規模互動式分析查詢的任何資料庫系統；我們並不局限於支援 OLAP cubes（多維資料陣列）的系統。OLAP 中的線上（*online*）部分意味著系統會不斷地監聽傳入的查詢，使得 OLAP 系統適用於互動式分析。

儘管本章介紹的是來源系統，而 OLAP 通常是用於分析的儲存和查詢系統。為什麼我們要在關於來源系統的章節中談論它們呢？在實際的使用案例中，工程師通常需要從 OLAP 系統中讀取資料。例如，資料倉儲可能會提供用於訓練機器學習模型的資料。或者，OLAP 系統可以用於提供反向 ETL 工作流，將分析系統中的衍生資料發送回來源系統，例如 CRM、SaaS 平台或交易性應用程式。

異動資料擷取

異動資料擷取（*Change data capture*，CDC）是一種從資料庫中提取每個變更事件（插入、更新、刪除）的方法。CDC 常被用於在幾乎即時的情況下在資料庫之間進行複製，或者建立一個供下游處理的事件流。

CDC 的處理方式因資料庫技術而異。在關聯式資料庫中，通常會產生一個事件日誌，直接保存在資料庫伺服器上，可以對其進行處理以建立事件流（見第 186 頁的「資料庫日誌」）。許多雲端 NoSQL 資料庫可以將日誌或事件流發送到目標儲存位置。

日誌

日誌（*log*）旨在記錄有關系統所發生事件的資訊。例如，日誌可以記錄 Web 伺服器上的流量和使用模式。例如，你的桌上型電腦的作業系統（Windows、macOS、Linux）會在系統啟動時以及應用程式啟動或崩潰時，記錄事件。

日誌是一個豐富的資料來源，對下游資料分析、機器學習和自動化可能非常有價值。以下是一些熟悉的日誌來源：

- 作業系統
- 應用程式
- 伺服器
- 容器
- 網路
- 物聯網設備

所有日誌都會追蹤事件（event）和事件中介資料（event metadata）。日誌至少應該記錄誰（who）、發生什麼（what）、何時發生（when）等資訊：

誰

　　與事件相關聯的人員、系統或服務帳戶（例如，Web 瀏覽器的用戶代理或用戶識別碼）

發生什麼

　　事件和相關的中介資料

何時發生

　　事件的時間戳記

日誌編碼

日誌編碼有以下幾種方式：

二進位編碼日誌

　　此類日誌以自定義的緊湊格式對資料進行編碼，以提高空間效率和 I/O 速度。第 186 頁的「資料庫日誌」中討論的資料庫日誌就是一個標準的例子。

半結構化日誌

　　此類日誌以文字形式表示，並使用物件序列化格式（通常是 JSON）進行編碼。半結構化日誌是機器可讀的並具可移植性。 但是，它們的效率遠低於二進位日誌。儘管它們名義上是機器可讀的，但要從中提取出值來，通常需要大量的自定義程式碼。

純文字（非結構化）日誌

　　此類日誌基本保存了軟體的控制台輸出。因此，不存在通用標準。這些日誌可以為資料科學家和機器學習工程師提供有用的資訊，儘管從原始文字資料中提取有用的資訊可能很複雜。

日誌解析度

日誌的建立有各種解析度和日誌級別。日誌解析度（*resolution*）是指日誌中所記錄的事件資料量。例如，資料庫日誌從資料庫事件中記錄了足夠的資訊，以允許在任何時間點重建資料庫的狀態。

另一方面，對於大數據系統，在日誌中記錄所有的資料變更，通常是不切實際的。相反地，這些日誌可能只記錄發生了特定類型的提交事件。**日誌級別**（*log level*）是指記錄日誌項目所需的條件，特別是與錯誤和除錯相關的條件。例如，軟體的組態通常可以設定為記錄每個事件或僅記錄錯誤。

日誌延遲：批次或即時

批次日誌（batch logs）通常會連續寫入一個檔案中。個別的日誌項目可以寫入訊息傳遞系統，例如 Kafka 或 Pulsar，以供即時應用程式使用。

資料庫日誌

資料庫日誌（*database logs*）非常重要，值得更詳細地介紹它們。預寫日誌（write-ahead logs）── 通常是以特定的資料庫原生格式（database-native format）保存的二進位檔案 ── 在資料庫保證和可恢復性方面，起著至關重要的作用。當資料庫伺服器接收到，對資料庫表格（database table）的寫入和更新請求（圖 5-3），在確認請求之前會將每個操作保存在日誌中。確認帶有與日誌相關的保證：即使伺服器發生故障，它也可以透過完成日誌中未完成的工作，在重新啟動時恢復其狀態。

資料庫日誌在資料工程方面非常有用，特別是對於 CDC（異動資料擷取）來說更是如此，因為它可以從資料庫變更操作中產生事件流。

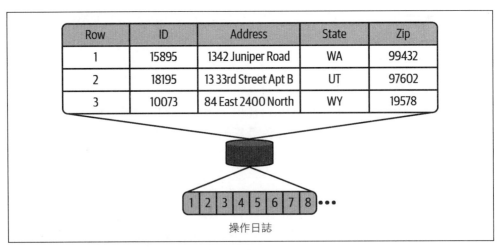

圖 5-3　資料庫日誌會記錄對資料庫表格的操作

CRUD

CRUD（增、查、改、刪）是建立（*create*）、讀取（*read*）、更新（*update*）和刪除（*delete*）的首字母縮寫，也是程式設計中常用的交易型模式（transactional pattern），代表持久性儲存的四種基本操作。CRUD 是在資料庫中保存應用程式狀態的最常見模式。CRUD 的基本原則是，使用資料之前，必須先建立資料。建立資料後，可以讀取和更新資料。最後，可能需要刪除資料。CRUD 保證這四個操作將對資料進行，無論其儲存方式如何。

CRUD（增、查、改、刪）是軟體應用程式中廣泛使用的模式，你通常會在 API 和資料庫中使用 CRUD。例如，Web 應用程式會大量使用 CRUD 來處理 RESTful HTTP 請求以及對資料庫保存和檢索資料。

與任何資料庫一樣，我們可以使用基於快照的提取（snapshot-based extraction）從資料庫中獲取資料，而這些資料是我們的應用程式利用 CRUD（增、查、改、刪）操作而產生的。另一方面，使用 CDC 進行事件提取可以為我們提供完整的操作歷史記錄，並且有可能進行近乎即時的分析。

僅插入

僅插入模式（*insert-only pattern*）直接在包含資料的資料表中保留歷史記錄。與更新紀錄不同，新紀錄會插入到資料表中，並標記一個時間戳記（timestamp），指示其建立時間（表 5-1）。例如，假設你有一個客戶地址資料表。按照 CRUD 模式，如果客戶變更了地址，你只需更新紀錄。使用僅插入模式時，將插入具有相同客戶識別碼的新地址紀錄。想透過客戶識別碼讀取當前客戶地址，你需要查找該識別碼下的最新紀錄。

表 5-1 僅插入模式會產生一筆紀錄的多個版本

紀錄識別碼	值	時間戳記
1	40	2021-09-19T00:10:23+00:00
1	51	2021-09-30T00:12:00+00:00

從某種意義上說，僅插入模式係直接在資料表本身維護資料庫日誌，因此在應用程式需要存取歷史記錄時特別有用。例如，僅插入模式非常適合用於銀行應用程式，以呈現客戶地址的歷史記錄。

單獨的分析僅插入模式（analytics insert-only pattern）通常與「在一般的 CRUD 應用程式使用的資料表」一起使用。在僅插入 ETL 模式中，只要 CRUD 資料表中發生更新，資料管道（data pipeline）就會在目標分析資料表中插入新紀錄。

僅插入模式有幾個缺點。首先，資料表可能會變得非常大，尤其是在資料頻繁變更的情況下，因為每次變更都會被插入到資料表中。有時會根據紀錄的日落日期（sunset date）或紀錄的最大版本數量來清除紀錄，以便讓資料表保持合理的大小。第二個缺點是，紀錄的查找會產生額外的開銷，因為查找當前狀態需要執行 `MAX(created_timestamp)`。如果在單一識別碼之下有成百上千筆紀錄，則此查找操作的執行成本就會很高。

訊息和串流

關於事件驅動架構，你經常會看到兩個可以互換的術語：訊息佇列（*message queue*）和串流平台（*streaming platform*），但兩者之間存在微妙重要的區別。定義和對比這些術語是值得的，因為它們涵蓋了與整個資料工程生命週期的來源系統、實踐方法和技術相關的許多重要概念。

訊息（*message*）是在兩個或多個系統之間傳輸的原始資料（圖 5-4）。例如，我們有系統 1 和系統 2，其中系統 1 向系統 2 發送訊息。這些系統可以是不同的微服務（microservices），也可以是一個伺服器（server）向無伺服器函數（serverless function）發送訊息…等等。通常，訊息是從發佈者（publisher）透過訊息佇列（*message queue*）發送給消費者（consumer），一旦訊息被傳遞，它就會從佇列中被移除。

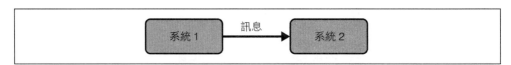

圖 5-4　在兩個系統之間傳遞的訊息

在事件驅動系統中，訊息是離散且單一的訊號。例如，一個 IoT 設備可能會將最新的溫度讀數透過訊息佇列發出去。然後，該訊息會被服務接收，以判斷是否應該打開或關閉熔爐。此服務會向執行相應操作的熔爐控制器發送訊息，以執行適當的操作。一旦訊息被收到並執行相應的操作，該訊息就會從訊息佇列中刪除。

相比之下，串流（*stream*）是事件紀錄（event records）的僅附加日誌（append-only log）（串流會被攝取並保存在事件串流平台（*event-streaming platforms*），第 290 頁的「訊息佇列和事件串流平台」對此有更詳細的討論）。當事件發生時，它們會被累積在一個有序的序列中（圖 5-5）；時間戳記或識別碼可能會用於對事件進行排序（請注意，由於分散式系統的微妙性，事件並不總是按精確的順序交付）。

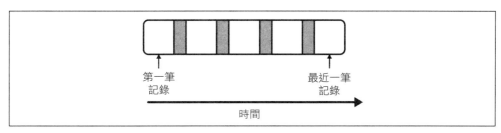

圖 5-5　串流，它是紀錄的有序僅附加日誌

當你關心多個事件的發生情況時，你將使用串流（streams）。由於串流的僅附加性質，串流中的紀錄會保留較長的時間（通常是數週或數月），進而允許對紀錄進行複雜的操作，例如對多個紀錄的聚合，或能夠在串流中回溯到某個時間點。

值得注意的是，處理串流的系統也可以處理訊息，並且串流平台經常用於訊息傳遞。當我們想要進行訊息分析時，我們通常在串流中積累訊息。在我們的物聯網例子中，觸發熔爐開啟或關閉的溫度讀數也可以在稍後進行分析，以確定溫度趨勢和統計資料。

時間類型

雖然時間是所有資料攝取的基本考慮因素，但在串流處理的情況下，時間變得更加關鍵和微妙，我們將資料視為連續的，並期望在其產生後不久使用它。讓我們看一下在資料攝取的過程中會遇到的關鍵時間類型：產生事件的時間、攝取和處理事件的時間，以及處理所花費的時間（圖 5-6）。

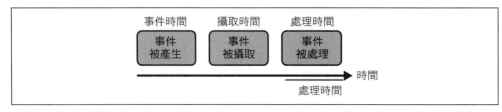

圖 5-6　事件、攝取、處理和處理的時間

事件時間（*event time*）指的是在來源系統中產生事件的時間，包括原始事件本身的時間戳記。事件產生後，在事件被下游攝取和處理之前，會發生一段不確定的時間延遲。在事件傳遞的每個階段始終包含時間戳記。在事件發生時以及在建立、攝取和處理事件的每個階段記錄事件。使用這些有時間戳記的日誌可以準確追蹤資料在資料管道中的移動。

資料建立後，會將其攝取到某處。攝取時間（*ingestion time*）表示何時將事件從來源系統攝取到訊息佇列、快取、記憶體、物件儲存、資料庫或保存資料的任何其他位置（請參閱第 6 章）。攝取後，資料的處理可能會立即進行；或在幾分鐘、幾小時或幾天內；或者只是無限期地保留在儲存中。

處理時間（*process time*）發生在攝取時間之後，即當資處理料被處理的時候（通常是一個轉換過程）。處理時間是處理資料所花費的時間，以秒、分鐘、小時等為單位。

你需要記錄這些不同的時間，最好是以自動方式進行。在資料工作流中設置監控，以捕獲事件發生的時間、攝取和處理的時間以及處理事件所需的時間。

來源系統的實際細節

本節將討論與現代來源系統互動的實際細節。我們將深入探討常見的資料庫、API 和其他方面的細節。這些資訊的有效期將比前面討論的主要觀點要短；流行的 API 框架、資料庫和其他細節將繼續快速變化。

儘管如此，這些細節對於從事資料工程師的專業人員來說是至關重要的知識。我們建議你將這些資訊視為基本知識進行研究，但要廣泛閱讀以跟上持續發展的趨勢和新技術。

資料庫

在本節中，我們將介紹作為資料工程師將遇到的常見來源系統資料庫技術，以及使用這些系統時的高層次考慮因素。有多少種資料庫類型，就會有多少種資料使用案例。

瞭解資料庫技術的主要考慮因素

在這裡，我們將介紹一些適用於各種資料庫技術的主要概念，包括支援軟體應用程式的資料庫技術和支援分析使用案例的資料庫技術：

資料庫管理系統

資料庫管理系統（簡稱 DBMS）是一個用於保存和提供資料的系統，它包括儲存引擎 、查詢優化器、災難恢復和其他用於管理資料庫系統的關鍵組件。

查找

資料庫如何查找和檢索資料？索引可以加快查找速度，但並非所有資料庫都有索引。瞭解你的資料庫是否使用索引；如果使用索引，最佳的設計和維護模式是什麼？瞭解如何利用索引進行有效提取。掌握主要索引類型的基本知識也有幫助，包括 B 樹（B-tree）和日誌結構合併樹 （log-structured merge-trees，LSM）。

查詢優化器

資料庫是否使用優化器？它的特徵是什麼？

擴展和分布

資料庫是否能夠隨著需求而擴展？它部署了什麼擴展策略？它是水平擴展（更多資料庫節點）還是垂直擴展（單台電腦上的更多資源）？

建模模式

哪些建模模式最適合資料庫（例如，資料正規化或寬資料表）？（有關資料建模的討論，請參閱第 8 章。）

CRUD

如何在資料庫中查詢、建立、更新和刪除資料？每種類型的資料庫處理CRUD 操作的方式都不同。

一致性

　　資料庫是完全一致的，還是支援寬鬆的一致性模型（例如，最終一致性）？資料庫是否支援可選的讀寫一致性模式（例如，強一致性讀取）？

我們將資料庫分為關聯式和非關聯式兩大類。事實上，非關聯式資料庫的類別更多樣化，但關聯式資料庫在應用程式後端中仍然佔據重要地位。

關聯式資料庫

關聯式資料庫管理系統（*relational database management system*，RDBMS）是最常見的應用程式後端之一。關聯式資料庫是 IBM 於 1970 年代開發的，並在 1980 年代由 Oracle 推廣。隨著網際網路的發展，出現了 LAMP 堆疊（Linux、Apache web 伺服器、MySQL、PHP），並出現了大量供應商和開源 RDBMS 選項。即使在 NoSQL 資料庫（見下一節）興起之後，關聯式資料庫仍然非常受歡迎。

資料保存在資料表的關聯（列）中，每個關聯（*relation*）包含多個欄位（行）；見圖 5-7。請注意，本書中我們會交替使用行（*column*）和欄位（*field*）這兩個術語。資料表中的每個關聯都具有相同的綱要（*schema*）（一系列具有靜態資料型別（例如，字串、整數或浮點數）的行）。而列（row）通常以一系列相鄰的位元組保存在磁碟上。

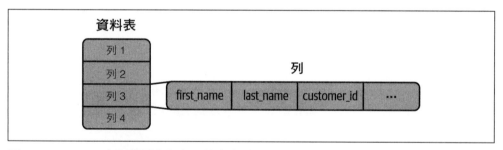

圖 5-7　RDBMS 在列級別上保存和檢索資料

資料表（table）通常由主鍵（*primary key*）來進行索引，而主鍵是資料表中每一列之具唯一性的欄位（field）。主鍵的索引策略與磁碟上資料表的佈局密切相關。

資料表還可以具有各種外鍵（*foreign key*），即其值與其他資料表中的主鍵值相關聯的欄位，便於進行聯接（join）操作，並允許將資料分布在多個資料表中的複雜綱要。特別是，可以設計一個正規化綱要（*normalized schema*）。正規化是一種策略，用於確保紀錄中的資料不會在多個位置重複出現，進而避免了需要同時在多個位置更新狀態，防止不一致的問題（請參閱第 8 章）。

RDBMS 系統通常符合 ACID 原則。結合正規化綱要、ACID 原則和對高交易率的支援，關聯式資料庫系統非常適合保存快速變化的應用程式狀態。對於資料工程師來說，挑戰在於如何隨著時間的推移擷取狀態資訊。

對於 RDBMS 的理論、歷史和技術的全面討論超出了本書的範圍。我們鼓勵你學習 RDBMS 系統、關聯式代數（relational algebra）和正規化策略，因為它們很普遍，並且你會經常遇到它們。相關推薦書籍，請參閱第 215 頁的「其他資源」。

非關聯式資料庫：NoSQL

雖然關聯式資料庫對於許多使用案例來說都很出色，但它們並不是一個適用於所有情況的解決方案。我們經常看到人們以為關聯式資料庫是一個通用的工具，並將大量的使用案例和工作負載硬塞進去。隨著資料和查詢需求的變化，關聯式資料庫可能無法應付這種負載的情況。此時，你可能需要使用適合特定工作負載的資料庫。這就是非關聯式或 NoSQL 資料庫派上用場的地方。*NoSQL* 代表不僅僅是放棄了 *SQL*，而是完全放棄了關聯式資料庫。

一方面，刪除關聯的約束可以提高性能、可擴展性和綱要靈活性。但是在架構中總是存在權衡。NoSQL 資料庫通常也會放棄各種 RDBMS 特徵，例如強一致性，聯接操作（joins）或固定綱要（fixed schema）。

本書的一個重要主題便是資料創新是持續不斷的。讓我們快速回顧一下 NoSQL 的歷史，因為這有助於瞭解資料創新為何以及如何影響資料工程師的工作。在 2000 年代初期，像 Google 和 Amazon 這樣的科技公司，開始超越了他們的關聯式資料庫，並率先推出分散式的非關聯資料庫，以擴展他們的 Web 平台。

雖然術語 *NoSQL* 首次出現在 1998 年，但現代的版本是由艾瑞克‧埃文斯（Eric Evans）在 2000 年代創造的 [1]。他在 2009 年的一篇部落格文章（*https://oreil.ly/LOYbo*）中講述了這個故事：

> 最近這幾天我一直在 *nosqleast*（*https://oreil.ly/6xN5Y*）度過，這裡的熱門話題之一是「*nosql*」這個名字。可以理解的是，很多人擔心這個名字不好，它會傳達不恰當或不準確的訊息。雖然我沒有對這個想法提出任何主張，但我確實必須承擔一些責任，因為它現在被稱為這個名字。為什麼這樣說呢？約翰‧奧斯卡森（*Johan Oskarsson*）組織了第一次聚會，並在 *IRC* 上提出了「有什麼好名字？」的問題；這是我在大約 *45* 秒的時間內不假思索地脫口而出的三或四個建議之一。
>
> 然而，我的遺憾不是這個名字的含義；而是在於它所缺少的含義。當約翰最初提出第一次聚會的想法時，他似乎想到的是「大數據和線性可擴展的分散式系統」，但這個名稱太模糊了，以致於它為討論任何保存資料的束西（而不是 *RDBMS*）打開了大門。

截至 2022 年，NoSQL 仍然是一個模糊不清的術語，但它已被廣泛用於描述一個「新型」資料庫的世界，關聯式資料庫的替代品。

NoSQL 資料庫有多種類型，幾乎可以滿足任何想像得到的使用案例。由於 NoSQL 資料庫太多，無法在本節中詳盡介紹，因此我們只考慮以下幾種資料庫類型：鍵值（key-value）、文件（document）、寬行（wide-column）、圖形（graph）、搜索（search）和時間序列（time series）。這些資料庫都廣受歡迎，並被廣泛採用。資料工程師應該瞭解這些類型的資料庫，包括使用注意事項、它們保存的資料之結構，以及如何在資料工程生命週期中充分利用它們。

鍵值型保存。　鍵值式資料庫（*key-value database*）是一種非關聯式資料庫，它透過唯一識別每筆紀錄的鍵（key）來檢索紀錄。這類似於許多程式設計語言中提供的雜湊映射（hash map）或字典資料結構，但具有更高的可擴充性。鍵值型保存包含了多種 NoSQL 資料庫類型，例如，文件型保存和寬行式資料庫（下面將討論）。

1　見 Keith D. Foote 於 2018 年 6 月 19 日 在 Dataversity 網站上發表的〈A Brief History of Non-Relational Databases〉（非關聯式資料庫簡史），*https://oreil.ly/5Ukg2*。

不同類型的鍵值式資料庫提供了多種性能特徵，以滿足各種應用程式需求。例如，記憶體中的鍵值式資料庫通常用於快取 Web 和行動應用程式的期程資料（session data），這些應用程式需要超快的查找速度和高並行性。這些系統中的儲存通常是暫時的；如果資料庫關閉，資料將消失。此類快取可以減輕主要應用程式資料庫的壓力，並提供快速的回應。

當然，鍵值型保存也可以滿足需要高持久性的應用程式。電子商務應用程式可能需要保存和更新用戶及其訂單的大量事件狀態變化。用戶登入到電子商務應用程式，點擊各種螢幕，將商品添加到購物車，然後結帳。每個事件都必須持久保存以供檢索。鍵值型保存通常將資料持久存到磁碟和多個節點上，以支援此類使用案例。

文件型保存。　如前所述，文件型保存（*document store*）是一種專用的鍵值型保存。在這種情況下，文件（*document*）是一個嵌套的物件（nested object）；出於實用目的，我們通常可以將每個文件視為一個 JSON 物件。文件保存在集合中，並透過鍵進行檢索。集合（*collection*）大致相當於關聯式資料庫中的資料表（表 5-2）。

表 5-2　RDBMS 和文件式資料庫術語的比較

RDBMS	文件式資料庫
資料表（table）	集合（collection）
列（row）	文件（document）、項目（items）、實體（entity）

關聯式資料庫和文件型保存之間的一個主要區別是後者不支援聯接操作（join）。這意味著資料不能輕易正規化（*normalized*），即拆分到多個資料表中（應用程式仍然可以手動進行聯接操作。程式碼可以查找文件、提取屬性，然後檢索另一個文件）。理想情況下，所有相關的資料可以保存在同一個文件中。

在許多情況下，相同的資料必須保存在多個文件中，而這些文件分散在許多集合中；軟體工程師必須小心地更新保存在各處的屬性（許多文件型保存都支援交易的概念，以便進行此操作）。

文件式資料庫通常充分利用了 JSON 的所有靈活性，並且不強制實施綱要（schema）或類型；這既是優點也是缺點。一方面，這使得綱要具有高度的靈活性和表現力。綱要也可以隨著應用程式的成長而發展。另一方面，我們已經看到

文件式資料庫成為管理和查詢的絕對噩夢。如果開發人員在管理綱要演變時不小心，資料可能會隨著時間的推移變得不一致和臃腫。綱要演變還可能破壞下游的攝取，如果未及時（在部署之前）進行溝通，會給資料工程師帶來麻煩。

下面的例子是一個名為 users 的集合中所保存的資料。集合鍵（collection key）是 id。在每個文件中還有一個 name（以及作為子元素的 first 和 last）和用戶喜歡的樂隊（favorite_bands）所構成的陣列：

```
{
 "users":[
    {
    "id":1234,
    "name":{
    "first":"Joe",
    "last":"Reis"
    },
    "favorite_bands":[
    "AC/DC",
    "Slayer",
    "WuTang Clan",
    "Action Bronson"
    ]
    },
    {
    "id":1235,
    "name":{
    "first":"Matt",
    "last":"Housley"
    },
    "favorite_bands":[
    "Dave Matthews Band",
    "Creed",
    "Nickelback"
    ]
    }
 ]
}
```

若要查詢此例中的資料，可以透過鍵來查詢紀錄。請注意，大多數文件式資料庫還支援索引的建立和資料表的查找，以便按特定屬性檢索文件。當你需要以各種方式搜索文件時，這在應用程式開發中通常是非常有價值的。例如，你可以對 name 設置索引。

對資料工程師來說，另一個至關重要的技術細節是，與關聯式資料庫不同，文件型保存通常不符合 ACID 標準。掌握特定文件型保存的技術專業知識，對於瞭解性能、調整、組態、對寫入的相關影響、一致性、耐久性等方面至關重要。例如，許多文件型保存最終是一致的。允許資料分布在整個叢集中有利於擴展和提高性能，但如果工程師和開發人員不瞭解其影響時，可能會導致災難 [2]。

在文件型保存上進行分析時，工程師通常必須進行完整掃描，以便從集合中提取所有資料，或使用 CDC 策略將事件發送到目標流（target stream）中。完整掃描方法可能會對性能和成本產生影響。掃描通常會減慢資料庫的運行速度，許多無伺服器的雲端產品會對每次完整掃描收取相當高的費用。在文件式資料庫中，建立索引通常有助於加快查詢速度。我們將在第 8 章中討論索引和查詢模式。

寬行。　寬行式資料庫（*wide-column database*）針對大量資料的保存進行了優化，具有高交易率（high transaction rate）和極低的延遲。 此類資料庫可以擴展到極高的寫入率和大量的資料。具體來說，寬行式資料庫可以支援 PB 級資料、每秒數百萬個請求和低於 10 毫秒的延遲。這些特徵使寬行式資料庫在電子商務、金融科技、廣告技術、物聯網和即時個人化應用中非常受歡迎。資料工程師必須熟悉他們使用的寬行式資料庫的操作特徵，以設置適當的組態（configuration）、設計綱要（schema）並選擇適當的列鍵（row key），以優化性能並避免常見的操作問題。

此類資料庫支援對大量資料進行快速掃描，但不支援移植複雜的查詢。它們只有一個索引（列鍵）用於查找。資料工程師通常必須提取資料，並將其發送到輔助分析系統，以運行複雜的查詢來處理這些限制。這可以透過運行大型掃描進行資料提取或者使用 CDC 擷取事件流（event stream）。

圖形式資料庫。　圖形式資料庫（*graph databases*）明確地以數學圖形結構（由一組節點和邊組成）保存資料 [3]。Neo4j 已被證明非常受歡迎，而 Amazon、Oracle 和其他供應商也提供了自己的圖形式資料庫產品。粗略地說，當你想要分析元素之間的連通性時，圖形式資料庫非常適合。

2　Nemil Dalal 關於 MongoDB 歷史的精采系列文章（*https://oreil.ly/pEKzk*），講述了一些資料濫用的悲慘故事及其對初創公司造成的後果。

3　見 Martin Kleppmann 所著的《Designing Data-Intensive Applications》（O'Reilly，2017 年）第 49 頁，*https://oreil.ly/v1NhG*。

舉例來說，你可以使用文件式資料庫為每個用戶保存一個文件，用於描述其屬性。在社交媒體的情境下，你可以為連接（*connections*）添加一個陣列元素，該元素包含直接連接之用戶的識別碼。確定用戶擁有的直接連接數非常容易，但假設你想知道，透過兩個直接連接可以到達多少個用戶。你可以透過編寫複雜的程式碼來回答這個問題，但每個查詢的運行都會緩慢並消耗大量資源。文件型保存根本沒有針對此使用案例進行優化。

圖形式資料庫正是為了處理此類型的查詢而設計的。它們的資料結構允許基於元素之間的連接進行查詢；當我們需要瞭解元素之間的複雜關係時，就需要使用圖形式資料庫。在圖形式資料庫中，我們會保存節點（前面的例了中的用戶）和邊緣（用戶之間的連接）。圖形式資料庫支援節點和邊緣的豐富資料模型。根據底層圖形式資料庫引擎，圖形式資料庫使用專門的查詢語言，例如 SPARQL、資源描述框架（Resource Description Framework，RDF）、圖形查詢語言（Graph Query Language，GQL）和 Cypher。

舉個圖形的例子，考慮一個由四個用戶組成的網路。用戶 1 關注用戶 2，用戶 2 關注用戶 3 和用戶 4；用戶 3 也關注用戶 4（圖 5-8）。

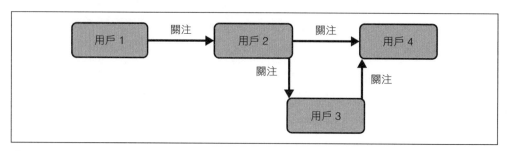

圖 5-8　社交網路圖

我們預計圖形式資料庫應用程式將在科技公司之外大幅成長；市場分析也預測會快速成長 4。當然，圖形式資料庫從操作角度來看是有益的，並支援對現代應用程式至關重要的各種複雜的社會關係。從資料科學和機器學習的角度來看，圖形結構也非常引人入勝，有可能揭示對人類互動和行為方面的深刻見解。

4　見 Aashish Mehra 在 2021 年 7 月 30 日 發 表 的〈Graph Database Market Worth $5.1 Billion by 2026: Exclusive Report by MarketsandMarkets〉（根據 MarketsandMarkets 的獨家報告，預計到 2026 年，圖形式資料庫市場價值將達到 510 億美元），你可以在 Cision PR Newswire 看到該報告，*https://oreil.ly/mGVkY*。

這為資料工程師帶來了獨特的挑戰，因為他們可能更習慣於處理結構化的關聯、文件或非結構化的資料。工程師必須選擇是否要採取以下措施：

- 將來源系統圖形資料映射到其現有的首選範式之一

- 在來源系統內進行圖形資料分析

- 採用專門的圖形分析工具

圖形資料可以被重新編碼為關聯式資料庫中的列（row），這可能是一個合適的解決方案，具體取決於分析用例。交易圖形式資料庫也是為分析而設計的，儘管大型查詢可能會讓生產系統過載。現代基於雲端的圖形式資料庫支援對大量資料進行讀取密集型圖形分析。

搜索。 搜索式資料庫（*search database*）是一種非關聯式資料庫，用於搜索資料複雜而直觀的語義和結構特徵。搜索式資料庫存在兩個主要使用案例：文字搜索（text search）和日誌分析（log analysis）。我們將分別介紹這兩個使用案例。

文字搜索（*text search*）是指在一段文字中搜索關鍵字或片語，進行精確比對、模糊比對或語義相似比對。**日誌分析**（*log analysis*）通常用於異常檢測、即時監控、安全分析和操作分析。使用索引可以優化和加速查詢。

根據你所在公司的類型，你可以定期使用搜索式資料庫，也可以根本不使用搜索式資料庫。無論如何，最好知道它們的存在，以防你在工作中遇到它們。搜索式資料庫在快速搜索和檢索方面很受歡迎，可以在各種應用程式中找到；例如，電子商務網站可以使用搜索式資料庫為其產品的搜索功能提供支援。作為資料工程師，你可能需要將來自搜索式資料庫（例如 Elasticsearch、Apache Solr 或 Lucene，或 Algolia）的資料，帶入下游的 KPI 報告或類似的內容中。

時間序列。 時間序列（*time series*）是按時間排序的一系列值。例如，股票價格可能會隨著全天的交易而波動，或者天氣感測器每分鐘會測量一次大氣溫度。任何隨時間（定期或偶爾）記錄的事件都是時間序列資料。**時間序列式資料庫**（*time-series database*）針對時間序列資料的檢索和統計處理進行了優化。

雖然訂單、出貨紀錄、日誌等時間序列資料長期以來一直被保存在關聯式資料庫中，但這些資料的大小和數量通常很小。隨著資料成長得越來越快、越來越大，需要新的專用資料庫來應付這些挑戰。時間序列資料庫可滿足來自物聯網、事件和應用程式日誌、廣告技術和金融科技，以及許多其他用例不斷成長的高速資料量需求。通常，這些工作負載會偏向寫入操作。因此，時序式資料庫通常利用記憶體緩衝區來支援快速寫入和讀取操作。

我們應該區分測量資料和基於事件的資料，這在時間序列式資料庫中很常見。測量資料（*measurement data*）是定期產生的，例如溫度或空氣品質感測器。基於事件的資料（*event-based data*）是不規則的，每次事件發生時都會建立，例如，當運動感測器檢測到運動時。

時間序列的綱要（schema）通常包含一個時間戳記（timestamp）和一小組欄位（fields）。由於資料與時間相關，因此資料按時間戳記排序。這使得時序式資料庫適合運營分析，但不適合 BI（商業智慧）使用案例。聯接操作（joins）並不常見，儘管一些準時序式資料庫（例如 Apache Druid）支援聯接操作。有許多時序式資料庫可用，包括開源和付費選項。

API

API 現在已成為在雲端、SaaS 平台，以及公司內部系統之間交換資料的標準和普遍的方式。網路上存在許多類型的 API 介面，但我們主要關注的是基於 HTTP 的 API 介面，這是 Web 和雲端中最常見的類型。

REST

我們首先討論 REST，它目前是主流的 API 範式（paradigm）。如第 4 章所述，*REST* 代表具象狀態轉移（*representational state transfer*）。這套用於建構 HTTP Web API 的方法和理念，是由 Roy Fielding 在其 2000 年的博士論文中提出的。REST 建構在 HTTP 動詞（如 GET 和 PUT）[譯註1] 的基礎上；在實踐中，現代的 REST 只使用原始論文中概述的一小部分動詞映射[譯註2]。

譯註1　HTTP 動詞（verbs）是指 HTTP 協議中定義的方法，用於操作特定的資源。

譯註2　動詞映射（verb mappings）是指在 REST 架構中，將 HTTP 動詞映射到特定的操作或行為的規則。

REST 的主要理念之一：互動是無狀態的。與 Linux 終端機的期程（session）不同，REST 沒有期程的概念，也沒有相關的狀態變數（例如，工作目錄）；每次的 REST 調用（call）都是獨立的。REST 調用可以改變系統的狀態，但這些改變是全域的，適用於整個系統，而非當前的期程。

批評者指出，REST 絕不是一個完整的規範[5]。REST 規定了互動的基本屬性，但使用 API 的開發人員必須獲得大量的領域知識，才能有效地建構應用程式或提取資料。

我們發現 API 抽象層級存在很大差異。在某些情況下，API 僅是對內部功能的輕量級封裝（thin wrapper），提供最少的功能，以保護系統免受用戶請求的干擾。在其他情況下，REST 資料 API 是一個工程上的傑作，它可以為分析應用程式準備資料並支援高階報告。

一些發展使得從 REST API 設置資料攝取管道（data-ingestion pipelines）變得更加容易。首先，資料提供者經常以各種語言提供用戶端程式庫，尤其是在 Python 中。用戶端程式庫消除了建構 API 互動程式碼的大部分樣板工作。用戶端程式庫會處理關鍵細節（例如，身份驗證），並將基本方法映射到可存取的類別中。

其次，出現了各種服務和開源程式庫，用於與 API 互動並管理資料的同步。許多 SaaS 和開源供應商為常見的 API 提供了現成的連接器。平台還簡化了根據需要建構自定義連接器的過程。

有許多資料 API 沒有提供用戶端程式庫或現成的連接器支援。正如我們在整本書中強調的那樣，工程師盡量使用現成的工具來減少重複的繁重工作。但是，低層次的 *管道任務*（*plumbing tasks*）仍然會消耗許多資源。幾乎在任何一家大公司中，資料工程師都需要處理編寫和維護自定義程式碼，以從 API 中提取資料的問題，這需要瞭解所提供的資料之結構，開發適當的資料提取程式碼，並確定合適的資料同步策略。

5　舉一個例子，可以參考 Michael S. Mikowski 的文章〈RESTful API：The Big Lie〉（RESTful API：大謊言），發表於 2015 年 8 月 10 日，*https://oreil.ly/rqja3*。

GraphQL

GraphQL 是在 Facebook 創建的一種查詢語言，作為應用程式資料的查詢語言和通用 REST API 的替代方案。雖然 REST API 通常將你的查詢限制為特定的資料模型，但 GraphQL 提供了在單一請求中檢索多個資料模型的可能性。這使得它的查詢比 REST 更靈活且更具表現力。GraphQL 是基於 JSON 建構的，並以類似於 JSON 查詢的形式傳回資料。

REST 和 GraphQL 之間發生了一場聖戰，有些工程團隊支援其中之一，有些則同時使用兩者。實際上，工程師在與來源系統互動時會遇到兩者。

Webhook

Webhook 是一種基於事件的簡易資料傳輸模式。資料來源可以是應用程式後端、網頁或行動應用程式。當來源系統中發生指定的事件時，會觸發對資料消費者託管之 HTTP 端點的調用。請注意，連接（connection）是從來源系統到資料接收器（data sink），與典型的 API 相反。因此，Webhook 通常稱為*反向*（*reverse*）*API*。

端點可以對 POST 事件資料進行各種操作，這可能會觸發下游流程或保存資料以供將來使用。出於分析目的，我們有興趣蒐集這些事件。工程師通常會使用訊息佇列以高速和高容量攝取資料。我們將在本章後面討論訊息佇列和事件流。

RPC 和 gRPC

遠端程序調用（*remote procedure call*，RPC） 通常用於分散式計算。它允許你在遠端系統上運行程序。

gRPC 是 Google 於 2015 年在內部開發的遠端程序調用程式庫，後來作為開放標準被發佈出來。僅在 Google 內部使用，就值得納入我們的討論。許多 Google 服務（例如 Google Ads 和 GCP）都提供了 gRPC API。gRPC 是基於同樣由 Google 開發之 Protocol Buffers 開放資料序列化標準而建構的。

gRPC 強調在 HTTP/2 上進行有效率的雙向資料交換。*效率*（*efficiency*）是指 CPU 利用率、功耗、電池壽命和頻寬等方面。與 GraphQL 一樣，gRPC 強加了比 REST 更具體的技術標準，因此可以使用常見的客戶端程式庫，使工程師能夠開發適用於任何 gRPC 互動程式碼（interaction code）的技能集（skill set）。

資料共享

雲端資料共享（cloud data sharing）的核心概念是，多租戶系統（multitenant system）支援在租戶之間共享資料的安全策略。具體而言，任何具有細粒度（fine-grained）權限系統的公有雲（public cloud）物件儲存系統（object storage system），都可以成為資料共享的平台。流行的雲端資料倉儲（cloud data-warehouse）平台也支援資料共享功能。當然，資料也可以透過下載或電子郵件來進行共享，但多租戶系統會使這個過程變得更加容易。

許多現代的共享平台（尤其是雲端資料倉儲）支援列（row）、行（column）和敏感資料過濾（sensitive data filtering）。資料共享還簡化了資料市場（*data marketplace*）的概念，一些流行的雲端和資料平台都提供了資料市場。資料市場為資料商務提供了一個集中的交易地點，資料供應商可以在該處宣傳和銷售他們的產品，而無須擔心管理資料系統之網路存取的細節。

資料共享還可以簡化組織內部的資料管道（data pipelines）。資料共享使組織的各個單位能夠管理自己的資料，並選擇性地與其他單位共享，同時仍然允許各個單位單獨管理其計算和查詢成本，進而促進資料的去中心化。這有利於去中心化的資料管理模式，例如資料網格（data mesh）[6]。

資料共享和資料網格與我們的通用架構組件的哲學密切相關。選擇通用組件（請參閱第 3 章）使資料和專業知識的交換簡單有效，而不是採用最令人興奮和複雜的技術。

第三方資料來源

科技的普及化意味著每個公司基本上都成為了一家科技公司。這樣一來，這些公司（以及越來越多的政府機構）希望將其資料提供給其客戶和用戶，無論是作為其服務的一部分，還是作為獨立的訂閱服務。例如，美國勞工統計局（US Bureau of Labor Statistics）發佈了有關美國勞動力市場的各種統計資料。美國太空總署（NASA）公佈了其研究計畫的各種資料。Facebook 與在其平台上做廣告的企業共享資料。

6　見 Martin Fowler 於 2019 年 5 月 20 日在 Martin-Fowler.com 網站上發表的〈How to Move Beyond a Monolithic Data Lake to a Distributed Data Mesh〉（如何從單體式資料湖泊遷移到分散式資料網格），*https://oreil.ly/TEdJF*。

公司為什麼希望提供自己的資料？資料是有黏性的，透過允許用戶將他們的應用程式整合及擴展到用戶自己的應用程式中，可以建立一個良性的循環。有更多的用戶採用和使用意味著有更多的資料，這又意味著用戶可以將更多的資料整合到自己的應用程式和資料系統中。副作用是現在幾乎有無限的第三方資料來源。

第三方要直接進行第三方資料的存取，通常可以透過 API、透過雲端平台上的資料共享、或透過資料下載來完成。API 通常提供深度整合能力，允許客戶拉取和推送資料。例如，許多 CRM 提供 API，用戶可以將其整合到自己的系統和應用程式中。舉一個常見的工作流程範例：從 CRM 獲取資料，透過客戶評分模型對 CRM 資料進行整合，然後使用反向 ETL 將資料發送回 CRM，以便銷售人員可以聯繫更合格的潛在客戶。

訊息佇列和事件串流平台

事件驅動架構在軟體應用中普遍存在，並有望進一步普及。首先，訊息佇列（message queues）和事件串流平台（event-streaming platforms）── 事件驅動架構中的關鍵層 ── 在雲端環境中更易於設置和管理。其次，資料應用程式 ── 直接整合即時分析的應用程式 ── 的崛起，正在不斷發展壯大。事件驅動架構非常適合此設置，因為事件既可以觸發應用程式中的工作，也可以提供近乎即時的分析。

請注意，串流資料（在本例中為訊息和事件流）涉及許多資料工程生命週期階段。與通常直接附加到應用程式的 RDBMS 不同，串流資料的界線有時不太清晰。這些系統用作來源系統，但由於其瞬態性質，它們通常會跨越資料工程生命週期。例如，你可以在事件驅動的應用程式中使用事件串流平台傳遞訊息，作為來源系統。相同的事件串流平台可以在攝取和轉換階段中用於即時分析的資料處理。

作為來源系統，訊息佇列和事件串流平台的使用有多種方式，從在微服務之間繞送訊息，到從 Web、行動和 IoT 應用程式中每秒攝取數百萬個事件的事件資料。讓我們更仔細地看一下訊息佇列和事件串流平台。

訊息佇列

訊息佇列（*message queue*）是一種機制，用於以非同步方式在不同系統之間使用發佈（publish）和訂閱（subscribe）模型發送資料（通常為以 KB 為單位的小型個別訊息）。資料發佈到訊息佇列，並傳遞給一個或多個訂閱者（圖 5-9）。訂閱者確認收到訊息後，會從佇列中刪除該訊息。

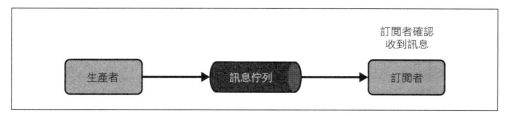

圖 5-9　一個簡單的訊息佇列

訊息佇列允許應用程式和系統相互分離，並且被廣泛用於微服務架構。訊息佇列會對訊息進行緩衝，以處理暫時性負載峰值，並透過具有複製功能的分散式架構，讓訊息具有持久性。

訊息佇列是解耦微服務和事件驅動架構的關鍵組成部分。使用訊息佇列時，需要注意交付頻率、訊息排序和可擴展性等因素。

訊息排序和交付。　訊息的建立、發送和接收順序會顯著影響下游訂閱者。通常，分散式訊息佇列中的順序是一個棘手的問題。訊息佇列通常會應用模糊的排序概念和先進先出（FIFO）原則。嚴格的 FIFO 意味著，如果在訊息 B 之前攝取訊息 A，則訊息 A 將始終在訊息 B 之前傳遞。實際上，訊息可能會不按順序發佈和接收，尤其是在高度分散式的訊息系統中。

例如，Amazon SQS 標準佇列（*https://oreil.ly/r4lsy*）會盡最大努力保留訊息順序。SQS 還提供了 FIFO 佇列（*https://oreil.ly/8PPne*），以額外的開銷為代價提供更強的保證。

一般來說，不要假設你的訊息將按順序傳遞，除非你的訊息佇列技術能夠保證這一點。通常需要設計支援無序訊息傳遞的架構。

傳送頻率。　訊息可以只發送一次或至少傳送一次。如果訊息只傳送一次（*sent exactly once*），則在訂閱者確認訊息後，該訊息將消失，並且不會再次傳送[7]。至少傳送一次（*sent at least once*）的訊息可以被多個訂閱者使用，也可以被同一訂閱者多次使用。當重複或冗餘無關緊要時，這非常有用。

7　「恰好一次」是否可能是一個語義上的爭論。從技術上講，恰好一次的傳送是無法保證的，正如「兩個將軍問題」（*https://oreil.ly/4VL1C*）所示。

理想情況下，系統應該是冪等的（*idempotent*）。在冪等系統中，處理訊息一次的結果與多次處理的結果相同。這有助於解釋各種微妙的情況。例如，即使我們的系統可以保證恰好一次的傳遞，消費者也可能已經處理完一筆訊息，但在確認處理是否完成之前失敗。該訊息將被有效地處理兩次，但冪等系統可以平穩地處理此情況。

可擴展性。 在事件驅動應用程式中，最常用的訊息佇列是橫向擴展的，可以在多個伺服器上運行。進而使得這些佇列可以動態進行擴展和縮減，當系統落後時可以緩衝訊息，並且可以持久保存訊息以增強容錯能力。但是，如前所述，這可能會造成各種複雜性（多次交付和模糊排序）。

事件串流平台

在某些方面，事件串流平台（*event-streaming platform*）是訊息佇列的延續，因為訊息從生產者傳遞到消費者。如本章前面所述，訊息和串流之間的最大區別在於，訊息佇列主要以特定的交付保證來繞送訊息。相比之下，事件串流平台用於攝取和處理有序日誌紀錄的資料。在事件串流平台中，資料會保留一段時間，並且可以重播過去某個時間點的訊息。

讓我們描述一個與事件串流平台相關的事件。如第 3 章所述，事件是「發生了事情，通常是某事狀態的變化」。事件具有以下特徵：鍵（key）、值（value）和時間戳記（timestamp）。一個事件中可能包含多個鍵值時間戳記。例如，一個電子商務訂單的事件可能像這樣：

```
{
  "Key":"Order # 12345",
  "Value":"SKU 123, purchase price of $100",
  "Timestamp":"2023-01-02 06:01:00"
}
```

讓我們看看作為一個資料工程師，你應該瞭解的事件串流平台的一些關鍵特徵。

主題。 在事件串流平台中，生產者會將事件流傳輸到主題（topic），主題是相關事件的集合。例如，一個主題可以包含欺詐警報（fraud alerts）、客戶訂單或來自 IoT 設備的溫度讀數。在大多數事件串流平台上，一個主題可以有零個、一個或多個生產者和消費者。

使用前述的事件範例，主題可能是 `web orders`（Web 訂單）。此外，讓我們將該主題發送給兩種訂閱者，例如 `fulfillment`（履行）和 `marketing`（行銷）。這是分析和事件驅動系統之間界限模糊的一個絕佳範例。`fulfillment` 訂閱者將使用事件來觸發履行流程，而 `marketing` 訂閱者則運行即時分析，或者訓練和運行機器學習模型來調整行銷活動（圖 5-10）。

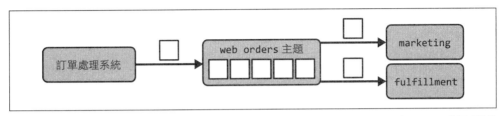

圖 5-10　訂單處理系統產生事件（小方塊）並將其發佈到 web orders 主題。兩種訂閱者（marketing 和 fulfillment）會從主題中拉取事件

串流分區。　串流分區（*stream partitions*）是將一個串流細分為多個串流。一個很好的類比是多車道高速公路。具有多個車道可實現並行性和更高的吞吐量。訊息透過**分區鍵**（*partition key*）分配到不同的分區中。具有相同分區鍵的訊息將始終位於同一分區中。

例如，在圖 5-11 中，每條訊息都有一個數字識別碼（顯示在表示訊息的圓圈內），我們將其用作分區鍵。為了確定訊息應該分配到哪個分區，我們將數字識別碼除以 3 並取餘數。從下到上，這些分區分別為餘數 0、1 和 2。

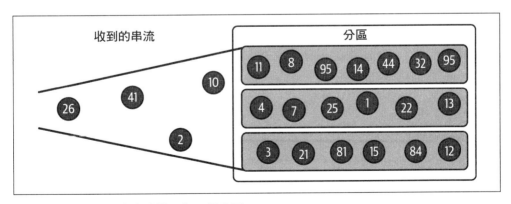

圖 5-11　收到的訊息串流被分為三個分區

設置分區鍵，讓應該一起處理的訊息具有相同的分區鍵。例如，在 IoT 設定中，通常希望將來自特定設備的所有訊息發送到同一個處理伺服器。我們可以使用設備識別碼作為分區鍵，然後設置一台伺服器來消費每個分區的訊息。

串流分區的一個關鍵問題是確保分區鍵不會產生熱點（*hotspotting*）──即傳遞到一個分區的訊息數量不成比例。例如，若已知每個 IoT 設備都位於美國的某個州，我們可能會以該州作為分區鍵。若設備分布與該州人口比例相當，那麼包含加利福尼亞州、德克薩斯州、佛羅里達州和紐約州的分區可能會不堪重負，而其他分區則相對未被充分利用。因此，在選擇分區鍵時，須確保訊息能夠均勻地分配到各個分區中。

容錯性和復原能力。　事件串流平台通常是分散式系統，串流被保存在不同的節點上。如果一個節點出現故障，另一個節點將替代它，並且串流仍然可以被存取。這意味著，紀錄不會丟失；你可以選擇刪除紀錄，但那是另一回事了。當你需要一個能夠可靠地產生、保存和攝取事件資料的系統時，這種容錯性和復原能力使串流平台成為一個不錯的選擇。

你將與誰合作

存取來源系統時，瞭解將與你一起工作的人至關重要。根據我們的經驗，與來源系統利益相關者建立良好的外交關係，是成功的資料工程中一個被低估但關鍵的部分。

這些利益相關者是誰？通常，你將處理兩類利益相關者：系統利益相關者和資料利益相關者（圖 5-12）。**系統利益相關者**（*systems stakeholder*）負責建構並維護來源系統；他們可能是軟體工程師、應用程式開發人員或第三方。而資料利益相關者則擁有並控制你所需資料的存取權限，通常由 IT 部門、資料治理小組或第三方負責。系統利益相關者和資料利益相關者通常是不同的人或團隊；有時，他們可能是相同的。

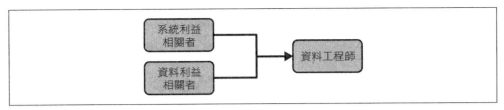

圖 5-12　資料工程師的上游利益相關者

利益相關者能否遵循正確的軟體工程、資料庫管理和開發實踐方法，往往取決於他們的能力。理想的情況是，利益相關者正在進行 DevOps（開發運營），並以敏捷的方式工作。我們建議在資料工程師和來源系統的利益相關者之間建立一個反饋迴圈，以瞭解資料是如何消費和使用的。這是資料工程師最容易忽視的領域之一，但在這個領域中，他們可以獲得大量的價值。當上游來源資料發生變化時，無論是架構或資料變更、伺服器或資料庫故障，還是其他重要事件，你都需要確保自己瞭解這些問題對資料工程系統的影響。

與上游來源系統擁有者簽訂資料合約（data contract）可能會有所幫助。什麼是資料合約？詹姆斯・丹莫爾（James Denmore）提供了這樣的定義[8]：

> 資料合約是來源系統的擁有者與「從該系統攝取資料以在資料管道中使用的團隊」之間的書面協議。合約應該說明要提取哪些資料，透過什麼方法（完整、增量），多久提取一次，以及誰（個人、團隊）是來源系統和提取的聯繫人。資料合約應該保存在已知且易於查找的位置，例如 *GitHub* 儲存庫或內部文件網站。如果可能，應該以標準化的形式設置資料合約的格式，以便可以將其整合到開發過程中或以程式設計方式進行查詢。

此外，考慮與上游供應商建立 SLA（服務水準協議）。SLA 提供了你對所依賴來源系統的期望。SLA 的一個例子可能是「來源系統的資料可靠且高品質」。服務水準目標（service-level objective，SLO）用於衡量你在 SLA 中達成的協議。例如，根據你的 SLA 例子，SLO 可能是「來源系統的正常運行時間達到99%」。如果資料合約或 SLA/SLO 顯得過於正式，至少口頭上設定對來源系統保證正常運行時間、資料品質，以及對你而言重要的任何其他事項的期望。來源系統的上游擁有者需要瞭解你的要求，以便他們能夠為你提供所需的資料。

8　見 James Denmore 所著的《*Data Pipelines Pocket Reference*》（資料管道口袋參考指南）（O'Reilly 出版）*https://oreil.ly/8QdkJ*。此書提供了如何撰寫資料合約的更多資訊。

潛在因素及其對來源系統的影響

與資料工程生命週期的其他部分不同，來源系統通常不受資料工程師的控制。有一個隱含的假設（有些人可能稱之為希望），即來源系統的利益相關者和擁有者——以及他們產生的資料——都遵循著與資料管理、DataOps（和 DevOps）、DODD（第 2 章曾提到過）資料架構、編排和軟體工程有關的最佳實踐方法。資料工程師應該盡可能獲得上游的支援，以確保在來源系統中產生資料時應用相應的潛在因素。這樣做將使資料工程生命週期中的其餘步驟能夠更加順利地進行。

潛在因素如何影響來源系統？一起來看看吧。

安全性

安全性至關重要，你最不希望看到的就是意外地在來源系統中建立一個漏洞點。以下是需要考慮的領域：

- 來源系統的架構是否讓資料在靜態和傳輸過程中都能安全且加密？

- 你是否必須透過公共網路存取來源系統，還是使用虛擬專用網路（VPN）？

- 將來源系統的密碼、令牌和憑據安全地鎖起來。例如，如果你使用的是 Secure Shell（SSH）密鑰，請使用密鑰管理器來保護你的密鑰；相同的規則適用於密碼——使用密碼管理器或單點登錄（single sign-on，SSO）提供商。

- 你信任來源系統嗎？請務必信任並驗證來源系統的合法性。你不會希望收到來自惡意行為者的資料。

資料管理

來源系統的資料管理對資料工程師來說具有挑戰性。在大多數情況下，你只能對來源系統及其產生的資料進行非常有限的控制（如果有的話）。在可能的範圍內，你應該瞭解來源系統中資料的管理方式，因為這將直接影響你對資料的攝取、保存和轉換方式。

以下是需要考慮的領域：

資料治理

上游資料和系統是否受到可靠且易於瞭解的治理？由誰管理資料？

資料品質

如何確保上游系統的資料品質和完整性？與來源系統團隊合作，設定資料和溝通的期望。

綱要

預計上游綱要（schema）可能會發生變化。在可能的情況下，與來源系統團隊協作，以便及時獲悉即將發生的綱要變化。

主資料管理

上游紀錄的建立是否受到主資料管理（master data management）規範或系統的控制？

隱私和倫理

你是否有權存取原始資料，或者資料是否會被混淆？來源資料的含義是什麼？保留多長時間？它是否根據保留策略轉移位置？

法規

根據法規，你是否可以存取資料？

資料運營

運營卓越（operational excellence）——DevOps、DataOps、MLOps、XOps——應該延伸到整個技術堆疊，並支援資料工程和生命週期。雖然這是理想情況，但通常並未完全實現。

由於你正在與控制來源系統及其所產生資料的利益相關者合作，因此你需要確保可以觀察和監控來源系統的正常運行時間和使用方式，並在事件發生時做出回應。例如，當你的 CDC 所依賴的應用程式資料庫超出其 I/O 容量並需要重新擴展時，這將如何影響你從該系統接收資料的能力？你是否能夠存取資料，還是在重新調整資料庫之前將無法使用？這將如何影響報告？另一個例子是，如果軟體工程團隊正在持續部署，程式碼變更可能會導致應用程式本身的意外故障。這故障將如何影響你存取「支援應用程式的資料庫」之能力？資料是否是最新的？

在資料工程和支援來源系統的團隊之間建立清晰的溝通鏈（communication chain）。理想情況下，這些利益相關者團隊已將 DevOps（開發運營）納入其工作流程和文化中。這將有助於實現 DataOps（DevOps 的姊妹觀念）的目標，以快速解決和減少錯誤。正如我們前面提到的，資料工程師需要將自己融入利益相關者的 DevOps 實踐方法中，反之亦然。當所有人都參與並專注於讓系統全面運作時，成功的 DataOps（資料運營）就會發揮作用。

以下是一些 DataOps 的考慮因素：

自動化

首先是影響來源系統的自動化，例如程式碼更新和新功能。然後是你為資料工作流程設置的 DataOps 自動化。來源系統自動化中的問題是否會影響你的資料工作流程自動化？如果是這樣，請考慮解耦這些系統，以便它們可以獨立執行自動化任務。

可觀察性

當來源系統出現問題時，例如停機或資料品質問題，你將如何得知？設置來源系統運行時間的監控（或使用擁有來源系統的團隊所建立的監控）。設置檢查以確保來源系統中的資料符合下游使用的期望。例如，資料品質好嗎？綱要（schema）是否符合要求？客戶紀錄是否一致？資料是否按照內部策略的規定進行雜湊處理？

事件回應

如果發生不好的事情，你有什麼計畫？例如，若來源系統離線，資料管道將如何運行？來源系統恢復連線時，你有什麼計畫來回填「丟失的」資料？

資料架構

與資料管理類似，除非你參與來源系統架構的設計和維護，否則對上游來源系統架構幾乎沒有影響。你還應該瞭解上游架構的設計方式及其優缺點。經常與負責來源系統的團隊交流，以瞭解本節討論的因素，並確保他們的系統能夠滿足你的期望。瞭解架構在哪些方面表現良好，以及在哪些方面表現不佳，將影響資料管道的設計方式。

以下是關於來源系統架構需要考慮的一些事項：

可靠性

所有系統在某個時候都會受到熵（entropy）的影響，輸出將偏離預期。錯誤會被導入，隨機故障也會發生。系統是否產生可預測的輸出？我們可以預期系統多久會出現故障？讓系統恢復到足夠可靠性的平均時間是多少？

持久性

一切都會發生故障。伺服器可能會故障，雲端的區域（zone）或地區（region）可能會離線（offline），或者可能會出現其他問題。你需要考慮不可避免的故障或停機對你的託管資料系統的影響。來源系統如何處理硬體故障或網路中斷造成的資料丟失？對於長時間的停機，有什麼計畫來處理和限制停機的影響範圍？

可用性

有什麼保證可以確保來源系統在應該啟動、運行和可用的時候是正常的？

人員

誰負責來源系統的設計，以及你如何知道架構中是否發生了重大的變更？資料工程師需要與維護來源系統的團隊合作，確保這些系統的架構是可靠的。與來源系統團隊一起建立 SLA，以設定對潛在系統故障的預期。

編排

在資料工程工作流程中進行編排時，你主要負責確保你的編排可以存取來源系統，這需要正確的網路存取、身份驗證和授權。

以下是關於來源系統編排需要考慮的一些事項：

節奏和頻率

資料是否按固定時間表提供，或者你可以隨時存取新資料？

通用框架

軟體工程師和資料工程師是否使用相同的容器管理工具，例如 Kubernetes？將應用程式和資料工作負載整合到同一個 Kubernetes 叢集中是否有意義？如果你使用的是像 Airflow 這樣的編排框架，將其與上游應用程式團隊整合是否有意義？這裡沒有正確的答案，但你需要平衡整合的好處和緊耦合的風險。

軟體工程

隨著資料環境轉向簡化和自動存取來源系統的工具，你可能需要編寫程式碼。下面是編寫程式碼以存取來源系統時的幾個考慮因素：

上網

　　確保你的程式碼能夠存取來源系統所在的網路。此外，請始終考慮安全的網路存取。你是透過公共網路存取 HTTPS URL，還是透過 SSH 或 VPN 進行存取？

身份驗證和授權

　　你是否具有存取來源系統的適當憑證（令牌、使用者名稱 / 密碼）？你將在哪裡保存這些憑證，以便它們不會出現在你的程式碼或版本控制中？你是否具有正確的 IAM 角色來執行撰碼任務？

存取模式

　　你是如何存取資料的？你是否使用 API，如何處理 REST/GraphQL 請求、回應資料量和分頁（pagination）？如果你是透過資料庫驅動程式來存取資料，該驅動程式是否與你正在存取的資料庫相容？無論使用哪種存取模式，如何處理重試和逾時等問題？

編排

　　你的程式碼是否與編排框架整合，並且能否作為一個被編排的工作流程來執行？

平行化

　　你如何管理和擴展對來源系統的平行存取？

部署

　　如何處理原始程式碼變更的部署？

結語

來源系統及其資料在資料工程生命週期中至關重要。資料工程師往往會將來源系統視為「別人的問題」──這樣做是非常危險的！濫用來源系統的資料工程師，可能需要在生產環境出問題時尋找另一份工作。

如果有棍子，也會有胡蘿蔔。加強與來源系統團隊的協作，可以獲得更高品質的資料、更成功的結果和更好的資料產品。與這些團隊中的同行建立雙向溝通流程；設置流程以通知會影響分析和機器學習的綱要（schema）和應用程式變更。主動地傳達你的資料需求，以在資料工程的流程中協助應用程式團隊。

請注意，資料工程師和來源系統團隊之間的整合正在成長。一個例子是反向ETL，它長期以來一直存在於陰影中，但最近才備受關注。我們還討論了事件串流平台可以在事件驅動的架構和分析中發揮作用；來源系統也可以是資料工程系統。在有意義的地方建構共享系統。

尋找機會建構面向用戶（user-facing）的資料產品。與應用程式團隊討論他們希望向用戶展示的分析訊息，或機器學習可以改善用戶體驗的地方。讓應用程式團隊成為資料工程師的利益相關者，並找到分享成功的方法。

現在你已經瞭解來源系統的類型及其產生的資料，接下來我們將介紹保存此資料的方法。

其他資源

- Confluent 網站的〈Schema Evolution and Compatibility〉（綱要演進和相容性）文件（*https://oreil.ly/6uUWM*）

- 《*Database Internals*》（資料庫內部原理），作者：Alex Petrov（O'Reilly 出版）

- 《*Database System Concepts*》（資料庫系統概念），作者：Abraham（Avi）Silberschatz 等人（McGraw Hill 出版）

- 〈The Log: What Every Software Engineer Should Know About Real-Time Data's Unifying Abstraction〉（日誌：每個軟體工程師都應該知道的關於即時資料的統一抽象）（*https://oreil.ly/xNkWC*），作者：Jay Kreps

- 〈Modernizing Business Data Indexing〉（現代化商業資料索引）（*https://oreil.ly/4xzyq*），作者：Benjamin Douglas 和 Mohammad Mohtasham

- 〈NoSQL: What's in a Name〉（NoSQL：名字的含義）（*https://oreil.ly/z0xZH*），作者：Eric Evans

- 〈Test Data Quality at Scale with Deequ〉（使用 Deequ 大規模測試資料品質）（*https://oreil.ly/XoHFL*），作者：Dustin Lange 等人

- 〈The What, Why, and When of Single-Table Design with DynamoDB 〉（單表設計在 DynamoDB 中的意義、原因和適用時機）（*https://oreil.ly/jOMTh*），作者：Alex DeBrie

第六章

儲存

儲存（storage）是資料工程生命週期（圖 6-1）的基石，也是其主要階段（攝取、轉換和提供）的基礎。資料在生命週期中會被保存許多次。總之，儲存是無處不在的。無論資料是在幾秒、幾分、幾天、幾個月還是幾年後需要用到，它都必須保留在儲存中，直到系統準備好將其用於進一步處理和傳輸。瞭解資料的使用案例以及將來檢索資料的方式，是為資料架構選擇合適之儲存解決方案的第一步。

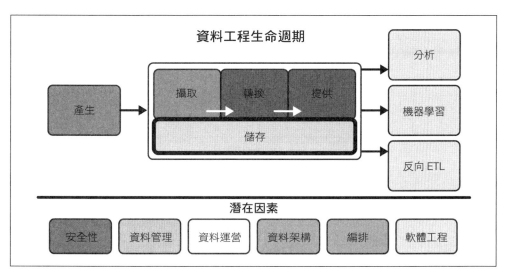

圖 6-1　儲存在資料工程生命週期中扮演著核心角色

我們在第 5 章中也討論了儲存，但在重點和控制範圍上有所不同。來源系統通常不由資料工程師維護或控制。資料工程師直接處理的儲存（我們將在本章中重點討論）涵蓋了資料工程生命週期各個階段：從來源系統攝取資料到提供資料，再到透過分析、資料科學等提供價值。許多的儲存形式在某種程度上削弱了整個資料工程生命週期。

為了瞭解儲存，我們將從研究構成儲存系統的**基本要素**（*raw ingredients*）開始，包括硬碟（HDD）、固態硬碟（SSD）和系統記憶體（圖 6-2）。瞭解實體儲存技術的基本特徵，對於評估任何儲存架構中固有的權衡是至關重要的。本節還會討論序列化（serialization）和壓縮（compression），這是實體儲存的關鍵軟體元素（我們將序列化和壓縮的更深入技術討論放在附錄 A 中）。我們還討論了**快取**（*caching*），這在組合儲存系統時至關重要。

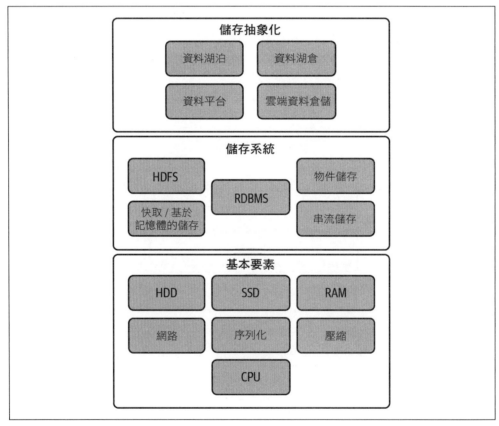

圖 6-2　基本要素、儲存系統和儲存抽象化

接下來，我們將介紹儲存系統（*storage systems*）。實際上，我們並不直接存取系統記憶體或硬碟。這些實體儲存組件存在於伺服器和叢集內部，可以使用各種存取模式進行資料的攝取和檢索。

最後，我們將介紹儲存抽象化（*storage abstractions*）。儲存系統被組合成雲端資料倉儲、資料湖泊等。在建構資料管道時，工程師會根據資料在攝取、轉換和提供階段中的移動情況，選擇適當的抽象方式來儲存資料。

資料儲存的基本要素

儲存是如此普遍，以致於很容易將其視為理所當然。我們常常對每天使用儲存的軟體和資料工程師的數量感到驚訝，但他們對儲存背後的運作方式或各種儲存媒體中固有的權衡，並沒有太多的瞭解。結果，我們看到儲存被用於一些意想不到的方式。儘管當前的託管服務可能會使資料工程師擺脫管理伺服器的複雜性，但資料工程師仍然需要瞭解底層組件的基本特徵、性能考量、持久性和成本。

在大多數資料架構中，資料在通過資料管道的各個處理階段時，通常會經由磁性儲存裝置、固態硬碟和記憶體。資料儲存和查詢系統通常遵循複雜的步驟與方法，涉及分散式系統、眾多服務和多個硬體儲存層。這些系統需要正確的基本要素才能正常運作。

讓我們來看看資料儲存的一些基本要素：磁碟機、記憶體、網路和 CPU、序列化、壓縮和快取。

磁碟機

磁碟（*magnetic disks*）使用了塗有鐵磁薄膜的旋轉碟片（圖 6-3）。在寫入操作期間，該薄膜會被讀 / 寫頭磁化，進而對二進位資料進行實體編碼。在讀取操作期間，讀 / 寫頭會檢測磁場並輸出位元流。磁碟機已經存在很長時間。它們仍然是大容量資料儲存系統的基礎，因為它們每 GB 的儲存成本比 SSD 便宜得多。

一方面，這些磁碟在性能、儲存密度和成本方面取得了非凡的進步[1]。另一方面，SSD 在各種指標上都明顯優於磁碟機。目前，商用磁碟機的成本約為每 GB 容量 3 美分。（請注意，我們將經常使用縮寫 *HDD* 和 *SSD* 分別表示旋轉磁碟和固態硬碟。）

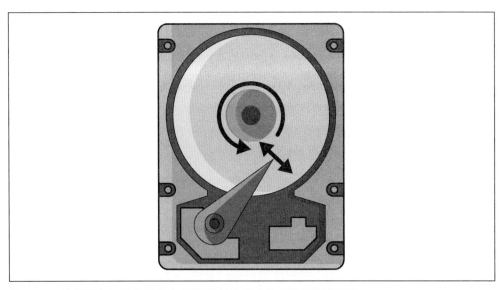

圖 6-3　磁碟機讀寫頭的移動和旋轉對於隨機存取延遲至關重要

IBM 在 1950 年代開發了磁碟機技術。從那時起，磁碟的容量一直在穩步成長。第一個商用磁碟機 IBM 350 的容量為 3.75 MB。在撰寫本文當時，商用磁碟機的容量已達到 20 TB。事實上，磁碟機仍然在迅速創新，熱輔助磁記錄（heat-assisted magnetic recording，HAMR）、疊瓦磁記錄（shingled magnetic recording，SMR）和充氦磁碟外殼（helium-filled disk enclosures）等方法被用於實現更大的儲存密度。儘管 HDD 的容量不斷提高，但 HDD 性能的其他方面仍受到實體限制。

1　見 Andy Klein 於 2021 年 10 月 5 日在 Backblaze 部落格上發表的〈Hard Disk Drive (HDD) vs. Solid-State Drive (SSD): What's the Diff?〉（硬碟（HDD）與固態硬碟（SSD）：有何區別？），*https://oreil.ly/XBps8*。

首先，磁碟傳送速度（即讀取和寫入資料的速度）與磁碟容量不成比例。磁碟容量與*面密度*（*areal density*）（每平方英寸可保存的 gigabits（GB）數量）成比對成長，而傳輸速度隨*線性密度*（*linear density*）（每英寸位元數）成比例成長。這意味著，如果磁碟容量成長 4 倍，則傳送速度僅提高 2 倍。因此，目前的資料中心磁碟機支援 200~300 MB/s 的最大資料傳輸速度。換句話說，假設傳送速度為 300 MB/s，讀取 30 TB 磁碟機的全部內容需要 20 多個小時。

第二個主要限制是搜尋時間（seek time）。為了存取資料，磁碟機必須以實體方式將讀／寫頭重新定位到磁碟上的相應磁道。第三，為了在磁碟上查找特定資料，磁碟控制器必須等待該資料旋轉到讀／寫頭下方。這會導致*旋轉延遲*（*rotational latency*）。典型的商用磁碟機以每分鐘 7,200 轉（revolutions per minute，RPM）的速度旋轉，搜尋時間和旋轉延遲會導致超過 4 毫秒的整體平均延遲（存取所選資料的時間）。第四個限制是每秒輸入／輸出操作數（IOPS），這對於交易式資料庫至關重要。磁碟機器的 IOPS 範圍為 50 到 500。

有各種技巧可以改善延遲和傳送速度。增加轉速可以提高傳輸速度並減少旋轉延遲。限制磁碟片的半徑或將資料僅寫入磁碟上的窄帶，可減少搜尋時間。然而，這些技術都無法使磁碟機在隨機存取查找方面與 SSD 競爭。SSD 能夠以顯著較低的延遲、較高的 IOPS 和較高的傳送速度提供資料，部分原因是它們沒有實體旋轉的磁碟或磁頭需要等待。

如前所述，磁碟在資料中心仍然因其低資料儲存成本而受到重視。此外，磁碟機可以透過並行性，保持極高的傳輸速度。這是雲端物件儲存背後的關鍵理念：資料可以分布在叢集中的數千個磁碟上。透過同時從多個磁碟讀取資料，資料傳輸速度會大幅提高，這主要受限於網路性能而非磁碟傳輸速度。因此，網路組件和 CPU 也是儲存系統的關鍵基本要素，稍後我們將回到這些主題。

固態硬碟

固態硬碟（*solid-state drive*，SSD）將資料保存為快閃記憶體單元（flash memory cells）中的電荷。SSD 消除了磁碟機的機械組件；資料透過純電子方式讀取。SSD 可以在不到 0.1 毫秒（100 微秒）的時間內查找隨機資料。此外，SSD 可以透過將儲存（storage）切成多個分區（partitions），並在多個儲存控制器之間運行，進而提高資料傳送速度和 IOPS。商用 SSD 可以支援每秒數 GB 的傳送速度和數萬個 IOPS。

由於這些卓越的性能特徵，SSD 已經徹底改變了交易式資料庫，並且成為商業 OLTP 系統部署中被廣泛接受的標準。SSD 使得 PostgreSQL、MySQL 和 SQL Server 之類的關聯式資料庫能夠每秒處理數千筆交易。

然而，SSD 目前並不是大規模分析資料儲存的預設選項。同樣地，這歸結於成本問題。商用 SSD 的成本通常每 gigabyte（GB）容量為 20~30 美分，幾乎是磁碟機每 GB 容量成本的 10 倍。因此，磁碟上的物件儲存已成為資料湖泊和雲端資料倉儲中大規模資料儲存的首選。

SSD 在 OLAP 系統中仍然扮演著重要的角色。某些 OLAP 資料庫利用 SSD 快取來支援對頻繁存取的資料進行高性能查詢。隨著低延遲 OLAP 變得越來越受歡迎，我們預計這些系統中的 SSD 使用量也會隨之增加。

隨機存取記憶體

我們通常會將術語隨機存取記憶體（*random access memory*，RAM）和記憶體（*memory*）互換使用。嚴格來說，磁碟機和 SSD 也可以作為保存資料以供稍後隨機存取檢索的記憶體，但 RAM 具有以下幾個特徵：

- RAM 被附接到 CPU 並映射到 CPU 位址空間。

- RAM 用於保存 CPU 執行的程式碼以及此程式碼直接處理的資料。

- RAM 是易失性（*volatile*）儲存媒介，而磁碟機和 SSD 是非易失性（*nonvolatile*）儲存媒介。儘管磁碟機和 SSD 有時可能會發生故障、損壞或丟失資料，但它們通常會在斷電後保留資料。而當 RAM 斷電時，資料會在不到一秒的時間內丟失。

- 與 SSD 儲存相比，RAM 提供更高的傳送速度和更快的檢索時間。DDR5 記憶體是目前廣泛使用的最新 RAM 標準，其資料檢索延遲大約 100 ns，大約比 SSD 快 1,000 倍。一個典型的 CPU 可以支援與所附接的記憶體之間 100 GB/s 的頻寬，以及數百萬的 IOPS（統計資料因記憶體通道數和其他組態細節資訊而有很大的不同）。

- （撰寫本文當時）RAM 的價格比 SSD 儲存昂貴得多，每 GB 大約 10 美元。

- 每個 CPU 和記憶體控制器可以附接的 RAM 容量是有限的。這進一步增加了複雜性和成本。具有大量記憶體的伺服器通常會在一個主機板上使用多個互相連接的 CPU，每個 CPU 都會有與之附接的 RAM 區塊。

- RAM 仍然比 CPU 快取慢得多，CPU 快取是一種直接位於 CPU 晶片上或同一封裝中的記憶體。快取用於保存經常和最近存取的資料，以便在處理過程中進行超快速的檢索。CPU 設計中包含多層不同大小和性能特點的快取。

當我們談論系統記憶體時，我們幾乎總是指的是動態隨機存取記憶體（*dynamic RAM*），這是一種高密度、低成本的記憶體形式。Dynamic RAM 將資料保存為電容器中的電荷。這些電容器中的電荷會隨著時間的推移而洩漏，因此必須經常刷新（*refreshed*）（讀取和重寫）資料以防止資料丟失。由硬體記憶體控制器來處理這些技術細節；資料工程師只需要擔心頻寬和檢索延遲特性。其他形式的記憶體，例如靜態隨機存取記憶體（*static RAM*），用於 CPU 快取等特定的應用。

當前的 CPU 幾乎總是採用馮紐曼架構（*von Neumann architecture*），將程式碼和資料一起保存在相同的記憶體空間中。但是，CPU 通常還支援禁止執行特定記憶體頁面中之程式碼的選項，以提高安全性。此功能類似哈佛架構（*Harvard architecture*），該架構將程式碼和資料分開保存。

RAM 用於各種儲存和處理系統中，可用於快取、資料處理或索引。有些資料庫將 RAM 視為主要儲存層，進而實現超快的讀寫性能。在這些應用中，資料工程師必須始終牢記 RAM 的易失性。即使保存在記憶體中的資料在整個叢集中進行了複製，一次停電可能會導致多個節點的資料丟失。考慮到持久保存資料的架構可能會使用備用電池，並在斷電時自動將所有資料轉存到磁碟中。

網路和 CPU

為什麼我們要把網路和 CPU 視為保存資料的基本要素？有越來越多的儲存系統採用分散式設計，以提高性能、持久性和可用性。我們特別提到，單一磁碟提供的傳輸性能相對較低，但磁碟叢集可並行讀取，進而大幅提升性能。雖然獨立磁碟冗餘陣列（redundant arrays of independent Disks，RAID）等儲存標準可在單一伺服器上並行化，但雲端物件儲存叢集在更大的規模上運行，磁碟分散在網路上，甚至跨越多個資料中心和可用區域。

可用區域（*availability zones*）是一種標準雲端構造，由具有獨立電源、水源和其他資源的計算環境組成。多區儲存（multizonal storage）可以增強資料的可用性和持久性。

CPU 負責處理服務請求（servicing requests）、聚合讀取（aggregating reads）和分散寫入（distributing writes）的細節。儲存（storage）變成了一個具有 API、後端服務組件和負載平衡的 Web 應用程式。網路設備性能和網路拓撲是實現高性能的關鍵因素。

資料工程師需要瞭解網路對他們所建構和使用之系統的影響。工程師需要不斷權衡「將資料分散到不同地理位置所實現的持久性和可用性」與「將儲存保持在小範圍地理區域並靠近資料消費者或寫入者所帶來的性能和成本優勢」。附錄 B 有提供雲端網路和主要的相關概念。

序列化

序列化（*serialization*）是另一個基本儲存要素，也是資料庫設計的關鍵元素。序列化的決策將影響查詢在網路中的執行情況、CPU 開銷、查詢延遲等。例如，設計資料湖泊（data lake），需要選擇基本儲存系統（例如 Amazon S3）和序列化標準，以便在互通性與性能考慮之間取得平衡。

究竟什麼是序列化？軟體保存在系統記憶體中的資料，其格式通常不適合保存在磁碟上或透過網路傳輸。序列化是將資料扁平化並打包成讀取程式能夠解碼的標準格式之過程。序列化格式提供了資料交換的標準。我們可能會以基於列（row-based）的方式將資料編碼為 XML、JSON 或 CSV 檔案，然後將其傳遞給另一個用戶，後者可以使用標準程式庫對其進行解碼。序列化演算法具有處理資料類型的邏輯，對資料結構施加規則，並允許不同程式語言與 CPU 之間的資料交換。序列化演算法還具有處理異常的規則。例如，Python 物件可能包含循環引用（cyclic references）；當遇到循環引用時，序列化演算法可能會拋出錯誤或限制嵌套深度。

低階資料庫儲存也是序列化的一種形式。列導向（row-oriented）的關聯式資料庫將資料組織成磁碟上的列，以支援快速查找（speedy lookups）和就地更新（in-place updates）。行導向（columnar）資料庫將資料組織成行檔案（column files），以優化高效壓縮並支援對大量資料的快速掃描。每種序列化選擇都伴隨著一組權衡，資料工程師會調整這些選擇以便根據需求優化性能。

我們在附錄 A 中提供了常見的資料序列化技術和格式的更詳細目錄。我們建議資料工程師熟悉常見的序列化實踐方法和格式，尤其是當前最流行的序列化格式（例如 Apache Parquet）、混合序列化（例如 Apache Hudi）和記憶體序列化（例如 Apache Arrow）。

壓縮

壓縮（*compression*）是儲存工程的另一個關鍵組件。從基本層面來說，壓縮可以使資料變得更小，但壓縮演算法以複雜的方式與儲存系統的其他細節互動。

高效壓縮在儲存系統中具有三個主要優點。首先，資料較小，因此佔用的磁碟空間更少。其次，壓縮提高了每個磁碟的實際掃描速度。例如，使用 10：1 的壓縮比，我們可以把每個磁碟的掃描速度從每秒 200 MB 提高到每秒 2 GB 的有效速率。

第三個優點是在網路性能方面。假設 Amazon EC2 實例和 S3 之間的網路連接提供了 10 Gbps 的頻寬，使用 10：1 的壓縮比可以將有效網路頻寬提高到 100 Gbps。

壓縮也有缺點。壓縮和解壓縮資料需要額外的時間和資源來讀取或寫入資料。在附錄 A 中，我們將對壓縮演算法和權衡進行更詳細的討論。

快取

我們在討論 RAM 時已經提到過快取。快取的核心思想是將經常或最近存取的資料保存在快速存取層中。快取的速度越快，成本越高，可用的儲存空間就越少。不經常存取的資料保存在更便宜、速度較慢的儲存中。快取對於資料的提供、處理和轉換至關重要。

在分析儲存系統時，把我們使用的每種儲存類型放在**快取層級結構**（*cache hierarchy*）（表 6-1）中是很有幫助的。大多數實際的資料系統依賴於多個快取層（cache layers），這些快取層是由具有不同性能特徵之儲存裝置組合而成的。這始於 CPU 內部；處理器可能部署多達四個快取層級。讓我們從層級結構向下移動到 RAM 和 SSD。雲端物件儲存是較低的層級，支援長期資料保留和持久性，同時允許在管道中進行資料服務和動態資料移動。

表 6-1　一個啟發式快取層級結構，其中顯示了儲存類型的大致價格和性能特徵

儲存類型	資料提取延遲[註 a]	頻寬	價格
CPU 快取	1 奈秒	1 TB/s	無
RAM	0.1 微秒	100 GB/s	$10/GB
SSD	0.1 毫秒	4 GB/s	$0.20/GB
HDD	4 毫秒	300 MB/s	$0.03/GB
物件儲存	100 毫秒	10 GB/s	每月 $0.02/GB
歸檔儲存	12 小時	一旦資料可用，與物件儲存相同	每月 $0.004/GB

註 a：1 微秒等於 1,000 奈秒，而 1 毫秒等於 1,000 微秒。

我們可以將歸檔儲存（archival storage）視為反向快取（reverse cache）。歸檔儲存以低成本提供較差的存取特徵。歸檔儲存通常用於資料備份和滿足資料保留合規性要求。典型的情況下，只有在緊急情況下才會存取此類資料（例如，資料庫中的資料可能會丟失並需要恢復，或者公司可能需要查看歷史資料以進行法律取證）。

資料儲存系統

本節將介紹作為資料工程師會遇到的主要資料儲存系統。儲存系統存在於基本儲存要素的抽象層級之上。例如，磁碟是一種基本儲存要素，而主要的雲端物件儲存平台和 HDFS 則是利用磁碟的儲存系統。還有更高層級的儲存抽象概念存在，例如資料湖泊和資料湖倉（我們將在第 245 頁的「資料工程的儲存抽象概念」中介紹）。

單機與分散式儲存的區別

隨著資料儲存和存取模式變得越來越複雜，單台伺服器的作用性也越來越大，因此有必要將資料分散到多台伺服器上。資料可以保存在多台伺服器上，稱為分散式儲存（distributed storage）。這是一種分散式系統，其目的是以分散方式保存資料（圖 6-4）。

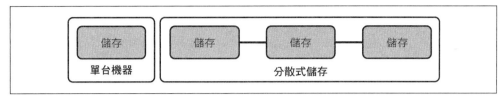

圖 6-4　單台電腦與多台伺服器上的分散式儲存

分散式儲存須協調多台伺服器的活動，以便速度更快且規模更大地保存、檢索和處理資料，同時在某台伺服器不可用的情況下提供冗餘性。分散式儲存常見於需要內建冗餘性和大量資料可擴展性的架構中。例如，物件儲存、Apache Spark 和雲端資料倉儲都依賴於分散式儲存架構。

資料工程師必須時刻注意分散式系統的一致性範式，接下來我們將進一步探討這個主題。

最終一致性與強一致性的區別

分散式系統的一個挑戰是你的資料分散在多個伺服器上。這個系統如何保持資料的一致性呢？不幸的是，分散式系統給儲存和查詢準確性帶來了兩難境地。在系統的節點之間複製變更需要時間；在分散式資料庫中，經常需要在獲取當前資料和獲取「近似」當前資料之間取得平衡。讓我們來看一下分散式系統中兩種常見的一致性模式：最終一致性和強一致性。

從第 5 章開始，我們在本書中介紹了 ACID 合規性。而另一個首字母縮寫 *BASE*，代表基本可用（*basically available*）、軟狀態（*soft-state*）、最終一致性（*eventual consistency*）。可以把它想像成 ACID 的相反。BASE 是最終一致性的基礎。現在讓我們簡要探討一下它的組成部分：

基本可用

　　儘管不能保證一致性，但資料庫的讀寫操作是盡力而為的（best-effort basis），這意味著大多數時間都有一致的資料可用。

軟狀態

　　交易的狀態是模糊的，無法確定交易是已提交還是未提交。

最終一致性

在某個時間點，讀取資料將傳回一致的值。

如果在最終一致性系統中讀取資料不可靠，為什麼還要使用它？最終一致性是大規模分散式系統中常見的一種權衡。如果要橫向擴展（跨多個節點）以處理大量資料，那麼最終一致性通常是你要付出的代價。最終一致性允許你快速檢索資料，而無須驗證所有節點是否具有最新版本。

最終一致性的反面是**強一致性**（*strong consistency*）。在強一致性中，分散式資料庫可確保對任何節點的寫入操作都會首先得到一致的共識，並且針對資料庫的任何讀取操作都會傳回一致的值。當你可以容忍更高的查詢延遲，並且每次都需要從資料庫讀取正確的資料時，你可以使用強一致性。

一般來說，資料工程師會在三個地方做出有關一致性的決策。首先，資料庫技術本身為一定程度的一致性奠定了基礎。其次，資料庫的組態參數將對一致性產生影響。第三，資料庫通常在個別查詢層面支援某些一致性組態。例如，DynamoDB（*https://oreil.ly/qJ6z4*）支援最終一致性讀取和強一致性讀取。強一致性讀取速度較慢且消耗更多資源，因此最好謹慎使用，但在需要一致性的情況下可以使用它們。

你應該瞭解資料庫如何處理一致性。同樣地，資料工程師的任務是深入瞭解技術，並適當地用它來解決問題。資料工程師可能需要與其他技術和業務利益相關者協商一致性需求。請注意，這既是技術問題，也是組織問題；確保你已經蒐集了利益相關者的需求，並適當地選擇你的技術。

檔案儲存

我們每天都要處理檔案，但檔案的概念有些微妙。**檔案**（*file*）是軟體和作業系統使用之具有特定讀取、寫入和引用特徵的資料實體。我們將檔案定義為具有以下特徵：

有限長度

檔案是一個有限長度的位元組串流。

附加操作

我們可以將位元組附加到檔案中，直至達到主機儲存系統的限制。

隨機存取

我們可以從檔案中的任何位置讀取，或者對檔案的任何位置進行更新寫入。

物件儲存（*object storage*）的行為方式與檔案儲存（file storage）非常相似，但存在一些關鍵的差異。雖然我們透過先討論檔案儲存來為物件儲存奠定基礎，但物件儲存對於你今日要進行的資料工程類型來說可能更為重要。在接下來的幾頁中，我們將不斷提及物件儲存。

檔案儲存系統會將檔案組織成目錄樹的結構。檔案的目錄引用可能如下所示：

```
/Users/matthewhousley/output.txt
```

當這個檔案引用被傳遞到作業系統時，它會從根目錄（root directory）/ 開始，找到 Users、matthewhousley，最後找到 output.txt。從左側開始，每個目錄都包含在父目錄（parent directory）中，直至我們最終到達 output.txt。這個例子使用了 Unix 的語義，但 Windows 的檔案引用語義類似。檔案系統將每個目錄保存為「其包含之檔案和目錄」的中介資料（metadata）。此中介資料包括每個實體的名稱、相關的權限細節資訊，以及指向實體的指標。為了在磁碟上找到一個檔案，作業系統會查看每個階層的中介資料，並跟隨指標到達下一個子目錄實體，直至最終到達檔案本身。

請注意，其他類似檔案的資料實體通常不一定具備所有這些屬性。例如，物件儲存中的*物件*（*objects*）僅支援第一個特徵，即有限長度，但仍然非常有用。我們將在第 235 頁的「物件儲存」中討論這個問題。

在管道（pipeline）需要用到檔案儲存範式（file storage paradigms）的情況下，請注意狀態管理，並盡可能使用暫時環境。即使必須在附接磁碟的伺服器上處理檔案，也應該在處理步驟之間使用物件儲存作為中間儲存（intermediate storage）。盡可能將手動、低階的檔案處理保留給一次性的攝取步驟（ingestion steps）或管道開發（pipeline development）的探索階段（exploratory stages）。

本地磁碟儲存

我們最熟悉的檔案儲存類型是作業系統所管理的檔案系統，它就位於 SSD 或磁碟的本地磁碟分割區上。NTFS 和 ext4 分別是 Windows 和 Linux 上流行的檔案系統。作業系統負責處理保存目錄實體、檔案和中介資料的詳細資訊。檔案系統的設計是為了在寫入期間發生停電時能夠輕鬆恢復資料，但任何未寫入的資料仍將丟失。

本地檔案系統通常支援完全的「寫後讀一致性」（read after write consistency）；寫入後立即進行讀取，將傳回所寫入的資料。作業系統還採用各種鎖定策略（locking strategies）來管理對檔案的並行寫入（concurrent writing）嘗試。

本地磁碟檔案系統還支援高階功能，例如日誌、快照、冗餘、跨多個磁碟擴展檔案系統、全磁碟加密和壓縮。在第 231 頁的「區塊儲存」中，我們還討論了RAID。

網路附接儲存

網路附接儲存（*Network-attached storag*，NAS）系統可以透過網路向客戶端提供檔案儲存系統。NAS 是伺服器的一種普遍解決方案；它們通常內建專用的NAS 介面硬體。雖然透過網路存取檔案系統會降低性能，但儲存虛擬化（storage virtualization）也存在顯著優勢，包括冗餘和可靠性、對資源的細粒度控制、在多個磁碟上進行儲存池化（storage pooling）以實現大型虛擬容量（virtual volumes），以及跨多台機器共享檔案。工程師應該瞭解其 NAS 解決方案所提供的一致性模型，尤其是當多個客戶端可能存取相同的資料時。

NAS 的一個流行替代方案是儲存區域網路（storage area network，SAN），但SAN 系統提供的是區塊級（block-level）存取，而不是檔案系統抽象概念。我們將在第 231 頁的「區塊儲存」中介紹 SAN 系統。

雲端檔案系統服務

雲端檔案系統服務提供了一個完全託管的檔案系統，可供多個雲端虛擬機（cloud VMs）和應用程式（可能包括雲端環境之外的客戶端）使用。雲端檔系統不應與附接到虛擬機的標準儲存混淆——通常，區塊儲存具有虛擬機作業系統管理的檔案系統。雲端檔案系統的行為方式很像 NAS 解決方案，但網路連接、磁碟叢集管理、故障和組態的細節完全由雲端供應商處理。

舉例來說，Amazon Elastic File System（EFS）是一個非常受歡迎的雲端檔案系統服務。儲存是透過 NFS 4 協定（*https://oreil.ly/GhvpT*）公開給用戶的，NAS系統也使用該協定。EFS 提供自動擴展和按儲存空間付費的價格，無須提前預留儲存空間。該服務還提供本地的寫後讀一致性（在執行寫入操作的機器上進行讀取時）。它還提供了整個檔案系統的關閉後開啟一致性（open-after-close consistency）。換句話說，一旦應用程式關閉一個檔案，後續的讀取者將看到保存在已關閉檔案中的變更。

區塊儲存

基本上，區塊儲存（block storage）是由 SSD 和磁碟提供的原始儲存（raw storage）類型。在雲端中，虛擬化區塊儲存（virtualized block storage）是虛擬機的標準儲存方式。這些區塊儲存抽象概念（block storage abstraction）允許對儲存空間、可擴展性和資料持久性進行精細控制，超越了原始磁碟所提供的功能。

在我們之前對 SSD 和磁碟的討論中，我們提到使用這些隨機存取裝置，作業系統可以對磁碟上的任何資料進行尋找、讀取和寫入等操作。區塊（block）是磁碟支援的最小可尋址資料單元。在舊的磁碟上，這通常是 512 位元組的可用資料，但現在大多數磁碟的區塊大小已經成長到 4,096 位元組，這使得寫入的粒度已經不那麼精細，但大大減少了管理區塊的開銷。區塊通常包含用於錯誤檢測／修正和其他中介資料的額外位元。

磁碟上的區塊以幾何方式排列在實體碟片上。同一軌道上的兩個區塊可以在不移動磁頭的情況下讀取，而讀取不同軌道上的兩個塊區需要進行搜尋。在 SSD 上，區塊之間可能會有搜尋時間（seek time），但與磁碟軌道的搜尋時間相比，這是微不足道的。

區塊儲存應用

交易式資料庫系統通常以區塊級別存取磁碟，以實現資料的最佳性能佈局。對列導向（row-oriented）的資料庫而言，這最初意味著資料列（rows of data）被寫入連續的串流；隨著 SSD 的出現及其相應的搜尋時間（seek-time）性能改進，情況變得更加複雜，但交易式資料庫仍然依賴於直接存取區塊儲存裝置所提供的高隨機存取性能。

區塊儲存仍然是雲端虛擬機上作業系統啟動磁碟的預設選項。區塊設備的格式化方式與直接在實體磁碟上一樣，但儲存通常是虛擬化的（見第 232 頁的「雲端虛擬化區塊儲存」）。

RAID

如前所述，RAID 代表獨立磁碟冗餘陣列（*Redundant Array of Independent Disks*）。RAID 可同時控制多個磁碟，以提高資料的持久性、性能並結合多個磁碟的容量。陣列在作業系統中可以呈現為單一的區塊設備。RAID 有許多編碼和奇偶校驗方案可供選擇，這具體取決於在提升有效頻寬和提高容錯能力（對於多個磁碟故障的容忍度）之間所需的平衡。

儲存區域網路

儲存區域網路（*Storage Area Network*，SAN）系統提供虛擬化的區塊儲存設備，通常是從儲存池（storage pool）中透過網路提供的。SAN 的抽象化可以實現細粒度的儲存擴展，並增強性能、可用性和持久性。如果你正在使用本地儲存系統，則可能會遇到 SAN 系統；同樣地，在下一節中，你可能也會遇到 SAN 的雲端版本。

雲端虛擬化區塊儲存

雲端虛擬化區塊儲存（*cloud virtualized block storage*）解決方案類似於 SAN，但工程師無須處理 SAN 叢集和網路細節。我們將以 Amazon Elastic Block Store（彈性區塊儲存，簡稱 EBS）作為標準範例；其他公有雲也有類似的產品。EBS 是 Amazon EC2 虛擬機的預設儲存機制；其他雲端供應商也將虛擬化物件儲存（virtualized object storage）視為其虛擬機產品的關鍵組件。

EBS 提供具有不同性能特徵的多個服務層。一般而言，EBS 的性能指標（performance metrics）以 IOPS 和吞吐量（傳輸速度）表示。性能較高的 EBS 儲存層由 SSD 提供支援，而磁碟支援的儲存則提供較低的 IOPS，但每 GB 的成本較低。

EBS 磁碟區（volumes）保存的資料與「執行個體主機伺服器」（instance host server）分開，但位於同一區域，以支援高性能和低延遲（圖 6-5）。這使 EBS 磁碟區在 EC2 執行個體關閉、主機伺服器發生故障甚至執行個體被刪除時能夠繼續存在。EBS 儲存適用於資料庫等資料持久性要求較高的應用。此外，EBS 會將所有資料複製到至少兩台獨立的主機上，進而在磁碟發生故障時保護資料。

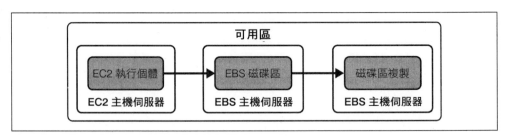

圖 6-5　EBS 磁碟區將資料複製到多個主機和磁碟，以實現高持久性和可用性，但對可用區故障沒有彈性

EBS 儲存虛擬化還支援多種高階功能。例如，EBS 磁碟區（volumes）允許在使用磁碟機時立即進行瞬時快照（point-in-time snapshots）。儘管將快照複製到 S3 仍需要一些時間，但 EBS 可以在進行快照時有效地凍結資料區塊的狀態，同時允許客戶端機器繼續使用該磁碟。此外，在初始完整備份（initial full backup）之後的快照是差異快照；僅將發生變化的資料區塊寫入 S3，以最大程度地降低儲存成本和備份時間。

EBS 磁碟區也具有高度的可擴展性。撰寫本文當時，某些 EBS 磁碟區類別可以擴展到 64 TiB、256,000 IOPS 和 4,000 MiB/s。

本地執行個體磁碟區

雲端供應商還提供以物理方式附接到運行虛擬機之主機伺服器的區塊儲存磁碟區（block storage volumes）。這些儲存磁碟區的成本通常非常低（以 Amazon 的 EC2 執行個體儲存服務來說，已包含在虛擬機的價格中），並提供低延遲和高 IOPS。

執行個體儲存磁碟區（圖 6-6）的行為，本質上類似於物理附接到資料中心伺服器的磁碟。一個主要區別是，當虛擬機被關閉或刪除時，本地附加磁碟的內容將丟失，無論此事件是否由有意的使用者操作引起。這可確保新虛擬機無法讀取屬於其他客戶的磁碟內容。

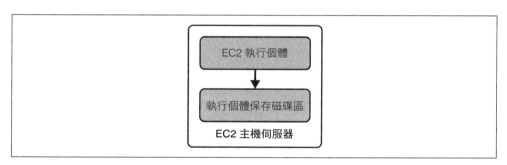

圖 6-6　執行個體保存磁碟區（instance slore volumes）提供高性能和低成本，但在磁碟故障或虛擬機關閉的情況下無法保護資料

本地附接磁碟不支援虛擬化儲存服務（例如 EBS）提供的任何高階虛擬化功能。不會複製本地附接的磁碟，因此即使主機 VM 繼續運行，實體磁碟（physical disk）故障也可能丟失或損壞資料。此外，本地附接的磁碟區（volumes）不支援快照或其他備份功能。

儘管存在這些限制，但本地附接的磁碟非常有用。在許多情況下，我們將磁碟用作本地快取，因此不需要 EBS 之類服務的所有高階虛擬化功能。例如，假設我們在 EC2 執行個體（instances）上運行 AWS EMR。我們可能正在運行一個臨時的作業，該作業會使用 S3 的資料，將其暫時保存在跨執行個體（instances）運行的分散式檔案系統中，處理資料，然後將結果寫回 S3。EMR 檔案系統內建複製和冗餘功能，並且充當快取（cache）而不是永久儲存（permanent storage）。在這種情況下，EC2 執行個體保存（instance store）是一個非常適合的解決方案，並且可以提高性能，因為資料可以在本地讀取和處理，而無須經過網路傳輸（圖 6-7）。

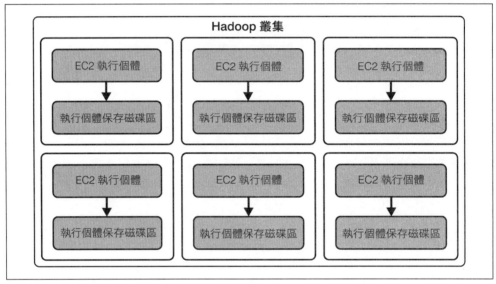

圖 6-7 執行個體保存磁碟區（instance store volumes）可充當臨時性 Hadoop 叢集中的處理快取

我們建議工程師在最壞的情況下考慮本地附接儲存的作法。本地磁碟故障的後果是什麼？虛擬機或叢集意外關閉的後果是什麼？區域性或地區性雲端中斷的後果是什麼？如果當本地附接之磁碟區上的資料丟失時，這些情況都不會造成災難性後果，則本地儲存可能是一個具有成本效益且性能優越的選項。此外，簡單的緩解策略（定期將檢查點備份到 S3）就可以防止資料丟失。

物件儲存

物件儲存（*object storage*）包含各種形狀和大小的物件（圖 6-8）。物件儲存
（*object storage*）這個術語有些令人困惑，因為物件（*object*）在計算機科學中
有多種含義。在這種情況下，我們談論的是一個特殊之類似檔案的構造。它可以
是任何類型的檔案——TXT、CSV、JSON、圖像、視訊或音訊。

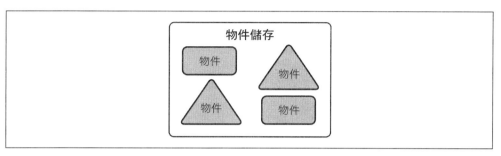

圖 6-8　物件儲存包含各種形狀和大小的不可變物件。與本地磁碟上的檔案不同，無法原
地修改物件

隨著大數據和雲端的興起，物件儲存的重要性和普及度也越來越高。Amazon
S3、Azure Blob Storage 和 Google Cloud Storage（GCS）便是廣泛使用的物件
儲存服務。此外，許多雲端資料倉儲（以及越來越多的資料庫）以物件儲存作為
其儲存層，而雲端資料湖泊通常位於物件儲存之上。

儘管許多本地的物件儲存系統可以安裝在伺服器叢集上，但我們將主要關注完全
託管的雲端物件儲存。從運營的角度來看，雲端物件儲存最吸引人的特性之一是
它易於管理和使用。物件儲存可以說是最早的「無伺服器」（serverless）服務之
一；工程師不需要考慮底層伺服器叢集或磁碟的特性。

物件保存（object store）是一種用於不可變資料物件的鍵值保存（key-value
store）。在物件保存中，我們失去了在本地磁碟上之檔案儲存（file storage）
所期望的許多寫入彈性。物件不支援隨機寫入（random writes）或附加操作
（append operations）；相反地，它們被視為一串位元組進行一次性寫入。在這
次初始寫入後，物件將成為不可變。要變更物件中的資料或對其附加資料，必須
重新寫入整個物件。物件保存通常透過範圍請求（range requests）來支援隨機讀
取（random reads），但這些查找的性能可能遠遠不及對 SSD 上所保存的資料進
行隨機讀取。

對於習慣於利用本地隨機存取（local random access）檔案儲存（file storage）的軟體開發者來說，物件的特性可能看起來像是限制，但有時候少即是多；物件儲存不需要支援鎖定或變更同步，因此可以在大型磁碟叢集上進行資料儲存（data storage）。物件保存支援跨多個磁碟的高性能並行串流寫入和讀取，而這種並行性對工程師來說是隱藏的，他們只需要處理串流，而不需要直接操作個別磁碟。在雲端環境中，寫入速度隨著被寫入的串流數量增加而擴展，但受限於供應商設置的配額。讀取頻寬可以隨著並行請求數量、用於讀取資料的虛擬機數量和 CPU 內核數量的增加而擴展。這些特性使得物件儲存非常適合用於提供高流量的 web 服務，或是向高度並行的分散式查詢引擎提供資料。

典型的雲端物件保存會將資料存放在多個可用區域中，大大降低了儲存系統完全離線或以不可恢復的方式遺失的可能性。這種持久性和可用性已包含在成本中；雲端儲存供應商以折扣價提供其他儲存類別，以換取較低的持久性或可用性。我們將在第 240 頁的「儲存類別和層級」討論這個問題。

雲端物件儲存系統是計算和儲存分離的一個關鍵組件，它讓工程師得以使用臨時叢集處理資料，並按需求隨時擴展和縮減這些叢集的規模。這是讓規模較小的組織也能使用大數據的關鍵因素，因為這些組織無法負擔那些僅只是偶爾運行的資料作業卻需要占用硬體設備的成本。一些大型科技公司仍然會在他們的硬體上運行永久性的 Hadoop 叢集。儘管如此，一般趨勢是大多數組織將資料處理轉移到雲端，以物件儲存作為基本的儲存和服務層，同時在臨時的叢集上處理資料。

在物件儲存中，可用的儲存空間也具有高度的可擴展性，這是大數據系統的理想特性。儲存空間受其供應商所擁有之磁碟數量的限制，但這些供應商可以處理 exabytes（10 的 18 次方位元組）為單位的資料。在雲端環境中，可用的儲存空間幾乎是無限的；實際上，對於公有雲的客戶來說，儲存空間的主要限制是預算。從實際的角度來看，工程師可以快速地保存專案的大量資料，而不需要提前數月規劃必要的伺服器和磁碟。

資料工程應用的物件保存

從資料工程的角度來看，物件保存（object stores）為大型的批次讀寫操作提供了出色的性能。這與大型 OLAP 系統的使用案例非常吻合。一些資料工程的傳統說法認為，物件保存不適合用在更新操作，但這只是部分正確。物件保存對於每秒有許多小型更新操作的交易工作負載來說，不是一個理想的選擇；這些使用

案例更適合使用交易型資料庫或區塊儲存系統。物件保存適用於低頻率的更新操作，其中每個操作都會更新大量的資料。

物件保存現在是資料湖泊（data lakes）之儲存的黃金標準。在資料湖泊的早期，一次寫入、多次讀取（write once, read many，WORM）是操作標準，但這更多地與管理資料版本和檔案的複雜性有關，而不是 HDFS 和物件保存的限制。此後，出現了 Apache Hudi 和 Delta Lake 等系統來管理這種複雜性，GDPR 和 CCPA 等隱私法規使得刪除和更新功能勢在必行。物件儲存的更新管理是我們在第 3 章中所介紹的資料湖倉（data lakehouse）概念背後的核心思想。

物件儲存是一個理想的儲存庫（repository），可以保存超出結構化資料應用（structured data applications）範疇之外、任何格式的非結構化資料（unstructured data）。物件儲存可以容納任何二進位資料，沒有資料類型或結構上的限制，並且通常在原始文字、圖像、視訊和音訊的機器學習管道（ML pipelines）中扮演重要的角色。

物件查找

正如我們所提到的，物件保存（object stores）就是鍵值型保存（key-value stores）。這對工程師意味著什麼？請務必瞭解，與檔案型保存（file stores）不同，物件保存不使用目錄樹來查找物件。物件保存使用了一個頂級的邏輯容器（S3 和 GCS 中的儲存桶），並透過鍵來引用物件。S3 中的一個簡單例子可能如下所示：

```
S3://oreilly-data-engineering-book/data-example.json
```

在此例中，`S3://oreilly-data-engineering-book/` 是儲存桶名稱（bucket name），而 `data-example.json` 是指向特定物件的鍵。S3 儲存桶名稱在整個 AWS 中必須是唯一的。而鍵在儲存桶之內是唯一的。儘管雲端物件保存看起來似乎支援目錄樹語義，但實際上不存在真正的目錄層級結構。我們可以使用以下的完整路徑來保存一個物件：

```
S3://oreilly-data-engineering-book/project-data/11/23/2021/data.txt
```

表面上看，可以看到常規檔案資料夾系統中的子目錄：`project-data`、`11`、`23` 和 `2021`。許多雲端控制台介面允許用戶查看「目錄」（directory）內的物件，而雲端命令列工具通常支援 Unix 風格的命令，例如在物件保存目錄中使用的 `ls`。但是，在幕後，物件系統並不會遍歷目錄樹來存取物件。相反地，它只看

到一個恰好與目錄語義匹配的鍵（`project-data/11/23/2021/data.txt`）。這似乎是一個小的技術細節，但工程師需要瞭解，某些「目錄」級別的操作在物件保存中是昂貴的。要運行 `aws ls S3://oreilly-data-engineering-book/project-data/11/`，物件保存系統必須篩選以前綴為 `project-data/11/` 的鍵。如果儲存桶包含數百萬個物件，則此操作可能需要一些時間，即使「子目錄」（subdirectory）僅包含幾個物件也是如此。

物件一致性和版本控制

如前所述，物件保存系統通常不支援原地更新或附加操作。我們需要以相同的鍵寫入新物件的方式來更新一個物件。當資料工程師在資料處理中進行更新時，他們必須瞭解自己使用之物件保存系統的一致性模型（consistency model）。物件保存系統可以是最終一致性的（*eventually consistent*），也可以是強一致性的（*strongly consistent*）。例如，直到最近，S3 是最終一致性的（*eventually consistent*）；在以相同的鍵寫入物件的新版本後，物件保存系統有時可能會傳回物件的舊版本。最終一致性（*eventually consistent*）的最終（*eventual*）部分意味著經過足夠的時間後，儲存叢集（storage cluster）將達到僅傳回物件之最新版本的狀態。這與我們期望之本地磁碟（附接在伺服器上）的強一致性模型（寫入後讀取將傳回最近寫入的資料），形成鮮明對比。

出於各種原因，可能需要對物件保存系統施加強一致性，並且使用標準方法來實現此一目標。其中一種方法是將強一致性資料庫（例如 PostgreSQL）添加到混合方案中。現在，寫入物件變成了一個兩步驟的過程：

1. 寫入物件。

2. 將物件版本所要傳回的中介資料寫入強一致性資料庫。

版本中介資料（物件的雜湊值（object hash）或物件的時間戳記（object timestamp））與物件的鍵（object key）搭配，可以唯一識別物件的版本（object version）。要讀取物件，讀取者需要執行以下步驟：

1. 從強一致性資料庫中獲取最新物件的中介資料。

2. 使用物件的鍵來查詢物件的中介資料。如果與從一致性資料庫獲取的中介資料匹配，則讀取物件資料。

3. 如果物件的中介資料不匹配，則重複步驟 2，直到傳回物件的最新版本。

實際應用時，需要考慮例外情況和邊緣情況，例如當物件在查詢過程中被重寫時。這些步驟可以透過 API 進行管理，以便物件讀取者看到強一致性的物件保存，但代價是物件的存取延遲較高。

物件版本控制（object versioning）與物件一致性（object consistency）密切相關。當我們在物件保存系統中使用現有的鍵來重寫一個物件時，本質上是在編寫一個全新的物件，也就是讓現有的鍵引用新物件，並刪除舊物件的引用。更新整個叢集中的所有引用需要時間，因此可能會導致讀取到過時的資料。最終，儲存叢集（storage cluster）的垃圾收集器會釋放已解除引用的資料所使用的空間，回收磁碟容量以供新物件使用。

在啟用物件版本控制的情況下，我們會為物件添加額外的中介資料，以便指定一個版本。雖然預設的鍵引用（key reference）會被更新以指向新物件，但我們保留了指向之前版本的其他指標（pointer）。我們還維護了一個版本清單（version list），以便客戶端可以獲取所有物件版本的清單，然後提取特定版本。由於仍引用物件的舊版本，因此垃圾收集器不會清理它們。

如果我們使用版本來引用物件，則某些物件儲存系統的一致性問題就會消失：鍵和版本中介資料共同形成了對特定不可變資料物件的唯一引用。只要我們沒有刪除它，當我們使用這對「鍵和版本」時，總是能夠得到相同的物件。但是，當客戶端請求物件的「預設」或「最新」版本時，一致性問題仍然存在。

工程師在物件版本控制（object versioning）中需要考慮的主要開銷（principal overhead）是儲存成本。物件的歷史版本通常具有與當前版本相同的儲存成本。物件版本的成本可能幾乎微不足道，也可能極為昂貴，具體取決於各種因素。資料大小是一個問題，更新頻率也是一個問題；更多的物件版本可能會導致資料明顯增大。需要注意的是，我們談論的是強制物件版本控制（brute-force object versioning）。物件儲存系統通常會為每個版本保存完整的物件資料，而不是僅保存版本之間的差異快照（differential snapshots）。

工程師還可以選擇部署儲存的生命週期策略（lifecycle policies）。生命週期策略允許在滿足某些條件時，自動刪除舊的物件版本（例如，當物件版本達到特定期限或存在許多較新版本時）。雲端供應商還會以大幅折扣的價格提供各種歸檔資料層（archival data tiers），並且可以使用生命週期策略管理歸檔過程。

儲存類別和層級

現在，雲端供應商提供了可以對資料儲存價格打折的儲存類別（storage classes），以作為減少存取（reduced access）或減少持久性（reduced durability）的交換。我們在這裡使用減少存取（*reduced access*）一詞，因為其中許多儲存層級（storage tiers）仍然可以讓資料具備高度可用性，但需要支付較高的檢索成本（retrieval costs），以換取較低的儲存成本（storage costs）。

讓我們看一些 S3 中的例子，因為 Amazon 是雲端服務標準的基準。S3 Standard-Infrequent Access（標準 - 不頻繁存取）儲存類別可以透過增加資料檢索成本來折扣每月的儲存成本（關於雲端儲存層級經濟學的理論探討，請見第 145 頁的「雲端經濟學簡述」）。Amazon 還提供 S3 One Zone-Infrequent Access（單區 - 不頻繁存取）類別，僅將資料複製到單一區域。預計可用性從 99.9% 下降到 99.5%，以考慮區域停機的可能性。但 Amazon 仍然聲稱其具有極高的資料持久性，但需要注意的是，如果可用區被破壞，資料將丟失。

S3 Glacier 中的歸檔層（archival tiers）是減少存取的更低層級。S3 Glacier 承諾以更高的存取成本來大幅降低長期儲存成本。用戶有各種檢索速度選項，從幾分鐘到幾小時不等，檢索成本越高，存取速度越快。例如，在撰寫本文當時，S3 Glacier Deep Archive 進一步降低了儲存成本；Amazon 宣傳說，儲存成本從每月 1 美元 /TB 起。作為交換，資料的恢復需要 12 小時。此外，這種儲存類別適用於保存 7~10 年並且每年僅存取一到兩次的資料。

請注意你打算如何利用歸檔儲存（archival storage），因為它很容易進入，而且存取資料的成本通常很高，尤其是在你需要資料的頻率高於預期的情況下。有關歸檔儲存經濟學的更廣泛討論，請參閱第 4 章。

基於物件保存的檔案系統

物件保存同步解決方案已變得越來越受歡迎。s3fs 和 Amazon S3 File Gateway（檔案閘道器）等工具允許用戶將 S3 bucket（儲存桶）掛載為本地儲存。這些工具的用戶應該瞭解檔案系統的寫入特性，以及這些特性將如何與物件儲存的特性和定價互動。例如，File Gateway（檔案閘道器）可以透過使用 S3 的高階功能將部分物件合併到一個新物件中，進而相當高效地處理檔案的變更。但是，高速交易寫入將使物件保存的更新能力不勘重負。將物件儲存掛載為本地檔案系統，對於更新頻率不高的檔案非常有效。

快取和基於記憶體的儲存系統

如第 219 頁「資料儲存的基本要素」所述，RAM 具有極低的延遲和非常快的傳送速度。然而，傳統的 RAM 極易丟失資料，因為即使一秒鐘的斷電也會導致資料被刪除。基於 RAM 的儲存系統通常專注於快取應用，提供快速存取和高頻寬的資料。資料通常應該寫入更持久的媒體，以便保存。

當資料工程師需要以極低的檢索延遲提供資料時，這些超快速的快取系統非常有用。

範例：Memcached 和輕量級物件快取

Memcached 是一種鍵值保存系統，用於快取資料庫查詢結果、API 調用回應（call responses）等等。Memcached 使用簡單的資料結構，支援字串或整數類型。Memcached 能夠以非常低的延遲提供結果，同時還可以減輕後端系統的負載。

範例：Redis，具有可選持久性的記憶體快取

與 Memcached 一樣，*Redis* 是一個鍵值保存系統，但它支援更多複雜的資料類型（例如，清單或集合）。Redis 還內建了多種持久性機制，包括快照和日誌。在典型的組態下，Redis 大約每兩秒寫入一次資料。因此，Redis 適用於性能極高的應用，但可以容忍少量資料丟失。

Hadoop 分散式檔案系統

在最近的過去，「Hadoop」幾乎是「大數據」的代名詞。Hadoop 分散式檔案系統係基於 Google File System（GFS）（*https://oreil.ly/GlIic*），最初被設計為使用 MapReduce 程式設計模型（*https://oreil.ly/DscVp*）處理資料。Hadoop 與物件儲存類似，但有一個關鍵區別：Hadoop 會將計算和儲存結合在同一節點上，而物件保存系統通常對內部處理的支援有限。

Hadoop 將大型檔案分割成大小不到幾百 megabytes（MB）的區塊（*blocks*）。檔案系統由 *NameNode* 管理，它會維護目錄（directories）、檔案中介資料（file metadata），以及一個描述叢集（cluster）中檔案區塊（file blocks）之位置的詳細編目（detailed catalog）。在典型的組態中，每個資料區塊會被複製到三個節點。這提高了資料的持久性和可用性。如果磁碟或節點發生故障，某些檔案區塊

的複製因數（replication factor）將低於 3。NameNode 將指示其他節點複製這些檔案區塊，以使其再次達到正確的複製因數。因此，丟失資料的可能性非常低，除非發生災難性的故障（*correlated failure*）（例如，小行星撞擊資料中心）。

Hadoop 不僅僅是一個儲存系統。Hadoop 會將計算資源與儲存節點相結合，以實現原地資料處理。最初是使用 MapReduce 程式設計模型來實現此一目標，我們將在第 8 章中對此進行討論。

Hadoop 已死。Hadoop 萬歲！

我們經常看到 Hadoop 已經死的說法。這只是部分正確。Hadoop 不再是一種熱門的前沿技術。許多 Hadoop 生態系統工具，例如 Apache Pig，雖然仍然得到維護，但主要用於舊有的工作。純粹的 MapReduce 程式設計模型已經被淘汰。HDFS 仍然廣泛用於各種應用和組織。

Hadoop 仍然出現在許多舊有的安裝中。許多在大數據高峰期採用 Hadoop 的組織沒有立即遷移到新技術的計畫。對於運行大規模（千個節點）Hadoop 叢集並擁有有效維護本地系統資源的公司來說，這是一個不錯的選擇。規模較小的公司可能希望重新考慮運行小型 Hadoop 叢集的成本開銷和規模限制，而不是遷移到雲端解決方案。

此外，HDFS 是當前許多大數據引擎（例如 Amazon EMR）的關鍵組成部分。事實上，Apache Spark 仍然經常運行在 HDFS 叢集上。我們將在第 251 頁的「計算與儲存分離」更詳細地討論這一點。

串流儲存

串流資料（streaming data）的儲存需求與非串流資料（nonstreaming data）不同。在訊息佇列（message queues）的情況下，所保存的資料是暫時的，預計在一定時間後會消失。然而，像 Apache Kafka 這樣的分散式、可擴展的串流框架，現在允許極長時間的串流資料保留。Kafka 透過把不常存取的舊訊息向下推送到物件儲存，來支援無限期資料保留。Kafka 的競爭對手（包括 Amazon Kinesis、Apache Pulsar 和 Google Cloud Pub/Sub）也支援長期資料保留。

與這些系統中的資料保留密切相關的是重播（*replay*）的概念。重播允許串流系統傳回一系列歷史保存資料。重播是串流儲存系統的標準資料檢索機制。重播可

用於在某個時間範圍內運行批次查詢，或重新處理串流管道中的資料。第 7 章將會更深入探討「重播」。

針對即時分析應用還出現了其他儲存引擎。從某種意義上說，交易型資料庫是最早的查詢引擎；資料一經寫入，查詢就能看到。然而，這些資料庫存在著眾所周知的擴展性和鎖定方面的限制，尤其是針對在大量資料上運行的分析查詢。儘管交易型資料庫的可擴展版本已經克服了其中一些限制，但它們仍然沒有真正針對大規模分析進行優化。

索引、分割和叢集化

索引（indexes）提供了資料表中特定欄位的映射（map），並允許極快地查找個別紀錄（records）。如果沒有索引，資料庫將需要掃描整個資料表以查找滿足 WHERE 條件的紀錄。

在大多數 RDBMS 中，索引用於主鍵（允許對列進行唯一識別）和外鍵（允許與其他資料表進行聯接）。索引還可以應用於其他行（columns），以滿足特定應用的需要。使用索引，RDBMS 每秒可以查找和更新數千列資料。

在本書中，我們並沒有深入探討交易型資料庫紀錄；關於這個主題，有許多技術資源可供參考。相反地，我們感興趣的是分析導向之儲存系統中索引的演變，以及索引在分析使用案例中的一些新發展。

從列到行的演變

早期的資料倉儲通常建立在與交易型應用相同類型的 RDBMS 上。MPP（大規模並行處理）系統的日益普及，人們開始採用並行處理方式來處理大量資料，以實現在分析應用中掃描性能的顯著提升。然而，這些列導向的 MPP 系統仍然使用索引來支援聯接（joins）和條件檢查（condition checking）。

在第 219 頁的「資料儲存的基本要素」中，我們討論了行式序列化（*columnar serialization*）。行式序列化允許資料庫僅掃描特定查詢所需的行（columns），有時可以大幅減少從磁碟讀取的資料量。此外，透過將資料按行排列，把相似的值放在一起，進而產生高壓縮比和最小的壓縮開銷。這使得我們可以更快地從磁碟和網路中掃描資料。

行式資料庫（columnar database）在交易型使用案例中表現不佳——也就是，當我們嘗試異步查找大量「個別列」（individual rows）時。然而，當必須掃描大量資料時——例如，進行複雜的資料轉換、聚合（aggregations）、統計計算或對大型資料集進行的複雜條件評估，它們的性能非常好。

過去，行式資料庫在聯接操作（joins）上表現不佳，因此對於資料工程師的建議是，盡可能使用寬的綱要（schemas）、陣列（arrays）和嵌套的資料（nested data）來對資料去正規化（denormalize）。近年來，行式資料庫的聯接性能得到了顯著改善，因此儘管去正規化仍然可能帶來性能優勢，但這不再是必要的。你將在第 8 章學到更多關於正規化和去正規化的內容。

從索引到分區和叢集化

雖然行式資料庫（columnar databases）的掃描速度很快，但盡可能減少掃描的資料量仍然很有幫助。除了只掃描與查詢相關行中的資料，我們還可以按欄位將資料表分割為多個子表，進一步減少掃描的資料量。在分析和資料科學的使用案例中，通常需要掃描某個時間範圍，因此基於日期和時間的分割非常普遍。行式資料庫通常還支援各種其他分割方案。

叢集（*clusters*）允許在分區（partitions）內對資料進行更細粒度的組織。在行式資料庫（columnar database）中應用叢集方案（clustering scheme），可按一個或幾個欄位對資料進行排序，將類似的值放在一起。這樣可以提高對這些值進行篩選、排序和聯接的性能。

範例：Snowflake 微分區

我們提到 Snowflake 微分區（*https://oreil.ly/nQTaP*），因為它是行式儲存（columnar storage）方法之近期發展和演變的一個好例子。微分區（*micro partitions*）是指未壓縮大小在 50 到 500 MB 之間的列集（sets of rows）。Snowflake 使用了一種演算法，試圖將相似的列（rows）聚集在一起。這與在單一特定欄位（例如日期）上進行分割的傳統簡單方法形成鮮明對比。Snowflake 專門查找在多列中重複出現的欄位值。這允許根據謂詞（predicates）對查詢進行積極的修剪（*pruning*）。例如，WHERE 子句可能規定以下內容：

```
WHERE created_date='2022-01-02'
```

在此查詢中，Snowflake 會排除不包含此日期的任何微分區，進而有效地修剪此資料。Snowflake 還允許存在重疊的微分區，它可能會在多個欄位上進行分區，以顯示重要的重複情況。

Snowflake 的中介資料（metadata）資料庫有助於高效的修剪，該資料庫保存了每個微分區的描述，包括欄位的列數和欄位值的範圍。在每個查詢階段，Snowflake 都會分析微分區，以確定需要掃描的區域。Snowflake 使用混合行式儲存（hybrid columnar storage）這個術語[2]，部分是指它的資料表被分成一小群的列，即使儲存基本上是行的方式（columnar）。中介資料（metadata）資料庫的作用類似於傳統關聯式資料庫中的索引。

資料工程的儲存抽象概念

資料工程的儲存抽象概念（data engineering storage abstractions）是資料的組織方式（organization）和查詢模式（query patterns），這是資料工程生命週期中的核心概念，建構在先前討論的資料儲存系統之上（圖 6-2）。我們在第 3 章中曾介紹過許多這些抽象概念，現在我們將在此處重新回顧這些內容。

我們將關注的主要抽象概念是那些支援資料科學、分析和報告用例的抽象類型。其中包括資料倉儲（data warehouse）、資料湖泊（data lake）、資料湖倉（data lakehouse）、資料平台（data platforms）和資料編目（data catalogs）。我們不會涉及來源系統，因為已經在第 5 章中討論過了。

作為資料工程師，你所需要的儲存抽象概念歸結為以下幾個關鍵考慮因素：

目的和用例

首先，你必須確定保存資料的目的。它的用途是什麼？

更新模式

抽象概念是否針對大量更新（bulk updates）、串流插入（streaming inserts）或更新插入（upserts）進行了優化？

2　見 Benoit Dageville 所撰寫的〈The Snowflake Elastic Data Warehouse〉（Snowflake 彈性資料倉儲），SIGMOD'16: Proceedings of the 2016 International Conference on Management of Data（2016 年國際資料管理會議論文集）（2016 年 6 月）：第 215~226 頁，*https://oreil.ly/Tc1su*。

成本

直接和間接的財務成本是多少？價值實現的時間？機會成本是什麼？

分離儲存和計算

趨勢是將儲存和計算分離，但大多數系統是分離和主機託管的混合體。我們在第 251 頁的「計算與儲存分離」中有介紹這一點，因為它會影響用途、速度和成本。

你應該知道，將儲存與計算分離的流行趨勢，意味著 OLAP 資料庫和資料湖泊之間的界限越來越模糊。主要的雲端資料倉儲和資料湖泊正處在發生碰撞的道路上。將來，這兩者之間的差異可能只是名義上的，因為它們在功能和技術上可能非常相似。

資料倉儲

資料倉儲是標準的 OLAP 資料架構。正如第 3 章所述，資料倉儲（*data warehouse*）指的是技術平台（例如，Google BigQuery 和 Teradata）、資料集中化架構以及公司內的組織模式。就儲存趨勢而言，我們已經從在傳統的交易型資料庫、基於列的（row-based）MPP 系統（例如 Teradata 和 IBM Netezza）和行式（columnar）MPP 系統（例如 Vertica 和 Teradata Columnar）上建構資料倉儲，發展到雲端資料倉儲和資料平台（有關 MPP 系統的詳細資訊，請參閱第 3 章對資料倉儲的討論）。

實務上，雲端資料倉儲（cloud data warehouses）通常被用來將資料組織成資料湖泊（data lake），資料湖泊是大量未處理之原始資料的儲存區域，正如 James Dixon 最初設想的那樣[3]。雲端資料倉儲可以處理大量的原始文字和複雜的 JSON 文件。然而，與真正的資料湖泊不同，雲端資料倉儲無法處理真正的非結構化資料，例如圖像、視訊或音訊。雲端資料倉儲可以與物件儲存結合，以提供完整的資料湖泊解決方案。

3　見 James Dixon 於 2014 年 9 月 25 日在部落格 James Dixon's Blog 所發表的文章〈Data Lakes Revisited〉（重新審視資料湖泊），*https://oreil.ly/FH25v*。

資料湖泊

資料湖泊（*data lake*）最初的概念是作為一個龐大的儲存庫，用來保存原始、未經處理的資料。最初，資料湖泊主要建構在 Hadoop 系統上，這種廉價的儲存方式允許保留大量的資料，而無須專有 MPP 系統的成本開銷。

在過去五年中，資料湖泊儲存的演進中出現了兩個重要的發展。首先，我們見證了**計算和儲存分離**（*separation of compute and storage*）的重大遷移。實際上，這意味著從 Hadoop 轉向雲端物件儲存，以長期保留資料。其次，資料工程師發現，MPP 系統提供的大部分功能（綱要管理（schema management）；更新（update）、合併（merge）和刪除（delete）能力），以及最初匆忙轉向資料湖泊時被忽略的功能，實際上非常有用。這就產生了資料湖倉（lakehouse）的概念。

資料湖倉

資料湖倉（*data lakehouse*）是一種結合資料倉儲和資料湖泊的架構。一般而言，資料湖倉就像資料湖泊一樣將資料保存在物件儲存中。然而，資料湖倉在此基礎上增加了一些功能，旨在簡化資料管理並建立類似資料倉儲的工程體驗。這意味著它具有強大的資料表（table）和綱要（schema）支援，以及用於管理遞增更新（incremental updates）和刪除（deletes）的功能。資料湖倉通常還支援資料表歷史記錄（table history）和回滾（rollback）；這是透過保留舊版本的檔案和中介資料來實現的。

資料湖倉系統是一種與資料管理和轉換工具一起部署的中介資料和檔案管理層級。Databricks 透過開源儲存管理系統 Delta Lake 大力推廣資料湖倉的概念。

我們不能不指出，資料湖倉的架構與各種商業資料平台（包括 BigQuery 和 Snowflake）使用的架構非常相似。這些系統將資料保存在物件儲存中，並提供自動化的中介資料管理、資料表歷史記錄和更新／刪除功能。用戶完全不用擔心管理底層檔案和儲存的複雜性。

資料湖倉相對於專有工具的主要優勢在於互通性。當以開放檔案格式保存資料時，工具之間的資料交換更加容易。從專有資料庫格式重新序列化資料，會產生處理、時間和成本方面的開銷。在資料湖倉架構中，各種工具可以連接到中介資料層，直接從物件儲存中讀取資料。

需要強調的是，資料湖倉中的許多資料可能沒有強加資料表結構（table structure）。在資料湖倉中，我們可以根據需要導入資料倉儲的功能，同時將其他資料保留為原始甚至非結構化格式。

資料湖倉技術正在快速演進。Delta Lake 出現了各種新的競爭對手，包括 Apache Hudi 和 Apache Iceberg 等。相關細節，請參閱附錄 A。

資料平台

越來越多的供應商將他們的產品定位為資料平台（*data platforms*）。這些供應商已經建立了可互通的工具生態系統，並緊密整合到核心資料儲存層中。在評估平台時，工程師必須確保所提供的工具滿足他們的需求。雖然平台中沒有直接提供的工具仍然可以互通，但在資料交換方面會產生額外的資料開銷。平台還強調與非結構化用例之物件儲存的緊密整合，正如我們在討論雲端資料倉儲時提到的那樣。

目前，坦白地說，資料平台的概念尚未完全成熟。然而，競爭已經展開，目標是建立一個封閉的資料工具生態系統，這既簡化了資料工程的工作，同時也產生了顯著的供應商鎖定效應。

串流到批次式儲存架構

串流到批次式（stream-to-batch）儲存架構與 Lambda 架構有許多相似之處，儘管有些人可能會對技術細節提出質疑。基本上，透過串流儲存系統中的主題（topic），流動的資料會被寫出給多個消費者。

其中一些消費者可能是即時處理系統，負責對串流資料進行統計。此外，批次儲存消費者會寫入資料，用於長期保留和批次查詢。批次消費者可以是 AWS Kinesis Firehose，它能夠根據可設定組態的觸發器（例如，時間和批次的大小）產生 S3 物件。BigQuery 之類的系統可將串流資料（streaming data）載入串流緩衝區（streaming buffer）。此串流緩衝區會自動重新序列化為行式物件儲存（columnar object storage）。查詢引擎（query engine）支援串流緩衝區和物件資料的無縫查詢（seamless querying），為用戶提供資料表近乎即時的當前視圖。

儲存領域的重要概念和趨勢

在本節中，我們將討論儲存領域的一些重要概念——這些是你在建構儲存架構時需要牢記的關鍵考慮因素。其中許多考慮因素是更大趨勢的一部分。例如，資料編目（data catalogs）符合「企業級」（enterprisey）資料工程和資料管理的趨勢。在雲端資料系統中，計算與儲存的分離基本上已成為一個事實。隨著企業採用資料技術，資料共享是一個越來越重要的考慮因素。

資料編目

資料編目（*data catalog*）是整個組織所有資料的集中式中介資料保存（centralized metadata store）。嚴格來說，資料編目並不是一個頂層的（top-level）資料儲存抽象概念，而是與各種系統和抽象概念整合在一起。資料編目通常能夠跨足運營和分析資料來源，整合資料沿襲（data lineage）和資料關係（data relationships）的展示，並允許用戶編輯資料描述（data descriptions）。

資料編目通常用於提供一個中心位置，供人們查看他們的資料、查詢和資料儲存。作為資料工程師，你可能負責設置和維護與「資料編目」整合的資料管道（data pipeline），和將要與「資料編目」整合的儲存系統（storage systems），以及確保資料編目本身的完整性。

編目應用程式整合

理想情況下，資料應用程式被設計為與編目 API 整合，以直接處理其中介資料和更新。隨著編目在組織中的使用越來越廣泛，實現此一理想變得越來越容易。

自動掃描

實際上，編目管理系統（cataloging systems）通常需要依賴自動掃描層，從各種系統（例如，資料湖泊、資料倉儲和運營資料庫）蒐集中介資料。資料編目（data catalog）可以蒐集現有的中介資料，也可以使用掃描工具來推斷中介資料，例如關鍵關係（key relationships）或敏感資料（sensitive data）的存在。

資料門戶與社交層

資料編目通常還透過 Web 介面提供人工存取層，用戶可以在其中搜尋資料並查看資料關係。資料編目可以透過提供 Wiki 功能的社交層（social layer）進行增

強。這使得用戶可以提供有關其資料集的資訊，請求其他用戶的資訊，並在更新可用時發佈更新。

資料編目用例

資料編目具有組織層面和技術層面兩個用例。資料編目可讓中介資料易於供系統使用。例如，資料編目是資料湖倉的關鍵組成部分，允許資料表查詢的可發現性。

在組織層面上，資料編目使得業務用戶、分析師、資料科學家和工程師能夠搜索資料以回答問題。資料編目簡化了跨組織的溝通和協作。

資料共享

資料共享允許組織和個人與特定實體共享特定的資料和精心定義的權限。資料共享允許資料科學家與組織內的協作者共享沙箱（sandbox）中的資料。在組織間，資料共享可促進合作夥伴業務之間的協作。例如，廣告技術公司可與其客戶共享廣告資料。

雲端多租戶環境使組織間的協作變得更加容易。然而，它也帶來了新的安全挑戰。組織必須仔細控管誰可以與誰共享資料的政策，以防止資料的意外洩漏或故意外流。

資料共享是許多雲端資料平台的核心功能。有關資料共享的更廣泛討論，請參閱第 5 章。

綱要

資料的預期形式是什麼？檔案格式是什麼？它是結構化的、半結構化的還是非結構化的？預期有哪些資料類型？資料如何融入更大的層次結構？它是否透過共享鍵或其他關係與其他資料相連？

請注意，綱要（schema）不一定是關聯式的（relational）。相反地，當我們瞭解資料的結構和組織方式時，資料就會變得更有用。對於保存在資料湖泊中的圖像（images），此綱要資訊可能會解釋圖像的格式、解析度以及圖像融入更大層次結構的方式。

綱要可作為一種羅塞塔石碑（Rosetta stone），告訴我們如何讀取資料。存在兩種主要的綱要模式：寫入時綱要和讀取時綱要。寫入時綱要（*schema on write*）基本上是傳統的資料倉儲模式（data warehouse pattern）：資料表具有一個整合的綱要；對資料表的任何寫入都必須符合該綱要。若要支援寫入時綱要，資料湖泊必須整合綱要中介資料保存（schema metastore）。

使用讀取時綱要（*schema on read*），綱要是在寫入資料時動態建立的，讀取者必須在讀取資料時確定綱要。理想情況下，讀取時綱要是透過使用內建綱要資訊的檔案格式來實現的，例如 Parquet 或 JSON。CSV 檔案因其架構不一致而聲名狼藉，不建議在此設置中使用。

寫入時綱要的主要優點是它強制執行資料標準，使得資料在未來更容易被使用和利用。讀取時綱要則強調彈性，允許寫入幾乎任何形式的資料。但這樣做的代價是將來資料的使用更加困難。

計算與儲存分離

本書中我們一再強調的一個關鍵概念，就是將計算與儲存分離。在當今的雲端時代，這已經成為一種標準的資料存取和查詢模式。正如我們所討論的，資料湖泊將以物件保存（object stores）^{譯註 1} 來保存資料，並啟動臨時計算能力來讀取和處理它。大多數完全託管的 OLAP 產品，現在都依賴於幕後的物件儲存（object storage）^{譯註 2}。要瞭解分離計算和儲存的動機，我們首先應該查看計算和儲存的共置（colocation）。

計算和儲存的共置

長期以來，計算和儲存的共置（colocation）一直都是提高資料庫性能的標準方法。對於交易型資料庫，資料共置（data colocation）可以實現快速、低延遲的磁碟讀取和高頻寬。即使將儲存虛擬化（例如，使用 Amazon EBS），資料也會相對較靠近主機。

譯註 1　物件保存（object stores）是指一種資料保存和檢索方法，它將資料以物件的形式進行組織和保存。

譯註 2　物件儲存（object storage）是指一種分散式儲存架構，它將資料以物件的形式進行保存和管理。

相同的基本概念也適用於在機器叢集上運行的分析查詢系統。例如，在使用 HDFS 和 MapReduce 的情況下，標準的作法是在叢集中定位需要掃描的資料區塊，然後將個別的 *map*（映射）作業推送給這些區塊。map（映射）步驟的資料掃描和處理是嚴格地在本地進行的。*reduce* 步驟涉及在叢集中對資料進行 shuffle（隨機排序），但將 map 步驟保留在本地，可以有效地保留更多頻寬以進行 shuffle，進而提供更好的整體性能；對資料進行大量篩選的 map 步驟還可以顯著減少進行 shuffle 的資料量。

計算和儲存分離

如果計算和儲存擺在一起可以提供高性能，那麼為什麼會轉向計算和儲存分離？這有幾種原因。

短暫性和可擴展性。　在雲端中，我們已經看到了朝向短暫性方向發展的重大轉變。一般來說，如果你需要 1 天 24 小時地連續不斷運行一台伺服器數年，那麼購買和託管一台伺服器要比從雲端供應商處租用伺服器便宜。但實際上，工作負載會有很大的變化，如果伺服器可以按需要擴展和縮減，那麼按使用量付費（pay-as-you-go）模型可以實現顯著的效益。對於線上零售的 Web 伺服器如此，對於可能僅定期運行的大數據批次作業也是如此。

臨時的計算資源讓工程師能夠及時啟動大型叢集來完成作業，然後在這些作業完成後刪除叢集。臨時以極高規模運行的性能優勢，可能超過了物件儲存的頻寬限制。

資料的持久性和可用性。　雲端的物件保存（object stores）大大降低了資料丟失的風險，並且通常可以提供極高的運行時間（可用性）。例如，S3 將資料保存在多個區域；如果自然災害破壞了某個區域，其餘區域的資料仍然可用。具有多個可用區域還能降低資料中斷的幾率。如果一個區域的資源出現問題，工程師可以在另一個區域中啟動相同的資源。

組態錯誤（misconfiguration）可能會破壞物件儲存中的資料，確實令人擔憂，但可以使用易於部署（simple-to-deploy）的緩解措施來降低這種風險。將資料複製到多個雲端區域可以降低此風險，因為組態變更通常只會一次部署到一個區域。將資料複製到多個儲存供應商（storage providers）可以進一步降低風險。

混合分離和共置

將計算與儲存分離的實際情況比我們所說的要複雜得多。實務上,我們會不斷混合共置和分離,以實現這兩種作法的好處。這種混合通常透過兩種方式完成:多層快取(multitier caching)和混合物件儲存(hybrid object storage)。

在多層快取(*multitier caching*)中,我們會利用物件儲存進行長期資料保留和存取,但在查詢和資料管道的各個階段中啟用本地儲存。Google 和 Amazon 都提供混合物件儲存(將物件儲存與計算緊密整合之物件儲存)的版本。

讓我們來看看一些流行的處理引擎如何混合使用儲存和計算的分離和共置。

範例:使用 S3 和 HDFS 的 AWS EMR。 像 Amazon EMR 這樣的大數據服務會啟動臨時的 HDFS 叢集來處理資料。工程師可以選擇將 S3 和 HDFS 都引用為檔案系統。一種常見的模式是在 SSD(固態硬碟)上建立 HDFS,從 S3 中提取資料,並將中間處理步驟的資料保存在本地的 HDFS 上。與直接從 S3 進行處理相比,這樣就可以實現顯著的性能提升。一旦叢集完成其步驟,完整的結果將寫回 S3,然後刪除叢集和 HDFS。其他消費者可以直接從 S3 讀取輸出資料。

範例:Apache Spark。 在實際應用中,Spark 通常在 HDFS 或其他一些臨時的分散式檔案系統上運行作業,以支援處理步驟之間的高性能資料儲存。此外,Spark 會在記憶體內大量保存資料,以提高處理效率。擁有運行 Spark 之基礎架構的問題在於,動態隨機存取記憶體(dynamic RAM,DRAM)的價格非常昂貴;透過在雲端中分離計算和儲存,我們可以租用大量記憶體,然後在作業完成時釋放該記憶體。

範例:Apache Druid。 Apache Druid 高度依賴 SSD(固態硬碟)來實現高性能。由於 SSD 的價格比磁碟貴得多,因此 Druid 在其叢集中僅保留一份資料副本,進而將「即時」儲存("live" storage)成本降低了三倍。

當然,維持資料的持久性仍然至關重要,因此 Druid 使用物件保存(object store)作為其持久性層。攝取資料時,會對其進行處理,將其序列化為壓縮行(compressed columns),並寫入叢集的 SSD 和物件儲存中。在節點發生故障或叢集資料損壞的情況下,資料可以自動恢復到新節點上。此外,叢集可以關閉,然後從 SSD 儲存中完全恢復。

範例：混合物件儲存。 Google 的 Colossus 檔案儲存系統支援對資料區塊位置的細粒度控制，儘管此功能不會直接向大眾公開。BigQuery 使用此功能將客戶資料表共置（colocate）到單一位置上，進而允許在該位置進行的查詢具有超高頻寬[4]。我們將此稱為混合物件儲存，因為它結合了物件儲存之簡潔的抽象特性與將計算和儲存共置的一些優勢。Amazon 還透過 S3 Select 提供了一些混合物件儲存的概念，該功能允許用戶在透過網路傳回資料之前直接在 S3 叢集中篩選 S3 資料。

我們推測，公共雲將更廣泛地採用混合物件儲存，以提高其產品的性能，並更有效地利用可用的網路資源。有些人可能已經在這樣做了，但沒有公開披露這一點。

混合物件儲存的概念強調，相對於倚賴其他人的公共雲，對硬體進行低階存取仍然具有優勢。公共雲服務並不會公開硬體和系統的低階細節（例如，Colossus 的資料區塊位置），但這些細節在性能優化和增強方面非常有用。請參閱第 4 章中對雲端經濟學的討論。

雖然我們現在看到了資料大規模遷移到公共雲的情況，但我們相信，目前在其他供應商提供的公共雲上運行的許多超大規模資料服務供應商，可能會在未來建構他們自己的資料中心，儘管這些資料中心將與公共雲進行深度的網路整合。

零副本複製

基於物件儲存的雲端系統支援零副本複製（zero-copy cloning）。這通常意味著可以建立一個物件的新虛擬副本（例如，新資料表），而不一定需要實際複製底層的資料。通常，會建立指向原始資料檔案的新指標，並且將來對這些資料表的變更將不會在舊資料表中記錄。對於那些熟悉物件導向語言（例如 Python）內部工作原理的人來說，這種類型的「淺層」複製在其他情況下並不陌生。

零副本複製是一項引人注目的功能，但工程師必須瞭解其優勢和局限性。例如，在資料湖泊環境中複製一個物件，然後刪除原始物件中的檔案，可能也會清除新物件。

4　見 Valliappa Lakshmanan 與 Jordan Tigani 所撰寫的《Google BigQuery: The Definitive Guide》（O'Reilly，2019 年），第 16~17 和 188 頁，*https://oreil.ly/5aXXu*。

對於完全託管之基於物件儲存的系統（例如，Snowflake 和 BigQuery），工程師需要非常熟悉淺層複製的確切限制。在資料湖泊系統（例如 Databricks）中，工程師對底層物件儲存有更多存取權限，這是福也是禍。資料工程師在刪除底層物件儲存中的任何原始檔案之前，應格外小心。Databrick 和其他資料湖泊管理技術有時也支援深層複製（*deep copying*）的概念，即複製所有底層資料物件。這是一個更昂貴的過程，但在檔案被意外丟失或刪除的情況下，它的功能也更加強大。

資料儲存生命週期和資料保留

保存資料並不像只是將其保存到物件儲存或磁碟中然後忘記它那麼簡單。你需要考慮資料儲存生命週期和資料保留。當你考慮存取頻率和使用案例時，需要問自己：「對下游用戶來說，資料有多重要，他們需要多久存取一次？」，這就是資料儲存生命週期。你應該問的另一個問題是：「我應該將這些資料保留多長時間？」你是否需要無限期地保留資料，或者在一定的時間範圍後丟棄它們？這就是資料保留。現在讓我們深入瞭解其中每一個。

熱資料、溫資料和冷資料

你知道資料有溫度嗎？根據資料的存取頻率，我們可以將其分為三類：熱、溫和冷。每個資料集（dataset）的查詢存取模式都不同（圖 6-9）。通常，查詢新資料的頻率高於舊資料。讓我們依次看看熱資料、溫資料和冷資料。

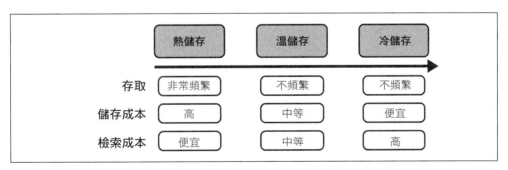

圖 6-9　與存取頻率相關的熱、溫、冷資料成本

熱資料。 熱資料（*hot data*）需要即時或頻繁的存取。熱資料的底層儲存媒介適用於快速的存取和讀取，例如 SSD 或記憶體。由於涉及熱資料的硬體類型，保存熱資料通常是最昂貴的儲存形式。熱資料的使用案例包括檢索產品推薦和產品頁面結果。保存熱資料的成本是這三個儲存層級中最高的，但檢索通常很便宜。

查詢結果快取是熱資料的另一個例子。進行查詢時，某些查詢引擎會將查詢結果保留在快取中。在有限的時間內，當再次進行相同查詢時，快取中的結果將被傳回，而不是對儲存重新進行相同的查詢。與重複發出相同的查詢相比，這允許更快的查詢回應時間。在接下來的章節中，我們將更詳細地介紹查詢結果快取。

溫資料。 溫資料（*warm data*）通常是半定期地存取，例如每月一次。並沒有硬性規定指出存取溫資料的存取頻率，但它比熱資料少，比冷資料多。主要的雲端供應商有提供用於溫資料的物件儲存層級。例如，Amazon S3 有提供一個 Infrequently Accessed Tier（不頻繁存取層級），Google Cloud 則有一個類似的儲存層級稱為 Nearline。供應商會提供他們建議的存取頻率模型，工程師也可以進行成本建模和監控。溫資料的儲存比熱資料的儲存便宜，但檢索成本略高一些。

冷資料。 另一個極端是冷資料（*cold data*），它是不常存取的資料。用於保存冷資料的硬體和軟體通常便宜且耐用，例如 HDD、磁帶儲存和基於雲端的歸檔系統。冷資料主要用於長期歸檔（long-term archival），此時幾乎沒有存取資料的意圖。雖然保存冷資料很便宜，但檢索冷資料往往很昂貴。

儲存層級考慮事項。 考慮資料的儲存層級時，需要考慮每個層級的成本。如果你將所有資料保存在熱儲存中，則可以快速存取所有資料。但這樣做的代價非常高！相反地，如果你將所有資料保存在冷儲存中以節省成本，則肯定會降低儲存成本，但如果你需要存取資料，則代價是檢索時間延長和檢索成本高。儲存價格從較快 / 較高性能的儲存降至較低的儲存。

冷儲存在資料歸檔（archiving data）方面很受歡迎。在過去，冷儲存涉及實體備份（physical backups），通常是將這些資料郵寄給第三方，由他們將其歸檔在實際的保險庫中。冷儲存在雲端中越來越受歡迎。每個雲端供應商都有提供冷資料解決方案，你應該權衡將資料推送到冷儲存的成本與檢索資料的成本和時間。

資料工程師需要考慮從熱儲存到溫/冷儲存的溢出情況。記憶體是昂貴且有限的。例如，如果熱資料被保存在記憶體中，則當要保存的新資料過多且記憶體不足時，可以將熱資料溢出到磁碟。某些資料庫可能會將不常存取的資料移動到溫儲存層或冷儲存層，進而將資料轉移到 HDD 或物件儲存。由於物件儲存的成本效益，後者越來越常見。如果你在雲端中並使用託管服務，則磁碟溢出將自動發生。

如果你使用的是基於雲端的物件儲存，請為你的資料建立自動生命週期策略。這將大幅降低你的儲存成本。例如，如果你的資料每個月只需要存取一次，則將資料移動到不頻繁存取的儲存層。如果資料已存在 180 天，並且當前的查詢不需要存取這些資料，則應該將其移動到歸檔儲存層（archival storage tier）。在這兩種情況下，你可以自動將資料從常規物件儲存中遷移出去，進而節省資金。但是，請考慮使用不頻繁或歸檔風格之儲存層級時的檢索成本（包括時間和金錢）。存取和檢索的時間和成本可能因雲端供應商而異。儘管有些雲端供應商讓資料遷移到歸檔儲存（archive storage）既簡單且便宜，但檢索資料既昂貴又緩慢。

資料保留

在「大數據」的早期，不管資料的有用性如何，都傾向於積累每一條可能的資料。當時的期望是，「我們將來可能需要這些資料」。這種資料囤積不可避免地變得難以管理和混亂，導致資料沼澤（data swamps）和對資料保留（data retention）的監管打擊，以及其他後果和噩夢。如今，資料工程師需要考慮資料保留的問題包括：需要保留哪些資料，以及應該保留多長時間？以下是資料保留需要考慮的一些事項。

價值。　資料是一種資產，因此你應該知道所保存資料的價值。當然，價值是主觀的，取決於資料對你的使用情況和整個組織的價值。這些資料是否無法重新建立，還是可以透過查詢上游系統輕鬆重新建立？這些資料可用與不可用，會對下游用戶產生什麼影響？

時間。　對下游用戶來說，資料的價值也取決於資料的新舊。新資料通常比舊資料更有價值且存取頻率更高。技術限制可能會決定你在特定儲存層中保存資料的時間長度。例如，如果你將熱資料保存在快取或記憶體中，則可能需要設置一個留存時間（time to live，TTL），以便在某個時間點後使資料過期，或將其保存到溫儲存或冷儲存中。否則，你的熱儲存將變滿，對熱資料的查詢將受到性能延遲的影響。

合規性。 某些法規（例如 HIPAA 和 Payment Card Industry，PCI）可能會要求你將資料保留一段時間。在這些情況下，即使存取請求的可能性很低，資料也需要在請求時可被存取。其他法規可能要求你僅在有限的時間內保留資料，並且你需要具備在合規準則範圍內及時刪除特定資訊的能力。你需要一個儲存和資料歸檔的流程，同時具備搜索資料的能力，以符合你需要遵守之特定法規的保留要求。當然，你需要在合規性與成本之間取得平衡。

成本。 資料是一種（有望）產生投資回報率（ROI）的資產。在 ROI 的成本方面，與資料相關的儲存費用顯而易見。考慮你需要保留資料的時間範圍。根據我們對熱資料、溫資料和冷資料的討論，實施自動化的資料生命週期管理，如果超過所需的保留日期，你不需要資料，則將其移動到冷儲存。或者，如果確實不再需要資料，則將其刪除。

單租戶儲存與多租戶儲存的區別

在第 3 章中，我們談到了單租戶和多租戶架構之間的權衡。簡而言之，在**單租戶**（*single-tenant*）架構中，每組租戶（例如，個別用戶、用戶群組、帳戶或客戶）都有自己的專用資源集，例如網路、計算和儲存。而**多租戶**（*multitenant*）架構則相反，這些資源由用戶群組之間共享。這兩種架構都被廣泛使用。本節將探討單租戶和多租戶儲存的影響。

採用單租戶儲存，意味著每個租戶都可以擁有自己的專用儲存。在圖 6-10 的範例中，每個租戶都擁有一個資料庫。這些資料庫之間並不共享任何資料，並且儲存是完全隔離的。使用單租戶儲存的一個例子是，每個客戶的資料必須隔離儲存，不能與任何其他客戶的資料混合。在這種情況下，每個客戶都擁有自己的資料庫。

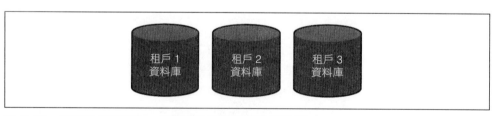

圖 6-10　在單租戶儲存中，每個租戶都有自己的資料庫

獨立的資料儲存意味著獨立的綱要（schemas）、儲存桶結構（bucket structures），以及與儲存相關的一切。這意味著你可以自由地設計每個租戶的儲存環境，使其保持統一，或者讓它們隨心所欲地發展。不同客戶之間的綱要差異，可能是一種優勢，也可能是一種複雜因素；與往常一樣，請考慮權衡。如果每個租戶的綱要在所有租戶中都不統一，當你需要查詢多個租戶的資料表，以建立所有租戶資料的統一視圖時，則會產生重大的影響。

多租戶儲存允許在單一資料庫中儲存多個租戶。例如，與客戶可以獲得自己資料庫的單租戶場景不同，多個客戶可以存在於多租戶資料庫中的相同資料庫綱要或資料表裡。保存多租戶資料意味著每個租戶的資料都保存在相同位置（圖 6-11）。

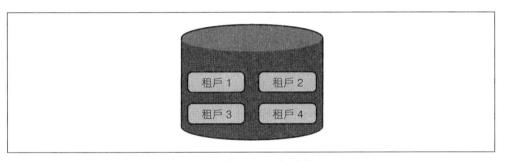

圖 6-11　在此多租戶儲存中，四個租戶佔用同一資料庫

你需要瞭解單租戶和多租戶儲存的查詢方法，我們將在第 8 章中詳細介紹。

你將與誰合作

儲存是資料工程基礎架構的核心。你將與擁有 IT 基礎架構的人員（通常是開發運營師、安全架構師和雲端架構師）進行互動。定義資料工程和其他團隊之間的責任範圍至關重要。資料工程師是否有權在 AWS 帳戶中部署他們的基礎架構，或者必須由其他團隊處理這些變更？與其他團隊合作，定義簡化的流程，以便團隊能夠高效、快速地協同工作。

資料儲存的責任劃分將在很大程度上取決於相關組織的成熟度。如果公司處於資料成熟度的早期，資料工程師可能會管理儲存系統和工作流程。如果公司的資料成熟度處於較晚期，則資料工程師可能會管理儲存系統的一部分。此資料工程師還可能與儲存兩側——攝取和轉換——的工程師進行互動。

資料工程師需要確保下游用戶使用的儲存系統安全可用，包含高品質的資料，具有足夠的儲存容量，並在運行查詢和轉換時，保持良好的性能。

潛在因素

儲存的潛在因素非常重要，因為儲存是資料工程生命週期所有階段的關鍵中樞。其他的潛在因素可能涉及資料的移動（攝取）或查詢和轉換，而儲存的潛在因素不同，因為儲存是如此無處不在。

安全性

雖然工程師通常將安全性視為工作的障礙，但他們應該接受安全性是一個關鍵推動因素的觀點。強大的靜態和動態安全性以及細粒度的資料存取控制，可以在企業內更廣泛地共享和使用資料。當這一點成為可能時，資料的價值會顯著提高。

與往常一樣，遵循最小特權原則。除非必要，否則不要將完全的資料庫存取權限授予任何人。這意味著大多數資料工程師實際上不需要完全的資料庫存取權限。此外，還要注意資料庫中之行（column）、列（row）和單元格級別（cell-level）的存取控制。僅向用戶提供所需要的資訊，僅此而已。

資料管理

當我們使用儲存系統讀寫資料時，資料管理至關重要。

資料編目和中介資料管理

強大的中介資料增強了資料的價值。編目管理可以透過啟用資料探索（data discovery）來支援資料科學家、分析師和機器學習工程師。資料沿襲（data lineage）加快了追蹤資料問題的時間，並允許消費者找到上游原始資料的來源。在建構儲存系統的同時，也需要投資中介資料。將資料字典（data dictionary）與這些其他工具整合，可以讓用戶充分共享和記錄機構知識。

中介資料管理（metadata management）還顯著增強了資料治理（data governance）。除了啟用被動的資料編目管理和沿襲之外，還可以考慮在這些系統上實施分析，以清晰、主動地瞭解資料的狀態。

物件儲存中的資料版本控制

主要的雲端物件儲存系統支援資料版本控制。資料版本控制有助於在流程失敗且資料損壞時進行錯誤恢復。版本控制對於追蹤用於建構模型的資料集之歷史記錄也是有益的。正如程式碼版本控制允許開發人員追蹤導致錯誤的提交一樣，資料版本控制可以幫助機器學習工程師追蹤導致模型性能下降的變更。

隱私

GDPR 和其他隱私法規對儲存系統設計產生了顯著的影響。任何涉及隱私的資料都有一個資料工程師必須管理的生命週期。資料工程師必須準備好回應資料刪除請求，並根據需要選擇性地刪除資料。此外，工程師可以透過匿名化和遮罩等手段來滿足隱私和安全需求。

資料運營

資料運營（DataOps）與資料管理並不是相互獨立的，實際上它們之間存在大量重疊領域。DataOps 關注的是儲存系統的傳統操作監控和資料本身的監控，這與中介資料和品質密不可分。

系統監控

資料工程師必須以各種方式監控儲存。這包括監控基礎架構儲存組件（如果存在的話），還包括監控物件儲存和其他「無伺服器」系統。資料工程師應該在財務運營（FinOps）、安全監控和存取監控方面發揮帶頭作用。

觀察和監測資料

雖然我們所描述的中介資料系統至關重要，但良好的工程設計必須透過積極尋求瞭解資料的特徵，並觀察重大變化來平衡資料的熵性質。工程師可以監控資料統計資訊，應用匿名檢測方法或簡單規則，並主動測試和驗證邏輯的不一致性。

資料架構

第 3 章介紹了資料架構的基礎知識，因為儲存是資料工程生命週期的關鍵底層。

考慮以下的資料架構提示。設計所需的可靠性和持久性。瞭解上游來源系統，以及一旦資料被攝取後將如何保存和存取。瞭解下游將發生的資料模型類型和查詢類型。

如果預計資料將會成長，你能否與雲端供應商協商儲存空間？對財務運營（FinOps）採取積極的作法，並將其視為架構討論的核心部分。不要過早進行優化，但如果在處理大量資料時存在商機，則應該做好擴展的準備。

傾向於完全託管的系統，並瞭解供應商的 SLA（服務等級協議）。完全託管的系統通常比你必須動手管理的系統更加強大和可擴展。

編排

編排（orchestration）與儲存高度相關。儲存允許資料流經管道（pipelines），而編排則是幫浦（pump）。編排還有助於工程師應付資料系統的複雜性，讓他們能夠有效地結合多個儲存系統和查詢引擎。

軟體工程

我們可以從兩個方面來考慮儲存背景下的軟體工程。首先，你編寫的程式碼應該與你的儲存系統良好地配合。確保你編寫的程式碼能夠正確保存資料，並且不會意外導致資料丟失、記憶體洩漏或性能問題。其次，將你的儲存基礎架構定義為程式碼，並在需要處理資料時使用臨時的計算資源。由於儲存與計算的區別越來越大，因此你可以在把資料保存在物件儲存中的同時，自動啟動和關閉資源。這樣可以保持基礎架構整潔，避免將儲存層和查詢層耦合在一起。

結語

儲存無處不在，是資料工程生命週期許多階段的基礎。在本章中，你學到了有關儲存系統的基本要素、類型、抽象概念和重要概念。深入瞭解你將使用之儲存系統的內部運作和限制。瞭解哪些類型的資料、活動和工作負載適合你的儲存系統。

其他資源

- 「Column-Oriented DBMS」（行導向儲存）維基百科頁面（*https://oreil.ly/FBZH0*）

- 〈The Design and Implementation of Modern Column-Oriented Database Systems〉（現代行式資料庫系統的設計與實作）（*https://oreil.ly/Q570W*），作者：Daniel Abadi 等人

- 《*Designing Data-Intensive Applications*》（設計資料密集型應用程式），作者：Martin Kleppmann（O'Reilly 出版）

- 〈Dive into Delta Lake: Schema Enforcement and Evolution〉（深入探索 Delta Lake：綱要的執行與演變）（*https://oreil.ly/XSxuN*），作者：Burak Yavuz 等人

- 〈Hot Data vs. Cold Data: Why It Matters〉（熱資料與冷資料：為什麼重要）（*https://oreil.ly/h6mbt*），作者：Afzaal Ahmad Zeeshan

- IDC 的〈Data Creation and Replication Will Grow at a Faster Rate than Installed Storage Capacity, According to the IDC Global DataSphere and StorageSphere Forecasts〉（根據 IDC Global DataSphere 和 StorageSphere 預測，資料的建立和複製速度將比已安裝的儲存容量成長更快）新聞稿（*https://oreil.ly/Kt784*）

- 〈Rowise vs. Columnar Database? Theory and in Practice〉（列式資料庫與行式資料庫之間有何區別？在理論和實務中有何不同？）（*https://oreil.ly/SB63g*），作者：Mangat RaiModi

- 〈Snowflake Solution Anti-Patterns: The Probable Data Scientist〉（Snowflake 解決方案反模式：可能的資料科學家）（*https://oreil.ly/is1uz*），作者：John Aven

- 〈What Is a Vector Database?〉（什麼是向量資料庫？）（*https://oreil.ly/ktw0O*），作者：Bryan Turriff

- 〈What Is Object Storage? A Definition and Overview〉（什麼是物件儲存？定義和概述）（*https://oreil.ly/ZyCrz*），作者：Alex Chan

- 〈The What, When, Why, and How of Incremental Loads〉（增量負載是什麼、何時使用、為什麼使用、如何實現）（*https://oreil.ly/HcfX8*），作者：Tim Mitchell

第七章

攝取

你已經瞭解到作為資料工程師可能會遇到的各種來源系統,以及保存資料的方式。現在,讓我們將注意力轉向從各種來源系統中攝取資料所應用的模式和選擇。在本章中,我們將討論資料的攝取(圖 7-1)、攝取階段的關鍵工程考慮因素、批次和串流攝取的主要模式、你將遇到的技術、在開發資料攝取管道時將與誰合作,以及攝取階段的潛在因素。

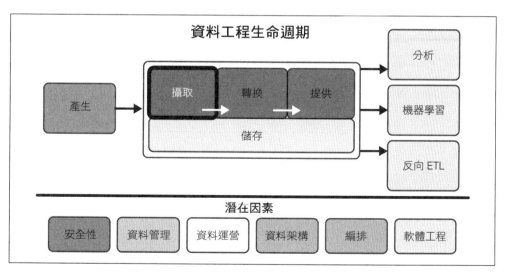

圖 7-1　開始處理資料之前,我們必須先攝取它

資料攝取是什麼？

資料攝取（*data ingestion*）是將資料從一個地方移動到另一個地方的過程。資料攝取意味著在資料工程生命週期中，將資料從來源系統移動到儲存中，攝取是一個中間步驟（圖 7-2）。

圖 7-2　來自系統 1 的資料被攝取到系統 2 中

值得快速對比一下資料攝取與資料整合。資料攝取（*data ingestion*）是從 A 點到 B 點的資料移動，而資料整合（*data integration*）則是將來自不同來源的資料結合成一個新的資料集。例如，你可以使用資料整合將來自 CRM（客戶關係管理）系統、廣告分析資料和 Web 分析資料結合起來建立用戶資料檔（user profile），並將其保存到資料倉儲（data warehouse）中。此外，使用反向 ETL，你可以把這個新建的用戶資料檔送回你的 CRM，以便銷售人員可以使用這些資料來確定潛在客戶的優先順序。我們將在第 8 章中更全面地介紹資料整合，以及討論資料轉換；而反向 ETL 則在第 9 章中介紹。

我們也指出，資料攝取與系統之**內部攝取**（*internal ingestion*）是不同的。保存在資料庫中的資料可能會從一個資料表複製到另一個資料表，或者資料流中的資料可能會被暫時快取。我們認為這是第 8 章中所介紹之一般資料轉換過程的另一部分。

資料管道的定義

資料管道（data pipelines）始於來源系統，但資料攝取是資料工程師開始積極設計資料管道活動（data pipeline activities）的階段。在資料工程領域中，資料移動和處理模式往往需要一定的程序，其中包括已經確立的模式，例如 ETL，還有較新的模式，例如 ELT，以及被廣泛應用和接受之實踐方法（反向 ETL）和資料共享的新術語。

所有這些概念都包含在資料管道（*data pipeline*）的概念中。必須瞭解這些不同模式的細節，並知道現代資料管道包括所有這些模式。隨著世界從傳統的單體式作法，並且對資料移動有嚴格限制，轉向開放的雲端服務生態系統（像樂高積木一樣組裝起來以實現產品），資料工程師會優先考慮使用正確的工具來實現預期的結果，而不是遵守狹隘的資料移動哲學。

通常，以下是我們對資料管道的定義：

> 資料管道是架構、系統和流程的組合，透過資料工程生命週期的各個階段來移動資料。

我們的定義故意保持靈活性——並刻意模糊——以便資料工程師根據手上的任務插入他們所需的內容。資料管道可以是傳統的 ETL 系統，從本地交易系統攝取資料，透過單體式處理器傳遞，然後寫入資料倉儲。或者它可以是一個基於雲端的資料管道，從 100 個來源中提取資料，將其結合成 20 個寬資料表，訓練其他五個機器學習模型，將它們部署到生產環境中，並監控持續的性能。資料管道應該要夠靈活，以滿足資料工程生命週期中的任何需求。

讓我們在繼續閱讀本章的過程中，牢記資料管道的概念。

攝取階段的關鍵工程考慮因素

當準備設計或建構一個攝取系統時，下面是一些與資料攝取相關的主要考慮因素和問題，你可以拿來問自己：

- 我正在攝取的資料有什麼用途？
- 我是否可以重複使用此資料，並避免攝取同一資料集的多個版本？
- 資料要去哪裡？目的地是哪裡？
- 資料應該多久從來源更新一次？
- 預期的資料量是多少？
- 資料採用什麼格式？下游儲存和轉換是否可以接受這種格式？

- 來源資料是否可以立即在下游使用？也就是說，資料品質好嗎？為了提供服務，需要進行哪些後續處理？資料品質的風險有哪些（例如，機器人存取網站的流量是否會污染資料）？

- 如果資料來源是串流資料，是否需要在下游的攝取過程中進行即時處理？

這些問題削弱了批次（batch）和串流（streaming）攝取，並適用於你將建立、建構和維護的底層架構。無論攝取資料的頻率如何，當設計你的攝取架構時，你都需要考慮以下因素：

- 有界（bounded）與無界（unbounded）的區別
- 頻率
- 同步（synchronous）與非同步（asynchronous）的區別
- 序列化（serialization）和反序列化（deserialization）
- 吞吐量（throughput）和可擴充性（scalability）
- 可靠性（reliability）和持久性（durability）
- 有效負載（payload）
- 推送（push）與拉取（pull）與輪詢（poll）模式的區別

讓我們逐一檢視這些因素。

有界資料與無界資料的區別

正如第 3 章所述，資料有兩種形式：有界和無界（圖 7-3）。無界資料（*unbounded data*）是現實中存在的資料，隨著事件的發生，不論是間歇性的還是持續性的，都在不斷進行和流動。有界資料（*bounded data*）是跨某種邊界（例如時間）保存資料的便捷方式。

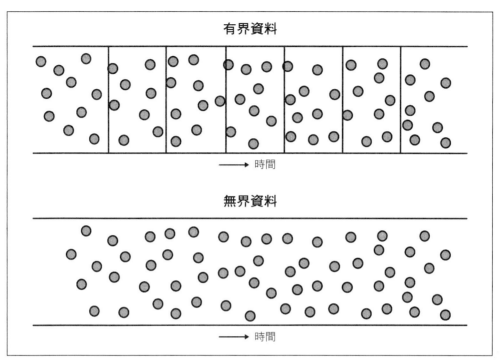

圖 7-3　有界資料與無界資料

讓我們採用這樣的口號：所有資料在被分界之前都是無界的。像許多口號一樣，這個口號並非 100% 準確。我今天下午匆匆寫下的購物清單就是有界資料。我把它當作意識流（無界資料）寫在一張廢紙上，其中的想法現在以我需要在雜貨店購買之物品清單（有界資料）的形式存在。然而，對於你將在業務環境中處理的絕大多數資料來說，這個想法是正確的。例如，線上零售商將每天 24 小時處理客戶交易，直到業務失敗、經濟停滯或太陽爆炸。

長期以來，業務流程一直透過將資料切割為離散的批次，對資料施加某種程度的人為限制。請記住資料的真正無限性；串流攝取（streaming ingestion）系統只是一種保留資料無限性質的工具，以便生命週期中的後續步驟也可以連續處理資料。

頻率

資料工程師在設計資料攝取流程時必須做出的關鍵決策之一，是資料攝取頻率（data-ingestion frequency）。攝取流程可以是批次（batch）、微批次（micro-batch）或即時（real-time）。

攝取頻率從慢到快差別很大（圖 7-4）。頻率慢的例子：企業可能每年將其稅務資料發送給會計師事務所一次。頻率快的例子：CDC 系統可以每分鐘從來源資料庫中檢索一次日誌更新。頻率更快的例子：系統可能會持續從物聯網感測器攝取事件並在幾秒鐘內處理這些事件。資料的攝取頻率在公司中通常是混合的，具體取決於用例和技術。

圖 7-4　從批次攝取到即時攝取的頻譜

我們注意到「即時」（real-time）攝取模式正變得越來越普遍。我們把「即時」放在引號中，因為沒有任何攝取系統是真正即時的。任何資料庫、佇列（queue）或管道（pipeline）在把資料傳送到目標系統時，都具備固有的延遲。更準確地說，我們應該稱之為*接近即時*（*near real-time*），但為簡潔起見，我們通常使用*即時*（*real-time*）一詞。接近即時的模式通常不需要明確的更新頻率；事件到達時將在管道中逐一處理，或者以微批次的形式處理（即在簡短的時間間隔內進行批次處理）。在本書中，我們將交替使用*即時*（*real-time*）和*串流*（*streaming*）。

即使是使用串流的資料攝取流程，下游的批次處理也是相對標準的。在撰寫本文當時，機器學習模型通常是在批次的基礎上進行訓練的，儘管持續的線上訓練正變得越來越普遍。很少有資料工程師會選擇建構一個純粹接近即時的管道，而不包含批次處理組件。相反地，他們會選擇批次邊界的位置，即在資料工程生命週期中，資料將被分為批次。一旦資料進入批次處理，批次頻率就會成為所有下游處理的瓶頸。

此外，對許多資料來源類型而言，串流系統最為適合。在物聯網（IoT）應用中，典型的模式是，每個感測器會在事件或測量發生時，將其寫入串流系統。雖然這些資料可以直接寫入資料庫，但 Amazon Kinesis 或 Apache Kafka 等串流攝取平台更適合該應用。軟體應用程式也可以採用類似的模式，在事件發生時將其寫入訊息佇列（message queue），而不是等待提取流程（extraction process）從後端資料庫拉取事件和狀態資訊。對於已經透過佇列交換訊息的事件驅動架構來說，這種模式非常有效。同樣地，串流架構（streaming architectures）通常與批次處理（batch processing）共存。

同步攝取與非同步攝取的區別

對於同步攝取，來源、攝取和目的地之間具有複雜的依賴關係，並且緊密耦合。如圖 7-5 所示，資料工程生命週期的每個階段都有相互依賴的流程 A、B 和 C。如果流程 A 失敗，則流程 B 和 C 無法開始；如果流程 B 失敗，則流程 C 不會開始。這種類型的同步工作流程在較舊的 ETL 系統中很常見，其中從來源系統提取的資料必須在被攝取到資料倉儲之前進行轉換。在批次處理中的所有資料被攝取之前，攝取之後的下游處理無法開始。如果攝取或轉換流程失敗，則必須重新運行整個流程。

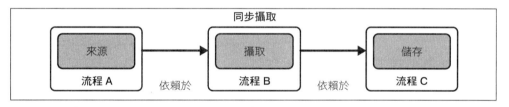

圖 7-5　同步攝取流程被運行為離散的批次步驟

下面是一個關於如何不設計資料管道的小型案例研究。在某家公司中，轉換過程本身就是一系列緊密耦合的同步工作流程，整個過程需要超過 24 小時才能完成。如果該轉換管道中有任何步驟失敗，則整個轉換過程必須從頭開始！在這種情況下，我們看到一個又一個流程失敗，並且由於不存在或不明確的錯誤訊息，修復管道就像是一場打地鼠遊戲，需要一週多的時間來診斷和解決。同時，該企業在此期間沒有更新報告。人們對此感到不滿意。

使用非同步攝取（*asynchronous ingestion*）時，依賴關係可以在個別事件的層面上運行，就像在由微服務建構的軟體後端一樣（圖 7-6）。個別事件在被個別攝取後可立即在儲存中使用。以 AWS 上的 Web 應用程式為例，它會將事件發送到 Amazon Kinesis Data Streams（此處充當緩衝區）。Apache Beam 會讀取該資料流，並對事件進行解析和額外的添加，然後將其轉發到第二個 Kinesis Data Stream；而 Kinesis Data Firehose 將總結事件並把物件寫入 Amazon S3。

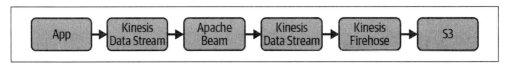

圖 7-6　在 AWS 中，事件流的非同步處理

其主要的概念是，與其依賴非同步處理，其中每個階段都有批次處理運作，而且只有在輸入批次處理關閉並符合特定時間條件才會運作，不如讓非同步管道（asynchronous pipeline）的每個階段能夠在資料項目於 Beam 叢集（cluster）上變為可用時就並行處理它們。處理速度取決於可用資源。Kinesis Data Stream 可充當減震器（shock absorber），調節負載，防止事件速率突增對下游處理造成壓倒性的影響。當事件速率較低且任何積壓的工作都已清除時，事件將快速通過管道。請注意，我們可以修改場景，將 Kinesis Data Stream 用於儲存，在事件過期離開資料流之前，最終將其提取到 S3 中。

序列化和反序列化

將資料從來源移動到目的地，涉及序列化和反序列化。提醒一下，**序列化**（*serialization*）意味著對來源資料進行編碼，並為傳輸和中間儲存階段準備資料結構。

攝取資料時，請確保目的地可以**反序列化**（*deserialization*）它接收到的資料。我們曾見過從來源攝取資料後，但隨後由於資料無法正確反序列化，導致資料在目的地無法使用。請參閱附錄 A 中有關序列化的更廣泛討論。

吞吐量和可擴展性

理論上，你的資料攝取過程永遠不應該成為瓶頸。實際上，攝取瓶頸是非常常見的。隨著資料量的成長和需求的變化，資料吞吐量和系統可擴展性變得至關重要。你需要設計系統以進行擴展和縮減，以靈活地匹配所需的資料吞吐量。

從何處攝取資料對整個過程非常重要。如果你正在接收即時產生的資料，那麼上游系統是否存在可能影響下游攝取管道的任何問題？例如，假設來源資料庫出現故障。當它重新上線並試圖回填失效的資料負載時，你的資料攝取是否能夠跟上這種突然湧入的積壓資料？

另一個需要考慮的因素是處理突發性資料攝取的能力。資料的產生很少以恆定的速度發生，並且通常起伏不定。為了防止資料丟失，需要內建緩衝區來蒐集速率峰值期間產生的事件。在系統擴展時，緩衝區可以彌補時間上的不足，使儲存系統即使在動態可擴展的系統中也能適應突發情況。

盡可能使用能夠為你處理吞吐量擴展的託管服務。雖然你可以透過添加更多的伺服器、分片（shards）或工作程序（workers）來手動完成這些任務，但這通常不是加值的（value-added）工作，而且你很有可能會錯過一些東西。這些繁重的工作現在大部分都已經自動化了。如果沒有必要，請不要重新發明資料攝取的輪子。

可靠性和持久性

在資料管道的攝取階段，可靠性和持久性至關重要。可靠性（*reliability*）要求攝取系統具有較長的運行時間（uptime）和適當的故障切換（failover）。持久性（*durability*）則意味著需要確保資料不會丟失或損壞。

某些資料來源（例如 IoT 設備和快取）如果資料未被正確攝取，可能無法保留資料。一旦丟失，它就永遠消失了。從這個意義上說，攝取系統的可靠性（*reliability*）直接影響到被產生資料的持久性（*durability*）。如果資料已被攝取，則下游流程在暫時中斷時，理論上可以延遲運行。

我們的建議是評估風險，並根據丟失資料的影響和成本來建構適當程度的冗餘和自我修復能力。可靠性和持久性都有直接和間接的成本。例如，如果 AWS 區域（zone）出現故障，你的資料攝取過程是否會繼續進行？整個地區（region）呢？電網（power grid）或網際網路（internet）呢？當然，沒有免費的午餐。這將花費你多少錢？你也許能夠建構一個高度冗餘的系統，並讓一個團隊每天 24 小時待命來處理故障。這也意味著你的雲端和人力成本變得過高（直接成本），並且持續的工作會對你的團隊造成重大負擔（間接成本）。沒有唯一的正確答案，你需要評估可靠性和持久性決策的成本和收益。

不要假設你可以建構一個在任何情境下都能可靠且持久地攝取資料的系統。即使是美國聯邦政府幾乎無限的預算，也無法保證這一點。在許多極端情況下，資料的攝取實際上也無關緊要。如果網際網路出現故障，即使你在具有獨立電力的地下掩體中建構多個空氣隔離的資料中心，也幾乎沒有什麼資料可攝取。持續評估可靠性和持久性之間的權衡和成本是很重要的。

有效負載

有效負載（*payload*）是要攝取的資料集，具有類型（kind）、形狀（shape）、大小（size）、綱要（schema）和資料型別（data types）以及中介資料（metadata）等特徵。讓我們看一下其中的一些特徵，以瞭解為什麼這很重要。

類型

你處理的資料類型（*kind*）直接影響到它在資料工程生命週期下游的處理方式。資料的類型包括型別（type）和格式（format）。資料有不同型別，例如：表格（tabular）、圖像（image）、視訊（video）、文字（text）等等。這些型別直接影響資料格式，或者說它是以位元組、名稱和副檔名的方式來表達。例如，表格型別的資料可能採用 CSV 或 Parquet 等格式，而這些格式的序列化和反序列化都具有不同的位元組模式（byte patterns）。另一種資料類型是圖像，它的格式可以是 JPG 或 PNG，本質上是非結構化的。

形狀

每個有效負載（payload）都有一個描述其維度的形狀（*shape*）。資料的形狀在整個資料工程生命週期中至關重要。例如，圖像的像素（pixel）和紅、綠、藍（RGB）維度對於訓練深度學習模型是必要的。另一個例子是，如果你試圖將 CSV 檔案匯入資料庫的資料表中，而你的 CSV 的欄位數多於資料庫的資料表，則在匯入過程中可能會出現錯誤。以下是各種資料形狀的一些範例：

表格資料

　　資料集的列數和行數，通常表示為 M 列和 N 行

半結構化的 *JSON* 資料

　　鍵值對（key-value pairs）和子元素的嵌套深度（nesting depth）

非結構化的文字資料

正文中的單字數、字符數或位元組數

圖像資料

寬度、高度和 RGB 顏色深度（例如，每個像素 8 位元）

未壓縮的音訊資料

音訊的聲道數（例如，立體聲有兩個聲道）、樣本深度（例如，每個樣本 16 位元）、採樣率（例如，48 kHz）和長度（例如，10,003 秒）

大小

資料的大小（*size*）描述了有效負載的位元組數。有效負載的大小可以從單一位元組到 TB 或甚至更大的範圍。為了縮減有效負載的大小，可以將其壓縮成各種格式，例如 ZIP 和 TAR（請參閱附錄 A 對壓縮的討論）。

龐大的有效負載也可以被分割成多個團塊，這樣可以有效地將有效負載的大小縮減為較小的子部分。將大檔案載入到雲端物件儲存或資料倉儲中時，這是一種常見的作法，因為小檔案更容易透過網路傳輸（尤其是在經過壓縮的情況下）。這些較小的團塊檔會被發送到其目的地，然後在所有資料都到達後重新組裝。

綱要和資料型別

許多資料的有效負載都具有一個綱要（schema），例如表格資料和半結構化資料。如本書前面所述，綱要描述了資料欄位以及這些欄位中的資料型別。但有些資料（例如非結構化的文字、圖像和音訊）並不具有明確的綱要或資料型別。然而，它們可能會帶有關於形狀、資料和檔案格式、編碼、大小等的技術性檔案描述。

無論你是透過哪種方式 —— 例如，檔案匯出（file export）、異動資料擷取（CDC）、JDBC 或 ODBC—— 連接到資料庫，與資料庫連接都是相對容易的。最大的工程挑戰是瞭解底層的綱要（schema）。應用程式以各種方式組織資料，工程師需要熟悉資料的組織方式和相關的更新模式才能瞭解它。物件關聯映射（object-relational mapping，ORM）的普及，在一定程度上加劇了這個問題，ORM 可以根據 Java 或 Python 等語言中的物件結構自動產生綱要。在物件導向語言中的自然結構通常會映射到運營資料庫中的混亂結構。資料工程師可能需要熟悉應用程式之程式碼中的類別結構（class structure）。

綱要不僅適用於資料庫。正如我們所討論的，API 也存在綱要的複雜性。許多供應商的 API 都具有友善的報告方法，可以為分析準備資料。在其他情況下，工程師可能就沒有那麼幸運了。API 是底層系統的精簡封裝（thin wrapper），需要工程師瞭解應用程式內部，才有辦法使用資料。

從來源綱要（source schema）中攝取資料的大部分工作，都發生在資料工程生命週期的轉換階段（transformation stage），我們在第 8 章中討論了這一點。然而我們將這個討論放在此處，是因為資料工程師需要在計畫從新的來源攝取資料時立即開始研究來源綱要。

溝通對於瞭解來源資料至關重要，工程師還有機會反轉溝通的流程，並幫助軟體工程師改進產生資料的地方。本章稍後，我們將在第 298 頁的「你將與誰合作」中回到這個主題。

檢測和處理上游和下游的綱要異動。 綱要異動經常發生在來源系統中，並且通常遠遠超出資料工程師的控制範圍。綱要異動的例子包括：

- 添加一個新欄位
- 變更一個欄位型別
- 建立一個新資料表
- 重新命名一個欄位

攝取工具自動檢測綱要異動（schema changes）甚至自動更新目標資料表的作法，變得越來越普遍。歸根結柢，這是一種利弊並存的情況。綱要異動仍然有可能破壞暫存和攝取之後的管道。

工程師仍然必須實施策略，以自動回應異動並對無法自動處理的異動發出警報。自動化是非常好的，但依賴這些資料的分析師和資料科學家應被告知違反現有假設的綱要異動。即使自動化可以處理變更，新的綱要也可能會對報告和模型的性能產生不利的影響。「變更綱要的人員和受這些異動影響的人員之間的溝通」與「用於檢查綱要異動的可靠自動化系統」一樣重要。

綱要註冊表。 在串流資料中，每筆訊息都有一個綱要，而這些綱要可能在生產者和消費者之間發生變化。綱要註冊表（*schema registry*）是一個中介資料儲存庫（metadata repository），用於在不斷變化的綱要中維護綱要和資料型別的

完整性。綱要註冊表還可以追蹤綱要版本和歷史記錄。它描述了訊息的資料模型，使得生產者和消費者之間的序列化和反序列化操作維持一致。綱要註冊表被使用在大多數主要的資料工具和雲端中。

中介資料

除了我們剛才介紹的明顯特徵之外，有效負載通常還包括中介資料（metadata），這是我們在第 2 章中首先討論的。中介資料是關於資料的資料。中介資料和資料本身一樣重要。資料湖泊（data lake）── 或者可能成為資料超級基金場地（data superfund site）的資料沼澤（data swamp）── 最初作法的顯著缺陷就是對中介資料的完全忽視。如果沒有對資料進行詳細的描述，它可能沒有什麼價值。我們已經討論了某些型別的中介資料（例如，綱要），而且在本章中將多次提及它們。

推送模式與拉取模式與輪詢模式的區別

我們在第 2 章中介紹資料工程生命週期時，曾提到推送與拉取的概念。推送（*push*）策略（圖 7-7）涉及來源系統將資料發送到目標系統，而拉取（*pull*）策略（圖 7-8）涉及目標系統直接從來源系統讀取資料。正如我們在討論中提到的，這些策略之間的界限並不清楚。

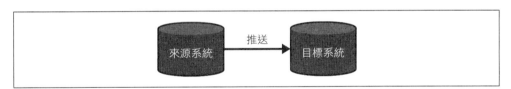

圖 7-7　將資料從來源系統推送到目標系統

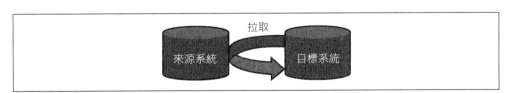

圖 7-8　目標系統從來源系統拉取資料

與拉取相關的另一種模式是輪詢（*polling*）資料（圖 7-9）。輪詢是指定期檢查資料來源是否有任何變更。檢測到變更時，目標系統就會像常規拉取情況一樣拉取資料。

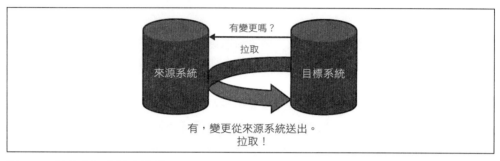

圖 7-9　輪詢來源系統中的變更

批次攝取時需要考慮的因素

批次攝取（batch ingestion）是一種以批次方式處理資料的便捷方法。這意味著，資料是透過從來源系統中選擇一個資料子集來攝取的，這個子集可以根據時間間隔或已累積資料的大小來選擇（圖 7-10）。

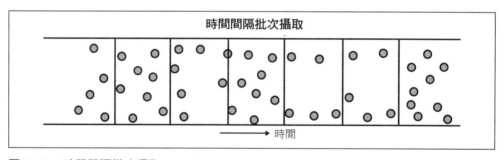

圖 7-10　時間間隔批次攝取

在資料倉儲的傳統業務 ETL 中，時間間隔批次攝取（*time-interval batch ingestion*）非常普遍。此模式通常用於每天處理一次資料，在非工作時間通宵處理資料，以提供每日報告，但也可以採取其他頻率。

當資料從基於串流處理的系統移動到物件儲存時，**基於大小的批次攝取**（圖 7-11）非常常見；最終，你必須將資料切割成離散的區塊，以便將來在資料湖泊中進行處理。某些基於大小的攝取系統，可以根據各種條件將資料分解為物件，例如事件總數的大小（以位元組為單位）。

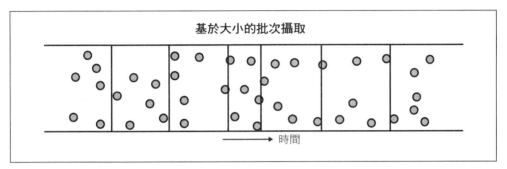

圖 7-11　基於大小的批次攝取

本節中，我們將討論一些常用的批次攝取模式，包括以下幾種：

- 快照或差異提取
- 基於檔案的匯出和攝取
- ETL 與 ELT
- 插入、更新和批次規模
- 資料遷移

快照或差異提取

資料工程師必須選擇是擷取來源系統的完整快照還是差異（有時稱為**增量**（*incremental*））更新。使用**完整快照**（*full snapshots*）時，工程師可以在每次更新讀取時，獲取來源系統的整個當前狀態。使用**差異更新**（*differential update*）模式時，工程師僅能提取自上次讀取來源系統後的更新和變更。雖然差異更新是最大限度減少網路流量和目標儲存使用量的理想選擇，但完整快照讀取因其簡單性，仍然非常普遍。

基於檔案的匯出和攝取

資料往往透過檔案在資料庫和系統之間移動。資料會被序列化為具可交換格式的檔案，然後這些檔案將被提供給攝取系統。我們將基於檔案的匯出視為基於推送（*push-based*）的攝取模式。這是因為資料的匯出和準備工作是在來源系統端完成的。

與直接連接資料庫的方法相比，基於檔案的攝取有幾個潛在優勢。出於安全考量，通常不希望允許直接存取後端系統。進行基於檔案的攝取時，匯出過程在資料來源端運行，使來源系統工程師能夠完全控制，要匯出哪些資料以及要如何預處理資料。檔案完成後，可以透過各種方式將其提供給目標系統。常見的檔案交換方法包括物件儲存、安全檔傳輸協定（secure file transfer protocol，SFTP）、電子資料交換（electronic data interchange，EDI）或安全複製（secure copy，SCP）。

ETL 與 ELT

第 3 章所介紹的 ETL 和 ELT 是在批次處理工作負載中極為常見的資料提取、儲存和轉換模式。以下是 ETL 和 ELT 中提取和載入部分的簡要定義：

提取

> 這意味著從來源系統獲取資料。雖然提取（*extract*）似乎意味著拉取（*pulling*）資料，但它也可以是基於推送的。提取可能還需要讀取中介資料和綱要異動。

載入

> 提取資料後，可以在將其載入到儲存目標之前對其進行轉換（ETL），也可以直接將其載入到儲存中以便未來進行轉換。載入資料時，應該注意：載入的系統類型、資料的綱要以及載入對性能的影響。

我們將在第 8 章中更詳細地介紹 ETL 和 ELT。

插入、更新和批次規模

當用戶試圖執行許多小型的批次操作而不是少量的大型操作時，批次導向的系統通常性能不佳。例如，雖然在交易型資料庫中一次插入一列是很常見的，但

對於許多行式資料庫（columnar databases）來說，這是一種糟糕的模式，因為它強制建立了許多小型、次優的檔案，並強制系統運行大量的**建立物件**（*create object*）操作。運行許多小型的「原地更新操作」（in-place update）是一個更大的問題，因為它會導致資料庫掃描每個現有的行式檔案（column file）以進行更新。

瞭解所使用的資料庫（database）或資料保存（data store）的適當更新模式是很重要的。此外，還需要瞭解專門為高插入率而設計的某些技術。例如，Apache Druid 和 Apache Pinot 可以處理高插入率。SingleStore 可以管理將 OLAP 和 OLTP 特徵結合的混合工作負載。BigQuery 對於高速率之標準的 SQL 單列（single-row）插入表現不佳，但如果透過其串流緩衝區輸入資料，則性能非常好。瞭解工具的限制和特徵也是很重要的。

資料遷移

將資料遷移到新資料庫或環境，通常不是一件容易的事，需要以整體方式移動資料。有時，這意味著需要移動數百 TB 或更多的資料，通常涉及特定資料表的遷移以及移動整個資料庫和系統。

資料遷移可能不是資料工程師經常會遇到的任務，但你應該熟悉它們。如同資料攝取，綱要管理（schema management）也是一個關鍵的考慮因素。假設你需要將資料從一個資料庫系統遷移到另一個資料庫系統（例如，從 SQL Server 到 Snowflake）。即使這兩個資料庫非常相似，它們處理綱要的方式幾乎總是存在微妙的差異。幸運的是，在進行完整的資料表遷移之前，通常可以輕鬆地測試資料樣本的攝取並找出綱要的問題。

大多數資料系統在以整體方式移動資料時表現最佳，而不是逐列或逐事件移動。檔案或物件儲存通常是傳輸資料的絕佳中間階段。此外，資料庫遷移的最大挑戰之一不是資料本身的移動，而是從舊系統到新系統之資料管道連接（data pipeline connections）的遷移。

請注意，有許多工具可用於自動執行各種類型的資料遷移。特別是對於大型和複雜的遷移，我們建議在手動執行此操作或編寫自己的遷移解決方案之前，先查看這些選項。

訊息和串流攝取的考慮因素

事件資料的攝取很常見。本節將借鑒第 5 章和第 6 章中的主題，介紹在攝取事件時應考慮的問題。

綱要的演進

在處理事件資料時，綱要的演進（schema evolution）很常見；可能會添加或刪除欄位，或者值的型別可能會改變（例如，從字串變更為整數）。綱要的演進可能會對你的資料管道和目標系統產生意想不到的影響。例如，IoT 設備更新韌體後，會在其傳輸的事件中添加一個新欄位，或者第三方 API 會對其事件的有效負載（payload）或無數其他方案進行更改。所有這些都可能影響你的下游能力。

為了緩解與綱要演進相關的問題，以下是一些建議。首先，如果你的事件處理框架具有綱要註冊表（在本章前面曾討論過），請使用它來對綱要異動進行版本控制。接下來，無效字母佇列（如第 284 頁的「錯誤處理和無效字母佇列」所述）可以幫助你調查未正確處理事件的問題。 最後，成本最低且最有效的方法是定期與上游利益相關者，就可能發生的綱要異動進行溝通，並主動與導入這些變更的團隊，一起解決綱要異動問題，而不是對破壞性變更的接收端做出反應。

延遲到達的資料

儘管你可能希望所有事件資料都能按時到達，但事件資料可能會延遲到達。一組事件可能在相同時間範圍（具有相似的事件時間）發生，但由於各種情況，有些事件可能比其他事件晚到達（攝取時間較晚）。

例如，由於網際網路的延遲問題，IoT 設備可能會延遲發送訊息。這在攝取資料時很常見。你應該瞭解延遲到達的資料及其對下游系統和使用的影響。假設，你假定攝取或處理時間與事件時間相同。如果你的報告或分析依賴於對事件發生時間的準確描述，你可能會得到一些奇怪的結果。為了處理延遲到達的資料，你需要設置不再處理延遲到達資料的截止時間。

順序和多次傳遞

串流平台通常建構自分散式系統，這可能會導致一些複雜情況。具體而言，訊息可能會以無序且多次（至少一次）的方式傳遞。相關細節請參閱第 5 章對事件流平台所做的討論。

重播

重播（*replay*）允許讀者從歷史記錄中請求一系列的訊息，讓你得以將事件歷史記錄倒退至特定時間點。重播是許多串流攝取平台中的一項關鍵能力，在需要重新攝取和重新處理特定時間範圍內的資料時，特別有用。例如，RabbitMQ 通常會在所有訂閱者使用訊息後刪除訊息。而 Kafka、Kinesis 和 Pub/Sub 都支援事件保留和重播。

存留時間

你將保留事件紀錄多長時間？一個關鍵參數是最大訊息保留時間（*maximum message retention time*），也稱為存留時間（*time to live*，TTL）。TTL 通常是你設定的一個組態，用於指出在事件被確認和攝取之前，你希望事件存留多長時間。任何未被確認且在其 TTL 屆滿後未被攝取的事件都會自動消失。這有助於減少事件攝取管道中的背壓（backpressure）和不必要的事件量。

在設定 TTL 時，需要找到一個適當的平衡點，以確保資料管道的性能和可靠性。極短的 TTL（毫秒或秒）可能會導致大多數訊息在處理之前消失。非常長的 TTL（數週或數月）將會造成許多未處理訊息的積壓，進而導致較長的等待時間。

讓我們來看看，在撰寫本文當時，一些流行的平台如何處理 TTL。Google Cloud Pub/Sub 支援最長 7 天的保留期。Amazon Kinesis Data Streams 的保留期最多可延長 365 天。可以把 Kafka 的組態設定為無限期保留，但是受可用磁碟空間的限制（Kafka 還支援把舊訊息寫入雲端物件儲存的選項，進而解鎖了幾乎無限的儲存空間和保留期）。

訊息規模

訊息規模（*message size*）是一個容易被忽視的問題：你必須確保所使用的串流處理框架可以處理預期的最大訊息規模。Amazon Kinesis 支援的最大訊息規模為 1 MB。Kafka 預設的最大訊息規模也是 1 MB，但可以設定為最大 20 MB 或更大（組態可設定性，因託管服務平台而異）。

錯誤處理和無效字母佇列

有時事件無法被成功攝取。也許是因為事件被發送到不存在的主題或訊息佇列、訊息規模可能太大，或者事件存留的時間已經超過了它的 TTL。無法被攝取的事件需要重新繞送並保存在一個稱為*無效字母佇列*（*dead-letter queue*）的獨立位置。

無效字母佇列能夠將有問題的事件與消費者可以接受的事件隔離開來（圖7-12）。如果事件沒有被重新繞送到無效字母佇列，則這些錯誤事件可能會阻止其他訊息的攝取。資料工程師可以使用無效字母佇列來診斷發生事件攝取錯誤的原因，解決資料管道的問題，並在修復錯誤的根本原因後，重新處理佇列中的某些訊息。

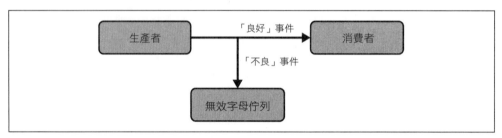

圖 7-12　「良好」事件會被傳遞給消費者，而「不良」事件會被保存在一個無效字母佇列中

消費者的拉取和推送

一個訂閱主題的消費者，可以透過兩種方式獲取事件：推送（push）和拉取（pull）。讓我們來看看一些串流技術拉取和推送資料的方式。Kafka 和 Kinesis 僅支援拉取訂閱（pull subscriptions）。訂閱者從主題讀取訊息並在處理完畢後予以確認。除了拉取訂閱外，Pub/Sub 和 RabbitMQ 還支援推送訂閱（push subscription），允許這些服務將訊息寫入一個監聽器（listener）。

拉取訂閱是大多數資料工程應用的預設選擇，但對於特定的應用，你可能會想要考慮推送功能。請注意，對於僅支援拉取功能的訊息攝取系統，仍然可以透過添加額外的層級來實現推送功能。

位置

我們通常希望在多個位置之間整合串流傳輸，以提高冗餘性並在靠近資料產生的位置消費資料。一般來說，攝取位置越接近資料來源地，頻寬和延遲就越好。然而，你需要考慮將資料在不同區域之間移動，以便在合併的資料集（combined dataset）上運行分析所帶來的成本。與往常一樣，資料傳出成本可能會迅速上升。在建構你的架構時，請仔細評估利弊得失。

攝取資料的方法

既然我們已經介紹了批次和串流攝取的一些重要模式，那麼讓我們專注於你可以攝取資料的方法。儘管我們將列舉一些常見的方法，但請記住，資料攝取的實踐方法與技術範圍很廣，並且每天都在成長。

直接資料庫連接

透過網路連接資料庫，我們可以發出查詢，並從資料庫中拉取出資料以供攝取。最常見的連接方式是使用 ODBC 或 JDBC。

客戶端存取資料庫時，ODBC 會使用由客戶端提供的驅動程式，將發送到標準 ODBC API 的命令轉換為發送到資料庫的命令。資料庫會透過網路傳回查詢結果，而驅動程式則會接收查詢結果，並將其轉換回標準的形式供客戶端讀取。對於攝取，使用 ODBC 驅動程式的應用程式就是攝取工具。攝取工具可以透過許多的小型查詢或單一的大型查詢來拉取資料。

JDBC 在概念上與 ODBC 非常相似。Java 驅動程式會連接到遠端資料庫，它是標準 JDBC API 和目標資料庫本機網路介面之間的轉換層。為單一程式語言專門設計一個資料庫 API 似乎很奇怪，但這樣做有很強的動機。Java 虛擬機（Java Virtual Machine，JVM）是一個標準的環境，可以跨硬體架構和作業系統進行移植，並可透過即時（just-in-time，JIT）編譯器提供已編譯之程式碼的性能。JVM 是一個非常受歡迎的編譯虛擬機（compiling VM），能夠以可移植的方式運行程式碼。

JDBC 提供了卓越的資料庫驅動程式可移植性。ODBC 驅動程式以作業系統和架構的原生二進位形式提供；資料庫供應商必須為他們希望支援的每個架構 / 作業系統版本進行版本維護。另一方面，供應商可以提供一個與任何 JVM 語言

（例如 Java、Scala、Clojure 或 Kotlin）和 JVM 資料框架（即 Spark）相容的 JDBC 驅動程式。JDBC 已經變得如此流行，以致於它也被用作非 JVM 語言（如 Python）的介面；Python 生態系統提供了翻譯工具，讓 Python 程式碼與在本地 JVM 上運行的 JDBC 驅動程式得以溝通。

JDBC 和 ODBC 廣泛用於對關聯式資料庫進行資料攝取，這回歸到直接資料庫連接的一般概念。為了加速資料攝取，會使用各種增強功能。許多資料框架可以平行化（parallelize）多個同時連接，並對查詢進行分割以實現並行資料拉取。然而，沒有什麼是免費的；使用並行連接（parallel connections）同時也會增加來源資料庫的負載。

JDBC 和 ODBC 長期以來一直是從資料庫攝取資料的黃金標準，但對許多資料工程應用來說，這些連接標準開始顯露出其老態。這些連接標準在處理嵌套的資料時存在困難，而且它們以列的形式發送資料。這意味著，本地的嵌套資料，必須重新編碼為字串資料才能透過網路發送，並且行式資料庫（columnar databases）中的行（columns）必須重新序列化為列（rows）。

如第 280 頁的「基於檔案的匯出和攝取」所述，許多資料庫現在都支援本地檔案匯出的功能，可以繞過 JDBC/ODBC，並直接以 Parquet、ORC 和 Avro 等格式匯出資料。或者，許多雲端資料倉儲提供直接的 REST API。

JDBC 連接通常應該與其他攝取技術整合。例如，我們通常會使用讀取器行程（reader process）來連接具有 JDBC 的資料庫，將提取到的資料寫入多個物件，然後將攝取操作編排（orchestrate）到下游系統（圖 7-13）。讀取器行程可以在完全臨時的雲端實例（cloud instance）或編排系統（orchestration system）中運行。

圖 7-13　攝取行程使用 JDBC 從來源資料庫讀取資料，然後將物件寫入物件儲存。目標資料庫（未顯示）可以透過編排系統的 API 調用來觸發資料的攝取

異動資料擷取

第 2 章中介紹的**異動資料擷取**（*change data capture*，CDC）是從來源資料庫系統擷取異動資料的一個過程。例如，我們可能有一個支援應用的 PostgreSQL 來源系統，該系統會定期或持續地擷取資料表的異動以進行分析。

請注意，我們在這裡的討論絕非詳盡無遺。我們將向你介紹常見的模式，但建議你閱讀特定資料庫的文件，以瞭解 CDC 策略的細節。

批次導向 CDC

如果所使用的資料庫之資料表具有一個 `updated_at` 欄位，其中包含記錄上一次被寫入或更新的時間，我們可以查詢該資料表，以查找自指定的時間以來所有經更新的資料列。我們可以根據上一次從資料表中擷取經變更的資料列之時間，來設定所要篩選的時間戳記。此過程允許我們拉取變更並以差異方式更新目標資料表。

這種批次導向的（batch-oriented）CDC 形式存在一個關鍵限制：雖然我們可以輕鬆確定自某個時間點以來哪些資料列發生了變化，但我們不一定能獲得應用於這些資料列的所有變更。讓我們以每 24 小時在銀行帳戶資料表上運行批次 CDC 的例子來說明這一點。這個資料表中可以看到每個帳戶的當前帳戶餘額。當資金轉入和轉出帳戶時，銀行應用程式會進行交易以更新餘額。

當我們運行查詢來傳回過去 24 小時內發生變動之帳戶資料表中的所有資料列時，我們將看到每個帳戶的交易紀錄。假設在過去 24 小時內，某個客戶使用簽帳金融卡（debit card）取款五次。我們的查詢將只傳回在這 24 小時內記錄的最後的帳戶餘額；在此期間的其他紀錄將不會顯示。此問題可以透過使用僅插入綱要（insert-only schema）來緩解，其中每個帳戶的交易都會被記錄為資料表中的新紀錄（見第 187 頁的「僅插入」）。

持續 CDC

持續（*continuous*）CDC 能夠擷取資料表的完整歷史記錄，並且可以支援近乎即時的資料擷取，無論是用於即時資料庫複製，還是供應即時串流分析。與定期運行查詢以獲取整批資料表異動不同，連續 CDC 會把對資料庫的每次寫入視為一個事件。

在持續 CDC 中，我們可以透過幾種方式來擷取事件流（event stream）。交易型資料庫（例如 PostgreSQL）最常見的方法之一，是基於日誌的（*log-based*）*CDC*。資料庫二進位日誌（binary log）會按照順序記錄對資料庫的每次變更（見第 186 頁的「資料庫日誌」）。CDC 工具可以讀取此日誌並把事件發送到目的地，例如 Apache Kafka Debezium 串流平台（streaming platform）。

某些資料庫支援簡化且受託管的 CDC 模式。例如，許多受雲端託管的資料庫可以被設定為在資料庫每次發生異動時，直接觸發無伺服器函數（serverless function）或寫入事件流。這使工程師完全不必擔心如何在資料庫中擷取和轉發事件的細節。

CDC 和資料庫複製

CDC 可用於在資料庫之間進行複製：事件會被暫存到一個串流中，並以非同步（*asynchronously*）方式寫入第二個資料庫。然而，許多資料庫本身支援一種緊耦合的複製版本（同步複製），使副本與主資料庫完全同步。同步複製通常要求主資料庫和副本的類型相同（例如，PostgreSQL 到 PostgreSQL）。同步複製的優點是副本資料庫可以透過充當唯讀副本來卸載主資料庫的工作；讀取查詢可以重定向到副本。查詢傳回的結果將與「從主資料庫傳回的結果」相同。

唯讀副本通常用於批次資料擷取模式，以便運行大型掃描而不會讓主要生產資料庫過載。此外，可以將應用程式的組態設定為，在主要資料庫不可用時，故障轉移（fail over）到副本。在故障轉移中不會丟失任何資料，因為副本與主要資料庫完全同步。

非同步 CDC 複製的優點是鬆耦合的架構模式。儘管副本的變更可能會略微延遲於主要資料庫，但對於分析應用程式來說，這通常不是問題，並且現在可以把事件定向到各種目的地；我們可以運行 CDC 複製，同時把事件定向到物件儲存和串流分析處理器。

CDC 的考慮因素

就像技術領域中的任何東西一樣，CDC 不是免費的。CDC 需要消耗各種資料庫資源，例如記憶體、磁碟頻寬、儲存空間、CPU 時間和網路頻寬。在生產系統上啟用 CDC 之前，工程師應該與生產團隊合作並運行測試，以避免出現操作問題。類似的考慮因素也適用於同步複製。

對於批次 CDC，需要注意在交易性生產系統上運行任何大型批次查詢，可能會導致負載過大的問題。為了規避這種情況，可以選擇在非工作時間運行此類查詢，或使用唯讀副本以避免給主要資料庫帶來負擔。

API

> 軟體工程的大部分工作就像水電工程中的管道系統。
>
> ── 卡爾・休斯（Karl Hughes）[1]

正如我們在第 5 章中提到的，API 是一個重要性和受歡迎程度不斷提高的資料來源。一個典型的組織可能會有數百個外部資料來源，例如 SaaS 平台或合作夥伴公司。殘酷的現實是，沒有適當的標準可用於透過 API 進行資料交換。資料工程師可能需要花費大量的時間來閱讀文件、與外部資料擁有者溝通，以及編寫和維護 API 連接程式碼。

有三種趨勢正在逐漸改變這種狀況。首先，許多供應商為各種程式語言提供了 API 用戶端程式庫，進而消除了 API 存取的許多複雜性。

其次，現在有許多資料連接器平台可用，包括 SaaS、開源平台或託管的開源平台。這些平台提供了對許多資料來源而言即插即用的資料連接，並提供了用於為不受支援的資料來源編寫自定義連接器的框架。見第 291 頁的「託管的資料連接器」。

第三個趨勢是資料共享的出現（曾在第 5 章中討論過），即透過 BigQuery、Snowflake、Redshift 或 S3 等標準平台交換資料的能力。一旦資料落在其中一個平台上，就可以直接保存、處理或將其移動到其他地方。資料共享在資料工程領域產生了巨大而迅速的影響。

當資料共享不是一種選擇並且需要直接進行 API 存取時，不要重新發明輪子。儘管託管服務可能看起來是一個昂貴的選擇，但請考慮你的時間價值和建構 API 連接器的機會成本，因為你可以把時間花在更高價值的工作上。

---

[1] 見 Karl Hughes 於 2018 年 7 月 8 日在 Karl Hughes 網站所發表的〈The Bulk of Software Engineering Is Just Plumbing〉（軟體工程的大部工作就像水電工程中的管道系統），*https://oreil.ly/uIuqJ*。

此外，許多託管的服務現在支援建構自定義的 API 連接器。這些服務可能以標準格式提供 API 技術規範，或者編寫可以在無伺服器函數框架（例如 AWS Lambda）中運行的連接器程式碼，同時讓託管的服務處理排程（scheduling）和同步（synchronization）的細節。同樣地，這些服務可以為工程師節省大量時間，無論是開發和持續維護。

為現有框架不太支援的 API 保留自定義連接工作；你會發現仍然還有很多這樣的工作要做。處理自定義 API 連接有兩個主要方面：軟體開發（software development）和運營（ops）。遵循軟體開發的最佳作法；你應該使用版本控制、持續交付和自動化測試。除了遵循 DevOps 的最佳作法外，還可以使用編排框架，這可以大幅簡化資料攝取的運營負擔。

訊息佇列和事件串流平台

訊息佇列（message queues）和事件串流平台（event-streaming platforms）是從 Web 和行動應用程式、IoT 感測器和智慧設備中攝取即時資料（real-time data）的廣泛方式。隨著即時資料變得越來越普遍，你通常會發現自己要嘛導入新的方式、要嘛改造現有方式來處理你的攝取工作流程中的即時資料。因此，瞭解如何攝取即時資料至關重要。常見的即時資料攝取方式包括訊息佇列或事件串流平台，這些在第 5 章中都有所介紹。儘管它們都是來源系統，但它們也充當攝取資料的方式。在這兩種情況下，你都會從所訂閱的發佈者那裡消費事件。

讓我們回顧一下訊息和串流之間的區別。訊息（*message*）是在個別事件層面上進行處理的，並且是暫時性的。一旦訊息被消費，它就會被確認並從佇列中移除。另一方面，串流（*stream*）會把事件攝取到一個有序日誌（ordered log）中。這個日誌會按你的意願持續存在，允許在各種範圍內對事件進行查詢、聚合，並與其他串流結合，以建立新的轉換，發佈給下游消費者。在圖 7-14 中，我們有兩個生產者（Producer 1 和 2）把事件發送給兩個消費者（Consumer 1 和 2）。這些事件會被合併到一個新的資料集中，並發送給一個生產者以供下游消費。

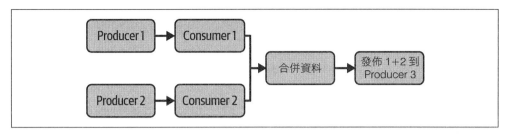

圖 7-14　生產和消費兩個資料集（Producer 1 和 2），然後將其合併，並把合併的資料發佈到新的生產者（Producer 3）

最後一點是批次處理和串流處理之間的本質區別。批次處理通常涉及靜態工作流程（資料的攝取、儲存、轉換和提供），而訊息和串流是流動的。攝取可以是非線性的，資料可以被發佈、消費、重新發佈和重新消費。在設計你的即時攝取工作流程時，需要考慮資料的流動方式。

另一個需要考慮的因素是即時資料管道的吞吐量。訊息和事件應該以盡可能低的延遲流動，這意味著你應該提供足夠的分區（或分片）頻寬和吞吐量。為事件的處理提供足夠的記憶體、磁碟和 CPU 資源，如果要管理你的即時管道，可以使用自動擴展功能來處理峰值負載，並在負載減少時節省資金。由於這些原因，管理你的串流平台可能需要大量的開銷。考慮為你的即時攝取管道使用託管服務，並專注於從即時資料中獲取價值的方法。

託管的資料連接器

現今，如果你正在考慮編寫連接到資料庫或 API 的資料攝取連接器（data ingestion connector），請問問自己：「此連接器是否已被建立？」。此外，是否有服務可以為我管理此連接的細節？第 289 頁的「API」有提到託管的資料連接器平台和框架的普及。這些工具之目的在提供一套開箱即用的標準連接器，以避免資料工程師為了連接特定的來源而建構複雜的管道。你可以將資料連接器的創建和管理外包給提供服務的第三方。

一般來說，該領域的選項允許用戶設定目標和來源、以各種方式攝取（例如 CDC、複製、截斷和重新載入）、設置權限和憑證、設定更新頻率並開始同步資料。由幕後的供應商或雲端負責管理和監控資料同步。如果資料同步失敗，你將收到警報，其中包含關於錯誤原因的登錄資訊。

我們建議使用託管的連接器平台，而不是自己創建和管理連接器。供應商和 OSS 專案通常都有數百個預先建構的連接器選項，並且可以輕鬆創建自定義連接器。如今，資料連接器的創建和管理很大程度上是重複性的繁瑣工作，應盡可能外包出去。

使用物件儲存移動資料

物件儲存是公有雲中的多租戶系統，支援保存大量的資料。這使得物件儲存非常適合在資料湖泊、團隊之間移動資料，以及在組織之間傳輸資料。你甚至可以透過已簽署（signed）URL 對物件提供短期存取（short-term access），進而為用戶提供臨時權限（temporary permission）。

我們認為，物件儲存是處理檔案交換之最優化、最安全的方式。公有雲儲存實施了最新的安全標準，在可擴展性和可靠性方面擁有良好的紀錄，可接受任意類型和大小的檔案，並提供高性能的資料移動。我們在第 6 章中曾廣泛討論過物件儲存。

EDI

電子資料交換（*electronic data interchange*，EDI）是資料工程師需要面對的另一個實際情況。這個術語非常模糊，可以指稱任何資料的移動方式。通常它是指過時的檔案交換方式，例如透過電子郵件或隨身碟。資料工程師會發現，某些資料來源不支援較現代的資料傳輸方式，這通常是因為過時的 IT 系統或人為流程的侷限性。

工程師至少可以透過自動化來增強 EDI。例如，他們可以設置基於雲端的電子郵件伺服器，在收到檔案後，立即將檔案保存到公司物件儲存中。這可以觸發編排程序來擷取和處理資料。這比員工下載附件並手動上傳到內部系統要強大得多，但我們仍然經常看到這種情況。

資料庫和檔案匯出

工程師應瞭解來源資料庫系統如何處理檔案的匯出。匯出涉及對大量資料進行掃描，這會給交易系統帶來顯著的負載。來源系統的工程師必須評估何時可以運行這些掃描，而不會影響應用程式的性能，並可能選擇減輕負擔的策略。透過查詢

關鍵範圍或一次查詢一個分區，將其分解為較小的匯出。或者，讀取副本可以減少負載。如果匯出每天發生多次並且來源系統負載較高，則讀取副本尤其合適。

主要的雲端資料倉儲都經過高度優化，支援直接的檔案匯出。例如，Snowflake、BigQuery、Redshift 等系統支援以各種格式直接匯出到物件儲存。

常見檔案格式的實際問題

工程師還應該瞭解要匯出的檔案格式。撰寫本文當時，CSV 仍然無處不在，但也非常容易出錯。也就是說，CSV 的預設分隔符也是英語中最熟悉的字符之一，逗號！但情況變得更糟。

CSV 絕不是一種統一的格式。工程師必須規定分隔符（delimiter）、引號字符（quote character）和轉義字符（escape character），以適當地處理字串資料的匯出。CSV 本身不會對綱要資訊（schema information）進行編碼，也不會直接支援嵌套的結構（nested structure）。CSV 檔案的編碼和綱要資訊必須在目標系統中設定，以確保適當的攝取。自動檢測是許多雲端環境提供的一項方便功能，但不適用於生產環境。最好的作法是，工程師應該在檔案的中介資料裡記錄 CSV 編碼和綱要的詳細資訊。

更強大且更具表現力的匯出格式包括 Parquet（*https://oreil.ly/D6mB5*）、Avro（*https://oreil.ly/X6lOx*）、Arrow（*https://oreil.ly/CUMZf*）和 ORC（*https://oreil.ly/9PvA7*）或 JSON（*https://oreil.ly/dDWrx*）。這些格式本身就會編碼綱要資訊，並且無須特別干預就可以處理任意字串資料。其中許多格式本身還能夠處理嵌套的資料結構，因此 JSON 欄位是使用內部嵌套結構而不是簡單字串保存的。對於行式資料庫（columnar databases），行格式（Parquet、Arrow、ORC）允許更高效的資料匯出，因為行可以在不同格式之間直接轉碼。這些格式通常經過優化，以便為查詢引擎提供更好的性能。具體而言，Arrow 檔案格式被設計為將資料直接映射到處理引擎的記憶體中，這樣在資料湖泊環境中可以實現高性能。

這些新格式的缺點是，許多來源系統本身並不支援這些格式。資料工程師通常被迫處理 CSV 資料，然後建構強大的例外處理和錯誤檢測，以確保資料攝取時的品質。有關檔案格式的更廣泛討論，請參閱附錄 A。

Shell

shell 是一個介面,你可以透過它執行命令以攝取資料。shell 可用於編寫幾乎任何軟體工具的工作流程命令稿,並且 shell 命令稿仍然廣泛用於攝取過程。Shell 命令稿可能會從資料庫中讀取資料,將其重新序列化為不同的檔案格式,上傳到物件儲存,並觸發目標資料庫中的攝取過程。儘管將資料保存在單一實例或伺服器上的可擴展性不高,但我們的許多資料來源並不是特別龐大,這樣的作法完全適用。

此外,雲端供應商通常會提供強大之基於 CLI 的工具。只需向 AWS CLI 發出命令就可以運行複雜的攝取過程(*https://oreil.ly/S6Buc*)。隨著攝取過程變得更加複雜,SLA 也變得更嚴格,此時工程師應該考慮遷移到適當的編排系統。

SSH

SSH 不是一種攝取策略,而是與其他攝取策略一起使用的協定。我們可以有幾種方式來使用 SSH。首先,如前所述,SSH 可以與 SCP 一起用於檔案傳輸。其次,SSH 隧道(tunnel)用於允許與資料庫建立安全且隔離的連接。

應用程式資料庫絕不應該直接暴露在網際網路上。相反地,工程師可以設置一個堡壘主機(bastion host)——即可以連接到相關資料庫的中間主機實例。這個主機被暴露在網際網路之上,但被鎖定,僅對指定的 IP 位址和指定的通訊埠進行最低限度的存取。要連接到資料庫,遠端機器首先會打開與堡壘主機的 SSH 隧道連接,然後再從該主機連接到資料庫。

SFTP 和 SCP

從安全檔案傳輸協定(secure FTP,SFTP)和安全複製(secure copy,SCP)來存取和發送資料是你應該熟悉的技術,即使資料工程師通常不會經常使用這些技術(IT 或安全 / 安全運營部門將負責處理此問題)。

提到 SFTP,工程師們理所當然會感到不安(有時我們甚至聽說過,在生產環境中使用 FTP 的情況)。儘管如此,SFTP 對許多企業來說仍然是一個實際的現實。他們與使用 SFTP 來消費或提供資料的夥伴企業合作,不願意依賴其他標準。在這些情況下,為了避免資料洩漏,安全分析至關重要。

SCP 是一種在 SSH 連線上運行的檔案交換協定。如果組態設定正確，SCP 可以是一個安全的檔案傳輸選項。同樣地，強烈建議添加額外的網路存取控制（深度防禦）以增強 SCP 的安全性。

webhook

正如我們在第 5 章中所討論的，*webhook* 通常被稱為*反向*（*reverse*）*API*。對於典型的 REST 資料 API，資料提供者所給出的 API 規範，工程師可據此編寫自己的資料攝取程式碼。此程式碼會發出請求並接收回應中的資料。

使用 webhook（圖 7-15）時，資料提供者會定義一個特定的 API 請求規範，但資料提供者會進行 API 調用，而不是接收它們；資料消費者的責任是提供一個 API 端點（endpoint）給提供者調用。消費者負責攝取每個請求，並進行資料的聚合、儲存和處理。

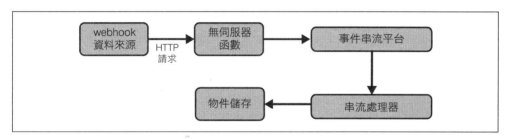

圖 7-15　由雲端服務建構的基本 webhook 攝取架構

基於 webhook 的資料攝取架構可能很脆弱、難以維護且效率低下。使用適當的現成工具，資料工程師可以建構更強大的 webhook 架構，同時降低維護和基礎架構的成本。例如，AWS 中的 webhook 模式可以使用無伺服器函數框架（Lambda）來接收傳入的事件，使用託管的事件串流平台來保存和緩衝訊息（Kinesis），使用串流處理框架來處理即時分析（Flink），以及為長期儲存使用物件保存方法（S3）。

你將注意到，這個架構的作用遠不止於單純地攝取資料。這突顯了攝取與資料工程生命週期其他階段的相互關係；如果不做出有關儲存和處理的決策，通常不可能定義你的攝取架構。

web 介面

對於資料工程師來說，用於資料存取的 web 介面仍然是一個實際的現實。我們經常遇到這樣的情況： SaaS 平台上的所有資料和功能並非都透過自動化介面（例如 API 和檔案傳輸）公開。相反地，必須有人手動存取 web 介面、產生報告，並將檔案下載到本地機器。這樣做明顯存在一些缺點，例如人們可能會忘記產生報告，或者他們的筆記型電腦故障。在可能的情況下，選擇允許自動存取資料的工具和工作流程。

網頁抓取

網頁抓取（*web scraping*）是指自動從網頁提取資料的過程，這通常是透過解析網頁的各種 HTML 元素來實現。你可以抓取電子商務網站以提取產品定價資訊，或者從多個新聞網站提取資料以供你的新聞聚合器（news aggregator）使用。網路抓取是一個被廣泛應用的技術，作為資料工程師，你可能會在工作中遇到它。然而，它也是一個倫理和法律界限不明確的模糊領域。

以下是在進行任何網路抓取專案之前需要注意的一些高層次建議。首先，問問自己是否應該進行網路抓取，或者資料是否可以從第三方獲得。如果你決定進行網路抓取，請做一個好公民。不要無意中創造阻斷服務（denial-of-service，DoS）攻擊，也不要讓你的 IP 位址被封鎖。瞭解你產生的流量大小，並適當地調整你的網路爬蟲活動的速度。僅僅因為你可以同時啟動數千個 Lambda 函數進行抓取，並不意味著你應該這樣做；過度的網頁抓取可能會導致你的 AWS 帳戶被禁用。

其次，要意識到你的活動的法律影響。同樣地，造成 DoS 攻擊可能會帶來法律後果。違反服務條款的行為可能會給你的僱主或你個人帶來麻煩。

第三，網頁的 HTML 元素結構會經常變化，這使得要讓網路抓取工具不過時變得很棘手。問問自己，維護這些系統的麻煩是否值得你付出這樣的努力？

網頁抓取對資料工程生命週期中的處理階段，具有值得注意的影響；工程師應該在開始網路抓取專案時考慮各種因素。你打算如何處理這些資料？你是否只是使用 Python 程式碼從抓取到的 HTML 中提取所需欄位，然後將這些值寫入資料庫？你是否打算維護被抓取網站的完整 HTML 程式碼，並使用 Spark 等框架處理這些資料？這些決策可能會導致下游處理階段中非常不同的架構。

用於資料遷移的傳輸設備

對於大量的資料（100 TB 或更多），直接透過網際網路傳輸資料可能是一個緩慢且昂貴的過程。在這種規模下，最快、最有效的資料移動方式不是透過網路，而是透過卡車運輸。雲端供應商提供了透過實體的「硬碟盒」運送資料的服務。只需訂購一個稱為轉移裝置（*transfer appliance*）的儲存設備，從你的伺服器載入資料，然後將其送回雲端供應商，雲端供應商將會上傳你的資料。

如果你的資料量接近 100 TB，建議考慮使用「轉移裝置」。在極端情況下，AWS 甚至提供了 Snowmobile（*https://oreil.ly/r9vLY*），這是一種在半拖車（semitrailer）中運送的「轉移裝置」！Snowmobile 用於提升和移動整個資料中心，其中的資料量為 PB 或更大。

「轉移裝置」對於建立混合雲或多雲設置非常方便。例如，Amazon 的資料轉移裝置（AWS Snowball）支援匯入和匯出。要遷移到第二個雲端，用戶可以將其資料匯出到 Snowball 裝置，然後再將其匯入第二個「轉移裝置」，以便將資料移動到 GCP 或 Azure。這聽起來可能有些麻煩，但即使可以透過網際網路在雲端之間推送資料，資料傳出費用（data egress fees）也會使這成為一個昂貴的提議。當資料量很大時，實體的轉移裝置是一個更便宜的替代方案。

請記住，轉移裝置和資料遷移服務是一次性的資料攝取事件，不建議用於持續的工作負載。假設你的工作負載需要在混合雲或多雲場景中不斷移動資料。在這種情況下，你的資料規模可能是在持續的基礎上批次或串流傳輸小得多的資料量。

資料共享

資料共享（*data sharing*）正在成為消費資料的一種流行選擇（見第 5 章和第 6 章）。資料供應商將以免費或收費的方式向第三方訂閱者提供資料集。這些資料集通常以唯讀方式共享，這意味著你可以將這些資料集與你自己的資料（以及其他第三方資料集）整合，但你並不擁有共享的資料集。嚴格來說，這不是資料攝取，因為你並沒有實際擁有資料集。如果資料提供者決定刪除你對資料集的存取權，你就無法存取該資料集了。

許多雲端平台提供資料共享服務，允許你共享自己的資料，以及消費來自各種供應商的資料。其中一些平台還提供資料市集，供企業和組織出售其資料。

你將與誰合作

資料攝取涉及多個組織邊界。在開發和管理資料攝取管道時，資料工程師將與上游（資料產生者）和下游（資料消費者）的人員和系統一起工作。

上游利益相關者

負責產生資料（*generating data*）的人員（通常是軟體工程師）與為分析和資料科學準備資料的資料工程師之間，往往存在嚴重脫節。軟體工程師和資料工程師通常處於不同的組織孤島中；如果軟體工程師考慮到資料工程師，他們通常會將其視為應用程式之資料排放物（data exhaust）的下游消費者，而不是利益相關者。

我們認為目前的這種狀況既是一個問題，也是一個重要的機會。資料工程師可以透過邀請軟體工程師成為資料工程結果的利益相關者，來提高其資料的品質。絕大多數的軟體工程師都非常瞭解分析和資料科學的價值，但不一定有一致的誘因來直接為資料工程工作做出貢獻。

改善溝通是重要的第一步。通常情況下，軟體工程師已經識別出了可能對下游消費有價值的資料。開放溝通渠道（communication channel）鼓勵軟體工程師為消費者整理資料，並就資料的變更進行溝通，以防止管道回歸（pipeline regressions）。

除了溝通，資料工程師還可以向團隊成員、高階主管，尤其是產品經理強調軟體工程師的貢獻。讓產品經理參與到結果中來，並將下游資料處理視為產品的一部分，可以鼓勵他們將稀缺的軟體開發資源分配到與資料工程師的協作。理想情況下，軟體工程師能夠與資料工程團隊進行部分合作；這使他們能夠在各種專案上進行協作，例如創建事件驅動架構以實現即時分析。

下游利益相關者

資料攝取的最終客戶是誰？資料工程師的焦點是資料從業者和技術領導者，例如資料科學家、分析師和首席技術官。他們還應該記住更廣泛的業務利益相關者，例如營銷總監、供應鏈副總裁和首席執行官。

我們經常看到資料工程師在追求複雜的專案（例如，即時串流匯流排或複雜的資料系統），而隔壁的數位營銷經理卻只能手動下載 Google Ads 報告。請將資料工程視為一項業務，認清你的客戶是誰。通常情況下，攝取流程的基本自動化具有重要價值，尤其是對於像營銷部門這樣控制大量預算並處於業務收入核心的部門。基本的攝取工作可能看起來很乏味，但為公司的這些核心部門提供價值，將開拓更多的預算和更令人興奮的長期資料工程機會。

資料工程師還可以邀請更多的高階主管參與此協作過程。基於充分的理由，資料驅動的文化在商業領導圈中非常流行。儘管如此，資料工程師和其他資料從業者仍應就資料驅動型業務的最佳結構為高階主管提供指導。這意味著要宣傳降低資料生產者和資料工程師之間障礙的價值，同時支持高階主管打破孤島並制定激勵措施，以形成更統一的資料驅動文化。

再強調一次，**溝通**是關鍵。儘早並經常與利益相關者進行坦誠的溝通，將在很大程度上確保你的資料攝取工作能夠增加價值。

潛在因素

幾乎所有的潛在因素都會觸及攝取階段，但我們在這裡將強調最突出的幾個因素。

安全性

資料移動過程中將存在安全漏洞，因為你必須在不同位置之間傳輸資料。在資料移動過程中，你最不希望發生的情況是資料被擷取或遭到破壞。

應該考慮資料保存的位置和資料的傳輸目的地。需要在你的 VPC 內部移動的資料，應該使用安全端點，並且切勿離開 VPC 的範圍。如果需要在雲端和本地網路之間傳輸資料，請使用 VPN 或專用私有連接。這可能需要花一些錢，但安全性是一項不錯的投資。如果你的資料透過公共的網路傳輸，請確保傳輸過程是加密的。在傳輸過程中對資料加密始終是一項良好的作法。

資料管理

當然，資料管理始於資料攝取。這是沿襲和資料編目的起點；從這一點開始，資料工程師需要考慮綱要異動、倫理、隱私和合規性。

綱要異動

從我們的角度看，綱要異動（例如在資料庫的資料表中添加、變更或刪除欄位）仍然是資料管理中一個懸而未決的問題。傳統的作法是進行謹慎的命令和控制審查過程。與大型企業的客戶合作時，我們曾經遇到過，添加一個欄位預計需要六個月的時間。這對於敏捷性來說是不可接受的障礙。

光譜的另一端，來源中的任何綱要異動都會觸發以新的綱要重建目標資料表。儘管這解決了攝取階段的綱要問題，但仍可能破壞下游管道和目標儲存系統。

一種可能的解決方案，我們（作者）曾考慮過一段時間，就是由 Git 版本控制所開創的一種作法。當 Linus Torvalds 開發 Git 時，他的許多選擇都受到了並行版本系統（Concurrent Versions System，CVS）侷限性的啟發。CVS 是完全集中化的；它只支援保存在中央專案伺服器上之程式碼的一個當前的正式版本。為了讓 Git 成為一個真正的分散式系統，Torvalds 使用了樹的概念；每個開發者都可以維護自己處理的程式碼分支，然後將之與其他分支合併。

幾年前，這種處理資料的方法是難以想像的。在本地 MPP 系統中，通常運行在接近最大儲存容量的狀態下。然而，在大數據和雲端資料倉儲環境中，儲存成本相對較低。可以很容易地維護具有不同綱要（schemas）甚至不同上游轉換（upstream transformations）之資料表的多個版本。團隊可以使用 Airflow 之類的編排（orchestration）工具來支援資料表的各種「開發」版本；在對主要資料表進行正式變更之前，綱要異動、上游轉換和程式碼變更，可以出現在開發資料表中。

資料倫理、隱私和合規性

客戶經常向我們諮詢如何在資料庫中加密敏感資料，這通常會讓我們提出一個基本問題：你是否需要你試圖加密的敏感資料？事實證明，在建立需求和解決問題時，這個問題經常被忽視。

當設置攝取管道（ingestion pipelines）時，資料工程師應該總是訓練自己提出此問題。他們將不可避免地會遇到敏感資料；自然的傾向是攝取這些資料並將其轉發到管道中的下一步驟。但如果不需要這些資料，為什麼要蒐集它們呢？為什麼不在保存資料之前直接刪除敏感欄位？如果資料從未被蒐集，則不會洩漏。

在確實需要追蹤敏感身份的情況下，常見的作法是在模型訓練和分析中應用標記化（tokenization）來匿名化身份。但是工程師應該看看這種標記化的使用位置。如果可能，請在攝取的時候對資料進行雜湊處理。

在某些情況下，資料工程師無法避免高度敏感資料的處理。某些分析系統必須呈現可識別的敏感資訊。工程師在處理敏感資料時必須遵守最高的道德標準。此外，他們可以採取各種措施來減少對敏感資料的直接處理。在涉及敏感資料時，盡可能以**非接觸式生產**（*touchless production*）為目標。這意味著工程師要在開發和模擬環境中使用模擬的或清洗過的資料來開發和測試程式碼，但自動將程式碼部署到生產環境。

非接觸式生產是工程師應該努力實現的理想，但不可避免地會出現在開發和模擬環境中無法完全解決的情況。如果不去查看觸發了回歸情況（triggering a regression）的即時資料（live data），某些錯誤可能無法重現。對於這些情況，請實施「破玻璃」（broken-glass）流程：要求至少兩個人批准在生產環境中存取敏感資料的權限。這種存取權限應該嚴格限定在特定問題上，並附帶到期日。

我們對敏感資料的最後一點建議是：要警惕對人類問題的天真技術解決方案。加密（encryption）和標記化（tokenization）通常被視為隱私萬靈丹。預設情況下，大多數基於雲端的儲存系統和幾乎所有資料庫都會加密靜態和動態資料。通常，我們不會遇到加密問題，而是資料存取問題。解決方案是對單一欄位應用額外的加密層，還是控制該欄位的存取？畢竟，仍然需要嚴格管理對加密金鑰的存取。單一欄位加密存在合法的使用案例，但要避免儀式性加密（ritualistic encryption）。

在標記化方面，請運用常識並評估資料存取情境。如果有人擁有你的某位客戶的電子郵件，他們是否可以輕鬆地對電子郵件進行雜湊處理，並在你的資料中找到該客戶？在沒有加鹽（salting）和其他策略的情況下，盲目地對資料進行雜湊處理，可能無法像你想的那樣保護隱私。

資料運營

可靠的資料管道（data pipelines）是資料工程生命週期的基石。當資料管道失敗時，所有下游依賴項都會停滯不前。資料倉儲和資料湖泊無法獲得新的資料，資料科學家和分析師無法有效地完成工作；企業被迫盲目運營。

讓資料管道受到適當的監控是確保可靠性和有效事件回應的關鍵步驟。如果說在資料工程生命週期中有一個階段的監控至關重要，那就是資料攝取階段。監控薄弱或不存在，意味著資料管道可能運作或未運作。回顧我們之前對時間的討論，請務必追蹤時間的各個方面，包括事件的建立、攝取、處理和處理時間。你的資料管道應該可預測地以批次或串流方式處理資料。我們見過無數從陳舊資料產生報表和機器學習模型的例子。在一個極端的案例中，出現一個攝取資料管道的故障在六個月內未檢測到的情況（有人可能會質疑資料在這種情況下的具體效用，但這是另外一個問題）。透過適當的監控，這是完全可以避免的。

你應該監控哪些項目？運行時間、延遲時間和所處理的資料量是不錯的起點。如果一個攝取作業失敗，你將如何回應？通常，最好一開始就將監控建構在管道中，而不是等到部署之後再進行。

監控是關鍵，此外瞭解你所依賴之上游系統的行為以及它們如何產生資料也很重要。你應該知道每個時間間隔產生的事件數（每分鐘事件數、每秒事件數…等等），以及每個事件的平均大小。你的資料管道應該同時處理你正在攝取之事件的頻率和大小。

這也適用於第三方服務。在使用這些服務的情況下，你在精益運營效率（減少人力成本）方面的收益將被你所依賴的系統所取代。如果你使用的是第三方服務（雲端、資料攝取服務…等等），而且如果發生服務中斷，你將如何收到警報？如果你依賴的服務突然離線，你的回應計畫是什麼？

很遺憾，沒有針對第三方故障的通用回應計畫。如果可以故障轉移到其他伺服器（最好是在另一個區域或地域），請務必進行此設置。

如果你的資料攝取流程是在內部建構的，你是否具備適當的測試和部署自動化機制，以確保程式碼在生產環境中正常運作？如果程式碼有錯誤或失敗，你可以將其回滾（roll back）到正常運作的版本嗎？

資料品質測試

我們經常將資料稱為無聲殺手。如果說高品質、有效的資料是當今企業成功的基礎，那麼使用不良資料做出決策則比沒有資料要糟糕得多。不良資料將對企業造成無法估量的損害；這樣的災難有時稱為資料災難（*datastrophes*）[2]。

資料具有熵的性質；它常常在沒有警告的情況下以意想不到的方式發生變化。DevOps（開發運營）和 DataOps（資料運營）之間的本質差異之一在於，我們只在部署變更時才預期軟體回歸（software regressions），而資料常常因為我們無法控制的事件而獨立出現回歸。

開發運營（DevOps）工程師通常能夠使用二進制條件來檢測問題。請求失敗率是否超過特定閾值（threshold）？回應延遲是否達到預期？在資料領域中，回歸（regressions）通常表現為微妙之統計上的異常或失真。搜索詞（search-term）統計資料的變化是客戶行為的結果嗎？是漏網的機器人流量激增的結果嗎？是公司其他部門部署的網站測試工具所造成的嗎？

就像開發運營（DevOps）中的系統故障一樣，某些資料回歸（data regressions）是立即可見的。例如，在 2000 年代初期，當使用者透過搜索引擎進入網站時，Google 會向網站提供搜索詞。2011 年，Google 為了更好地保護使用者隱私，某些情況下會隱藏這些資訊。分析師很快就會看到「未提供」（not provided）的字樣出現在他們的報告頂端[3]。

真正危險的資料回歸（data regressions）往往是無聲的，可能來自企業內部或外部。應用程式開發人員可能會在沒有充分與資料團隊溝通的情況下，變更資料庫欄位的含義。來自第三方來源的資料變更可能不會被注意到。在最好的情況下，報告會以明顯的方式出現問題。通常，企業的指標（metrics）會被扭曲，但決策者卻不知情。

2　見 Andy Petrella 於 2021 年 3 月 1 日在 Medium 網站所發表的文章〈Datastrophes〉（資料災難），*https://oreil.ly/h6FRW*。

3　見 Danny Sullivan 於 2012 年 10 月 19 日在 MarTech 網站所發表的文章〈Dark Google: One Year Since Search Terms Went 'Not Provided'〉（黑暗谷歌：搜索詞「未提供」已有一年），*https://oreil.ly/Fp8ta*。

盡可能與軟體工程師合作，從源頭解決資料品質的問題。令人驚訝的是，許多資料品質的問題可以透過遵循軟體工程的基本最佳作法來處理，例如使用日誌來記錄資料變更的歷史、進行檢查（例如，檢查空值…等等）和例外處理（使用 try、catch…等等）。

傳統的資料測試工具通常建構在簡單的二進位邏輯上。例如，空值是否出現在不可為空白的欄位中？在分類欄位中是否意外出現新的項目？統計資料測試（statistical data testing）是一個新的領域，但在未來五年內可能會大幅成長。

編排

資料攝取通常位於龐大而複雜的資料圖（data graph）之開頭；由於攝取是資料工程生命週期的第一階段，因此被攝取的資料將流入許多後續的資料處理步驟，並且來自許多來源的資料將以複雜的方式被混合在一起。正如本書一再強調的，編排（orchestration）是協調這些步驟的關鍵過程。

資料成熟度（data maturity）處於早期階段的組織，可以選擇將攝取流程部署為簡單的定期 cron 作業。然而，重要的是必須認識到這種方法的脆弱性，並且會減慢資料工程部署和開發的速度。

隨著資料管道複雜性的增加，真正的編排是必要的。我們所說的真正的編排（true orchestration）是指能夠調度（scheduling）完整任務圖（task graph）^{譯註} 而不是單一任務的系統。編排系統可以在適當的預定時間（scheduled time）啟動每個攝取任務。當攝取任務完成時，開始進行下游的處理和轉換步驟。更進一步的下游處理步驟會導致額外的處理步驟。

軟體工程

資料工程生命週期的攝取階段（ingestion stage）是工程密集型的（engineering intensive）。這個階段位於資料工程領域的邊緣，通常需要與外部系統介接，軟體和資料工程師必須建構各種自定義管道。

譯註　任務圖是指由許多任務組成的有向圖。

在幕後，攝取過程非常複雜，通常需要團隊運行 Kafka 或 Pulsar 之類的開源框架，有些大型科技公司甚至運行自己的分支或自主開發的攝取解決方案。如本章所述，託管的資料連接器簡化了攝取過程，例如 Fivetran、Matillion 和 Airbyte。資料工程師應該充分利用可用工具（主要是替你完成大量繁重工作的託管工具和服務），並在重要的領域中培養高度的軟體開發能力。使用適當的版本控制和程式碼審查流程，即使對於任何與攝取有關的程式碼，實施適當的測試也是值得的。

編寫軟體時，需要對你的程式碼進行解耦。避免編寫緊密依賴於來源系統或目標系統的單體系統（monolithic systems）。

結語

身為一名資料工程師，攝取階段可能會佔用你的大部分精力和努力。在核心上，攝取就像水管工程（plumbing），將管道連接到其他管道，確保資料一致且安全地流向其目的地。有時，攝取的細節可能會讓人感到乏味，但令人興奮的資料應用（例如，分析和機器學習）則無法在沒有攝取階段的情況下實現。

正如我們所強調的，我們正在經歷一個巨大的變革，從批次式資料管道轉向串流資料管道。這是一個機會，讓資料工程師發現串流資料的有趣應用，並將這些應用傳達給業務部門，並部署令人興奮的新技術。

其他資源

- Airbyte 的「Connections and Sync Modes」（連接和同步模式）網頁（*https://oreil.ly/mCOvd*）

- 《*Introduction to Apache Flink*》的第 6 章〈Batch Is a Special Case of Streaming〉（批次式處理是串流處理的一個特例），作者：Ellen Friedman 和 Kostas Tzoumas（O'Reilly 出版）

- 〈The Dataflow Model: A Practical Approach to Balancing Correctness, Latency, and Cost in Massive-Scale, Unbounded, Out-of-Order Data Processing〉（資料流模型：在大規模、無界限、無順序的資料處理中平衡正確性、延遲和成本的實用作法）（*https://oreil.ly/ktS3p*），作者：Tyler Akidau 等人

- Google Cloud 的「Streaming Pipelines」（串流管道）網頁（*https://oreil.ly/BC1Np*）

- Microsoft 的「Snapshot Window (Azure Stream Analytics)」（快照視窗（Azure 串流分析））文件（*https://oreil.ly/O7S7L*）

第八章

查詢、建模和轉換

到目前為止,資料工程生命週期的各個階段主要是把資料從一個地方傳遞到另一個地方或將資料保存起來。在本章中,你將學習如何讓資料變得有用。透過暸解查詢、建模和轉換(圖 8-1),你將擁有把原始資料轉化為下游利益相關者可使用的工具。

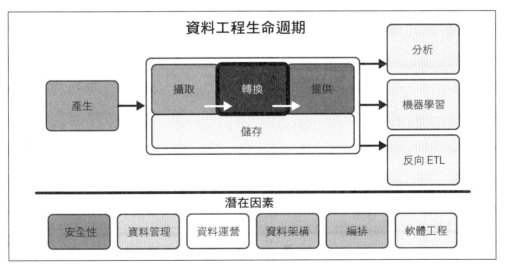

圖 8-1 轉換讓我們能夠從資料來創造價值

首先，我們將討論查詢（queries）及其背後的重要模式。其次，我們將檢視可用於在資料中導入業務邏輯（business logic）的主要資料建模模式（modeling patterns）。然後，我們將探討轉換（transformations），它可以利用你的資料模型的邏輯和查詢結果，使其可更直接用於下游消費。最後，我們會介紹你將與誰合作，以及與本章相關的潛在因素。

有多種技術可用於查詢、建模和轉換 SQL 和 NoSQL 資料庫中的資料。本節將專注於對 OLAP 系統（例如，資料倉儲或資料湖泊）進行的查詢。儘管有許多查詢語言，但為了方便和熟悉起見，本章的大部分內容會把重點放在 SQL 上，這是最流行和最通用的查詢語言。OLAP 資料庫和 SQL 的大多數概念也適用於其他類型的資料庫和查詢語言。本章假定你對 SQL 語言和相關概念（例如，主鍵和外鍵）有一定的瞭解。如果你不熟悉這些概念，有無數資源可幫助你入門。

關於本章所用術語的說明。為方便起見，我們將使用術語「資料庫」（*database*）作為查詢引擎及其所查詢之儲存的簡稱；這可以是雲端資料倉儲或 Apache Spark 查詢保存在 S3 中的資料。我們假設資料庫具有一個儲存引擎，可以在幕後組織資料。這也適用於基於文件的查詢（把 CSV 檔案載入到 Python notebook 中）和對檔案格式（例如 Parquet）的查詢。

此外，請注意，本章主要關注於結構化和半結構化資料的查詢、建模模式和轉換，因為資料工程師經常這樣做。本章討論的許多作法也可以用於處理非結構化資料，例如圖像、視訊和原始文字。

在進入資料建模和轉換之前，讓我們先來看看查詢——它們是什麼、如何工作、提高查詢性能的注意事項，以及針對串流資料的查詢。

查詢

查詢是資料工程、資料科學和分析的基礎部分。在學習有關轉換的底層模式和技術之前，你需要先瞭解什麼是查詢、它們如何處理各種資料，以及提高查詢性能的技術。

本節主要涉及表格（tabular）和半結構化（semistructured）資料的查詢。身為資料工程師，你最常查詢和轉換這些資料類型。在討論有關查詢、資料建模和轉換的更複雜主題之前，讓我們先回答一個非常簡單的問題：查詢是什麼？

查詢是什麼？

我們經常遇到一些會寫 SQL 但不熟悉查詢幕後運作方式的人。如果你是有經驗的資料工程師，已經熟悉查詢的這些介紹性材料，可以跳過這個部分。

查詢（*query*）讓你得以檢索和處理資料。回想一下我們在第 5 章中關於 CRUD 的討論。當查詢檢索資料時，它會發出一個讀取紀錄模式的請求。這是 CRUD 中的 *R*（讀取）。你可以發出一個查詢，從資料表 foo 中獲取所有紀錄，例如 SELECT * FROM foo。或者，你可以應用謂詞（邏輯條件）來篩選你的資料，只檢索 id 為 1 的紀錄，方法是使用 SQL 查詢 SELECT * FROM foo WHERE id=1。

許多資料庫都允許你建立（create）、更新（update）和刪除（delete）資料。這些操作是 CRUD 中的 *CUD*；你的查詢將用於建立、修改或銷毀現有紀錄。讓我們回顧一下，當使用查詢語言時，會遇到的一些常見的首字母縮寫。

資料定義語言

在高層次上，你需要先建立資料庫物件，然後再添加資料。你可以使用**資料定義語言**（*data definition language*，DDL）命令對資料庫物件（例如，資料庫本身、綱要、資料表或用戶）進行操作；DDL 定義了你的資料庫中物件的狀態。

資料工程師常用的 SQL DDL 運算式有 CREATE 和 DROP。例如，你可以使用 DDL 運算式 CREATE DATABASE bar 來建立一個資料庫。之後，你還可以建立新資料表（CREATE table bar_table）或刪除資料表（DROP table bar_table）。

資料操作語言

使用 DDL 定義資料庫物件之後，你需要在這些物件中添加和修改資料，這是**資料操作語言**（*data manipulation language*，DML）的主要目的。身為一名資料工程師，你將會使用的一些常見的 DML 命令如下所示：

```
SELECT
INSERT
UPDATE
DELETE
COPY
MERGE
```

例如，你可以使用 INSERT 把新紀錄插入資料庫的資料表中，使用 UPDATE 來更新現有紀錄，並使用 SELECT 檢索特定紀錄。

資料控制語言

你很可能希望限制對資料庫物件的存取，並精確控制誰有權存取什麼物件。資料控制語言（*data control language*，DCL）允許你使用 SQL 命令（例如 GRANT、DENY 和 REVOKE）來控制對資料庫物件或資料的存取。

讓我們來看一個使用 DCL 命令的簡單例子。一位名叫 Sarah 的新資料科學家加入了你的公司，她需要對一個名為 *data_science_db* 的資料庫進行唯讀存取。為了授予 Sarah 對此資料庫的存取權限，你可以使用如下的 DCL 命令：

```
GRANT SELECT ON data_science_db TO user_name Sarah;
```

這是一個競爭激烈的就業市場，Sarah 在公司工作了僅僅幾個月就被一家大型科技公司挖走了。再見，Sarah！身為一名注重安全的資料工程師，你移除了 Sarah 對資料庫讀取資料的權限：

```
REVOKE SELECT ON data_science_db TO user_name Sarah;
```

存取控制的需求和問題是常見的情況，瞭解 DCL 將有助於你解決你或團隊成員無法存取所需資料的問題，也可以阻止他們存取不需要的資料。

交易控制語言

顧名思義，交易控制語言（*transaction control language*，TCL）支援控制交易細節的命令。使用 TCL，我們可以定義提交檢查點（commit checkpoints）、回滾操作的條件…等等。兩種常見的 TCL 命令包括 COMMIT 和 ROLLBACK。

查詢的生命週期

查詢是如何運作的，查詢執行時會發生什麼？讓我們以資料庫中執行的典型 SQL 查詢為例，介紹查詢執行的高階基礎知識（圖 8-2）。

圖 8-2 資料庫中，SQL 查詢的生命週期

雖然運行查詢可能看起來很簡單——編寫程式碼、執行它，然後獲得結果——但幕後還有很多事情要做。執行 SQL 查詢時，下面是發生的主要步驟摘要：

1. 資料庫引擎編譯 SQL，解析程式碼以檢查語義是否正確，並確保所引用的資料庫物件存在，並且當前用戶對這些物件具有適當的存取權限。

2. 把 SQL 程式碼轉換為位元組碼（bytecode）。此位元組碼以高效且可被機器讀取的格式表達了在資料庫引擎上必須執行的步驟。

3. 資料庫的查詢優化器會分析位元組碼以確定如何執行查詢、重新排序和重構步驟，以盡可能高效地使用可用資源。

4. 執行查詢，並產生結果。

查詢優化器

查詢的執行時間可能會有很大差異，具體取決於它們的執行方式。查詢優化器的工作是透過以有效順序將查詢分解為適當的步驟，優化查詢性能並最大限度地降低成本。優化器會評估聯接（joins）、索引（indexes）、資料掃描規模（data scan size）和其他因素。查詢優化器會盡可能以最低成本的方式執行查詢。

查詢優化器對於查詢的性能至關重要。每個資料庫都不盡相同，並且查詢執行的方式也有明顯且微妙的差異。你不會直接使用查詢優化器，但瞭解它的某些功能將有助於你編寫性能更高的查詢。你需要知道如何使用執行計畫（explain plan）或查詢分析（query analysis）等方法來分析查詢性能，這將於下一節中介紹。

提高查詢性能

在資料工程中，你將不可避免地遇到性能不佳的查詢。知道如何識別和修復這些查詢是非常寶貴的。不要與你的資料庫作對。學會利用它的優勢並增強其弱點。本節將介紹提高查詢性能的各種方法。

優化你的聯接策略和綱要

單一資料集（例如，一個資料表或檔案）很少能夠單獨使用；我們透過將其與其他資料集相結合來創造價值。聯接（*joins*）操作是組合資料集和建立新資料集的最常見方法之一。我們假設你對聯接操作的重要類型（例如，內部、外部、左側、交叉）和聯接關係的類型（例如，一對一、一對多、多對一和多對多）已經很熟悉。

聯接操作在資料工程中至關重要，並且在許多資料庫中都得到了很好的支援和性能。即使是以往在聯接性能上聲譽不佳的行式資料庫（columnar databases），現在通常也能提供出色的性能。

提高查詢性能的常用技術是預聯接（*prejoin*）資料。如果你發現分析查詢重複聯接相同的資料，通常最好提前聯接資料，並讓查詢從資料的預聯接版本中進行讀取，這樣你就不會重複進行計算密集型工作。這可能意味著，變更綱要並放寬正規化條件以擴大資料表，並利用較新的資料結構（例如 arrays 或 structs）來替換頻繁聯接的實體關係。另一種策略是維護更正規化的綱要，但為最常見的分析和資料科學使用案例預先聯接資料表。我們可以直接建立預聯接的資料表，並培訓用戶使用這些資料表或在具體化視圖（materialized views）中進行聯接（見第 365 頁的「具體化視圖、聯合和查詢虛擬化」）。

接下來，請考慮聯接條件的細節和複雜性。複雜的聯接邏輯可能會消耗大量計算資源。我們可以透過以下幾種方式來提高複雜聯接的性能。

許多列導向的（row-oriented）資料庫允許你為「從列計算出的結果」編製索引。例如，PostgreSQL 允許你在轉換為小寫的字串欄位上建立索引；當優化器遇到在謂詞中出現 `lower()` 函式的查詢時，就可以應用該索引。你還可以為聯接操作建立一個新的衍生行（derived column），但需要培訓用戶在此行上進行聯接。

列爆炸

一個鮮為人知但令人沮喪的問題是列爆炸（row explosion）（*https://oreil.ly/kUsO9*）。當我們有大量的多對多匹配時，就會發生這種情況，這可能是由於聯接鍵（join keys）中存在重複，或者是由於聯接邏輯（join logic）的結果。假設資料表 A 中的聯接鍵具有重複 5 次的值，而資料表 B 中的聯接鍵

也發現此值重複了 10 次。這會導致這些列的交叉聯接（cross-join）：資料表 A 中的每列與資料表 B 中每列配對。這將在輸出中產生 5 × 10 = 50 列。現在假設聯接鍵中還有許多其他重複的值。列爆炸通常會產生夠多的列來消耗大量的資料庫資源，甚至導致查詢失敗。

瞭解查詢優化器如何處理聯接也很重要。有些資料庫可以對聯接（joins）和謂詞（predicates）重新排序，而有些資料庫則不能。在查詢的早期階段發生列爆炸可能會導致查詢失敗，即使後續的謂詞應該能夠正確刪除輸出中的許多重複項。謂詞重新排序可以顯著減少查詢所需的計算資源。

最後，使用通用資料表運算式（common table expression，CTE）代替嵌套子查詢或臨時資料表。CTE 允許用戶以可讀性較高的方式將複雜的查詢組合在一起，有助於你瞭解查詢的流程。對於複雜的查詢來說，可讀性的重要性不容忽視。

在許多情況下，CTE 的性能也比建立中間資料表的命令稿更好；如果必須建立中間資料表，請考慮建立臨時資料表。如果你想瞭解有關 CTE 的更多資訊，可以透過快速的網路搜索獲得大量有用的資訊。

使用執行計畫並瞭解查詢的性能

正如你在上一節中所瞭解到的，資料庫的查詢優化器會影響查詢的執行。查詢優化器的執行計畫（explain plan）指令，將向你展示查詢優化器如何確定其最低成本的最佳查詢、所使用的資料庫物件（資料表、索引、快取…等等），以及每個查詢階段的各種資源消耗和性能統計資訊。有些資料庫提供查詢階段的可視化表示形式，而有些資料庫則可以使用 SQL 的 EXPLAIN 命令來提供執行計畫，該命令可以顯示資料庫執行查詢將採取的一系列步驟。

除了使用 EXPLAIN 來瞭解查詢的運行方式外，還應該監控查詢的性能，查看資料庫資源消耗的指標（mctrics）。以下是一些需要監控的領域：

- 磁碟、記憶體和網路等關鍵資源的使用。

- 資料載入時間與處理時間的比較。

- 查詢執行時間、記錄數量、被掃描資料的規模以及順序被打亂的資料量。

- 在你的資料庫中可能導致資源爭用的競爭性查詢。

- 所使用的並行連接數量與可用的連接數量。超額訂閱的並行連接可能會對無法連接到資料庫的用戶產生負面影響。

避免全資料表掃描

所有查詢都會掃描資料，但並非所有掃描都相同。一般而言，你應該只查詢所需的資料。當你執行 SELECT * 而沒有謂詞時，則會掃描整個資料表，檢索每一列和每一行。這在性能方面效率非常低並且成本高昂，尤其是如果你使用的是按使用量計費（pay-as-you-go）的資料庫，當查詢正在運行時，會根據所掃描的位元組數或所使用的計算資源向你收費。

查詢中盡可能使用修剪（*pruning*）來減少掃描的資料量。行式（column-oriented）資料庫和列式（row-oriented）資料庫需要不同的修剪策略。在行式資料庫中，你應該只選擇所需的行（columns）。大多數行式 OLAP 資料庫還提供了進一步優化資料表，以提高查詢性能的其他工具。例如，如果你有一個非常大的資料表（大小為數 TB 或更大），Snowflake 和 BigQuery 可以讓你在資料表上定義一個叢集鍵（cluster key），該鍵會按照一種方式對資料表的資料進行排序，使得查詢能夠更有效地存取非常大的資料集之某些部分。BigQuery 還允許你將資料表分割為較小的區段，這樣你就可以只查詢特定分區，而不是整個資料表（請注意，不適當之叢集和鍵的分發策略可能會降低性能）。

在列式資料庫中，修剪通常以資料表索引為中心，這是你在第 6 章中學到的內容。一般的策略是建立資料表索引，以改善對性能敏感之查詢的性能，同時不會使用過多的索引讓資料表過載，以致於降低性能。

瞭解你的資料庫如何處理提交

資料庫提交（*commit*）就是對資料庫進行變更，例如建立、更新或刪除紀錄、資料表或其他資料庫物件。許多資料庫支援交易（*transactions*）的概念，即在維持一致狀態的方式下，同時提交多個操作。請注意，交易一詞有些過度使用；請參閱第 5 章。交易的目的是在資料庫處於活動狀態以及發生故障時，保持資料庫的一致狀態。當多個同時發生的事件（concurrent events）可能對同一個資料庫物件進行讀取、寫入和刪除等操作時，交易還會處理隔離性。如果沒有交易，用戶在查詢資料庫時，有可能會獲得衝突的資訊。

你應該非常熟悉資料庫如何處理提交和交易，並確定查詢結果的預期一致性。你的資料庫是否以符合 ACID 的方式處理寫入和更新操作？如果沒有 ACID 合規性，你的查詢可能會傳回意外的結果。這可能是由髒讀（dirty read）導致的，當一個資料列被讀取時，一個未提交的交易已經更改了該資料列，便會發生髒讀。髒讀是資料庫的預期行為嗎？如果是，你如何處理這個問題？另請注意，在更新和刪除交易期間，某些資料庫會建立新檔案來表示資料庫的新狀態，並保留舊檔案以供失敗檢查點引用。在這些資料庫中，運行大量小提交可能會導致混亂，並消耗可能需要定期清空的大量儲存空間。

讓我們簡要地考慮三個資料庫，以瞭解提交的影響（注意，這些例子是撰寫本文當時的最新資訊）。首先，假設我們正在觀察一個使用 PostgreSQL 關聯式資料庫管理系統（RDBMS）並應用 ACID 交易的情況。每個交易都是由一組操作構成，這些操作要嘛就是整組失敗，要嘛就是整組成功。我們還可以在許多資料列上運行分析查詢；這些查詢將在某個時間點呈現資料庫的一致圖像。

PostgreSQL 作法的缺點是它需要進行列鎖定（row locking）（阻止對特定列的讀取和寫入），這可能以各種方式降低性能。PostgreSQL 並未針對大型掃描或適用於大規模分析應用程式的大量資料進行優化。

接下來，考慮 Google BigQuery。它採用了一個基於時間點（point-in-time）的完整資料表提交模型。發出讀取查詢時，BigQuery 將從資料表的最新提交快照中讀取。無論查詢運行一秒鐘還是兩個小時，它都只會從該快照讀取，並且不會看到任何後續的變更。在我讀取資料表時，BigQuery 不會對其進行鎖定。相反地，後續的寫入操作將會建立新的提交和新的快照，同時查詢會在其啟動的快照上繼續運行。

為了防止不一致的狀態，BigQuery 同一時間只允許進行一個寫入操作。從這個意義上說，BigQuery 完全不提供寫入並行性（write concurrency）（從能夠在單一寫入查詢中並行寫入大量資料的角度來看，它具有高度的並行性）。如果有多個客戶端同時嘗試寫入，則寫入查詢將按照到達順序排隊。BigQuery 的提交模型類似於 Snowflake、Spark 和其他系統使用的提交模型。

最後，讓我們考慮一下 MongoDB。我們將 MongoDB 稱為一個支援可變一致性的資料庫（*variable-consistency database*）。工程師可以根據需要在資料庫和個別查詢的層面上配置各種一致性選項。MongoDB 因其卓越的可擴展性和寫入並行性而聞名，但因工程師濫用它時出現的問題而臭名昭著[1]。

例如，在某些模式（modes）下，MongoDB 支援超高的寫入性能。然而，這是有代價的：如果資料庫被流量淹沒，它將毫不客氣地、默默地丟棄寫入的資料。這非常適合可以承受丟失一些資料的應用程式，例如，IOT 應用程式，我們只需要許多測量值，但不關心是否擷取所有測量值。但它不太適合需要擷取精確資料和統計資訊的應用程式。

這並不是說這些都是不好的資料庫。當它們被選擇用於適當的應用程式並正確設定時，它們都是很棒的資料庫。對於幾乎任何資料庫技術來說，都是如此。

企業僱用工程師不僅僅是為了讓他們獨立開發程式碼。為了配得上他們的職稱，工程師應該對其所負責解決的問題和技術工具有深入的瞭解。這同樣適用於提交和「一致性模型」以及技術性能的所有其他方面。適當的技術選擇和組態最終可以區分出非凡的成功和巨大的失敗。有關一致性的更深入討論，請參閱第 6 章。

清掃死記錄

正如我們剛才所討論的那樣，交易在某些操作（例如，更新、刪除和索引操作）期間會產生建立新紀錄的開銷，同時保留舊紀錄作為指向資料庫最後狀態的指標（pointers）。隨著這些舊紀錄在資料庫檔案系統中的累積，最終不再需要引用它們。你應該在稱為清掃（*vacuuming*）的流程中刪除這些死紀錄。

你可以清理資料庫中的單一資料表、多個資料表或所有資料表。不管你選擇如何進行清理，刪除已死的資料庫紀錄很重要，原因有幾個。首先，它可以釋放空間以保存新紀錄，這減少了資料表的膨脹，進而加快了查詢速度。其次，新的相關紀錄意味著查詢計畫更準確；過時的紀錄可能會導致查詢優化器產生次優和不準確的計畫。最後，清掃過程可以清理不良的索引，進而提高索引的性能。

---

1   例如，見 Emin Gün Sirer 於 2014 年 4 月 6 日在 Hacking, Distributed 網站上發表的〈NoSQL Meets Bitcoin and Brings Down Two Exchanges: The Story of Flexcoin and Poloniex〉（NoSQL 遇上比特幣，導致兩個交易所倒閉：Flexcoin 和 Poloniex 的故事），*https://oreil.ly/RM3QX*。

根據資料庫的類型，清掃操作的處理方式會有所不同。例如，在由物件儲存支援的資料庫（例如 BigQuery、Snowflake、Databricks）中，保留舊資料的唯一缺點是佔用儲存空間，根據資料庫的儲存價格模型，這可能會造成費用。在 Snowflake 中，用戶不能直接進行清掃操作。相反地，它們控制了一個稱為「時間旅行」（time-travel）的間隔，該間隔決定了自動清掃之前保留資料表快照的時間長度。BigQuery 則使用固定的七日「歷史記錄時間範圍」（history window）。Databricks 通常會無限期地保留資料，直到手動清掃為止；清掃操作對於控制直接的 S3 儲存成本非常重要。

Amazon Redshift 在許多組態中處理其叢集磁碟[2]，清掃操作可能會對性能和可用儲存產生影響。*VACUUM* 會在後台自動運行，但用戶有時可能希望手動運行它，以進行調整。

對於 PostgreSQL 和 MySQL 等關聯式資料庫來說，清掃操作變得更加重要。大量的交易操作可能會導致死紀錄的快速積累，因此在這些系統中工作的工程師，需要熟悉清掃操作的細節和影響。

利用快取的查詢結果

假設你經常在資料庫上運行一個密集型查詢，而該資料庫會根據你查詢的資料量收取費用。每次運行查詢都要花錢。與其在資料庫上重複運行相同的查詢並產生巨額費用，還不如將查詢結果保存起來，以供即時檢索，這不是很好嗎？值得慶幸的是，許多雲端 OLAP 資料庫都會快取查詢結果。

當查詢最初運行時，它會從各種來源檢索資料，對其進行篩選和聯接，並輸出結果。這個初始查詢——冷查詢——類似於我們在第 6 章中探討之冷資料的概念。為了便於討論，假設此查詢運行了 40 秒的時間。假設你的資料庫會快取查詢結果，重新運行相同的查詢可能會在 1 秒或更短的時間內傳回結果。結果已被快取，查詢不需要冷運行。盡可能利用查詢快取結果來減輕資料庫的壓力，並為頻繁運行的查詢提供更好的用戶體驗。另請注意，具體化視圖（*materialized views*）提供了另一種形式的查詢快取（見第 365 頁的「具體化視圖、聯合和查詢虛擬化」）。

2　某些 Redshift 組態（*https://oreil.ly/WgLcV*）依賴於物件儲存。

對串流資料的查詢

串流資料不斷地在傳輸中。正如你可能想像的那樣，查詢串流資料與查詢批次資料有所不同。為了充分利用資料流，我們必須調整反映其即時性質的查詢模式。例如，像 Kafka 和 Pulsar 這樣的系統使得查詢串流資料來源變得更加容易。讓我們看一下執行此操作的一些常見方法。

串流上的基本查詢模式

回顧一下第 7 章中討論的連續 CDC。在這種形式下，CDC 本質上是把分析資料庫設置為生產資料庫（production database）的快速跟隨者。其中一種最常見的串流查詢模式就是查詢分析資料庫，在生產資料庫稍微滯後的情況下檢索統計結果及聚合資料。

快速跟隨者的作法。 這如何成為一種串流查詢模式呢？難道我們不能直接透過在生產資料庫上運行查詢來完成同樣的事情？原則上是可以的；但實際上並非如此。生產資料庫通常不具備在處理生產工作負載（production workloads）的同時對大量資料運行大型分析掃描的能力。運行此類查詢可能會減慢生產系統的速度，甚至導致其崩潰[3]。基本的 CDC 查詢模式使我們能夠提供即時分析，並且對生產系統的影響最小。

快速跟隨者模式（fast-follower pattern）可以利用傳統的交易型資料庫（transactional database）作為跟隨者，但使用適當的 OLAP 導向系統（圖 8-3）具有顯著的優勢。Druid 和 BigQuery 都會將串流緩衝區（streaming buffer）與長期行式儲存（long-term columnar storage）結合在一起，其設置有點類似於 Lambda 架構（請參閱第 3 章）。這對於在接近即時更新的情況下計算大量歷史資料的滾動統計（trailing statistics）非常有效。

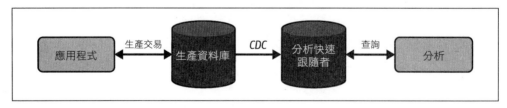

圖 8-3　CDC 擁有一個快速跟隨者分析資料庫

3　作者知道一起事件，就是一家大型雜貨連鎖店的新分析師在生產資料庫上運行 SELECT *，導致一個關鍵的庫存資料庫（inventory database）停擺三天。

快速跟隨者 CDC 的作法存在關鍵的限制。它並未從根本上重新思考批次查詢模式。你仍然在對當前資料表的狀態運行 SELECT 查詢，並且錯過了根據串流中的變化動態觸發事件的機會。

Kappa 架構。 接下來，回顧一下我們在第 3 章中討論的 Kappa 架構。此架構的主要想法是把所有資料當成事件來處理，並把這些事件保存成串流而不是資料表（圖 8-4）。當生產應用程式資料庫是來源時，Kappa 架構會保存來自 CDC 的事件。事件串流也可以直接來自應用程式後端、大量 IoT 設備或任何能夠產生事件並透過網路推送事件的系統。Kappa 架構不僅會把串流儲存系統視為緩衝區，還會在更長的保留期（retention period）內把事件保留在儲存中，並且可以直接從此儲存中查詢資料。保留期可能很長（數月或數年）。請注意，這比純即時導向的系統使用的保留期要長得多，通常最多一週。

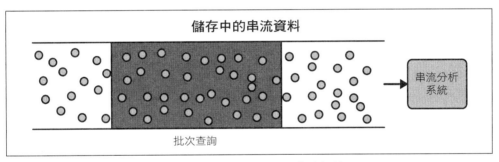

圖 8-4　Kappa 架構是以串流儲存和攝取系統為中心來建構的

Kappa 架構中的「大創意」是把串流儲存（streaming storage）視為即時傳輸層（real-time transport layer），和用於檢索和查詢歷史資料的資料庫。這要嘛是透過串流儲存系統的直接查詢功能來實現的，要嘛是在外部工具的幫助下實現的。例如，Kafka KSQL 支援聚合（aggregation）、統計計算，甚至期程化（sessionization）。如果查詢要求更為複雜，或者資料需要與其他資料來源結合，則外部工具（例如 Spark）可從 Kafka 讀取資料一段時間並計算查詢結果。串流儲存系統還可以為其他應用程式或串流處理器（例如 Flink 或 Beam）提供資料。

窗口、觸發器、發出的統計資訊和延遲到達的資料

傳統批次查詢的一個基本限制是，這種範式通常把查詢引擎視為一個外部觀察者。資料外部的參與者將導致查詢的運行 —— 也許是每小時一次的 cron 作業，也可能是產品經理打開了儀錶板。

另一方面，大多數廣泛使用的串流系統都支援直接從資料本身觸發計算的概念。每次在緩衝區中蒐集一定數量的紀錄時，它們都可能發出平均值和中位數統計資訊，或者在用戶期程（user session）關閉時輸出摘要資訊。

窗口（windows）是串流查詢和處理中的一項基本特性。窗口是基於動態觸發器進行處理的小批次資料。窗口會以某種方式在一段時間內動態產生。讓我們來看看一些常見的窗口類型：期程（session）、固定時間（fixed-time）和滑動（sliding）。我們還將介紹一下水位線（watermarks）。

期程窗口。 期程窗口（*session window*）是把發生在相近時間內的事件進行分組，並過濾掉沒有事件發生的閒置期間。我們可以說，用戶期程（user session）是指沒有閒置間隔（inactivity gap）超過五分鐘的任何時段（time interval）。我們的批次系統會透過用戶識別碼鍵（user ID key）來蒐集資料、對事件進行排序、確定間隔（gaps）和期程邊界（session boundaries），並計算每個期程的統計資訊。資料工程師通常會透過把時間條件（time conditions）應用於 Web 和桌面應用程式上的用戶活動，回溯性地對資料進行期程化處理。

在串流期程（streaming session）中，此過程可以動態發生。需要注意的是，期程窗口（session windows）是針對每個鍵進行分組的；在前面的例子中，每個用戶都有自己的一組窗口。系統為每個用戶累積資料。如果出現五分鐘閒置間隔，系統將會關閉窗口，發送其計算結果並刷新資料。如果用戶接收到新事件，系統將會啟動一個新的期程窗口。

期程窗口還可以為延遲到達的資料提供配置（provision）。考慮到網路狀況和系統延遲，系統允許資料延遲五分鐘到達，如果延遲到達的事件距離上一個事件不到五分鐘的時間，系統將打開窗口。在本章中，我們將對延遲到達的資料進行更多討論。圖 8-5 可以看到三個期程窗口，每個窗口之間有五分鐘的閒置間隔。

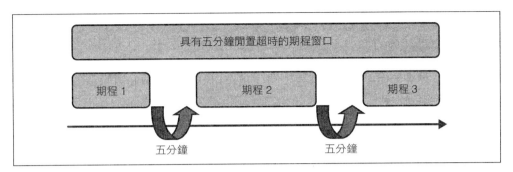

圖 8-5　具有五分鐘閒置超時的期程窗口

動態且近乎即時的期程化（sessionization）從根本上改變了其效用。透過回顧式期程化（retrospective sessionization），我們可以在用戶期程關閉（user session closed）後的一天或一小時自動執行特定操作（例如，向用戶發送一封隨後的電子郵件，提供其查看過的產品優惠券）。透過動態的期程化，用戶可以根據自己過去 15 分鐘內的活動情況，在行動應用程式（mobile app）中獲得立即有用的提醒資訊。

固定時間窗口。　固定時間（*fixed-time*）窗口，也稱為滾動（*tumbling*）窗口，具有固定的時段，按照固定的時間表運行，並處理自上一個窗口關閉以來的所有資料。例如，我們可能每 20 秒關閉一個窗口，並處理前一個窗口中到達的所有資料，以計算平均值和中位數統計資料（圖 8-6）。統計資料將在窗口關閉後儘快計算完畢並發出。

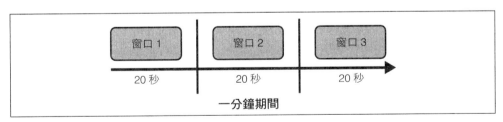

圖 8-6　滾動 / 固定窗口

這類似於傳統的批次 ETL 處理，我們可以每天或每小時運行一次資料更新作業。串流系統允許我們更頻繁地產生窗口，並以更低的延遲提供結果。正如我們一再強調的，批次處理（batch）是串流處理（streaming）的一種特例。

滑動窗口。 滑動窗口（*sliding window*）中的事件將被劃分到固定時間長度的窗口中，不同的窗口可能會重疊。例如，我們可以每 30 秒產生一個新的 60 秒窗口（圖 8-7）。就像之前那樣，我們可以發出平均值和中位數統計資訊。

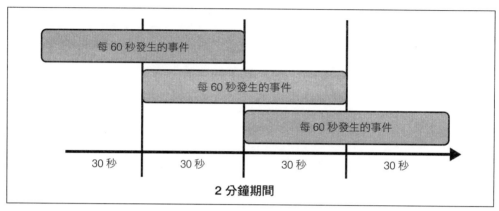

圖 8-7　滑動窗口

滑動的方式可以不同。例如，我們可以把窗口視為真正的連續滑動，但只有在滿足特定條件（觸發器）時才發出統計資訊。假設我們使用了一個 30 秒的連續滑動視窗，但只有在用戶點選了特定的廣告橫幅（banner）時才計算統計資料。當有許多用戶點選廣告橫幅時，這將導致極高的輸出率，而在閒置期間則不會進行任何計算。

水印。 我們已經介紹了各種類型的窗口及其用途。正如第 7 章所討論的，有時資料的攝取順序會被打亂。水印（*watermark*）（圖 8-8）是窗口使用的一個閾值（threshold），用於確定窗口中的資料是否位於所設定的時段內，或者是否被視為延遲。如果到達窗口的是新資料，但其時間戳記晚於水印的時間戳記，則被視為延遲到達的資料。

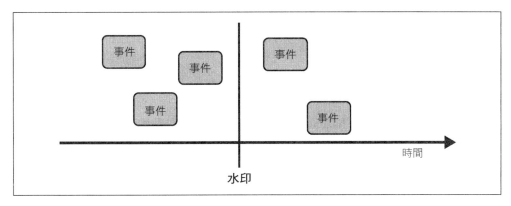

圖 8-8 以水印充當延遲到達資料的閾值

將串流與其他資料結合

正如我們之前提到的，我們經常透過與其他資料相結合的方式來獲取價值。串流資料也不例外。例如，可以結合多個串流，或者可以把一個串流與批次歷史資料結合在一起。

傳統的資料表聯接。 某些資料表可能由串流提供資料（圖 8-9）。解決此問題的最基本方法是在資料庫中直接聯接這兩個資料表。串流可以向其中一個資料表或兩個資料表提供資料。

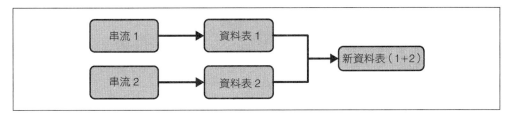

圖 8-9 聯接由串流提供資料的兩個資料表

豐富化。 豐富化（*enrichment*）意味著我們對串流與其他資料進行聯接（圖 8-10）。通常，這樣做是為了把經過增強的資料提供給另一個串流。例如，假設一家線上零售商從合作夥伴企業接收到一個包含產品和用戶識別碼的事件流（event stream）。零售商希望透過產品的細節資訊和用戶的人口統計資訊來增強這些事件。零售商把這些事件提供給無伺服器函數（serverless function），該函數會在記憶體資料庫（例如，快取）中查找產品和用戶，把所需資訊添加到事件中，然後把經過增強的事件輸出到另一個串流中。

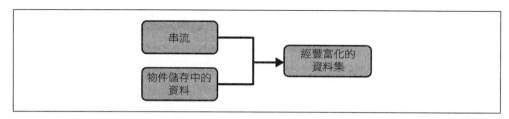

圖 8-10　在此例中，我們用物件儲存中的資料把串流豐富化，進而產生了一個經豐富化的資料集

實際上，豐富化的來源幾乎可以來自任何地方，例如雲端資料倉儲或 RDBMS 中的資料表，或者物件儲存中的檔案。只需要從來源讀取資料並將所需的豐富化資料保存在適當的位置，以供串流檢索。

串流到串流聯接。　有越來越多的串流系統支援直接的串流到串流聯接（stream-to-stream joining）。假設一家線上零售商希望將其 Web 事件資料與來自廣告平台的串流資料聯接。該公司可以把這兩個串流都送入 Spark 中進行處理，但出現了各種複雜的情況。例如，這兩個串流在串流系統中進行聯接時可能具有明顯不同的延遲時間。廣告平台可能會延遲五分鐘才提供其資料。此外，某些事件可能會有顯著的延遲，例如，用戶的期程關閉（session close）事件，或者在手機離線時發生的事件，只有在用戶回到行動網路範圍後才會顯示在串流中。

因此，典型的串流聯接架構（streaming join architectures）依賴於串流緩衝區（streaming buffers）。緩衝區保留期間（buffer retention interval）是可設定的；較長的保留期間需要更多的儲存和其他資源。事件與緩衝區中的資料進行聯接，並在保留期間結束被清除（圖 8-11）[4]。

4　圖 8-11 及其描述的例子主要基於 Tathagata Das 和 Joseph Torres 在 Databricks Engineering 部落格於 2018 年 3 月 13 日所發表的文章〈Introducing Stream: Stream Joins in Apache Spark 2.3〉（Apache Spark 2.3 中導入了串流到串流聯接功能）（*https://oreil.ly/LG4EK*）。

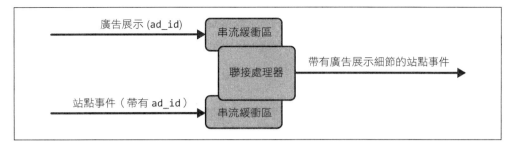

圖 8-11　一種用於聯接串流的架構會對每個串流進行緩衝，並在緩衝區保留期間內查找相關事件，如果找到相關事件，則進行聯接

我們已經介紹了批次資料和串流資料的查詢工作原理，現在讓我們來討論如何透過建模讓資料變得有用。

資料建模

資料建模是我們經常看到被忽視的東西，這令人感到不安。我們常常看到資料團隊在著手建構資料系統時，缺乏一個組建資料的遊戲規則，使其以對業務有用的方式來組建其資料。這是一個錯誤。構建良好的資料架構必須反映出依賴此資料之組織的目標和業務邏輯。資料建模涉及有意識地為資料選擇一致的結構，並且是使資料對業務有用的關鍵步驟。

幾十年來，資料建模一直以這樣或那樣的形式存在著。例如，各種類型的正規化技術（見第 328 頁的「正規化」）自從關聯式資料庫管理系統（RDBMS）的早期就被用於資料建模；資料倉儲建模技術至少從 1990 年代初期就已經存在，甚至可以說更早之前。隨著技術的發展，資料建模在 2010 年代初期到中期變得有些不合時宜。資料湖泊（data lake）1.0、NoSQL 和大數據系統的興起使工程師能夠繞過傳統的資料建模，有時可以獲得合法的性能提升。但有些時候，缺乏嚴格的資料建模會造成資料沼澤（data swamps）以及大量冗餘、不匹配或錯誤的資料。

如今，鐘擺似乎又回到了資料建模。資料管理（特別是資料治理和資料品質）的日益普及推動了對一致業務邏輯的需求。隨著資料在公司中的地位的急劇上升，人們越來越認識到，建模對於在「資料科學需求層次金字塔」（Data Science Hierarchy of Needs pyramid）的更高層次上實現價值，至關重要。儘管如此，我

們認為需要新的模式來真正滿足串流資料和機器學習的需求。在本節中,我們將調查當前主流的資料建模技術,並簡要探討資料建模的未來。

資料模型是什麼?

資料模型(*data model*)代表著資料與現實世界的關係。它反映了資料應該如何被結構化和標準化,以最好地反映組織的流程、定義、工作流程和邏輯。一個好的資料模型可以擷取組織內部的通訊方式和工作的自然流動方式。相較之下,糟糕的資料模型(或不存在的資料模型)是隨意、混亂和不連貫的。

一些資料專業人士認為資料建模很繁瑣,只適用於「大型企業」。就像大多數良好的衛生習慣(例如每天使用牙線清潔牙齒以及獲得充足的睡眠)一樣,資料建模被認為是一件好事,但在實際上經常被忽視。理想情況下,每個組織都應該對其資料進行建模,即使只是為了確保業務邏輯和規則能夠在資料層級得到轉換。

在對資料進行建模時,專注於把模型轉換為業務成果,至關重要。一個良好的資料模型應該與有影響力的業務決策相關聯。例如,在一家公司中,對不同部門來說,「客戶」可能意味著不同的事情。在過去 30 天內曾向你購買商品的人是客戶嗎?如果他們在過去六個月或一年內沒有向你購買過呢?精確地定義和建模這些客戶資料,將會對客戶行為的下游報告或客戶流失模型的創建產生巨大影響,其中自上次購買以來的時間是一個關鍵變數。

一個良好的資料模型包含一致的定義。實際上,定義在整個公司中往往很混亂。你能想到公司中對不同人來說可能意味著不同事情的概念或術語嗎?

我們的討論主要集中在批次資料建模上,因為大多數資料建模技術都是在這方面出現的。我們還將介紹一些對串流資料進行建模的方法,以及建模的一般注意事項。

概念、邏輯和實體資料模型

資料建模的思路是從抽象的建模概念到具體的實現。沿著這個連續的過程(圖 8-12),有三種主要的資料模型:概念、邏輯和實體。這些模型是本章中所介紹的各種建模技術之基礎:

概念

包含業務邏輯和規則，以及描述系統的資料，例如綱要、資料表和欄位（名稱和型別）。建立概念模型時，使用實體關係（entity-relationship，ER）圖將其可視化通常很有幫助，ER 圖是可視化資料中各種實體（訂單、客戶、產品…等等）之間關係的標準工具。例如，ER 圖可以對客戶識別碼、客戶名稱、客戶地址和客戶訂單之間的連接進行編碼。在設計連貫的概念資料模型時，強烈建議把實體關係可視化。

邏輯

透過添加更多細節，詳細說明如何實現概念模型。例如，我們將添加有關客戶識別碼、客戶名稱和客戶地址等類型的資訊。此外，我們將規劃主鍵和外鍵。

實體

定義如何在資料庫系統中實現邏輯模型。我們會把特定的資料庫、綱要和資料表添加到邏輯模型中，包括組態細節。

圖 8-12　資料模型的連續體：概念、邏輯和實體

成功的資料建模在過程開始時需要涉及業務利益相關者。工程師需要獲取資料的定義和業務目標。資料建模應該是一項全方位的活動，其目標是為企業提供高品質的資料，以獲得可操作的見解和智慧自動化。這是每個人都必須不斷參與的過程。

資料建模的另一個重要考慮因素是資料的粒度（*grain*），即被保存和查詢資料的解析度（resolution）。粒度通常是資料表中的主鍵級別，例如客戶識別碼、訂單識別碼和產品識別碼；通常還伴隨著日期或時間戳記以提高準確度。

例如，假設一家公司剛開始部署 BI（商業智慧）報告。該公司規模較小，以致於同一個人擔任資料工程師和分析師的角色。一個要求來了，要求產生一份每日客戶訂單的摘要報告。具體來說，該報告應列出下單的所有客戶、他們當天下的訂單數量，以及他們的總消費金額。

該報告本質上是粗粒度的。它不包含每筆訂單的消費金額，也未列出每筆訂單中的項目。資料工程師／分析師會很想從生產訂單資料庫（production orders database）中攝取資料，並將其簡化為一份報表，其中只包含所需的基本聚合資料。然而，當需要粒度更細緻的資料聚合報表時，就需要重新開始。

由於資料工程師實際上非常有經驗，因此他們選擇建立包含客戶訂單細節的資料表，包括每個訂單、商品、商品成本、商品識別碼⋯等等。基本上，他們的資料表包含客戶訂單的所有細節。資料的粒度處於客戶訂單層級。這些客戶訂單資料可以被直接分析，也可以被聚合以獲取客戶訂單活動的摘要統計資訊。

一般來說，你應該努力以盡可能細緻的粒度對資料進行建模。如此就很容易聚合這個高度細化的資料集。反之則不然，通常不可能復原已被聚合的細節。

正規化

正規化（*normalization*）是資料庫的一種資料建模方式，它會對資料庫中資料表和欄位的關係進行嚴格控制。正規化的目標是消除資料庫中資料的冗餘，並確保引用的完整性。基本上，它不會重複自己（*don't repeat yourself*，DRY）應用於資料庫中的資料[5]。

正規化通常應用於包含具有列（rows）和行（columns）之資料表的關聯式資料庫（本節中我們將交替使用行（*column*）和欄位（*field*）這兩個術語）。它最初是由關聯式資料庫先驅 Edgar Codd（埃德加・科德）在 1970 年代初提出的。

Codd 概述了正規化的四個主要目標[6]：

- 使關聯集合免於不必要的插入、更新和刪除依賴性

- 隨著新資料類型的導入，減少重組關聯集合的需要，進而延長應用程式的使用壽命

- 使關聯模型為用戶提供更多資訊

5　有關 DRY 原則的更多細節，請見 David Thomas 和 Andrew Hunt 合著的《The Pragmatic Programmer》（Addison-Wesley Professional，2019 年）。

6　見 E. F. Codd 所發表的〈Further Normalization of the Data Base Relational Model〉（資料庫關聯模型的進一步正規化），IBM Research Laboratory（1971），*https://oreil.ly/Muajm*。

- 使關聯集合對查詢統計資料保持中立，因為這些統計資料可能會隨時間的推移而發生變化

Codd 提出了正規形式（*normal forms*）的概念。正規形式是依次排列的，每種形式皆包含前一形式的條件。下面是 Codd 的前三個正規形式：

非正規化

不進行正規化。允許嵌套和冗餘的資料。

第一正規形式（*First normal form*，*1NF*）

每一行（column）都是唯一的且具有單一值。資料表具有唯一的主鍵。

第二正規形式（*Second normal form*，*2NF*）

包含 1NF 的要求，再加上移除部分依賴關係。

第三正規形式（*Third normal form*，*3NF*）

包含 2NF 的要求，再加上每個資料表僅包含與其主鍵有關的相關欄位，並且沒有遞移依賴關係。

值得花點時間解釋一下我們剛才提到的幾個術語。唯一主鍵（*unique primary key*）是單一欄位或多個欄位的集合，用於唯一決定資料表中的資料列。每個鍵值最多只出現一次；否則，一個值將會映射到資料表中的多個資料列。因此，資料列中的所有其他值都依賴於（可以被決定於）鍵。當複合鍵（composite key）中的欄位子集可用於決定資料表中的非鍵行（nonkey column）時，將發生部分依賴關係（*partial dependency*）。當一個非鍵欄位（nonkey field）依賴於另一個非鍵欄位時，就會發生遞移依賴關係（*transitive dependency*）。

讓我們以電子商務中的客戶訂單為例（表 8-1），看看正規化的各個階段：從非正規化到 3NF。我們將對上一段所介紹的每個概念提供具體解釋。

表 8-1　OrderDetail

OrderID	OrderItems	CustomerID	CustomerName	OrderDate

100	`[{`
	　`"sku": 1,`
	　`"price": 50,`
	　`"quantity": 1,`
	　`"name:": "Thingamajig"`
	`}, {`
	　`"sku": 2,`
	　`"price": 25,`
	　`"quantity": 2,`
	　`"name:": "Whatchamacallit"`
	`}]`
		5	Joe Reis	2022-03-01

首先，這個非正規化的 OrderDetail 資料表包含五個欄位。主鍵是 OrderID。請注意，OrderItems 欄位包含一個嵌套的物件，其中包含兩個 SKU，以及它們的價格（price）、數量（quantity）和名稱（name）。

為了將此資料轉換為 1NF，讓我們把 OrderItems 中的資料拆分成四個欄位（表 8-2）。現在我們有一個新的 OrderDetail 資料表，其中的欄位不包含重複或嵌套的資料。

表 8-2　不包含重複或嵌套資料的 OrderDetail

OrderID	Sku	Price	Quantity	ProductName	CustomerID	CustomerName	OrderDate
100	1	50	1	Thingamajig	5	Joe Reis	2022-03-01
100	2	25	2	Whatchamacallit	5	Joe Reis	2022-03-01

問題在於我們的唯一主鍵現在已不唯一。也就是說，100 出現在兩個不同資料列的 OrderID 欄位中。為了更好地掌握情況，讓我們來看一個具有更大樣本的 OrderDetail（表 8-3）。

表 8-3　具有更大樣本的 OrderDetail

OrderID	Sku	Price	Quantity	ProductName	CustomerID	CustomerName	OrderDate
100	1	50	1	Thingamajig	5	Joe Reis	2022-03-01
100	2	25	2	Whatchamacallit	5	Joe Reis	2022-03-01
101	3	75	1	Whozeewhatzit	7	Matt Housley	2022-03-01
102	1	50	1	Thingamajig	7	Matt Housley	2022-03-01

為了建立一個具唯一性的主（複合）鍵，讓我們添加一個名為 LineItemNumber 欄位（表 8-4）以便替每筆訂單計算列數。

表 8-4　具有 LineItemNumber 欄位的 OrderDetail

Order ID	LineItem Number	Sku	Price	Quantity	Product Name	Customer ID	Customer Name	OrderDate
100	1	1	50	1	Thingama jig	5	Joe Reis	2022-03-01
100	2	2	25	2	Whatchama callit	5	Joe Reis	2022-03-01
101	1	3	75	1	Whozee whatzit	7	Matt Housley	2022-03-01
102	1	1	50	1	Thingama jig	7	Matt Housley	2022-03-01

組合鍵（OrderID、LineItemNumber）現在是具唯一性的主鍵。

為了達到 2NF，我們需要確保不存在部分依賴關係。部分依賴關係是一個非鍵欄位（nonkey column）完全由唯一主（複合）鍵中的欄位子集來決定；部分依賴關係只會出現在主鍵是複合鍵的情況下。在我們的例子中，最後三個欄位係由訂單編號來決定。為了解決此問題，讓我們把 OrderDetail 拆分為兩個資料表：Orders 和 OrderLineItem（表 8-5 和表 8-6）。

表 8-5　Orders

OrderID	CustomerID	CustomerName	OrderDate
100	5	Joe Reis	2022-03-01
101	7	Matt Housley	2022-03-01
102	7	Matt Housley	2022-03-01

表 8-6　OrderLineItem

OrderID	LineItemNumber	Sku	Price	Quantity	ProductName
100	1	1	50	1	Thingamajig
100	2	2	25	2	Whatchamacallit
101	1	3	75	1	Whozeewhatzit
102	1	1	50	1	Thingamajig

複合鍵（OrderID、LineItemNumber）是 OrderLineItem 的唯一主鍵，而 OrderID 是 Orders 的主鍵。

請注意，OrderLineItem 中的 Sku 決定了 ProductName。也就是說，Sku 依賴於複合鍵，而 ProductName 依賴於 Sku。這是一種遞移依賴關係（transitive dependency）。讓我們把 OrderLineItem 分解為 OrderLineItem 和 Skus（表 8-7 和表 8-8）。

表 8-7　OrderLineItem

OrderID	LineItemNumber	Sku	Price	Quantity
100	1	1	50	1
100	2	2	25	2
101	1	3	75	1
102	1	1	50	1

表 8-8　Skus

Sku	ProductName
1	Thingamajig
2	Whatchamacallit
3	Whozeewhatzit

現在，OrderLineItem 和 Skus 皆處在 3NF 狀態。請注意，Orders 不符合 3NF 的要求。存在哪些遞移依賴關係？你將如何解決這個問題？

還存在其他正規形式（在 Boyce-Codd 系統中最高可達到 6NF），但這些形式比前三種形式少見得多。如果資料庫處於第三正規形式，則通常被認為是正規化的，我們在本書中也採用這種慣例。

你對資料應該應用的正規化程度，取決於你的使用情況。並不存在一種適合所有情況的解決方案，尤其是在某些情況下，非正規化可以提供性能的優勢。儘管非正規化看起來似乎是一種反模式，但它在許多保存半結構化資料的 OLAP 系統中很常見。請研究正規化慣例和資料庫的最佳實踐方法，以選擇適當的策略。

批次分析資料的建模技術

在描述資料湖泊或資料倉儲的資料建模時，你應該假設原始資料具有多種形式（例如，結構化和半結構化），但輸出是行和列的結構為基礎的資料模型。然而，在這些環境中可以使用多種資料建模方法。你可能會遇到的主要作法有 Kimball、Inmon 和 Data Vault。

在實際應用中，其中一些技術可以結合使用。例如，我們看到一些資料團隊一開始使用 Data Vault，然後在它旁邊添加了一個 Kimball 星型綱要（star schema）。我們還將研究寬（wide）資料模型和非正規化（denormalized）資料模型，以及其他你應該掌握的批次（batch）資料建模技術。討論這些技術時，我們將以電子商務訂單系統中發生的交易建模為例。

我們對 Inmon、Kimball 和 Data Vault 這三種作法的介紹，只是粗略地概述它們各自的複雜性和細微差別。在每個部分的末尾，我們列出了其創作者的經典書籍。對於資料工程師來說，這些書籍都是必讀的，我們強烈建議你閱讀它們，即使只是為了瞭解資料建模如何以及為什麼是批次分析資料的核心。

Inmon

資料倉儲之父 Bill Inmon 於 1989 年創建了自己的資料建模方法。在資料倉儲出現之前，分析通常會直接在來源系統上進行，這會導致「生產交易型資料庫」因長時間運行而變得緩慢的明顯後果。資料倉儲的目標是把來源系統與分析系統分開。

Inmon 對資料倉儲的定義如下[7]：

> 資料倉儲是一個主題導向的、整合的、非易失性的和時變性的資料集合，用於支援管理層的決策。資料倉儲包含詳細的企業資料。資料倉儲中的資料能夠用於多種不同的目的，包括坐等現在還未知的未來需求。

資料倉儲的四個關鍵部分可以描述如下：

主題導向

資料倉儲側重於特定的主題領域，例如銷售或市場行銷。

整合

對來自不同來源的資料進行整合及正規化。

7　見 H. W. Inmon 的著作《*Building the Data Warehouse*》（Hoboken: Wiley，2005 年）。

非易失性

資料保存在資料倉儲後維持不變。

時變性

可以查詢不同的時間範圍。

讓我們逐一檢視這些部分中的每一個,以瞭解其對 Inmon 資料模型的影響。首先,邏輯模型必須專注於特定領域。例如,若主題是「銷售」(sales),那麼邏輯模型將包含與銷售相關的所有細節——業務鍵(business keys)、關係(relationships)、屬性(attributes)…等等。接下來,這些細節會被整合(*integrated*)到一個綜合且高度正規化的資料模型中。最後,資料以非易失性(*nonvolatile*)和時變性(*time-variant*)的方式保存,這意味著(理論上)你可以查詢原始資料,只要儲存歷史允許。Inmon 資料倉儲必須嚴格遵守所有這四個關鍵部分,以支援管理層的決策。這是一個微妙的觀點,但它將資料倉儲定位為分析而非 OLTP。

以下是 Inmon 資料倉儲的另一個關鍵特徵 [8]:

> 資料倉儲的第二個顯著特徵是它的整合性。在資料倉儲的所有方面中,整合是最重要的。資料從多個不同的來源傳輸到資料倉儲中。當資料被傳入的過程中,會對資料進行轉換、重新格式化、重新排序、總結等操作。結果是,一旦資料保存在資料倉儲中,它就具有一個統一的實體企業形象。

透過 Inmon 的資料倉儲,整個組織的資料被整合到一個細緻的且高度正規化的 ER 模型中,並始終強調 ETL。由於資料倉儲具有主題導向的性質,因此 Inmon 資料倉儲由組織中使用的關鍵來源資料庫和資訊系統組成。來自關鍵業務來源系統的資料會被攝取,並整合到高度正規化(3NF)的資料倉庫中,該資料倉儲通常與來源系統本身的正規化結構非常相似;資料從優先順序最高的業務領域開始,以增量方式引入。嚴格的正規化要求可確保盡可能少的資料重複,進而減少下游分析錯誤,因為資料不會出現偏差或冗餘。資料倉儲代表了「單一事實來源」可支援整體業務的資訊需求。資料透過業務和部門特定的資料市集(也可能是非正規化的)呈現,用於下游報告和分析。

8　見 Inmon 的著作《*Building the Data Warehouse*》。

讓我們看看 Inmon 資料倉儲如何用於電子商務（圖 8-13）。業務來源系統包括訂單（orders）、庫存（inventory）和行銷（marketing）。從這些來源系統攝取的資料會透過 ETL（提取、轉換、載入）流程載入資料倉儲並以 3NF 形式保存。理想情況下，資料倉儲能全面包含業務資訊。為了滿足部門特定的資訊請求，ETL 流程會從資料倉儲中獲取資料，轉換資料，並將其放入下游資料市集，以便在報告中查看。

在資料市集（data mart）中，一個常見的建模選項是星型綱要（下面的「Kimball」中有詳細討論），但任何提供易於存取資訊的資料模型也是適合的。在前面的例子中，銷售（sales）、行銷（marketing）和採購（purchasing）等部門都有自己的星型綱要（star schema），從資料倉儲中的細緻資料向上游饋送。這使得每個部門都可以擁有自己獨特且針對特定需求進行優化的資料結構。

Inmon 在資料倉儲領域不斷創新，目前專注於資料倉儲中的 textual ETL。他也是一位多產的作家和思想家，已經撰寫了 60 多本書和無數文章。如果想深入瞭解 Inmon 的資料倉儲，請見第 378 頁「其他資源」中所列出的其他書籍。

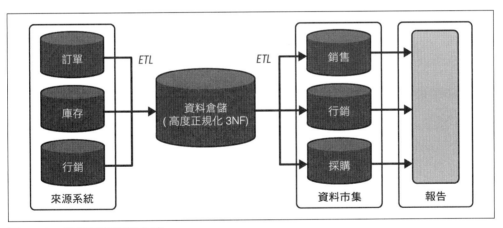

圖 8-13　電子商務資料倉儲

Kimball

如果將資料建模分為不同的光譜，Kimball 的方法基本上就站在 Inmon 的相反端。這種資料建模方法由 Ralph Kimball 在 1990 年代初創建，較少關注正規化，在某些情況下接受非正規化。正如 Inmon 在談到資料倉儲（data warehouse）

和資料市集（data mart）之間的區別時所說，「資料市集永遠不能替代資料倉儲」[9]。

Inmon 模型是把來自整個企業的資料整合到資料倉儲中，並透過資料市集提供特定於部門的分析，而 Kimball 模型是自下而上的，鼓勵你在資料倉儲中對部門或業務分析進行建模和服務（Inmon 認為這種作法扭曲了資料倉儲的定義）。Kimball 的作法有效地使資料市集成為資料倉儲本身。這可以實現比 Inmon 更快的迭代和建模，但代價可能是鬆散的資料整合、冗餘和重複的資料。

在 Kimball 的作法中，資料的建模有兩種一般類型的資料表：事實（facts）和維度（dimensions）。你可以把事實資料表（fact table）視為一個數字表，並把維度資料表（dimension tables）視為引用事實的定性資料。維度資料表以單一事實資料表為中心，形成一個稱為星型綱要（star schema）（圖 8-14）的關係[10]。讓我們來看看事實、維度和星型綱要。

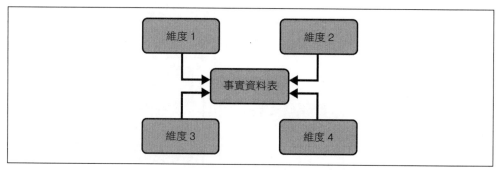

圖 8-14　Kimball 星型綱要，包含事實和維度

事實資料表。　星型綱要（star schema）中的第一種資料表類型是事實資料表（fact table），其中包含事實的（factual）、定量的（quantitative）和事件相關的（event-related）資料。事實資料表中的資料是不可變的，因為事實與事件相關。因此，事實資料表不會改變，並且僅能進行附加操作。事實資料表通常是

9　見 Inmon 的著作《*Building the Data Warehouse*》。

10　儘管維度和事實通常與 Kimball 有關，但它們最早是在 1960 年代使用於 General Mills 和 Dartmouth 大學，並在 Nielsen 和 IRI 等公司中獲得了早期的應用。

窄而長的，這意味著它們沒有很多欄位，但有很多表示事件的資料列。事實資料表應盡可能具有細緻的粒度（lowest grain possible）[譯註]。

對星型綱要的查詢始於事實資料。事實資料表的每一列都應該代表資料的粒度。避免在事實資料表中聚合（aggregations）或衍生（derivations）資料。如果需要進行聚合或衍生，請在下游查詢（downstream query）、資料市集表（data mart table）或視圖（view）中進行。最後，事實資料表不會引用其他事實資料表；它們只會引用維度。

讓我們看一個初級事實資料表的例子（表 8-9）。在你的公司中，一個常見的問題可能是：「按日期顯示每個客戶訂單的總銷售額」。再次強調，事實應盡可能以最低的粒度呈現 —— 在這個例子中為銷售（sale）的 orderID、客戶（customer）、日期（date）和總銷售金額（gross sale amount）。請注意，事實資料表中的資料型別都是數字（整數和浮點數）；沒有字串。此外，在這個例子中，CustomerKey 7 在同一天有兩筆訂單，這反映了資料表的粒度。相反地，事實資料表具有引用維度資料表的鍵，這些維度資料表包含它們各自的屬性，例如客戶和日期資訊。總銷售額（gross sales amount）代表了銷售事件（*event*）的總銷售額（total sale）。

表 8-9　事實資料表

OrderID	CustomerKey	DateKey	GrossSalesAmt
100	5	20220301	100.00
101	7	20220301	75.00
102	7	20220301	50.00

維度資料表。 Kimball 資料模型中，第二個主要資料表類型稱為維度（*dimension*）。維度資料表為事實資料表中保存的事件提供了引用資料（reference data）、屬性（attributes）和關聯背景（relational context）。維度資料表比事實資料表小，並且通常呈現寬而短的形狀。當與事實資料表聯接時，維度可以描述事件的內容（what）、位置（where）和時間（when）。維度是非正規化的，可能存在重複的資料。在 Kimball 資料模型中，這是可以接受的。讓我們來檢視前面的事實資料表例子中所引用的兩個維度。

譯註　指盡可能以更詳細、更具體、更具精確度的方式表達資料。

在 Kimball 資料模型中，日期通常保存在日期維度（date dimension）中，這樣你就可以在事實資料表和日期維度資料表之間引用日期鍵（DateKey）。有了日期維度資料表，你可以輕鬆回答以下問題：「我在 2022 年第一季度的總銷售額是多少？」或「週二購物的客戶比週三多了多少？」請注意，除了日期鍵之外，我們還有五個欄位（表 8-10）。日期維度的優點在於，你可以添加任意數量的新欄位以利資料的分析。

表 8-10　日期維度資料表

DateKey	Date-ISO	Year	Quarter	Month	Day-of-week
20220301	2022-03-01	2022	1	3	Tuesday
20220302	2022-03-02	2022	1	3	Wednesday
20220303	2022-03-03	2022	1	3	Thursday

表 8-11 還透過 CustomerKey 欄位引用了另一個維度，即客戶維度（customer dimension）。客戶維度包含多個描述客戶的欄位：名字（FirstName）和姓氏（LastName）、郵遞區號（ZipCode）以及兩個外觀奇特的日期欄位（EFF_StartDate 和 EFF_EndDate）。讓我們來檢視這兩個日期欄位，因為它們說呈現了 Kimball 資料模型中的另一個概念：類型 2 緩慢變化的維度，我們接下來將更詳細地描述這個概念。

表 8-11　類型 2 客戶維度資料表

CustomerKey	FirstName	LastName	ZipCode	EFF_StartDate	EFF_EndDate
5	Joe	Reis	84108	2019-01-04	9999-01-01
7	Matt	Housley	84101	2020-05-04	2021-09-19
7	Matt	Housley	84123	2021-09-19	9999-01-01
11	Lana	Belle	90210	2022-02-04	9999-01-01

例如，讓我們看一下 CustomerKey 5，其 EFF_StartDate（代表有效開始日期（effective start date））為 2019-01-04，而 EFF_EndDate 為 9999-01-01。這意味著 Joe Reis 的客戶紀錄是在 2019-01-04 於客戶維度資料表中建立的，並且具有 9999-01-01 的結束日期。令人感興趣的是。這個結束日期是什麼意思？這意味著，客戶紀錄處於活動狀態，且不會被更改。

現在讓我們看一下 Matt Housley 的客戶紀錄（CustomerKey = 7）。請注意 Housley 的開始日期的兩筆資料項：2020-05-04 和 2021-09-19。看起來 Housley 在 2021-09-19 更改了他的郵遞區號，導致他的客戶紀錄發生了變化。

當查詢最新的客戶紀錄時，你將查詢結束日期等於 `9999-01-01` 的資料項。

緩慢變化的維度（slowly changing dimension，SCD）對於追蹤維度的變化是必要的工具。前面的例子是類型 2 SCD：當現有紀錄發生變化時，會插入一筆新紀錄。雖然 SCD 可以達到七個層級，但讓我們來看一下最常見的三種：

類型 *1*

覆蓋現有維度紀錄。這非常簡單，意味著你無法存取已刪除的歷史維度紀錄。

類型 *2*

保留完整的維度紀錄歷史。當一筆紀錄發生變化時，該特定紀錄將被標記為已變更，並建立一個新的維度紀錄，以反映屬性當前狀態。在我們的例子中，Housley 更改了郵遞區號，這導致他最初的紀錄會反映出一個有效結束日期（effective end date），並建了一筆新紀錄來顯示他的新郵遞區號。

類型 *3*

類型 3 SCD 類似於類型 2 SCD，但類型 3 SCD 中的變更不會建立新的資料列，而是建立新的欄位。使用前面的例子，讓我們看看下表中的類型 3 SCD 的樣子。

表 8-12 中，Housley 居住在郵遞區號 84101 的地方。當 Housley 搬家到郵遞區號不同的地方時，類型 3 SCD 會建立兩個新欄位，一個用於他的新郵遞區號，另一個用於變更日期（表 8-13）。原本的郵遞區號欄位也會被重新命名，以反映這是較舊的紀錄。

表 8-12　類型 3 緩慢變化的維度

CustomerKey	FirstName	LastName	ZipCode
7	Matt	Housley	84101

表 8-13　類型 3 客戶維度資料表

CustomerKey	FirstName	LastName	Original ZipCode	Current ZipCode	CurrentDate
7	Matt	Housley	84101	84123	2021-09-19

在以上所描述的 SCD 類型中，類型 1 是大多數資料倉儲的預設行為，類型 2 是我們在實際應用中最常看到的行為。關於維度有很多需要瞭解的內容，我們建議將本節當作起點，以熟悉維度的工作原理及其使用方式。

星型綱要。 你已經對事實和維度有了基本的瞭解，現在是時候將它們整合到星型綱要中了。星型綱要（*star schema*）代表了業務的資料模型。與高度正規化的資料建模方法不同，星型綱要是一個由必要維度包圍的事實資料表。這導致與其他資料模型相比，需要進行的聯接操作較少，進而加快了查詢性能。星型綱要的另一個優點是，對業務用戶來說更容易理解和使用。

請注意，星型綱要不應該反映特定的報告，但可以在下游資料市集中或直接在你的 BI 工具中對報告進行建模。星型綱要應該擷取你的**業務邏輯**（*business logic*）之事實和屬性，並具有足夠的靈活性，能夠回答各個關鍵問題。

由於星型綱要具有一個事實資料表，因此有時你會擁有多個星型資料表，以解決業務的不同事實。你應該盡可能減少維度的數量，因為這些引用資料可能會在不同的事實資料表中重複使用。被多個星型綱要重複使用並共享相同欄位的維度稱為**一致維度**（*conformed dimension*）。一致維度允許你在多個星型綱要中結合多個事實資料表。請記住，根據 Kimball 方法，冗餘資料是可以接受的，但應該避免複製相同的維度資料表，以防止偏離業務定義和資料完整性。

Kimball 資料模型和星型綱要有很多細微差別。你應該知道這種模式僅適用於批次資料，而不適用於串流資料。因為 Kimball 資料模型很受歡迎，你很有可能會遇到它。

Data Vault

在 Kimball（金博爾）和 Inmon（英蒙）專注於資料倉儲中的業務邏輯結構的同時，*Data Vault* 提供了一種不同的資料建模方法[11]。Data Vault 方法由 Dan Linstedt（丹·林斯特）於 1990 年代創建，此方法會把來源系統資料的結構與其屬性分開。Data Vault 並非以事實、維度或高度正規化的資料表來表示業務邏輯，而是以僅插入（insert-only）的方式把資料從來源系統直接載入到少數幾個專門建構的資料表中。與你之前瞭解的其他資料建模方法不同，Data Vault 中沒有好、壞或一致資料的概念。

---

11 Data Vault 有兩個版本，即 1.0 和 2.0。本節將重點介紹 Data Vault 2.0，但為了簡潔起見，我們會將其稱為 *Data Vault*。

如今，資料瞬息萬變，資料模型需要具有敏捷性、彈性和可擴展性；Data Vault 方法旨在滿足這一需求。該方法的目標是讓資料盡可能與業務保持一致，即使在業務資料不斷發展的狀況下也是如此。

Data Vault 模型組成三種主要類型的資料表（圖 8-15）：樞紐、鏈接和衛星。簡而言之，樞紐（*hub*）用於保存業務鍵（business keys），鏈接（*link*）用於維護業務鍵之間的關係，而衛星（*satellite*）則表示業務鍵的屬性和背景。用戶可向樞紐查詢，而樞紐鏈接到包含查詢相關屬性的衛星。讓我們更詳細地來探索樞紐、鏈接和衛星。

圖 8-15　Data Vault 資料表：將樞紐、鏈接和衛星連接在一起

樞紐。　查詢通常涉及根據業務鍵進行搜索，例如我們的電子商務例子中的客戶識別碼（customer ID）或訂單識別碼（order ID）。樞紐是 Data Vault 的中心實體，它保留了載入到 Data Vault 中之所有的唯一業務鍵的紀錄。

樞紐始終包含以下標準欄位：

雜湊鍵

　　用於在系統之間聯接資料的主鍵。此欄位存放的是計算得出的雜湊值（MD5 或類似的演算法）。

載入日期

　　資料載入到樞紐的日期。

紀錄來源

　　從中獲取唯一紀錄的來源。

業務鍵

　　用於識別唯一紀錄的鍵。

請務必注意，樞紐僅允許插入操作，並且資料在樞紐內不會被修改。一旦資料載入樞紐，便永久存在。

設計樞紐時，業務鍵（business key）的識別至關重要。問問自己：什麼是可識別的業務元素（*identifiable business element*）[12]？換句話說，用戶通常是如何查找資料的？理想情況下，在建構組織的概念資料模型時，以及在開始建構 Data Vault 之前，就能發現這一點。

根據我們的電子商務場景，讓我們來看一個關於產品之樞紐的例子。首先，讓我們看一下產品樞紐（product hub）的實體設計（表 8-14）。

表 8-14　產品樞紐的實體設計

HubProduct
ProductHashKey
LoadDate
RecordSource
ProductID

實際上，當產品樞紐被填入資料後是這樣的（表 8-15）。在此例中，有三種不同的產品在兩個不同的日期從 ERP 系統載入到樞紐。

表 8-15　一個填入了資料的產品樞紐

ProductHashKey	LoadDate	RecordSource	ProductID
4041fd80ab...	2020-01-02	ERP	1
de8435530d...	2021-03-09	ERP	2
cf27369bd8...	2021-03-09	ERP	3

現在，讓我們使用與 HubProduct 相同的綱要，為訂單建立另一個樞紐（表 8-16），並在其中填入一些訂單資料樣本。

表 8-16　被填入資料的訂單樞紐

OrderHashKey	LoadDate	RecordSource	OrderID
f899139df5...	2022-03-01	Website	100
38b3eff8ba...	2022-03-01	Website	101
ec8956637a...	2022-03-01	Website	102

12　見 Kent Graziano 於 2015 年 10 月 20 日在 Vertabelo 發表的〈Data Vault 2.0 Modeling Basics〉（Data Vault 2.0 建模基礎），*https://oreil.ly/iuW1U*。

鏈接。　鏈接資料表（*link table*）用於追蹤樞紐（hubs）之間的業務鍵（business keys）關係。理想情況下鏈接資料表會以最細緻的粒度連接樞紐。由於鏈接資料表會連接來自不同樞紐的資料，因此它們是多對多的。Data Vault 模型的關係很簡單，可透過更改鏈接來處理。這在底層資料發生變更的不可避免事件中提供了極好的靈活性。你只需要建立一個新鏈接，把業務概念（或樞紐）聯繫起來以表示新的關係。就是這樣！現在，讓我們來看看使用衛星在背景中查看資料的方法。

回到我們的電子商務例子，我們希望把訂單與產品關聯起來。讓我們來看看訂單和產品的鏈接資料表可能會是什麼樣子（表 8-17）。

表 8-17　產品和訂單的鏈結資料表

LinkOrderProduct
OrderProductHashKey
LoadDate
RecordSource
ProductHashKey
OrderHashKey

當 LinkOrderProduct 表被填入資料後，如下所示（表 8-18）。請注意，在此例中，我們使用了訂單的紀錄來源（record source）。

表 8-18　連接訂單和產品的鏈接資料表

OrderProductHashKey	LoadDate	RecordSource	ProductHashKey	OrderHashKey
ff64ec193d...	2022-03-01	Website	4041fd80ab...	f899139df5...
ff64ec193d...	2022-03-01	Website	de8435530d...	f899139df5...
e232628c25...	2022-03-01	Website	cf27369bd8...	38b3eff8ba...
26166a5871...	2022-03-01	Website	4041fd80ab...	ec8956637a...

衛星。　我們已經介紹了樞紐和鏈接之間的關係，其中涉及鍵、載入日期和紀錄來源。如何瞭解這些關係的含義？衛星（*satellites*）是描述性屬性（descriptive attributes），可為樞紐提供意義和背景。衛星可以連接到樞紐或鏈接。衛星中唯一需要的欄位是由父樞紐之業務鍵和載入日期組成的主鍵。除此之外，衛星還可以包含許多有意義的屬性。

讓我們來看一個產品樞紐之衛星的例子（表 8-19）。在此例中，SatelliteProduct 表包含了關於產品的其他資訊，例如產品名稱和價格。

表 8-19　SatelliteProduct

SatelliteProduct
ProductHashKey
LoadDate
RecordSource
ProductName
Price

下面是包含一些樣本資料的 SatelliteProduct 資料表（表 8-20）。

表 8-20　包含樣本資料的產品衛星表

ProductHashKey	LoadDate	RecordSource	ProductName	Price
4041fd80ab...	2020-01-02	ERP	Thingamajig	50
de8435530d...	2021-03-09	ERP	Whatchamacallit	25
cf27369bd8...	2021-03-09	ERP	Whozeewhatzit	75

讓我們把所有這些結合在一起，並把樞紐、產品和鏈接等資料表聯接成一個 Data Vault（圖 8-16）。

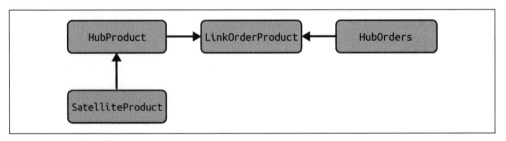

圖 8-16　訂單和產品的 Data Vault

Data Vault 還有其他類型的資料表，包括時間點（point-in-time，PIT）資料表和橋接（bridge）資料表。我們在這裡不會涉及這些，但會提到它們，因為 Data Vault 非常全面。我們的目標只是讓你大致瞭解 Data Vault 的功能。

不同於我們討論過的其他資料建模技術，在 Data Vault 中，當從這些資料表中查詢資料時，業務邏輯是在查詢時建立和解釋的。請注意，Data Vault 模型可以與其他資料建模技術一起使用。Data Vault 通常是分析資料的登陸區（landing zone），之後在資料倉儲（data warehouse）中單獨建模，通常使用星型綱要。

Data Vault 模型也可適用於 NoSQL 和串流資料來源。Data Vault 是一個龐大的主題，本節只是為了讓你瞭解它的存在。

寬幅反正規化資料表

我們所描述的嚴格建模方法，尤其是 Kimball 和 Inmon，是在資料倉儲價格昂貴、本地部署並且計算和儲存資源嚴重受限、緊密耦合的環境下發展起來的。雖然批次資料建模（batch data modeling）傳統上與這些嚴格的方法相關聯，但更寬鬆的方法正變得越來越普遍。

這是有原因的。首先，雲端的普及意味著儲存的成本非常低。保存資料比苦苦思索在儲存中表示資料的最佳方式要便宜得多。其次，嵌套資料（JSON 和類似格式）的普及意味著綱要在來源和分析系統中非常靈活。

根據我們所描述的，你有兩種選擇來對你的資料進行嚴格建模，或者你可以選擇將所有資料放入一個寬幅資料表中。寬幅資料表（*wide table*）正如其名稱所描述的：它是一個高度非正規化且非常寬的許多欄位集合，通常在行式資料庫中建立。欄位可以是單一值，也可以包含嵌套資料。資料可以按照一或多個鍵進行組織；這些鍵與資料的粒度密切相關。

寬幅資料表可能擁有數千行（columns），而在關聯式資料庫中通常少於 100 行。寬幅資料表通常很稀疏；在特定欄位中，絕大多數的資料項可能是空值。這在傳統的關聯式資料庫中非常昂貴，因為資料庫會為每個欄位項目分配一個固定的空間；在行式資料庫中，空值幾乎不佔用任何空間。關聯式資料庫中的寬幅綱要（wide schema）會大大減慢讀取速度，因為每一列都必須分配寬幅綱要指定的所有空間，並且資料庫必須完整地讀取每一列的內容。另一方面，行式資料庫只會讀取查詢中選擇的行，而讀取空值基本上是免費的。

寬幅資料表通常是透過綱要演進（schema evolution）而產生的；工程師會隨著時間的推移逐漸添加欄位。關聯式資料庫中，綱要演進是一個緩慢且資源密集的過程。在行式資料庫中，添加 一個欄位最初只是對中介資料的變更。隨著資料被寫入新欄位，新的檔案將添加到該行中。

寬幅資料表上的分析查詢（analytics queries）通常比需要多次聯接（joins）之高度正規化資料（highly normalized data）上的等效查詢運行得更快。消除聯接操作會對掃描性能（scan performance）產生巨大影響。寬幅資料表僅包含以更嚴格的建模方法（modeling approach）聯接的所有資料。事實和維度被表示在

同一資料表中。缺乏資料模型的嚴謹性，也意味著不涉及太多的思考。把資料載入到寬幅資料表中並開始查詢它。特別是隨著來源系統中的綱要變得更具適應性和靈活性，這些資料通常是高交易量產生的，這意味著資料量很大。在分析儲存（analytical storage）中將其保存為嵌套的資料（nested data）有很多好處。

把所有資料放入單一資料表中，對於嚴謹的資料建模師來說，似乎是異端邪說，我們見識過許多批評。這些批評有哪些呢？最大的批評是，當你混合資料時，會失去分析中的業務邏輯。另一個缺點是，當需要更新資料表中之元素時，特別是陣列中的元素，這種操作的性能低下問題，可能會令人非常痛苦。

讓我們看一個寬幅資料表的例子（表 8-21），使用我們之前正規化範例中的原始非正規化資料表。這個資料表可以包含更多欄位（數百或更多！），但為了簡潔和易於瞭解，我們只包含少數幾個欄位。如你所見，這個資料表結合了各種不同的資料型別，以特定日期的客戶訂單粒度來表示。

我們建議在你不關心資料建模時使用寬幅資料表，或者在你擁有大量資料且需要比傳統資料建模方法更靈活的情況下使用寬幅資料表。寬幅資料表也適合串流資料，我們將在下面討論。隨著資料向快速變動綱要（fast-moving schemas）和串流優先（streaming-first）的方向發展，我們預計會看到一波新的資料建模浪潮，也許可以稱之為「寬鬆正規化」（relaxed normalization）之類的概念。

表 8-21　非正規化資料的例子

OrderID	OrderItems	CustomerID	Customer Name	OrderDate	Site	Site Region

100	[{
	  "sku": 1,
	  "price": 50,
	  "quantity": 1,
	  "name:":
	    "Thingamajig"
	}, {
	  "sku": 2,
	  "price": 25,
	  "quantity": 2,
	  "name:":
	    "Whatchamacallit"
	}]
		5	Joe Reis	2022-03-01	abc.com	US

如果不對資料進行建模，會發生什麼情況？

你也可以選擇不對資料進行建模。在這種情況下，只需直接查詢資料來源。這種模式常被使用，特別是當公司剛剛起步並希望快速獲得見解或與用戶共享分析的時候。儘管它可以讓你獲得各種問題的答案，但你應該考慮以下幾點：

- 如果我不對資料進行建模，我如何知道查詢的結果是否一致？
- 我在來源系統中是否有適當的業務邏輯定義，而我的查詢能否產生真實的答案？
- 我對來源系統施加了多少查詢負載，這對這些系統的用戶有何影響？

在某些時候，你可能會傾向於更嚴格的批次資料模式和專用的資料架構，而不是依賴來源系統進行繁重的操作。

串流資料建模

雖然許多資料建模技術在批次處理方面已經非常成熟，但對於串流資料來說並非如此。由於串流資料的無限性和連續性，把 Kimball 之類的批次處理技術轉換為串流模式非常棘手，如果不是不可能的話。例如，給定一個資料串流，你將如何不斷更新第 2 類型之緩慢變化的維度，而不會使資料倉儲陷入困境？

世界正在從批次處理轉向串流處理，從本地部署轉向雲端。舊式批次處理方法的限制已不再適用。儘管如此，仍然存在一些重要問題，像是如何對資料進行建模以便在業務邏輯需求和流動綱要變更、快速移動的資料和自助服務之間取得平衡。與前面的批次資料建模方法相對應的串流方法是什麼？關於串流資料建模目前還沒有達成共識的方法。我們訪問了許多串流資料系統方面的專家，其中許多人告訴我們，傳統的批次導向的資料建模方法不適用於串流資料建模。一些專家建議把 Data Vault 作為串流資料建模的一個選項。

你可能還記得，資料流主要有兩種類型：事件流和 CDC（異動資料擷取）。大多數情況下，這些資料流中的資料形狀都是半結構化的，例如 JSON。對串流資料進行建模的挑戰在於，有效負載的綱要可能會隨時改變。例如，假設你有一個 IoT 設備，該設備最近升級了韌體並導入了一個新欄位。在這種情況下，下游

目標資料倉儲或處理管道可能不知道這個變化，進而導致中斷。這並不是很好。另一個例子是，CDC 系統可能會把欄位重新轉換為其他型別，例如將其轉換為字串，而不是國際標準化組織（International Organization for Standardization，ISO）的日期時間格式。同樣地，目標系統如何處理這種看似隨機的變化呢？

與我們交談過的串流資料專家，絕大多數都建議你預測來源資料的變化，並保持靈活的綱要。這意味著分析資料庫中沒有嚴格的資料模型。相反地，假設來源系統正在提供正確的資料，具有正確的業務定義和邏輯，如同今天的情況一樣。由於儲存成本便宜，因此應將最近的串流資料和所要保存的歷史資料保存在一起，以便一起進行查詢。對具有靈活綱要的資料集進行全面分析優化。此外，與其對報告做出反應，為什麼不建立能夠對串流資料中的異常和變化做出反應的自動化系統呢？

資料建模的世界正在發生變化，我們相信資料模型範式將很快發生重大的變革。這些新方法可能會把指標（metrics）和語義層（semantic layers）、資料管道（data pipelines）和傳統分析工作流程（analytics workflows）合併到直接位於來源系統頂部的串流層中。由於資料是即時產生的，因此將來源和分析系統人為地分為兩個獨立的部分，可能沒有像資料移動得更慢和更可預測時那樣有意義。時間會證明一切…

在第 11 章中，我們對於串流資料的未來，將有更多的話要說。

轉換

> 轉換資料的最終結果是統一及整合資料的能力。一旦資料轉換後，就可以把資料視為單一實體。但如果不轉換資料，就無法在整個組織中擁有統一的資料視圖。
>
> — 比爾・英蒙（Bill Inmon）[13]

既然我們已經介紹了查詢和資料建模，你可能會想知道，如果我可以對資料進行建模、查詢並獲取結果，為什麼需要考慮轉換？轉換能夠操縱、增強和保存資料以供下游使用，在可擴展、可靠且具有成本效益的方式下提升其價值。

13　見 Bill Inmon 於 2022 年 3 月 24 日在 LinkedIn 網站發表的〈Avoiding the Horrible Task of Integrating Data〉（避免整合資料的可怕任務），*https://oreil.ly/yLb71*。

想像一下，每次想從特定資料集中查看結果時，都需要運行一次查詢。你可能每天要運行相同的查詢幾十次或甚至幾百次。假設此查詢涉及解析（parsing）、清理（cleansing）、聯接（joining）、合併（unioning）和聚合（aggregating） 20 個資料集的資料。為了進一步加劇痛苦，此查詢需要 30 分鐘的運行時間，消耗大量資源，並且在多次重複中產生大量雲端費用。你和你的利益相關者可能會發瘋。幸運的是，你可以改為保存你的查詢結果，或者至少只運行最耗計算資源的部分一次，進而簡化後續的查詢。

轉換與查詢不同。查詢（query）是根據篩選（filtering）和聯接邏輯（join logic）從各種來源檢索資料的操作。轉換（transformation）則是將結果保存下來，以供其他轉換或查詢使用。這些結果可以暫時保存或永久保存。

除了持久性之外，區分轉換與查詢的第二個方面是複雜性。你可能會建構複雜的管道，將來自多個來源的資料結合起來，並將中間結果重複使用以獲得最終輸出。這些複雜的管道可能會對資料進行正規化（normalize）、建模（model）、聚合（aggregate）或特徵化（featurize）。雖然你可以使用公用資料表表達式（common table expressions）、命令稿（scripts）或 DAG 在單次查詢中建構複雜的資料流，但這很快就會變得難以控制、不一致和棘手。這時轉換就派上用場了。

轉換在很大程度上依賴於本書中提到的一個主要潛在因素：編排（orchestration）。編排結合了許多離散操作（例如中間轉換），這些操作會暫時或永久性地保存資料，以供下游的轉換或服務使用。越來越多的轉換管道（transformation pipelines）不僅跨越多個資料表和資料集，還跨越多個系統。

批次轉換

批次轉換（batch transformations）會在離散的資料團塊上運行，這與串流轉換（streaming transformations）形成鮮明的對比，串流轉換是在資料到達時對其進行連續的處理。批次轉換可按固定時間表（例如，每天、每小時或每 15 分鐘）運行，以支援持續的報告、分析和機器學習模型。本節中，你將學到各種批次轉換模式和技術。

分散式聯接

分散式聯接（distributed joins）背後的基本理念是，我們需要把**邏輯聯接**（*logical join*）（也就是由查詢邏輯定義的聯接）分解為在叢集中各個伺服器上運行之更小的**節點聯接**（*node joins*）。無論是 MapReduce（第 363 頁的「MapReduce」中有討論）、BigQuery、Snowflake 還是 Spark，基本的分散式聯接模式都適用，儘管處理步驟之間的中間存儲細節有所不同（在磁碟上或記憶體中）。在最佳情況下，聯接一側的資料夠小，可以放在單一節點（**廣播聯接**）上。通常情況下，需要使用更耗費資源（resource-intensive）的**隨機雜湊聯接**（*shuffle hash join*）。

廣播聯接。 廣播聯接（*broadcast join*）通常是不對稱的，一張大表分布在各節點上，一張小表可以輕易地放在單個節點上（圖 8-17）。查詢引擎會將小表（資料表 A）「廣播」到所有節點，然後將其聯接到大表（資料表 B）的各個部分。廣播聯接的計算密集程度遠低於隨機雜湊聯接。

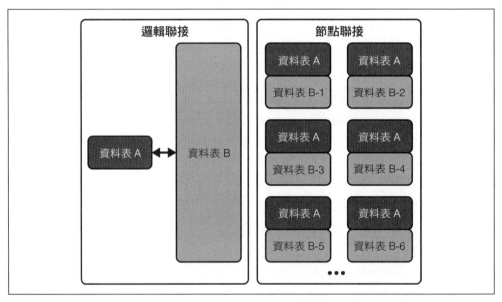

圖 8-17 在廣播聯接中，查詢引擎將資料表 A 發送到叢集中的所有節點，以便與資料表 B 的各個部分聯接

實際上，資料表 A 通常是一個經過向下篩選（down-filtered）的較大資料表，查詢引擎會蒐集和廣播該資料表。查詢優化器中的一個首要任務是聯接重排（join reordering）。如果能及早使用篩選器，並把小資料表左移（左聯接），通常可以顯著減少每個聯接中處理的資料量。在可能的情況下，對資料進行預篩選以建立廣播式聯接，可以顯著提高性能並減少資源消耗。

隨機雜湊聯接。　如果兩個資料表都不夠小，無法放在單個節點上，則查詢引擎將使用隨機雜湊聯接（*shuffle hash join*）。圖 8-18 中，虛線上方和下方代表相同的節點。虛線上方的區域代表資料表 A 和 B 在節點之間的初始分割。通常，此分割與聯接鍵（join key）無關。有一種雜湊方案（hashing scheme）被用來根據聯接鍵對資料進行重新分割。

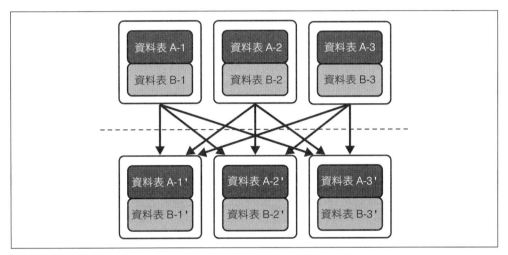

圖 8-18　隨機雜湊聯接

在此例中，雜湊方案把聯接鍵（join key）劃分為三個部分，每個部分被分配給一個節點。然後把資料重新分配到適當的節點，並在每個節點上聯接資料表 A 和資料表 B 的新分割區。隨機雜湊聯接通常比廣播式聯接更需要資源。

ETL、ELT 和資料管道

正如我們在第 3 章中所討論的那樣，一種廣泛使用的轉換模式，可以追溯到關聯式資料庫早期階段，即批次（batch）ETL。傳統的 ETL 依賴於外部的轉換系統，用於提取、轉換和清理資料，同時為目標綱要（例如，資料市集或 Kimball 星型

綱要）做準備。然後把轉換後的資料載入到目標系統（例如，資料倉儲），在那裡可以進行業務分析。

ETL 模式（pattern）本身是由來源系統和目標系統的局限性驅動的。提取階段（extract phase）往往是一個主要瓶頸，因為來源 RDBMS 的局限性，限制了資料的提取速率。而且，轉換是在專用系統中處理的，因為目標系統在儲存和 CPU 容量方面都受到極大的資源限制。

ETL 的一個現今流行的演進是 ELT。隨著資料倉儲系統在性能和儲存容量方面的提升，通常只需從來源系統中提取原始資料，以最少的轉換將其匯入資料倉儲，然後直接在倉儲系統中對其進行清理和轉換（有關 ETL 和 ELT 之區別的更詳細討論，請參閱第 3 章中對資料倉儲的討論）。

隨著資料湖泊（data lakes）的出現，ELT 的第二個略有不同的概念也變得普及起來。在此版本中，資料在載入時不會進行轉換。事實上，大量資料可能會在沒有任何準備和計畫的情況下被載入。假設轉換步驟將在未來某個不確定的時間發生。在沒有計畫的情況下攝取資料是造成資料沼澤（data swamp）的一個好方法。正如 Inmon 所說 [14]：

> 我一直都是 *ETL* 的粉絲，因為 *ETL* 會迫使你在把資料轉換為可以使用的形式之前，對其進行轉換。但有些組織希望只是把資料放入資料庫，然後再進行轉換。我見過太多這樣的情況，這些組織說，哦，我們只是想把資料放進去，以後再進行轉換。你猜結果如何？六個月後，這些資料從未被碰過。

我們還注意到，在資料湖倉（data lakehouse）環境中，ETL 和 ELT 之間的界限可能會變得有些模糊。有了物件儲存作為基礎層，資料庫內和資料庫外的內容不再清晰。隨著資料之聯合（federation）、虛擬化（virtualization）和即時資料表（live tables）的出現，進一步加劇了這種模糊性（我們將在本節後面討論這些主題）。

我們越來越覺得，術語 *ETL* 和 *ELT* 應該只應用於微觀層面（在個別的轉換管道內），而不是應用在宏觀層面（用來描述整個組織的轉換模式）。組織不再需要

---

14 見 Alex Woodie 於 2021 年 6 月 1 日在 Datanami 網站上發表的〈Lakehouses Prevent Data Swamps, Bill Inmon Says〉（Bill Inmon 表示，湖倉防止資料沼澤），*https://oreil.ly/XMwWc*。

對 ETL 或 ELT 進行標準化,而是可以在建構資料管道時,根據具體情況應用適當的技術。

基於 SQL 和程式碼的轉換工具

在這個時刻,基於 SQL 和非基於 SQL 的轉換系統之間的區別,感覺有點人為。自從在 Hadoop 平台上導入 Hive 以來,SQL 已經成為大數據生態系統中的一等公民。例如,Spark SQL 是 Apache Spark 的早期功能。Kafka、Flink 和 Beam 等串流優先框架(streaming-first frameworks)也支援 SQL,具有不同的特性和功能。

與那些支援通用程式設計範式的更強大工具相比,我們更應該考慮純 SQL 的工具。純 SQL 的轉換工具有多種專有和開源選擇。

SQL 是陳述性的(declarative)…但它仍然可以建構複雜的資料工作流程。 我們經常聽到有人因為 SQL「不是程序性的」(not procedural)而將其否定。這在技術上是正確的。SQL 是一種陳述性語言:SQL 編寫者不是撰寫資料的處理程序,而是用集合論的語法來描述最終資料的特徵;SQL 編譯器和優化器會確定將資料置於此狀態所需的步驟。

有些人認為,因為 SQL 不是程序性的,所以它不能建構複雜的管道。這是錯誤的。透過一般資料表運算式(common table expression,CTE)、SQL 命令稿(scripts)或編排工具(orchestration tool),SQL 可以有效地建構複雜的 DAG(有向無環圖)。

明確地說,SQL 有其局限性,但我們經常看到工程師在 Python 和 Spark 中進行的一些操作,可以更容易和更高效地在 SQL 中完成。為了更好地瞭解我們所討論的權衡,讓我們看幾個 Spark 和 SQL 的例子。

範例:在 Spark 中進行批次轉換時應該避免使用 SQL。 當你想確定是否應該使用原生的 Spark 或 PySpark 程式碼而不是 Spark SQL 或其他 SQL 引擎時,請問自己以下問題:

1. 在 SQL 中編寫轉換程式碼有多難?

2. 所產生的 SQL 程式碼之可讀性和維護性如何?

3. 是否應該把某些轉換程式碼推送到自定義程式庫中,以便將來在整個組織中重複使用?

關於問題 1，許多用 Spark 撰碼的轉換，可以用相當簡單的 SQL 語句實現。另一方面，如果轉換無法在 SQL 中實現，或者實現起來非常困難，那麼原生 Spark 是更好的選擇。例如，我們可能可以在 SQL 中實現詞幹提取（word stemming），方法是把單詞（words）的後綴（suffixes）放在一個資料表中，然後透過與該資料表聯接，使用解析函式（parsing function）查找單詞中的後綴，再使用子字串函式（substring function）把單詞縮減為其詞幹（stem）。然而，這聽起來像是一個極其複雜的過程，需要考慮許多極端情況（edge cases）。在這種情況下，更強大的程序性程式語言可能更適合。

問題 2 與此密切相關。詞幹提取查詢（word-stemming query）既不可讀也不可維護。

關於問題 3，SQL 的主要限制之一是它不包含程式庫或可重用程式碼的自然概念。一個例外是，某些 SQL 引擎允許你把用戶定義函式（user-defined function，UDF）當作物件保存在資料庫中 [15]。然而，如果沒有外部的 CI/CD 系統來管理部署，這些 UDF 物件就不會被提交到 Git 儲存庫。此外，對於更複雜的查詢組件，SQL 沒有良好的可重用性概念。當然，在 Spark 和 PySpark 中很容易建立可重複使用的程式庫。

我們還要補充一點，可以透過兩種方式重複使用 SQL。首先，我們可以透過提交到一個資料表或建立一個視圖（view）來輕鬆地重複使用 SQL 查詢的結果。此過程通常最好在編排工具（例如 Airflow）中處理，以便在來源查詢完成後可以啟動下游查詢。其次，資料建構工具（Data Build Tool，dbt）有助於 SQL 語句的重複使用，並提供了一種模板語言，使自定義變得更加容易。

範例：優化 *Spark* 和其他處理框架。 Spark 的擁護者經常抱怨 SQL 不能讓他們控制資料的處理。SQL 引擎會取得你的語句，對其進行優化，並將其編譯為處理步驟（實際上，優化可能發生在編譯之前或之後，或兩者都有）。

這種抱怨不無道理，但也存在一個推論。在 Spark 和其他程式碼繁重的處理框架中，在基於 SQL 的引擎中，程式碼編寫者需要負責自動處理的大部分優化工作。Spark API 強大且複雜，這意味著不太容易辨別出哪些部分可以進行重新排序（reordering）、組合（combination）或分解（decomposition）。當採用 Spark

---

15 我們提醒你負責任地使用 UDF。SQL UDF 通常性能相當不錯。我們曾看到 JavaScript UDF 把查詢時間從幾分鐘增加到幾個小時。

時，資料工程團隊需要積極參與 Spark 優化的問題，尤其是對於昂貴且長時間運行的任務。這意味著需要在團隊中建立優化專業知識，並教導個別工程師如何進行優化。

在編寫原生 Spark 程式碼時，需要記住幾個重要事項：

1. 儘早並頻繁地進行篩選。
2. 盡量依賴 Spark 的核心 API，並學會瞭解 Spark 原生的處理方式。如果原生的 Spark API 不支援你的使用案例，請嘗試依賴維護良好的公共程式庫。良好的 Spark 程式碼基本上是陳述性的。
3. 謹慎使用 UDF。
4. 考慮混用 SQL。

第 1 個建議也適用於 SQL 優化，不同之處在於 Spark 可能無法重新排序某些 SQL 會自動為你處理的內容。Spark 是一個大數據處理框架，但你需要處理的資料越少，你的程式碼所需的資源就越少，性能也會更好。

如果你發現自己正在編寫極其複雜的自定義程式碼（custom code），請暫停並確定是否有更原生的方式來執行你要完成的任務。透過閱讀公開的範例和完整教程，學習理解 Spark 的慣用方式。Spark API 中是否有可以完成你要做之事的功能？是否有一個維護良好且經過優化的公共程式庫可以提供幫助？

第 3 個建議對 PySpark 至關重要。一般來說，PySpark 是 Scala Spark 的 API 封裝。你的程式碼透過 API 的調用，把工作推送到 JVM 中運行的原生 Scala 程式碼。運行 Python UDF（自定義函式）會導致資料被傳遞給 Python，而 Python 處理效率較低。如果你發現自己在使用 Python UDF，請尋找更符合 Spark 原生的方式來完成你正在做的事情。回到之前的建議：是否有一種方法可以透過使用核心 API 或維護良好的程式庫來完成任務？如果必須使用 UDF，請考慮用 Scala 或 Java 重寫它們以提高性能。

至於第 4 個建議，使用 SQL 可以讓我們利用 Spark Catalyst 優化器，這或許比原生的 Spark 程式碼能夠提升更多的性能。對於簡單的操作，SQL 通常更容易編寫和維護。結合原生的 Spark 和 SQL，我們可以實現兩全其美 — 強大的通用功能與適用的簡單性相結合。

本節中的許多優化建議都是相當通用的，並且同樣適用於 Apache Beam。重點在於，與功能較弱、較易於使用的 SQL 相比，可程式化資料處理 API 需要更多的優化技巧。

更新模式

由於轉換會持久化資料，因此我們通常會原地更新持久化的資料。更新資料是資料工程團隊的主要痛點，尤其是在資料工程技術之間轉換時。我們正在討論 SQL 中的 DML，這在先前的章節中有介紹。

在整本書中，我們多次提到最初的資料湖泊概念並沒有真正考慮資料的更新。這現在看起來有些荒謬，原因有幾個。長期以來，資料的更新一直是處理資料轉換結果的關鍵部分，儘管大數據社群對此不以為然。因為我們沒有更新功能，重新運行大量的工作是愚蠢的。因此，資料湖倉概念現在已經內建更新。此外，GDPR 和其他資料刪除標準，現在要求組織以有針對性的方式刪除資料，即使是在原始資料集（raw datasets）中也是如此。

讓我們考慮幾種基本的更新模式。

截斷並重新載入。 截斷（*truncate*）是一種不更新任何內容的更新模式（update pattern）。它只是清除舊資料。在截斷並重新載入（truncate-and-reload）更新模式中，資料表中的資料被清除，轉換被重新運行並被載入到此資料表中，進而有效地產生新的資料表版本。

僅插入。 僅插入（*insert only*）只會插入新紀錄，而不會更改或刪除舊紀錄。僅插入模式（insert-only patterns）可用於維護資料的當前視圖——例如，如果只是插入新版本的紀錄而不刪除舊紀錄。查詢（query）或視圖（view）可以透過主鍵查找最新紀錄的方式來顯示當前資料狀態。請注意，行式資料庫（columnar databases）通常不強制使用主鍵。主鍵是工程師用來維護資料表當前狀態概念的構造。此方法的缺點是，在查詢時查找最新紀錄的計算成本可能非常高。或者，我們可以使用具體化視圖（在本章後面將介紹）、僅插入資料表（用於維護所有紀錄）以及「截斷並重新載入」的目標資料表（用於保存所提供資料的當前狀態）。

將資料插入行導向的（column-oriented）OLAP 資料庫時，常見的問題是從列導向（row-oriented）系統過渡而來的工程師試圖進行單列（single-row）插入操作。這種反模式（antipattern）會給系統帶來巨大的負載。它還會導致資料被寫入許多單獨的檔案中；這對於後續的讀取來說效率極低，而且稍後必須把資料重新叢集化（reclustered）。相反地，我們建議以定期的微批次（micro-batch）或批次（batch）方式載入資料。

我們將提到一個建議不要頻繁進行插入的例外情況：BigQuery 和 Apache Druid 使用的增強型 Lambda 架構，它混合了串流緩衝區（streaming buffer）與行式儲存（columnar storage）。刪除和原地更新（in-place updates）仍然很昂貴，這是我們接下來將要討論的問題。

刪除。　當來源系統刪除資料以滿足最新的監管要求時，刪除操作至關重要。在行式系統和資料湖泊中，刪除操作比插入操作更昂貴。

刪除資料時，請考慮是需要進行硬刪除還是軟刪除。**硬刪除**（*hard delete*）會從資料庫中永久刪除紀錄，而**軟刪除**（*soft delete*）則是把紀錄標記為「已刪除」（deleted）。當你出於性能原因（例如，資料表太大）需要刪除資料時，或者出於法律或合規性原因需要這樣做時，硬刪除非常有用。當你不希望永久刪除紀錄，但又希望將其從查詢結果中過濾掉時，可能會想使用軟刪除。

第三種刪除方法與軟刪除密切相關：**插入刪除**（*insert deletion*）會將一個 deleted 旗標插入到一筆新紀錄，而不是修改紀錄的先前版本。這使我們能夠遵循「僅插入模式」（insert-only pattern），同時考慮到刪除操作。只需注意，我們獲取最新資料表狀態的查詢會變得稍微複雜。我們現在必須刪除重複資料，以鍵來查找每筆紀錄的最新版本，並且不顯示其最新版本呈現「已刪除」（deleted）的任何紀錄。

更新或插入 / 合併。　在這些更新模式中，「更新或插入」（upsert）及合併（merge）模式對資料工程團隊來說始終是最麻煩的問題，尤其是對於從基於列的（row-based）資料倉儲過渡到基於行的（column-based）雲端系統的人來說。

更新或插入（*upsert*）操作會獲取一組來源紀錄（source records），並使用主鍵或其他邏輯條件在目標資料表（target table）中查找匹配項（再次強調，由資料工程團隊負責透過運行適當的查詢來管理此主鍵。大多數行式系統不會強制實施唯一性）。當出現主鍵匹配時，目標紀錄會更新（被替換為新紀錄）。當不存在匹配項時，資料庫將會插入新紀錄。合併模式（merge pattern）在此基礎上增加了刪除紀錄的功能。

那麼，問題出在哪裡呢？更新或插入／合併（upsert/merge）模式最初是為基於列的（row-based）資料庫而設計的。在基於列的資料庫中，更新是一個自然過程：資料庫查找相應的紀錄並直接進行更改。

另一方面，基於檔案的（file-based）系統實際上不支援原地檔案更新（in-place file updates）。所有這些系統都會使用寫入時複製（copy on write，COW）技術。如果檔案中的一筆紀錄被更改或刪除，則整個檔案必須被重寫以包含新更改的內容。

這是大數據（big data）和資料湖泊（data lakes）的早期採用者拒絕更新的部分原因：管理檔案和更新似乎太複雜了。因此，他們只使用了僅插入模式（insert-only pattern），並假設資料的消費者將在查詢時或下游轉換中確定資料的當前狀態。實際上，像 Vertica 這樣的行式資料庫（columnar databases），長期以來便是透過向用戶隱藏 COW 的複雜性來支援原地更新（in-place updates）。它們會掃描檔案、更改相關紀錄、寫入新檔案以及更改資料表的檔案指標。主要的行式雲端資料倉儲都支援更新和合併（updates and merges），但工程師在考慮採用外來技術時，應調查更新支援的情況。

這裡有幾個關鍵的事情需要瞭解。儘管分散式行式資料系統（distributed columnar data systems）支援原生的更新命令，但合併操作是有代價的：更新或刪除單筆紀錄的性能影響可能相當大。另一方面，對於大型更新集（update sets），合併操作的性能可能非常高，甚至可能優於交易式資料庫（transactional databases）。

此外，重要的是要瞭解 COW 很少需要重寫整個資料表。根據所使用的資料庫系統，COW 可以在各種解析度（分區、叢集、區塊）上運行。為了實現高性能的更新，請著重於根據你的需求和所使用的資料庫之內部情況，制定適當的分區和叢集策略。

如同插入操作，更新或合併操作的頻率也需要注意。我們已經看到許多工程團隊從一個資料庫系統轉換到另一個系統，並試圖從 CDC 運行近乎即時的合併操作，就像他們在舊系統上所做的那樣。但這樣做根本不起作用。無論你的 CDC 系統有多好，這種作法都會讓大多的行式資料倉儲（columnar data warehouses）陷入困境。我們已經看到一些系統在更新方面落後了數週，在這種情況下，每小時合併一次的作法會更有意義。

我們可以使用各種作法來讓行式資料庫更接近即時。例如，BigQuery 允許我們以串流方式把新紀錄插入到資料表中，並支援專門的具體化視圖（materialized views），以呈現高效、近乎即時的「去重複資料表視圖」（deduplicated table view）。Druid 使用雙層儲存和 SSD 來支援超快速的即時查詢。

綱要更新

資料具有熵（entropy），可能會在未經你控制或同意的情況下發生變化。外部資料來源可能會更改其綱要（schema），或者應用程式開發團隊可能會在綱要中添加新欄位。與基於列的（row-based）系統相比，行式（columnar）系統的一個優點是，雖然更新資料較困難，但更新綱要較容易。通常可以添加、刪除和重命名欄位。

儘管有這些技術改進，但實際的組織內部綱要管理（organizational schema management）仍然更具挑戰性。部分綱要更新是否會自動進行？（這是 Fivetran 從來源進行複製時所採用的作法。）儘管這聽起來很方便，但下游轉換會有中斷的風險。

是否有一個簡單直接的綱要更新請求流程？假設有一個資料科學團隊想要從之前未被攝取的來源中添加一個欄位。那麼審查流程（review process）會是怎樣的？下游的處理流程會中斷嗎？（是否有運行 SELECT *，而不是使用明確的行選擇？這在行式資料庫中通常是不好的作法。）實施這個變更需要多長時間？是否可以建立一個資料表分支（table fork）——即專門針對此專案的新資料表版本？

半結構化資料（semistructured data）出現了一個吸引人的新選項。借用文件保存（document stores）的想法，許多雲端資料倉儲（cloud data warehouses）現在支援對任意 JSON 資料進行編碼的資料類型。一種作法是把原始的（raw）JSON 保存在一個欄位中，同時把經常存取的資料保存在相鄰的扁平化欄位（flattened fields）中。這需要額外的儲存空間，但可以提供扁平化資料（flattened data）的便利性，同時為高階用戶提供半結構化資料的靈活性。隨著時間的推移，JSON 欄位中經常被存取的資料，可以直接被添加到綱要中。

當資料工程師必須從綱要頻繁變更之「應用程式文件保存」（application document store）中攝取資料時，這種作法非常有效。半結構化資料是資料倉儲中的一等公民，具有極大的靈活性，並為資料分析師和資料科學家開闢了新的機會，因為資料不再局限於列（rows）和行（columns）。

資料整理

資料整理（*data wrangling*）係將混亂、格式不正確的資料轉換為有用、乾淨的資料。這通常是一個批次轉換過程。

資料整理長期以來一直是資料工程師之痛苦和工作保障的主要來源。例如，假設開發人員從合作夥伴企業收到有關交易和發票的 EDI 資料（請參閱第 7 章），這些資料可能是結構化資料和文字的混合。整理這些資料的典型流程包括首先嘗試攝取它。通常，資料格式嚴重錯誤，需要進行大量的文字預處理。開發人員可能會選擇以單一文字欄位資料表（single text field table）的形式來攝取資料（即將整列資料攝取到單一欄位）。然後，開發人員開始編寫查詢程序來解析和拆分資料。隨著時間的推移，他們會發現資料的異常和邊緣情況。最終，他們將獲得粗略的資料。只有這樣，才能開始下游轉換的流程。

資料整理工具的目標是簡化此過程的重要部分。這些工具經常讓資料工程師感到猶豫，因為它們聲稱是無程式碼的，這聽起來似乎是不夠複雜。我們更喜歡把資料整理工具（data wrangling tools）視為畸形資料的整合開發環境（integrated development environments，IDE）。實際上，資料工程師花費太多時間在解析令人討厭的資料；而自動化工具（automation tools）可以讓資料工程師把時間花在更吸引人的任務上。整理工具還可以讓工程師把一些解析和攝取工作交給分析師。

圖形化資料整理工具通常會在可視化介面中呈現資料的樣本，並提供推斷的類型（inferred types）、統計資料（包括分布（distributions）、異常資料（anomalous data）、異常值（outliers）和空值（nulls））。然後，用戶可以添加處理步驟來修復資料問題。一個步驟可能會提供處理「輸入錯誤資料」的指令，把文字欄位拆分為多個部分，或者與查找資料表（lookup table）進行聯接。

當整個作業流程準備就緒時，用戶可以對完整的資料集運行這些步驟。對於大型資料集，這個作業通常會被推送到可擴展的資料處理系統，例如，Spark 中進行處理。作業運行後，它將傳回錯誤和未處理的異常情況。用戶可以進一步優化處理步驟以應對這些異常值。

我們強烈建議無論是初學者還是有經驗的工程師，都應該試著使用資料整理工具；主要的雲端服務供應商都有自己的資料整理工具版本，並且還有許多第三方選項可用。資料工程師可能會發現這些工具大大簡化了其作業的某些部分。從組織的角度來看，如果資料工程團隊經常從新的、混亂的資料來源中攝取資料，則可能需要考慮培訓專門從事資料整理的專家。

範例：Spark 中的資料轉換

讓我們來看一個具體的資料轉換實例。假設我們建構了一個管道（pipeline），該管道將以 JSON 格式從三個 API 來源攝取資料。這個初始攝取步驟是在 Airflow 中處理的。每個資料來源在 S3 儲存桶（bucket）中都有自己的前綴（檔案路徑）。

然後，Airflow 會透過調用 API 來觸發一個 Spark 作業。這個 Spark 作業會把每個資料來源攝取到一個資料框（dataframe）中，把資料轉換為關聯的格式，某些欄位中可能存在嵌套的資料。Spark 作業會把三個資料來源合併到一個資料表中，然後使用 SQL 語句篩選結果。最終，結果會以 Parquet 格式（Parquet-formatted）寫入保存在 S3 中的 Delta Lake 資料表裡。

在實際應用中，Spark 會根據我們編寫的程式碼建立一個基於 DAG 的步驟，用於處理資料的攝取（ingesting）、聯接（joining）和寫出（writing out）。資料的基本攝取發生在叢集的記憶體中，儘管其中一個資料來源夠大，以致於在攝取過程中必須溢出到磁碟（這些資料將寫入叢集的儲存（cluster storage）；它將被重新載入到記憶體中，以供後續的處理步驟使用）。

聯接（join）操作需要進行洗牌操作（shuffle）。鍵（key）用於在叢集中重新分發資料；同樣地，當資料寫入每個節點時，可能發生資料溢出到磁碟的情況。SQL 轉換會篩選記憶體中的資料列，並丟棄未使用的資料列。最後，Spark 把資料轉換為 Parquet 格式，對其進行壓縮，然後將其寫回 S3。Airflow 會定期回呼（calls back）Spark 以查看作業是否已完成。一旦確認作業已完成，它會把整

個 Airflow DAG 標記為已完成（請注意，我們這裡有兩個 DAG 結構，一個是 Airflow DAG，另一個是特定於 Spark 作業的 DAG）。

業務邏輯和衍生資料

轉換（transformation）的最常見用例（use cases）之一是呈現業務邏輯（render business logic）。我們把這個討論放在批次轉換（batch transformations）的範疇下，因為這是此類轉換最常發生的地方，但需要注意的是，它也可能發生在串流處理的管道（streaming pipeline）中。

假設一家公司使用了多種專門的內部利潤計算方式。其中一種版本可能考慮的是未扣除行銷成本的利潤，而另一種版本可能考慮的是扣除行銷成本後的利潤。儘管這看起來似乎是一個簡單的會計練習，但每個指標（metrics）的計算都非常複雜。

未扣除行銷成本的利潤（profit before marketing costs）可能需要考慮到詐騙訂單（fraudulent orders）；為了確定前一個工作日的合理利潤估計，需要估計在反詐團隊（fraud team）調查可疑訂單時，未來幾天取消的訂單最終會損失多少百分比的收入和利潤。在資料庫中是否有一個特殊的標誌，指出可能存在高詐騙概率的訂單，或者已被自動取消的訂單？企業是否認為，在完成特定訂單的詐騙風險評估流程之前，有一定比例的訂單會因詐騙而被取消？

對於扣除行銷成本後的利潤（profits after marketing costs），我們必須考慮前述指標的所有複雜性，以及歸因於特定訂單的行銷成本。公司是否有一個簡單的歸因模型（attribution model），例如，把行銷成本歸因於按價格加權的（weighted by price）商品？行銷成本也可以按部門或商品類別進行歸因，或者在最複雜的組織中，還可以根據用戶廣告點擊量（user ad clicks）對個別商品進行歸因。

產生這種微妙利潤的業務邏輯轉換必須整合歸因的所有微妙之處，即將訂單與特定廣告和廣告費用聯繫起來的模型。歸因資料是保存在 ETL 命令稿的核心邏輯中，還是從廣告平台資料（ad platform data）自動產生的資料表中提取？

這種類型的報告資料是衍生資料（*derived data*）的典型例子，即從保存在資料系統中的其他資料計算出來的資料。衍生資料的批評者會指出，在衍生指標

（derived metrics）方面，ETL（提取、轉換、載入）很難保持一致性 [16]。例如，若公司更新其歸因模型，此一變更可能需要將此更改合併到許多 ETL 命令稿中以進行報告（ETL 命令稿因違反 DRY 原則而臭名昭著）。更新這些 ETL 命令稿是一項手動且勞動密集型的過程，涉及處理邏輯和先前更改方面的領域專業知識。還必須驗證經過更新之命令稿的一致性和準確性。

從我們的角度來看，這些批評是合理的，但未必非常具有建設性，因為在這種情況下，衍生資料的替代方案同樣令人不悅。如果利潤資料（包括利潤邏輯）未保存在資料倉儲中，分析師將需要運行其報告查詢。更新複雜的 ETL 命令稿以準確表示業務邏輯的變更是一項勞力密集的艱巨任務，但要求分析師始終如一地更新其報告查詢，幾乎是不可能的。

一個吸引人的替代方案是把業務邏輯推送到指標層（*metrics layer*）[17]，但仍然利用資料倉儲或其他工具來進行計算的繁重工作。指標層會對業務邏輯進行編碼，並允許分析師和儀錶板用戶從已定義的指標庫來建構複雜的分析。指標層會根據指標來產生查詢，並把這些查詢發送到資料庫。我們將在第 9 章中更詳細地討論語義層（semantic layer）和指標層。

MapReduce

如果沒有觸及 MapReduce，任何關於批次轉換（batch transformation）的討論都不算完整。這並不是因為 MapReduce 如今被資料工程師廣泛使用。MapReduce 是大數據時代的定義性批次資料轉換模式，它至今仍然影響著資料工程師使用的許多分散式系統，而且對於資料工程師來說，在基本層面上理解 MapReduce 是很有用。MapReduce（*https://oreil.ly/hdptb*）是由 Google 在其關於 GFS 的論文之後推出的。它最初是 Hadoop 的事實上（de facto）處理模式，Hadoop 是我們在第 6 章中介紹之 GFS 的開源模擬技術。

一個簡單的 MapReduce 作業由一組映射任務（map tasks）組成，這些任務會讀取分散在節點上的個別資料區塊，然後是一個在整個叢集中重新分配結果資料的

16　見 Michael Blaha 在 Dataversity 網站上的文章〈Be Careful with Derived Data〉（謹慎處理衍生資料），發表日期：2016 年 12 月 5 日，*https://oreil.ly/garoL*。

17　見 Benn Stancil 於 benn.substack 網站的文章〈The Missing Piece of the Modern Data Stack〉（現代資料堆疊的缺失環節），發表日期：2021 年 4 月 22 日，*https://oreil.ly/GYf3Z*。

shuffle（洗牌）步驟，以及一個在每個節點上聚合資料的 reduce（簡化）步驟。
例如，假設我們要運行以下的 SQL 查詢：

```
SELECT COUNT(*), user_id
FROM user_events
GROUP BY user_id;
```

資料表資料（table data）以資料區塊（data blocks）的形式分布在各節點上；
MapReduce 作業會為每個區塊產生一個映射任務（map task）。每個映射任務本
質上都是在單一區塊上運行查詢，也就是為該區塊中出現的每個用戶識別碼（user
ID）進行計數。雖然一個區塊可能包含數百 MB（megabytes）位元組，但整個
資料表的大小可能是 PB（petabytes）級。然而，作業的映射（map）部分幾乎
是容易實現之並行性（embarrassing parallelism）近乎完美的例子；整個叢集的
資料掃描速率基本上隨節點數呈線性擴展。

然後，我們需要進行聚合（即 reduce），以蒐集來自整個叢集的結果。我們不
會把結果蒐集到單一節點上，而是透過鍵（by key）重新分配結果，以使每個鍵
（key）最終只出現在一個且僅一個節點上。這就是 shuffle（洗牌）步驟，通常
使用鍵（key）上的雜湊演算法來執行。一旦映射結果被洗牌後，我們就會對每
個鍵的結果求和。鍵／計數對（key/count pairs）可以被寫入計算它們之節點上
的本地磁碟。我們會蒐集分散保存在節點上的結果，以查看完整的查詢結果。

現實世界的 MapReduce 作業可能比我們在這裡描述的要複雜得多。使用 WHERE
子句進行篩選的複雜查詢，可能會聯接（joins）三個資料表，並應用由許多 map
和 reduce 階段組成的窗口函式（window function）。

MapReduce 之後

Google 最初的 MapReduce 模型非常強大，但現在被認為過於僵化。它使用許多
短暫的臨時任務來對磁碟進行資料的讀取和寫入。特別是，記憶體中不會保留任
何中間狀態；所有資料都會透過保存到磁碟或透過網路推送的方式，在任務之間
傳輸。這簡化了狀態和工作流程的管理，並最大限度地減少了記憶體的消耗，但
它也可以提高磁碟頻寬利用率並增加處理時間。

MapReduce 範式（paradigm）是構建在磁碟容量和頻寬非常便宜的想法上，
因此大量使用磁碟來實現超快查詢是有道理的。這在一定程度上是有效的；在
Hadoop 早期，MapReduce 屢次刷新資料處理紀錄。

然而，我們已經生活在 post-MapReduce 的世界中很長一段時間了。post-MapReduce 處理並不會真正丟棄 MapReduce；它仍然包括 map、shuffle 和 reduce 的元素，但放寬了 MapReduce 的限制，以允許記憶體快取 [18]。請記住，RAM 在傳送速率和尋找時間方面比 SSD 和 HDD 快得多。在記憶體中保留少量明智選擇的資料，可以顯著加快特定資料處理任務的速度，並徹底擊潰 MapReduce 的性能。

例如，Spark、BigQuery 和其他各種資料處理框架，都是基於記憶體處理（in-memory processing）而設計的。這些框架把資料視為駐留在記憶體中的分散式資料集（distributed set）。如果資料超過可用記憶體，則會導致資料溢出到磁碟（*spill to disk*）。磁碟在處理過程中被視為「二等資料儲存層」（second-class data-storage layer），儘管其價值仍然很高。

雲端是更廣泛採用記憶體快取的驅動因素之一；在特定處理作業期間，租用記憶體要比全天擁有記憶體要有效得多。利用記憶體進行轉換方面的進展在可預見的未來將繼續產生收益。

具體化視圖、聯合和查詢虛擬化

在本節中，我們將介紹幾種透過把查詢結果呈現為類似表格的物件，來虛擬化查詢結果的技術。這些技術可以成為轉換管道（transformation pipeline）的一部分，或者在終端用戶消費資料之前使用。

視圖

首先，讓我們回顧一下視圖（views）的概念，以便為具體化視圖（materialized views）奠定基礎。視圖是一個資料庫物件，我們可以像任何其他資料表一樣從中進行選擇。實際上，視圖只是一個參用其他資料表的查詢。當我們從視圖中選擇資料時，資料庫就會建立一個新的查詢，該查詢會把視圖的子查詢與我們的查詢合併。然後，查詢優化器（query optimizer）會優化並運行整個查詢。

---

18 「What Is the Difference Between Apache Spark and Hadoop MapReduce?」（Apache Spark 與 Hadoop MapReduce 之間的區別是什麼？），Knowledge Powerhouse 的 YouTube 影片，發佈於 2017 年 5 月 20 日，*https://oreil.ly/WN0eX*。

視圖在資料庫中扮演著各種角色。首先，視圖可以發揮安全性的作用。例如，視圖可以只選擇特定行（specific columns）和篩選列（filter rows），進而提供受限制的資料存取。我們可以根據用戶的資料存取權限，為不同的作業角色（job roles）建立各種視圖。

其次，視圖可用於提供資料的當前去重圖像（current deduplicated picture）。如果我們使用僅插入模式（insert-only pattern），則可以使用視圖來傳回資料表的去重版本（deduplicated version），僅顯示每筆紀錄的最新版本。

第三，視圖可用於呈現常見的資料存取模式（data access patterns）。假設市場分析師必須頻繁運行一個聯接五個資料表的查詢。我們可以建立一個視圖，把這五個資料表聯接成一個寬資料表（wide table）。然後，分析師可以在此視圖的基礎上撰寫進行篩選和聚合的查詢。

具體化視圖

我們在前面關於查詢快取（query caching）的討論中提到了具體化視圖（materialized views）。（非具體化）視圖的一個潛在缺點是它們不會做任何預先計算（precomputation）。以聯接五個資料表的視圖為例，每當市場分析師對此視圖運行查詢時，這個聯接操作都必須運行一次，並且這個聯接操作的開銷可能非常大。

具體化視圖會預先計算部分或全部的視圖運算。在我們的例子中，每當來源資料表中發生變更時，具體化視圖會保存五個資料表聯接的結果。然後，當用戶引用視圖時，他們會對預先聯接好的資料進行查詢。具體化視圖是一個事實上的轉換步驟，但由資料庫管理執行是為了方便。

具體化視圖還可以扮演重要的查詢優化角色，具體取決於資料庫，即使對於不直接引用它們的查詢也是如此。許多查詢優化器可以識別「看起來像」具體化視圖的查詢。分析師所運行的查詢中可以使用出現在具體化視圖中的篩選條件。優化器會把查詢重寫為從預先計算的結果中進行選擇。

可組合具體化視圖

通常，具體化視圖不支援組合——也就是說，具體化視圖不能從另一個具體化視圖中選擇資料。然而，最近出現了支援此功能的工具。例如，Databricks 導入了

即時資料表（*live tables*）的概念。每個資料表都會在資料從來源到達時進行更新。資料以非同步的方式流向後續的資料表。

聯合查詢

聯合查詢（*federated queries*）是一種資料庫功能，它允許 OLAP（線上分析處理）資料庫從外部資料來源（像是物件儲存或 RDBMS）中進行選擇。例如，假設你需要把來自物件儲存以及 MySQL 和 PostgreSQL 資料庫中的各種資料表結合起來。你的資料倉儲可以向這些來源發出聯合查詢，並傳回結合後的結果（圖 8-19）。

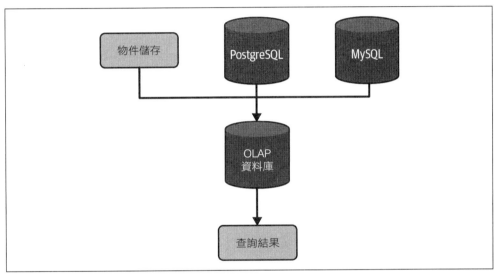

圖 8-19　OLAP 資料庫發出了一個聯合查詢，該查詢會從物件儲存、MySQL 和 PostgreSQL 獲取資料，以及傳回包含組合資料的查詢結果

另一個例子是，Snowflake 支援在 S3 儲存桶（buckets）上定義外部資料表的概念。建立資料表時，儘管定義了外部資料的位置和檔案的格式，但資料尚未被攝取到資料表中。查詢外部資料表時，Snowflake 會從 S3 讀取資料，並根據建立資料表時所設定的參數來處理資料。我們甚至可以把 S3 中的資料聯接到內部資料庫的資料表。這使得 Snowflake 和類似的資料庫與資料湖泊環境更加相容。

某些 OLAP 系統可以把聯合查詢（federated queries）轉換為具體化視圖（materialized views）。這為我們提供了原生資料表的大部分性能，而不必在每次外部來源發生變化時手動攝取資料。每當外部資料發生變化，具體化視圖就會被更新。

資料虛擬化

資料虛擬化（*data virtualization*）與聯合查詢密切相關，但這通常需要一個不在內部保存資料的資料處理和查詢系統。目前，Trino（例如 Starburst）和 Presto 是典型的例子。支援外部資料表的任何查詢／處理引擎都可以作為資料虛擬化引擎。資料虛擬化的最重要考慮因素是所支援的外部來源和性能。

一個密切相關的概念是查詢下推（*query pushdown*）。假設我想從 Snowflake 查詢資料，聯接 MySQL 資料庫的資料，並對結果進行篩選。查詢下推的目標是把盡可能多的工作移至來源資料庫中進行。查詢引擎可能會尋找，把篩選條件下推到來源系統查詢中的方法。這麼做有兩個目的：首先，它可以從虛擬化層卸載計算工作，利用來源系統的查詢性能。其次，它可能減少需要在網路上傳輸的資料量，這是虛擬化性能的關鍵瓶頸。

對於把資料保存在不同資料來源的組織來說，資料虛擬化是一個不錯的解決方案。然而，不應隨意使用資料虛擬化。例如，把用於生產環境的 MySQL 資料庫虛擬化，不會解決分析查詢（analytics queries）對生產系統（production system）產生不利影響的核心問題——因為 Trino 不會在內部保存資料，所以每次進行查詢時，都會從 MySQL 中提取資料。

或者，資料虛擬化可以當作資料攝取和處理管道的一個組件來使用。例如，可以使用 Trino 在每天午夜從 MySQL 中選擇資料，此時生產系統上的負載較低。結果可以保存到 S3 中，供下游轉換和日常查詢使用，進而保護 MySQL 免受直接分析查詢的影響。

資料虛擬化可以被視為一種工具，它會透過抽象化消除組織單位之間隔離資料的障礙，把資料湖泊擴展到更多的來源。組織可以把頻繁存取、轉換的資料保存在 S3 中，並在公司各個部門之間實現虛擬化的存取。這與資料網格（*data mesh*）的概念（曾在第 3 章中討論）非常吻合，其中小型團隊負責為分析準備資料並與公司其他部門共享；虛擬化可以作為實際共享的關鍵存取層。

串流轉換和處理

我們已經在查詢的情境中討論過串流處理。串流轉換（streaming transformations）和串流查詢（streaming queries）之間的區別很微妙，需要更多解釋。

基礎

如前所述，串流查詢會動態運行以呈現資料的當前視圖。**串流轉換**（*streaming transformations*）之目的在為下游的使用準備資料。

例如，資料工程團隊可能有一個輸入資料流（incoming stream），其中包含了來自 IoT（物聯網）來源的事件。這些 IoT 事件包含了設備識別碼（device ID）和事件資料。我們希望使用保存在單獨資料庫中之其他設備的中介資料（device metadata）來動態增加這些事件。資料流處理引擎（stream-processing engine）會透過設備識別碼來查詢保存此中介資料的單獨資料庫，利用添加的資料來產生新事件，並將其傳遞給另一個資料流。並在這個經豐富化的資料流（enriched stream）之上，運行即時查詢（live queries）和觸發指標（triggered metric）（圖 8-20）。

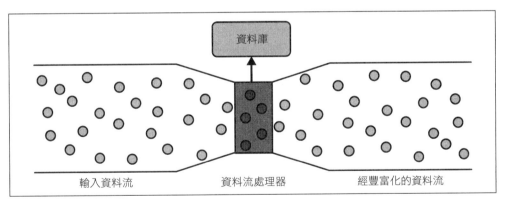

資料庫

輸入資料流　　　　　資料流處理器　　　　經豐富化的資料流

圖 8-20　輸入資料流由串流事件平台承載，並傳遞到資料流處理器

轉換和查詢是一個連續體

在批次處理中，轉換和查詢之間的界限也變得很模糊，但在串流處理領域，這種差異變得更加微妙。例如，若我們在時間窗口上動態計算滾動統計資訊（roll-up statistics），然後把輸出發送到目標資料流中，這是轉換還是查詢呢？

或許我們最終會採用新的資料流處理術語,以便更好地表示現實世界的使用案例。但目前,我們將盡力使用現有的術語來進行解釋。

串流 DAGs

與資料流豐富化和聯接(stream enrichment and joins)密切相關之一個值得注意的概念是串流(*streaming*)DAG(有向無環圖)[19]。我們在第 2 章中討論編排(orchestration)時曾首次提到這個想法。編排本質上是一個批次處理概念,但如果我們想即時增強、合併和拆分多個資料流,該怎麼辦?

讓我們舉一個簡單的例子,以展示串流 DAG 的用途。假設我們想將網站的 clickstream(點擊流)資料與 IoT(物聯網)資料相結合。這讓我們得以透過將 IoT 事件與 clicks(點擊事件)相結合,進而獲得用戶活動的統一視圖(unified view)。此外,每個資料流都需要被預處理成標準格式(圖 8-21)。

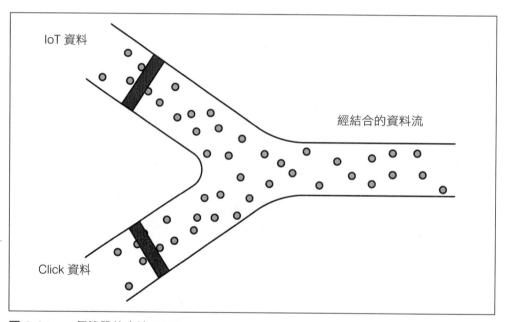

圖 8-21　一個簡單的串流 DAG

19　有關串流 DAG 概念的詳細應用,請參閱 Simba Khadder 在 StreamNative 部落格的文章〈Why We Moved from Apache Kafka to Apache Pulsar〉(為什麼我們從 Apache Kafka 遷移到 Apache Pulsar),發表日期:2020 年 4 月 21 日,*https://oreil.ly/Rxfko*。

長期以來，透過將串流儲存（例如 Kafka）與資料流處理器（例如 Flink）相結合，已經可以實現這一點。建立 DAG 相當於建構一台複雜的 Rube Goldberg 機器，其中連接了許多主題和處理作業。

Pulsar 透過把 DAG 視為核心的串流抽象概念（core streaming abstraction），大幅地簡化了此過程。工程師不再需要在多個系統之間管理資料流，而可以在單一系統內把他們的串流 DAG 定義為程式碼。

微批次處理與真正的串流作法的差異

長期以來，微批次處理（micro-batch）和真正的串流作法（true streaming approaches）之間一直存在爭議。從根本上說，更重要的是，要瞭解你的使用案例、性能要求以及所使用框架的性能。

微批次處理（micro-batch）是一種把批次處理導向的框架（batch-oriented framework），應用於串流處理情境（streaming situation）的方式。微批次處理可以運行的頻率從每兩分鐘到每秒不等。有些微批次處理框架（例如，Apache Spark Streaming）便是針對此用例而設計的，並且在高批次處理頻率的情況下，只要分配適當的資源，便能表現出良好的性能（事實上，DBA 和工程師早就在更傳統的資料庫上使用微批次處理；這通常會導致可怕的性能問題和資源消耗）。

真正的串流處理系統（例如，Beam 和 Flink）旨在一次處理一個事件。然而，這樣做會帶來顯著的開銷。此外，需要注意的是，即使在這些真正的串流處理系統中，許多處理過程仍將以批次方式進行。把資料添加到個別事件中的基本增強過程，能夠以低延遲方式一次交付一個事件。但是，在時間窗口（windows）上觸發的指標（triggered metric）可能每隔幾秒鐘、幾分鐘或其他間隔時間運行一次。

當你使用時間窗口和觸發器（因此，進行批次處理）時，時間窗口的頻率是多少？可接受的延遲是多少？如果你正在蒐集每隔幾分鐘發佈的黑色星期五銷售指標（Black Friday sales metrics），只要設置了適當的微批次頻率，微批次處理可能就可以了。另一方面，如果你的運營團隊（ops team）需要每秒計算指標以檢測 DDoS 攻擊，那麼真正的串流處理可能會更合適。

何時應該選擇其中一個而不是另一個？坦白說，沒有一個通用的答案。微批次處理（*micro-batch*）這個術語通常用於消除競爭技術，但根據你的需求，它可能適用於你的用例，並在許多方面更優於其他技術。如果你的團隊已經具備 Spark 方面的專業知識，你將能夠非常快速地搭建一個 Spark（微批次）串流解決方案。

領域專業知識和實際測試是不可替代的。與能夠提出公正意見的專家交流是很重要的。你還可以透過在雲端基礎架構上進行測試來輕鬆測試替代方案。另外，請注意供應商提供的虛假基準測試（spurious benchmarks）。供應商以選擇性挑選基準測試（cherry-picking benchmarks）和設置與現實不符的人為示例而聞名（回想一下我們在第 4 章中關於基準測試的話題）。通常，供應商會在他們的基準測試結果中表現出巨大的優勢，但對於你的實際用例卻無法交付相同的效果。

你將與誰合作

查詢、轉換和建模會影響資料工程生命週期中的所有利益相關者。資料工程師在生命週期的這個階段負責幾件事。從技術角度來看，資料工程師負責設計、建構和維護查詢和轉換資料之系統的完整性。資料工程還負責在此系統中實現資料模型。這是最「全身投入」（full-contact）的階段，你的重點是盡可能增加價值，無論是在正常運行的系統方面，還是在可靠和可信賴的資料方面。

上游利益相關者

在進行資料轉換方面，上游利益相關者可以分為兩大類：控制業務定義的人和控制產生資料之系統的人。

當與上游利益相關者討論業務定義和邏輯時，你需要瞭解資料來源——它們是什麼、如何使用它們，以及所涉及的業務邏輯和定義。你將與負責這些來源系統的工程師以及監督互補產品和應用程式的業務利益相關者一起工作。資料工程師可能會與「業務」和技術利益相關者一起建立資料模型。

資料工程師需要參與設計資料模型，並在日後根據業務邏輯或新流程的變化進行更新。轉換很容易做到；只須編寫查詢並把結果放入資料表或視圖中即可。而如何建立既有性能又對業務有價值的轉換，則是另一回事。轉換資料的時候，應始終把業務的需求和期望放在首位。

上游系統的利益相關者希望確保你的查詢和轉換對他們的系統影響最小。確保對來源系統中資料模型的變更（例如，欄位和索引的變更）進行雙向交流，因為這些變更會直接影響查詢、轉換和分析資料模型。資料工程師應瞭解綱要的變更，包括欄位的添加或刪除、資料型別的變更，以及任何其他可能對資料的查詢和轉換能力產生實質性影響的變更。

下游利益相關者

轉換是資料開始為下游利益相關者提供效用的地方。你的下游利益相關者涉及許多人，包括資料分析師、資料科學家、機器學習工程師和「業務人員」。與他們協作，確保你提供的資料模型和轉換不僅性能良好又有用。在性能方面，查詢應以最具成本效益的方式儘快執行。我們所說的「有用」是什麼意思？分析師、資料科學家和機器學習工程師應該能夠查詢資料來源，並確信資料具有最高的品質和完整性，而且可以整合到他們的工作流程和資料產品中。業務部門應該能夠信任轉換後的資料不僅是準確的且是可操作的。

潛在因素

轉換階段（transformation stage）是你的資料發生變化，並轉變為對業務有用的東西之階段。由於存在許多環節，因此潛在因素在這個階段尤為關鍵。

安全性

查詢和轉換會把不同的資料集合併為新的資料集。誰有權存取這個新的資料集？如果有人可以存取資料集，請繼續控制誰有權存取資料集的行（column）、列（row），以及儲存格級別（cell-level）的存取權限。

在進行資料庫查詢時，你應該注意到可能存在針對資料庫的攻擊方式。對資料庫的讀/寫權限必須受到嚴格的監視和控制。保護資料庫的查詢存取時，應採用與保護組織其他系統和環境相似的措施和標準。

隱藏憑證（credentials）；避免把密碼、存取權杖（access tokens）或其他憑證複製並貼到程式碼或未加密的檔案中。令人震驚的是，在 GitHub 儲存庫中經常可以看到程式碼中被直接貼上了資料庫的用戶名稱和密碼！不用說，不要與其他用戶共享密碼。最後，切勿允許不安全或未加密的資料在公共的網際網路上傳來傳去。

資料管理

雖然在來源系統階段（以及資料工程生命週期的每個階段）都需要進行資料管理，但在轉換階段尤為重要。轉換過程本質上會建立需要管理的新資料集。與資料工程生命週期的其他階段一樣，重要的是讓所有利益相關者參與資料模型和轉換的過程並管理他們的期望。此外，請確保每個人都同意使用與資料的相應業務定義一致的命名慣例。適當的命名慣例應反映在易於瞭解的欄位名稱中。用戶還可以查閱資料編目，以獲得有關欄位的更多明確訊息，包括欄位在建立時的含義、誰維護資料集以及其他相關資訊。

確保定義的準確性是轉換階段（transformation stage）的關鍵。轉換是否符合預期的業務邏輯？有越來越多人開始使用獨立於轉換之語義層（semantic layer）或指標層（metrics layer）的概念。與其在運行時於轉換中強制實施業務邏輯，為什麼不把這些定義保留為轉換層（transformation layer）之前的獨立階段（standalone stage）？雖然現在還處於早期階段，但可以預見，語義層和指標層在資料工程和資料管理中會變得越來越流行和普遍。

由於轉換涉及資料的變更，因此確保所使用的資料沒有缺陷並且代表真實情況至關重要。如果在你的公司中可以選擇 MDM（主要資料管理），請推動其實施。一致的維度和其他轉換需要使用 MDM 來保持資料的原始完整性和真實性。如果無法使用 MDM，請與控制資料的上游利益相關者合作，以確保你要轉換的任何資料都是正確的，並且符合已商定的業務邏輯。

資料的轉換可能會使得我們難以準確知道資料的衍生過程。在第 6 章中，我們曾討論過資料編目（data catalogs）。隨著資料轉換的進行，資料沿襲（*data lineage*）工具變得非常重要。資料沿襲工具可以幫助資料工程師瞭解之前的轉換步驟，以使其能夠建立新的轉換，同時也可以幫助分析師在運行查詢和建構報告時，瞭解資料的來源。

最後，監管合規性（regulatory compliance）對你的資料模型和轉換有什麼影響？如有需要，是否對敏感欄位的資料進行遮罩或模糊處理？你是否有能力刪除資料以回應刪除請求？資料沿襲追蹤是否允許你查看從已刪除資料衍生的資料，並重新運行轉換以刪除原始來源（raw sources）下游的資料？

資料運營

在查詢和轉換方面，資料運營（DataOps）有兩個關注領域：資料和系統。你需要監視這些領域，並在它們發生變化或異常時收到警報。資料可觀測性（data observability）領域目前正在爆炸式成長，並且特別關注資料可靠性（data reliability）。最近甚至有一種職位稱為資料可靠性工程師（*data reliability engineer*）。本節特別側重於，確保在資料的查詢和轉換過程中，能夠監視和維護資料的可觀測性和資料的健康狀況。

讓我們從資料運營的資料方面開始談起。查詢資料時，輸入和輸出是否正確？你怎麼知道？如果將此查詢保存到資料表中，綱要（schema）是否正確？資料的形狀和相關的統計資訊（例如，最小值/最大值、空計數…等等）如何？你應該對輸入資料集和轉換後的資料集進行資料品質測試，這將確保資料滿足上游和下游用戶的期望。如果在轉換過程中資料品質存在問題，你應該有能力標記（flag）此問題、回滾（roll back）變更並調查根本原因（root cause）。

現在讓我們看一下資料運營（DataOps）的運營（Ops）部分。系統性能如何？監視查詢佇列長度（query queue length）、查詢並行性（query concurrency）、記憶體使用率（memory usage）、儲存利用率（storage utilization）、網路延遲（network latency）和磁碟（disk）I/O 等指標（metrics）。使用指標資料來找出可能需要重構（refactoring）和調整（tuning）的瓶頸和性能不佳的查詢。如果查詢本身沒問題，你就能夠充分暸解資料庫本身應該在哪方面進行調整（例如，透過對資料表進行叢集操作（clustering）以提高查找性能）。或者，你可能需要升級資料庫的計算資源。現今的雲端和 SaaS 資料庫提供了極大的靈活性，可以快速升級（和降級）你的系統。採用資料驅動的作法，使用你的可觀測性指標（observability metrics）來確定是否存在查詢或與系統相關的問題。

轉向基於 SaaS 的分析資料庫改變了資料消費的成本結構。在使用本地資料倉儲（on-premises data warehouses）的時代，系統和許可證是預先購買的，沒有額外的使用成本。傳統的資料工程師需要專注於性能的優化，以從昂貴的購買中榨取（squeeze）最大的效用（maximum utility），而使用按消費收費（consumption basis）之雲端資料倉儲（cloud data warehouses）的資料工程師，需要專注於成本管理和成本優化。這就是**財務運營（*FinOps*）**的作法（請參閱第 4 章）。

資料架構

第 3 章中之良好資料架構的一般原則同樣適用於轉換階段。建構穩固的系統,可以處理和轉換資料而不會崩潰。你對於資料之攝取和儲存的選擇,將直接影響你的一般架構進行可靠查詢和轉換的能力。如果資料之攝取和儲存方式適合你的查詢和轉換模式,那麼你應該處於一個很好的位置。另一方面,如果你的查詢和轉換方式不能很好地與上游系統協同工作,那麼將為你帶來許多問題。

例如,我們經常看到資料團隊在作業中使用了錯誤的資料管道和資料庫。資料團隊可能會把即時的資料管道(real-time data pipeline)連接到 RDBMS 或 Elasticsearch,並將其用作他們的資料倉儲。這些系統並未針對「高容量之聚合型」(high-volume aggregated)OLAP 查詢進行優化,因此在這種工作負載下可能會崩潰。這個資料團隊顯然不瞭解他們的架構選擇將如何影響查詢性能。請花點時間瞭解你的架構選擇中固有的權衡;明確瞭解你的資料模型將如何與攝取和儲存系統協同工作,以及查詢將如何進行。

編排

資料團隊通常會使用基於時間的(time-based)簡單排程工具(schedules)——例如,cron 作業 —— 來管理其轉換管道(transformation pipelines)。這在一開始可能表現得還不錯,但隨著工作流程變得越來越複雜,這會變成一場噩夢。複雜的管道應該使用基於依賴關係的(dependency-based)編排工具(orchestration)來管理。編排工具也是能夠把跨多個系統的管道組裝在一起的黏著劑。

軟體工程

在撰寫轉換程式碼時,你可以使用多種語言(例如 SQL、Python 和基於 JVM 的語言),以及範圍從資料倉儲到分散式計算叢集的各種平台。每種語言和平台都有其優勢和特點,因此你應該瞭解工具的最佳實踐方法。例如,你可以使用 Python 撰寫資料轉換程式碼,並由 Spark 或 Dask 等分散式系統提供支援。進行資料轉換時,當原生函式(native function)可能效果更好時,是否使用 UDF(自定義函式)?我們曾見過編寫不佳、效率低下的 UDF 被內建之 SQL 命令取代的情況,這樣性能就得到了即時和顯著的提高。

分析工程（analytics engineering）的興起為終端用戶帶來了軟體工程的典範，以及分析即程式碼（*analytics as code*）的概念。像 dbt 這樣的分析工程轉換工具已經變得非常受歡迎，使分析師和資料科學家能夠使用 SQL 來撰寫資料庫中的轉換，而無須 DBA 或資料工程師的直接干預。在這種情況下，資料工程師負責設置分析師和資料科學家使用的程式碼儲存庫（code repository）和 CI/CD 管道。這是資料工程師角色的重大變化，傳統上他們會建構和管理底層基礎架構並建立資料轉換。隨著資料工具降低進入門檻和資料團隊變得更加民主化，資料團隊的工作流程將如何變化，讓我們拭目以待。

使用基於 GUI 的「低程式碼」（low-code）工具，你將獲得轉換工作流程的有用視覺化。你仍然需要瞭解幕後發生了什麼。這些基於 GUI 的轉換工具通常會在幕後產生 SQL 或其他語言。雖然「低程式碼」工具的目的是減輕參與低階細節的需要，但瞭解幕後的程式碼將有助於除錯和性能優化。使用「低程式碼」工具時需要謹慎，不應該盲目地認為工具自動產生的程式碼一定是高性能的。

我們建議資料工程師在查詢和轉換階段應該特別注意軟體工程的最佳實踐方法。雖然直接對資料集投入更多處理資源很有誘惑力，但知道如何編寫簡潔、高性能的程式碼才是更好的作法。

結語

轉換是資料管道的核心。牢記轉換的目的至關重要。歸根結柢，聘用工程師的目的不是為了把玩最新的技術玩具，而是為了服務他們的客戶。轉換是資料為業務增加價值和投資回報率（ROI）的地方。

我們的觀點是，可以採用令人興奮的轉換技術並為利益相關者提供服務。第 11 章討論的*即時資料堆疊*（*live data stack*），基本上是重新配置資料堆疊，以實現資料的串流攝取（streaming ingestion），並使轉換工作流程更接近來源系統應用程式本身。如果工程團隊僅僅因為追求技術本身而使用即時資料（real-time data），那麼將重蹈大數據時代的覆轍。但實際上，與我們合作的大多數組織都有一個業務用例（business use case），可以從串流資料（streaming data）受益。在選擇技術和複雜系統之前，確定這些用例並關注其價值是關鍵所在。

當我們進入資料工程生命週期的提供階段（serving stage）也就是第 9 章時，應該反思技術如何作為實現組織目標的工具。如果你是一位在職的資料工程師，應該思考如何改進轉換系統，以便為終端客戶提供更好的服務。如果你剛走上資料工程的道路，應該思考你想用技術解決的業務問題類型。

其他資源

- 〈Building a Real-Time Data Vault in Snowflake〉（在 Snowflake 中建構即時 Data Vault）（*https://oreil.ly/KiQtd*），作者：Dmytro Yaroshenko 和 Kent Graziano

- 《*Building a Scalable Data Warehouse with Data Vault 2.0*》（使用 *Data Vault 2.0* 建構可擴展的資料倉儲）（Morgan Kaufmann 出版），作者：Daniel Linstedt 和 Michael Olschimke

- Wiley 出版的《*Building the Data Warehouse*》（建構資料倉儲）、Technics Publications 出版的《*Corporate Information Factory*》（企業資訊工廠）以及《*The Unified Star Schema*》（統一星狀綱要），作者：W. H.(Bill) Inmon

- Snowflake Community 的「Caching in Snowflake Data Warehouse」（Snowflake 資料倉儲中的快取）頁面（*https://oreil.ly/opMFi*）

- 〈Data Warehouse: The Choice of Inmon vs. Kimball〉（資料倉儲：Inmon 與 Kimball 的選擇）（*https://oreil.ly/pjuuz*），作者：Ian Abramson

- 《*The Data Warehouse Toolkit*》（資料倉儲工具箱），作者：Ralph Kimball 和 Margy Ross（Wiley 出版）

- 〈Data Vault—An Overview〉（Data Vault—概述）（*https://oreil.ly/Vxsm6*），作者：John Ryan

- 〈Data Vault 2.0 Modeling Basics〉（Data Vault 2.0 建模基礎）（*https://oreil.ly/DLvaI*），作者：Kent Graziano

- 〈A Detailed Guide on SQL Query Optimization〉（SQL 查詢優化詳細指南）教程（*https://oreil.ly/WNate*），作者：Megha

- 〈Difference Between Kimball and Inmon〉（Kimball 與 Inmon 之間的區別）（*https://oreil.ly/i8Eki*），作者：manmeetjuneja5

- 〈Eventual vs. Strong Consistency in Distributed Databases〉（分散式資料庫中的最終一致性與強制一致性）（*https://oreil.ly/IU3H1*），作者：Saurabh.v

- 〈The Evolution of the Corporate Information Factory〉（企業資訊工廠的演進）（*https://oreil.ly/j0pRS*），作者：Bill Inmon

- Gavroshe USA 的「DW 2.0」網頁（*https://oreil.ly/y1lgO*）

- Google Cloud 的「Using Cached Query Results」（使用快取的查詢結果）文件（*https://oreil.ly/lGNHw*）

- Holistics 的「Cannot Combine Fields Due to Fan-Out Issues?」（由於扇出問題無法合併欄位？）FAQ 頁面（*https://oreil.ly/r5fjk*）

- 〈How a SQL Database Engine Works〉（SQL 資料庫引擎的工作原理）（*https://oreil.ly/V0WkU*），作者：Dennis Pham

- 〈How Should Organizations Structure Their Data?〉（組織應如何構建其資料？）（*https://oreil.ly/00d2b*），作者：Michael Berk

- 〈Inmon or Kimball: Which Approach Is Suitable for Your Data Warehouse?〉（Inmon 還是 Kimball：哪種作法適合你的資料倉儲？）（*https://oreil.ly/ghHPL*），作者：Sansu George

- 〈Introduction to Data Vault Modeling〉（Data Vault 建模簡介）文件（*https://oreil.ly/3rrU0*），編寫者：Kent Graziano 和 Dan Linstedt

- 「Introduction to Data Warehousing」（資料倉儲簡介）（*https://oreil.ly/RpmFV*）、「Introduction to Dimensional Modelling for Data Warehousing」（資料倉儲維度建模簡介）（*https://oreil.ly/N1uUg*）以及〈Introduction to Data Vault for Data Warehousing〉（資料倉儲的 Data Vault 簡介）（*https://oreil.ly/aPDUx*），作者：Simon Kitching

- Kimball Group 的「Four-Step Dimensional Design Process」（四步維度設計流程）（*https://oreil.ly/jj2wI*）、「Conformed Dimensions」（一致維度）（*https://oreil.ly/A9s6x*）以及「Dimensional Modeling Techniques」（維度建模技巧）（*https://oreil.ly/EPzNZ*）網頁

- 「Kimball vs. Inmon vs. Vault」（Kimball 對比 Inmon 對比 Vault）Reddit 貼文串（*https://oreil.ly/9Kzbq*）

- 「Modeling of Real-Time Streaming Data?」（即時串流資料建模？）Stack Exchange 貼文串（*https://oreil.ly/wC9oD*）

- 〈The New 'Unified Star Schema' Paradigm in Analytics Data Modeling Review〉（分析資料建模中的新「統一星型綱要」範式評論）（*https://oreil.ly/jWFHk*），作者：Andriy Zabavskyy

- Oracle 的「Slowly Changing Dimensions」（緩慢變化的維度）教程（*https:// oreil.ly/liRfT*）

- ScienceDirect 的「Corporate Information Factory」（企業資訊工廠）網頁 （*https://oreil.ly/u2fNq*）

- 〈A Simple Explanation of Symmetric Aggregates or 'Why on Earth Does My SQL Look Like That?'〉（對稱聚合的簡單解釋，或者說「為什麼我的 SQL 看起來像這樣？」）（*https://oreil.ly/7CD96*），作者：Lloyd Tabb

- 〈Streaming Event Modeling〉（串流事件建模）（*https://oreil.ly/KQwMQ*）， 作者：Paul Stanton

- 「Types of Data Warehousing Architecture」（資料倉儲架構的類型）（*https:// oreil.ly/gHEJX*），作者：Amritha Fernando

- 美國專利「Method and Apparatus for Functional Integration of Metadata」 （中介資料的功能整合方法和裝置）（*https://oreil.ly/C3URp*）

- Zentut 的「Bill Inmon Data Warehouse」（Bill Inmon 資料倉儲）網頁 （*https://oreil.ly/FvZ6K*）

第九章

為分析、機器學習和 反向 ETL 提供資料

恭喜！你已經進入資料工程生命週期的最後階段——為下游用例提供資料（圖 9-1）。本章中，你將學習為資料工程師遇到的三個主要用例提供資料的各種方法。首先，你將為分析和 BI（商業智慧）提供資料。你將準備用於統計分析、報告和儀錶板的資料。這是資料服務的最傳統領域。可以說，它早於 IT（資訊技術）和資料庫，但對於利益相關者來說，瞭解業務、組織和財務流程仍然同樣重要。

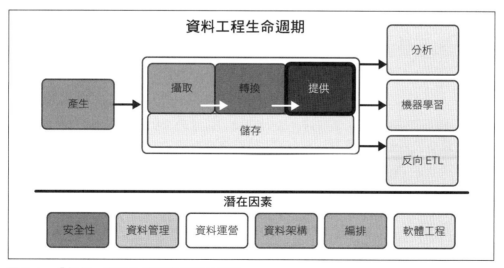

圖 9-1 「提供」階段為使用案例交付資料

其次，你將為機器學習（ML）應用程式提供資料。沒有經過適當準備的高品質資料，ML 是不可能實現的。資料工程師與資料科學家和 ML 工程師合作，以獲取、轉換和交付用於模型訓練的資料。

第三，你將透過反向 ETL 提供資料。反向（*reverse*）ETL 是把資料送回資料來源處的過程。例如，我們可能會從廣告技術平台（ad tech platform）獲取資料，對這些資料進行統計處理以確定每次點擊廣告的出價成本，然後把這些資料反饋給廣告技術平台。反向 ETL 與 BI 和 ML 密切相關。

在我們深入討論這三種主要的資料提供方式之前，讓我們先來看一般的考慮因素。

提供資料的一般考慮因素

在我們進一步探討資料的提供之前，我們需要瞭解幾個重要的考慮因素。首先，最重要的是信任（trust）。人們需要信任你所提供的資料。此外，你還需要瞭解你的使用案例和用戶、將要產生的資料產品、你將如何提供資料（是否為自助服務）、資料定義和邏輯以及資料網格（data mesh）。我們將在此處討論的注意事項是一般性的，適用於三種資料提供方式中的任何一種。瞭解這些注意事項將有助於你更有效地為資料客戶提供服務。

信任

> 建立聲譽需要 20 年的時間，而毀掉它只需要 5 分鐘。如果你有考慮這一點，你將會以不同的方式行事。
>
> — Warren Buffett（沃倫・巴菲特）[1]

最重要的是，信任是提供資料的根本考慮因素；終端用戶需要信任他們所接收的資料。即使擁有最精緻、最複雜的資料架構和服務層，如果終端用戶不相信資料能夠可靠地代表他們的業務，那麼這些都是無關緊要的。對於資料專案來說，失去信任通常是一個無聲的喪鐘，即使該專案直到幾個月或幾年後才被正式取消。

1　引述自 CNBC Make It 網站上 Benjamin Snyder（班傑明・斯奈德）的文章〈7 Insights from Legendary Investor Warren Buffett〉（傳奇投資者沃倫・巴菲特的 7 個見解），發表日期：2017 年 5 月 1 日，*https://oreil.ly/QEqF9*。

資料工程師的工作是盡可能提供最好的資料，因此你需要確保資料產品始終包含高品質且值得信賴的資料。

在本章中，當你學習如何提供資料時，我們將強調把信任融入資料的想法，並討論達成此一目標的實用方法。我們看到太多的情況，資料團隊專注於把資料推送出去，而沒有詢問利益相關者是否信任這些資料。往往，利益相關者會失去對資料的信任。一旦信任消失，要重新贏回信任就非常困難了。這不可避免地會導致企業無法充分發揮資料的最大潛力，資料團隊失去信譽（並可能被解散）。

為了實現資料品質並建立利益相關者的信任，請利用資料驗證（data validation）和資料可觀測性（data observability）流程，並與利益相關者一起進行視覺檢查和確認資料的有效性。資料驗證就是分析資料，以確保它準確代表財務資訊、客戶互動和銷售情況。資料可觀測性提供了資料和資料處理過程的持續檢視。這些流程必須應用於整個資料工程生命週期，以便在我們到達終點時實現良好的結果。我們將在第 407 頁的「潛在因素」中進一步討論這些內容。

除了建立對資料品質的信任外，工程師還有責任與終端用戶和上游利益相關者建立對其 SLA（服務水準協議）和 SLO（服務水準目標）的信任。一旦用戶開始依賴資料來完成業務流程，他們將要求資料始終可用，並按照資料工程師的承諾提供最新的資料。如果在需要做出關鍵業務決策時，高品質的資料無法如期提供，那麼它的價值就不大了。請注意，SLA 和 SLO 也可以正式或非正式地以資料合約的形式存在（請參閱第 5 章）。

我們在第 5 章中討論過 SLA，但值得我們於此處再次討論它。SLA 有多種形式。無論其形式如何，SLA 都會告訴用戶可以從你的資料產品中期望什麼；這是你和利益相關者之間的合約。SLA 的一個例子可能是，「資料將是可靠、可用且高品質的」。SLO 是 SLA 的關鍵部分，描述了你將如何根據你已同意的內容衡量性能。例如，對於前面的 SLA 例子，SLO 可能是「我們為你的儀錶板或 ML 工作流程提供的資料管道，正常運行時間將達到 99%，其中 95% 的資料沒有缺陷」。務必確保期望是清晰明確的，並且你有能力驗證，你是否在你已同意的 SLA 和 SLO 參數內運作。

僅僅達成 SLA 的協議是不夠的。持續的溝通是一個良好 SLA 的核心特徵。你是否傳達了可能影響 SLA 或 SLO 期望的問題？你的補救和改進流程是什麼？

信任是一切的基礎。它需要很長的時間來贏得，但卻很容易失去。

使用案例是什麼，用戶又是誰？

提供階段（serving stage）涉及的是資料的應用。但是，資料的有效利用（*productive use*）是什麼？要回答這個問題，你需要考慮兩件事：使用案例（或簡稱用例）是什麼，用戶又是誰？

資料的用例遠不止於查看報告和儀錶板。當資料導致行動（*action*）時，資料處於最佳狀態。高階主管會根據報告做出戰略決策嗎？行動送餐應用程式（mobile food delivery app）的用戶會在接下來的兩分鐘內收到一張誘使他們購買的優惠券嗎？資料通常用於多個使用案例——例如，用於訓練一個潛在客戶評分並填充 CRM（反向 ETL）的機器學習模型。高品質、高影響力的資料本身就會吸引許多值得注意的使用案例。但是在尋找使用案例時，始終要問自己：「這個資料會觸發什麼行動，由誰進行這個行動？」，並提出適當的後續問題：「這個行動可以自動化嗎？」。

在可能的情況下，優先考慮具有最高 ROI（投資回報率）的使用案例。資料工程師喜歡沉迷於他們建構系統的技術實作細節，卻忽略了基本的目的問題。工程師希望做自己最擅長的事情：工程化事物（engineer things）。當工程師意識到需要專注於價值和使用案例時，他們在自己的角色中會變得更加有價值和有效。

開始一個新的資料專案時，從反向思考是有幫助的。雖然專注於工具很有吸引力，但我們鼓勵你從使用案例和用戶開始。以下是在開始時應該問自己的一些問題：

- 誰會使用這些資料，以及他們將如何使用這些資料？
- 利益相關者期望什麼？
- 我如何與資料利益相關者（例如，資料科學家、分析師、業務用戶）協作，以瞭解我正在處理的資料將如何被使用？

再次強調，始終從用戶及其使用案例的角度來進行資料工程。透過瞭解他們的期望和目標，你可以從反向思考，更輕鬆地創建優秀的資料產品。讓我們花些時間來擴展一下我們對資料產品的討論。

資料產品

> 資料產品（data product）的一個很好的定義是，透過資料的使用來實現最終目標的產品。
>
> — D. J. Patil[2]

資料產品不是在孤立的情況下創建的。就像我們討論過的許多其他組織流程一樣，製作資料產品是一項全方位的活動，涉及產品和業務以及技術的結合。在開發資料產品時，讓關鍵利益相關者參與，非常重要。在大多數公司中，資料工程師與資料產品的終端用戶僅相距幾步之遙；一個優秀的資料工程師將努力充分瞭解直接用戶（例如，資料分析師和資料科學家）或公司外部客戶的期望和需求。

創建資料產品時，考慮到「要完成的任務」（jobs to be done）是很有用的[3]。用戶為了「要完成的任務」而「僱用」（hires）一個產品。這意味著你需要知道用戶想要什麼，也就是他們「僱用」你的產品之動機。一個典型的工程錯誤是在不瞭解需求、不瞭解終端用戶的需求或產品 / 市場契合度的情況下，直接建構資料產品。當你建構沒人願意使用的資料產品時，這種災難就會發生。

一個好的資料產品應該擁有正的反饋迴圈。對資料產品的更多使用會產生更多有用的資料，這些資料被用於改進資料產品。反覆循環，不斷改進。

建構資料產品時，請牢記以下考慮因素：

- 當有人使用資料產品時，他們希望完成什麼？很多時候，資料產品是在沒有清楚地瞭解用戶預期結果的情況下製作的。

- 資料產品是為內部用戶還是為外部用戶服務？在第 2 章中，我們討論了面向內部和外部的資料工程。創建資料產品時，瞭解客戶是面向內部還是面向外部將影響資料的提供方式。

- 你所建構的資料產品之成果和 ROI（投資回報率）如何？

2　見 D. J. Pati 於 O'Reilly Radar 上的文章〈Data Jujitsu: The Art of Turning Data into Product〉（資料柔道：將資料轉化為產品的藝術），發表日期：2012 年 7 月 17 日，*https://oreil.ly/IYS9x*。

3　見 2016 年 9 月的《哈佛商業評論》雜誌上 Clayton M. Christensen 等人的文章〈Know Your Customers' Jobs to Be Done〉（瞭解你的客戶想要完成的工作），*https://oreil.ly/3uU4j*。

建構人們願意使用和喜愛的資料產品至關重要。沒有什麼比無用的功能和對資料輸出失去信任更容易破壞資料產品的採用了。請注意資料產品的採用和使用情況，並願意調整以滿足用戶的需求。

自助式與否？

用戶將如何與資料產品互動？業務主管是否會請求資料團隊提供報告，或者該主管可以直接建構報告？多年來，自助式資料產品（讓用戶能夠自行建構資料產品）一直是資料用戶的共同願望。還有什麼比讓終端用戶能夠直接創建報告、分析和機器學習模型更好的呢？

如今，自助式 BI（商業智慧）和資料科學仍然大多是一種渴望。雖然我們偶爾會看到一些公司成功地實現了資料的自助服務，但這種情況很少見。大多數情況下，自助式資料的嘗試起初有很好的意圖，但最終失敗了；實際上，自助資料很難實現。因此，分析師或資料科學家通常需要承擔提供臨時報告和維護儀錶板的繁重工作。

為什麼資料的自助如此困難？答案是微妙的，但通常涉及瞭解終端用戶。如果用戶是一位需要瞭解業務運營情況的高階主管，則他可能只需要一個預定義的儀錶板，其中包含清晰且可操作的指標（metrics）。高階主管可能會忽略任何用於創建自定義資料視圖（custom data views）的自助式工具。如果報告引起進一步的問題，他們可能會有分析師隨時進行更深入的調查。另一方面，作為分析師的用戶可能已經透過更強大的工具（例如 SQL）進行自助式分析。透過 BI 層進行自助式分析是沒有用的。同樣的考慮因素也適用於資料科學。儘管將自助式 ML（機器學習）提供給「公民資料科學家」（citizen data scientists）一直是許多自動化 ML 供應商的目標，但由於與自助式分析相同的原因，其採用仍然處於起步階段。在這兩種極端情況下，自助式資料產品是一個不適合這項任務的錯誤工具。

成功的自助式資料專案歸結為擁有合適的受眾。確定自助式用戶以及他們想要完成的「工作」。他們使用自助式資料產品而不是與資料分析師合作，試圖完成什麼工作？具有資料背景的高階主管群體是自助式的理想受眾；他們可能希望自己切割和分析資料，而不必再次學習他們已經荒廢的 SQL 技能。願意投入時間透過公司提供的計畫和培訓課程學習資料技能的企業領導者，也可以從自助服務獲得顯著價值。

確定你將如何向這個群體提供資料。他們對新資料的時間要求是什麼？如果他們不可避免地需要更多資料或更改所需的自助服務範圍，會發生什麼情況？更多的資料往往意味著更多的問題，這需要更多的資料。你需要預測自助式用戶不斷成長的需求。你還需要瞭解靈活性和防範措施之間的微妙平衡，這將有助於你的受眾找到價值和見解，而不會產生不正確的結果和混亂。

資料定義和邏輯

正如我們所強調的，資料在組織中的效用最終來自其正確性和可信度。至關重要的是，資料的正確性不僅僅是忠實地再現來源系統中的事件值。資料的正確性還包括正確的資料定義和邏輯；這些必須在整個生命週期的各個階段（從來源系統到資料管道再到 BI 工具等等）中融入資料裡。

資料定義（*data definition*）是指資料在整個組織中的含義。例如，客戶（*customer*）在公司內部和各個部門都具有確切的含義。當客戶的定義發生變化時，必須記錄這些定義，並將其提供給使用資料的每個人。

資料邏輯（*data logic*）規定了從資料（例如，總銷售額或客戶生命週期價值）中得出指標的公式。正確的資料邏輯必須包含資料定義和統計計算的詳細資訊。為了計算客戶流失指標，我們需要一個定義：誰是客戶？要計算淨利潤，我們需要一套邏輯規則，以確定從總收入中扣除哪些費用。

我們常常看到資料定義和邏輯被視為理所當然，往往以機構知識（*institutional knowledge*）的形式在組織內傳遞。機構知識具有自己的生命力，往往會因為以趣聞軼事（anecdotes）取代資料驅動（data-driven）的洞察、決策和行動而付出代價。相反地，在資料編目和資料工程生命週期的系統中宣告資料定義和邏輯，對於確保資料的正確性、一致性和可信度大有幫助。

資料定義可以透過多種方式提供，有時是明確的，但大多數情況下是隱含的。隱含的意思是，每當你為查詢、儀錶板或機器學習模型提供資料時，資料和衍生指標（derived metrics）都會以一致且正確的方式呈現。編寫 SQL 查詢時，你隱含地假設該查詢的輸入是正確的，包括上游管道的邏輯和定義。這就是資料建模（如第 8 章中所述）非常有用的地方，它以一種可理解且可供多個終端用戶使用的方式捕捉資料的定義和邏輯。

使用語義層,你能夠以可重複使用的方式整合業務定義和邏輯。只需編寫一次,就能隨處使用。此範式是一種物件導向的作法,適用於指標(metrics)、計算和邏輯。我們將在第 401 頁的「語義層和指標層」中做進一步的說明。

資料網格

資料網格(data mesh)將日益成為提供資料時需要考慮的因素。資料網格在根本上改變了組織內部提供資料的方式。不再有單一的資料團隊負責服務整個組織內部的成員,而是每個領域團隊都成為一個分散的、點對點的資料服務提供者。

首先,團隊負責將資料準備好以供*其他團隊*使用。資料必須適用於整個組織中的資料應用、儀錶板、分析和 BI(商業智慧)工具。其次,每個團隊都有可能運行自己的儀錶板和分析工具,實現*自助服務*(self-service)。團隊根據其領域的特定需求,使用來自整個組織的資料。其他團隊使用的資料也可能透過嵌入式分析(embedded analytics)或機器學習功能,進入領域團隊設計的軟體。

這徹底改變了資料服務的細節和結構。我們在第 3 章中曾介紹資料網格的概念。現在,我們已經談過一些關於提供資料的一般考慮因素,讓我們來看看第一個主要領域:分析。

分析

你可能會遇到的第一個資料提供用例是*分析*(analytics),即發現、探索、識別和呈現資料中的關鍵見解(key insights)和模式(patterns)。分析有很多方面。作為一種實踐方法,分析將使用統計方法、報告、BI(商業智慧)工具等來進行。作為一名資料工程師,瞭解分析的各種類型和技術是完成工作的關鍵。本節的目的在說明如何為分析提供資料,並介紹一些幫助分析師取得成功的思考要點。

在為分析提供資料之前,你需要做的第一件事(閱讀過上一節後,這聽起來應該很熟悉)是確定最終使用案例。用戶是否正在查看歷史趨勢?是否應該立即自動通知用戶異常情況,例如欺詐警報(fraud alert)?是否有人在行動應用程式上使用即時儀錶板?這些範例突顯了業務分析(通常是BI)、運營分析(operational analytics)和嵌入式分析(embedded analytics)之間的差異。這些分析類別都有不同的目標和獨特的服務要求。讓我們來看看你將如何為這些類型的分析提供資料。

業務分析

業務分析（*business analytics*）利用歷史和當前資料來做出戰略性且可操作的決策。這些決策類型往往會考慮到長期趨勢，通常會結合統計與趨勢分析，以及領域專業知識和人工判斷。業務分析既是一門藝術，也是一門科學。

業務分析通常可以分為幾個主要領域——儀錶板（dashboards）、報告（reports）和即席分析（ad hoc analysis）。業務分析師可能專注於其中一個或所有這些類別。現在讓我們快速看一下這些實踐方法和相關工具之間的差異。瞭解分析師的工作流程將有助於你（資料工程師）瞭解如何提供資料。

儀錶板（*dashboard*）可以簡明扼要地向決策者展示組織在幾個核心指標（例如，銷售額和客戶保留率）的表現。這些核心指標（core metrics）以可視化（例如，圖表（charts）或熱圖（heatmaps））、摘要統計資料，或甚至是單一數字的形式呈現。這類似於汽車儀錶板，只需讀出駕駛車輛時需要瞭解的關鍵資訊。一個組織可能擁有多個儀錶板，高層管理人員（C-level executives）使用的是全面性的儀錶板，而其直接下屬（direct reports）使用的是具有特定指標、關鍵績效指標（Key Performance Indicators，KPIs），或目標和關鍵結果（objectives and key results，OKR）的儀錶板。分析師會幫忙創建和維護這些儀錶板。一旦業務利益相關者接受並依賴儀錶板，分析師通常就會回應要求，調查某個指標的潛在問題，或者向儀錶板添加新指標。目前，你可以使用 BI 平台（例如 Tableau、Looker、Sisense、Power BI 或 Apache Superset/Preset）來建立儀錶板。

業務利益相關者通常會要求分析師建立報告（*report*）。報告的目標是利用資料來產生見解和行動。在一家線上零售公司工作的分析師，被要求調查哪些因素導致女性跑步短褲的退貨率高於預期。分析師在資料倉儲中運行了一些 SQL 查詢，把客戶提供的退貨原因聚合起來，發現跑步短褲的布料品質較差，往往在幾次使用後就會磨損。這些發現被通知到製造和品質控制等利益相關者。此外，調查結果也被總結在一份報告中，並分發在與儀錶板相同的 BI 工具中。

分析師被要求深入研究一個潛在問題並提供見解。這代表了即席分析（*ad hoc analysis*）的一個例子。報告通常始於即席請求（ad hoc requests）。如果即席分析的結果具有影響力，它們通常會出現在報告或儀錶板中。用於報告和即席分析的技術與儀錶板類似，但可能包括 Excel、Python、基於 R（R-based）的 notebooks、SQL 查詢…等等。

優秀的分析師會不斷與業務接觸，深入研究資料以回答問題，並發現隱藏的和違反直覺的趨勢和見解。他們還會與資料工程師合作，提供有關資料品質、可靠性問題和新資料集請求的反饋。資料工程師負責處理這些反饋，並提供新資料集讓分析師使用。

回到跑步短褲的例子，假設在與利益相關者傳達了他們的發現後，分析師瞭解到製造部門可以提供有關跑步短褲所用材料的各種供應鏈細節。資料工程師展開了一個專案，將這些資料攝取到資料倉儲。一旦供應鏈資料存在，分析師就可以把特定的服裝序號與商品中使用的布料供應商相關聯。他們發現大多數問題都與他們的三個供應商之一有關，於是工廠停止使用來自該供應商的布料。

用於業務分析的資料通常以批次模式從資料倉儲或資料湖泊中提供。這在公司、部門甚至公司內的資料團隊之間差異很大。新資料可能每秒、每分鐘、每 30 分鐘、每天或每週提供一次。批次處理的頻率可能因多種原因而有所不同。需要注意的一點是，從事分析問題的工程師應該考慮資料的各種潛在應用——無論是當前的應用還是未來的應用。通常，為了服務不同的使用案例，資料的更新頻率可能是混合的，但請記住，資料攝取的頻率設置了下游處理頻率的上限。如果資料存在串流應用程式，則即使某些下游處理和服務步驟是以批次方式處理的，也應該以串流方式攝取。

當然，資料工程師在提供業務分析時必須考慮各種後端技術因素。某些 BI 工具把資料保存在內部儲存層中。而其他工具則在資料湖泊或資料倉儲上運行查詢。這樣做的好處是可以充分利用 OLAP 資料庫的強大功能。正如我們在前面的章節中所討論的那樣，缺點是成本、存取控制和延遲。

運營分析

如果業務分析是利用資料來發現可操作的見解，那麼運營分析則是利用資料來採取即時的行動（*immediate action*）：

> 運營分析與業務分析之區別 = 採取即時的行動與可操作的見解之區別

運營分析和業務分析之間的最大區別在於時間（*time*）。業務分析中使用的資料需要從更長遠的角度來考慮問題。即時更新固然很好，但不會對品質或結果產生實質影響。而運營分析則恰恰相反，因為即時更新可以在問題發生時及時解決。

運營分析的一個例子是即時應用程式監控。許多軟體工程團隊想知道他們的應用程式的執行情況；如果出現問題，他們希望立即收到通知。工程團隊可能有一個儀錶板（例如，圖 9-2）顯示關鍵指標，例如每秒請求數、資料庫 I/O 或任何重要的指標。如果某些情況觸發了擴展事件（scaling events），則在伺服器過載時，可以增加更多的容量。如果超出某些閾值，監控系統還可能透過簡訊、群聊和電子郵件發送警報。

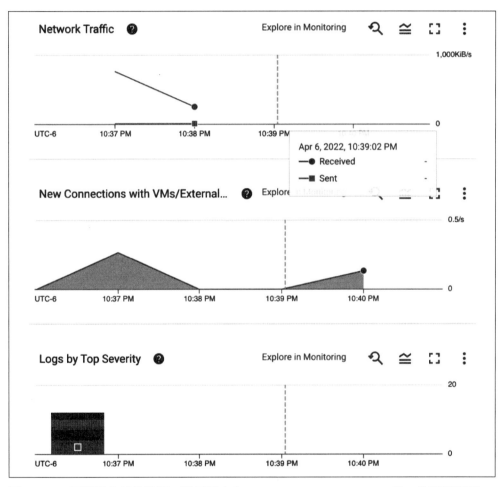

圖 9-2　一個運營分析儀錶板，顯示了來自 Google Compute Engine 的一些關鍵指標

業務分析和運營分析

業務分析和運營分析之間的界限已經開始模糊。隨著串流資料和低延遲資料變得越來越普遍，把運營的作法應用於業務分析的問題，是很自然的；除了監控黑色星期五的網站性能外，線上零售商還可以即時分析和呈現銷售情況、收入以及廣告活動的影響。

資料架構將會改變，以適應一個可以把即時資料和歷史資料放在一處的世界。你應該總是問自己和利益相關者的核心問題是：如果你擁有串流資料，你打算如何處理它？你應該採取什麼行動？正確的行動可以創造影響力和價值。沒有行動的即時資料是一種不斷分散注意力的干擾。

從長遠來看，我們預測串流處理將取代批次處理。未來 10 年的資料產品可能會以串流處理為主，並能夠無縫混合歷史資料。即時蒐集後，仍可根據需要批次消費和處理資料。

讓我們再次回到前面的跑步短褲例子。使用分析來發現供應鏈中的不良布料，取得了巨大的成功；業務領導者和資料工程師希望找到更多利用資料來提高產品品質的機會。資料工程師建議在工廠部署即時分析。工廠已經使用各種能夠串流處理即時資料的機器。此外，工廠還配備了在生產線上錄製視訊的攝影機。現在，技術人員可以即時觀看畫面，尋找有缺陷的產品，並在看到產品出現高缺陷率時，提醒生產線的工作人員。

資料工程師意識到，他們可以使用現成的雲端機器視覺工具來自動即時識別缺陷。缺陷資料與特定產品序號相關聯，並進行串流傳輸。從這裡開始，即時分析過程可以把有缺陷的產品與生產線上機器的串流事件相關聯。

採用這種作法後，工廠的分析人員會發現，庫存之每箱原始布料的品質差異很大。當監控系統指出缺陷率變高時，生產線工人就可以把缺陷率高的箱子移走，並將其退回給供應商。

看到這個品質改進專案的成功，供應商決定採用類似的品質控制流程。零售商的資料工程師與供應商合作，部署他們的即時資料分析技術，進而顯著提高其布料庫存的品質。

嵌入式分析

儘管商業和運營分析主要關注的是內部，但最近的趨勢是面向外部或嵌入式分析。隨著大量的資料為應用程式提供動力，企業越來越多地向終端用戶提供分析功能。這些通常稱為*資料應用程式*（*data applications*），其中分析儀錶板被嵌入在應用程式內部。這些面向終端用戶的儀錶板（end-user-facing dashboards）也稱為*嵌入式分析*（*embedded analytics*），向用戶提供了有關他們與應用程式之關係的關鍵指標（key metrics）。

智慧溫控器（smart thermostat）具有一個行動應用程式，可以即時顯示溫度和最新的耗電量指標，讓用戶能夠制定更節能的加熱或冷卻計畫。在另一個例子中，第三方電子商務平台為其賣家提供了有關銷售、庫存和退貨的即時儀錶板。賣家可以選擇使用這些資訊，近乎即時地向客戶提供優惠。在這兩種情況下，應用程式都允許用戶根據資料進行即時決策（手動或自動）。

嵌入式分析的領域正在迅速擴大，我們預期這類資料應用程式在未來幾年內將變得越來越普遍。作為資料工程師，你可能不會負責創建嵌入式分析的前端，因為應用程式開發人員會處理這個部分。但由於你負責為嵌入式分析提供所需的資料庫，因此你需要瞭解嵌入式分析對速度和延遲的要求。

嵌入式分析的性能（performance）涵蓋了三個問題。首先，應用程式的用戶對不頻繁之批次處理的容忍度不如公司內部的分析師高；使用招聘 SaaS 平台的用戶可能期望在上傳新簡歷後立即看到統計資料的變化。用戶希望較低的資料*延遲時間*（*data latency*）。其次，資料應用程式的用戶期望快速的*查詢性能*（*query performance*）。當他們在分析儀錶板中調整參數時，他們希望在幾秒鐘內看到刷新後的結果。第三，資料應用程式通常必須支援多個儀錶板和眾多客戶之間的極高查詢率。高並行性（concurrency）至關重要。

Google 和資料應用程式領域的其他早期主要參與者，開發了各種奇特的技術來應對這些挑戰。對於新創企業來說，預設的作法是把傳統的交易型資料庫用於資料應用程式。隨著客戶群的擴大，他們的發展超出了最初的架構。他們現在可以存取新一代的資料庫，這些資料庫結合了高性能（快速查詢、高並行性和近乎即時的更新）並且相對易於使用（例如，基於 SQL 的分析）。

機器學習

提供資料的第二個主要領域是機器學習（ML）。ML 越來越普遍，因此我們將假設你至少熟悉這個概念。隨著 ML 工程（其本身幾乎是資料工程的平行宇宙）的興起，你可能會問自己，資料工程師在此場景中扮演什麼角色。

不可否認的是，機器學習（ML）、資料科學（data science）、資料工程（data engineering）和機器學習工程（ML engineering）之間的界限越來越模糊，而且這個界限在組織之間差異很大。在某些組織中，ML 工程師在資料蒐集之後會立即接管 ML 應用程式的資料處理，甚至可能形成一個完全獨立且並行的資料組織，負責管理所有 ML 應用程式的整個生命週期。資料工程師負責在其他設置（settings）中進行所有的資料處理，然後把資料交給 ML 工程師進行模型訓練。資料工程師甚至可能處理一些與 ML 極其相關的任務，例如資料的特徵提取（featurization）。

讓我們回到線上零售商生產運動短褲之品質控制的例子。假設製造這些短褲所使用之原始布料的工廠中已經實現了串流資料。資料科學家發現，所製造之布料的品質容易受到聚酯原料之特性、溫度、濕度以及織布機的各種可調參數的影響。資料科學家開發了一個基本模型來優化織布機參數。ML 工程師自動化了模型訓練，並設置了一個根據輸入參數自動調整織布機的流程。資料和 ML 工程師共同設計了一個特徵提取管道（featurization pipeline），而資料工程師則實現和維護這個管道。

資料工程師應該瞭解的機器學習知識

在我們討論為機器學習（ML）提供資料之前，你可能會問自己，作為一名資料工程師，你需要瞭解多少 ML 知識。ML 是一個非常廣泛的主題，我們不會試圖傳授你這個領域的知識；有無數的書籍和課程可用於學習 ML。

雖然資料工程師不需要對 ML 有深入的瞭解，但瞭解傳統 ML 基礎知識和深度學習（deep learning）的基本原理將大有助益。瞭解 ML 的基礎知識將有助於你與資料科學家一起建構資料產品。

以下是我們認為資料工程師應該熟悉的 ML 領域：

- 監督式學習、非監督式學習和半監督式學習之間的差異。

- 分類（classification）和回歸（regression）技術之間的差異。

- 處理時序資料（time-series data）的各種技術。這包括時序分析以及時序預測。

- 何時使用「傳統」技術（邏輯回歸、基於樹的學習、支援向量機）而不是深度學習。我們經常看到資料科學家在非必要的情況下立即轉向深度學習。作為一名資料工程師，你對 ML 的基本知識可以幫助你判斷 ML 技術是否合適，以及該技術是否能應付你需要處理的資料規模。

- 你何時會使用自動化機器學習（automated machine learning，AutoML）而不是手工製作 ML 模型？每種方法在所用的資料方面有哪些權衡取捨？

- 用於結構化和非結構化資料的資料整理技術有哪些？

- 用於 ML 的所有資料都會被轉換為數字。如果要提供結構化或半結構化資料，請確保在特徵工程（feature-engineering）過程中可以正確轉換資料。

- 如何對分類資料進行編碼，以及各種類型資料的嵌入。

- 批次學習和線上學習的區別。哪種方法適合你的使用案例？

- 資料工程生命週期與你公司的機器學習（ML）生命週期有何交集？你是否負責對接或支援特徵保存法或可觀測性等 ML 技術？

- 瞭解何時適合在本地、叢集或邊緣進行訓練。你什麼時候會使用 GPU 而不是 CPU？你使用的硬體類型在很大程度上取決於你要解決之 ML 問題的類型、你使用的技術以及資料集的規模。

- 瞭解在訓練 ML 模型時批次資料和串流資料的應用差異。例如，批次資料通常適合用於離線模型訓練，而串流資料則適用於線上訓練。

- 什麼是資料串聯（data cascades）（*https://oreil.ly/FBV4g*），它們會對 ML 模型產生什麼影響？

- 結果是即時傳回還是批次傳回？例如，批次語音聽錄模型（batch speech transcription model）可能會在 API 調用後批次處理語音樣本並傳回文字。產品推薦模型（product recommendation model）可能需要在客戶與線上零售網站互動時即時運行。

- 使用結構化資料與非結構化資料的區別。我們可以對表格形式（結構化）客戶資料進行分組或使用神經網路識別圖像（非結構化）。

機器學習（ML）是一個廣泛的主題領域，本書不會教你這些主題，甚至不會介紹 ML 的基本概念。如果你想對 ML 有更多的瞭解，我們建議閱讀 Aurélien Géron 所著的《*Hands on Machine Learning with Scikit-Learn, Keras, and TensorFlow*》（O'Reilly 出版）；此外網路上還可以找到無數其他 ML 課程和書籍。由於書籍和線上課程發展如此之快，因此建議你根據需求找到適合你的資源進行研究。

為分析和機器學習提供資料的方法

與分析一樣，資料工程師會為資料科學家和機器學習（ML）工程師提供他們完成工作所需的資料。我們將 ML 服務與分析放在一起，因為管道和流程非常相似。有許多方法可以為分析和 ML 提供資料。一些常見的資料提供方法包括檔案、資料庫、查詢引擎和資料共用。讓我們簡要地看一下這些方法。

檔案交換

檔案交換在資料提供中無處不在。我們處理資料並產生檔案以便傳遞給資料消費者。

請記住，檔案可能用於多種目的。資料科學家可能會載入客戶訊息的文字檔案（非結構化資料）以分析投訴客戶的情緒。業務單位可能會從合作夥伴公司收到發票資料，這些資料以 CSV（結構化資料）的形式呈現，分析師必須對這些檔案進行一些統計分析。或者，資料供應商可能會向線上零售商提供競爭對手網站上的產品圖像（非結構化資料），以便使用計算機視覺（computer vision）進行自動分類。

你提供檔案的方式取決於多種因素，例如：

- 使用案例——業務分析、運營分析、嵌入式分析
- 資料消費者的資料處理流程
- 儲存中個別檔案的大小和數量
- 誰在存取此檔案
- 資料類型——結構化、半結構化或非結構化

第二點是主要的考慮因素之一。通常需要透過檔案方式提供資料，而不是資料共享方式，因為資料消費者無法使用共享平台。

最簡單的檔案提供方式是透過電子郵件發送 Excel 檔案。即使在可以協作共享的時代，這仍然是一個常見的工作流程。透過電子郵件發送檔案的問題在於，每個收件者都會得到自己的檔案版本。如果收件者對檔案進行了編輯，這些編輯只會影響該用戶的檔案。檔案之間不可避免會出現差異。如果你不再希望收件者能夠存取該檔案，會發生什麼情況？如果檔案是透過電子郵件發送的，你很難找回該檔案。如果你需要一個連貫、一致的檔案版本，我們建議你使用 Microsoft 365 或 Google Docs 之類的協作平台。

當然，單一檔案的提供很難擴展，而且你的需求最終將超出簡單的雲端檔案儲存（cloud file storage）。如果你有一些大型檔案，則可能會成長為物件儲存桶（object storage bucket），如果你有穩定的檔案供應，則可能會發展成一個資料湖泊（data lake）。物件儲存可以保存任何類型的 blob 檔案，這對於半結構化或非結構化檔案特別有用。

我們注意到，通常我們會把透過物件儲存（資料湖泊）進行檔案交換視為「資料共享」而不是檔案交換（file exchange），因為這個過程可以比臨時的檔案交換更具可擴展性和簡化性。

資料庫

資料庫是為分析和機器學習提供資料的關鍵層。在本討論中，我們將預設地把重點放在從 OLAP 資料庫（例如，資料倉儲和資料湖泊）提供資料上。在上一章中，你已經瞭解如何查詢資料庫。資料的提供包括對資料庫進行查詢，然後把這些結果用於某個用例。分析師或資料科學家可以使用 SQL 編輯器查詢資料庫，並把這些結果匯出為 CSV 檔案，以供下游應用程式使用，或者在 notebook [譯註]中分析結果（如第 402 頁的「以 Notebook 來提供資料」中所述）。

譯註　「notebook」是指一種互動式程式設計環境，常見的 notebook 工具包括 Jupyter Notebook 和 Google Colab。

從資料庫提供資料具有多種好處。資料庫透過綱要（schema）為資料加上了順序和結構；資料庫可以在資料表（table）、行（column）和列（row）的級別提供細粒度的權限控制，使得資料庫管理員可以為各種角色制定複雜的存取策略；資料庫可以為大型、計算密集查詢和高並行查詢提供高效的性能。

BI 系統通常與來源資料庫（source database）共享資料處理工作負載，但兩個系統之間的處理邊界有所不相同。例如，Tableau 伺服器會運行起始查詢（initial query），以便從資料庫中提取資料，並將其保存在本地。基本的 OLAP/BI 切片和切塊（以互動方式進行篩選和聚合操作）直接在伺服器上運行，並使用伺服器本地的資料副本。另一方面，Looker（以及類似的現代 BI 系統）依賴於一種稱為查詢下推（*query pushdown*）的計算模型；Looker 以一種特定的語言（LookML）編碼資料處理邏輯，將其與動態用戶輸入相結合以產生 SQL 查詢，針對來源資料庫運行這些查詢，並呈現輸出結果（見第 401 頁的「語義層和指標層」）。Tableau 和 Looker 都有各種用於快取結果的組態選項，以減輕頻繁運行查詢的處理負擔。

資料科學家可能會連接到資料庫、提取資料並進行特徵工程和選擇。然後把這個轉換後的資料集饋送到 ML 模型；離線模型會被訓練並產生預測結果。

資料工程師往往會被賦予管理資料庫服務層的任務。這包括性能和成本的管理。在計算和儲存分離的資料庫中，這是一個比「固定之本地基礎架構」（fixed on-premises infrastructure）更微妙的優化問題。例如，現在可以為每個分析或機器學習工作負載啟動新的 Spark 叢集或 Snowflake 倉儲。通常建議至少按主要用例（例如 ETL 以及用於分析和資料科學）拆分叢集。資料團隊通常會選擇更精細的切片，為每個主要領域分配一個倉儲。這樣不同的團隊就可以在資料工程團隊的監督下為他們的查詢成本進行預算規劃。

另外，回想我們在第 393 頁的「嵌入式分析」中討論的三個性能考慮事項。它們分別是資料延遲、查詢性能和並行性。能夠直接從串流中攝取資料的系統可以降低資料延遲。許多資料庫架構依賴於 SSD 或記憶體快取來提高查詢性能和並行性，以滿足嵌入式分析中固有之具有挑戰性的用例。

越來越多的資料平台（例如 Snowflake 和 Databricks）允許分析師和資料科學家在單一環境下操作，在同一屋簷下提供 SQL 編輯器和資料科學 notebooks。由於計算和儲存是分離的，因此分析師和資料科學家可以透過各種方式使用底層資

料，而不會互相干擾。這將允許高吞吐量以及能夠更快地向利益相關者交付資料產品。

串流系統

串流分析在資料提供領域中變得日益重要。從高層次來看，這種類型的資料提供可能涉及所發出的指標（*emitted metrics*），這些指標與傳統查詢不同。

此外，我們看到運營分析資料庫在這個領域發揮著日益重要的作用（見第 390 頁的「運營分析」）。這些資料庫允許對大量的歷史資料進行查詢，包括最新的當前資料。本質上，它們結合了 OLAP 資料庫與串流處理系統的特點。隨著時間的推移，你將使用串流系統來為分析和機器學習提供資料，因此要熟悉這種範式。

你已經在本書中學習了關於串流系統的知識。想瞭解它的發展方向，可以閱讀第 11 章中關於即時資料堆疊（live data stack）的內容。

聯合查詢

正如你在第 8 章中學到的，聯合查詢（query federation）可以從多個來源提取資料，例如資料湖泊、關聯式資料庫和資料倉儲。隨著分散式查詢（distributed query）虛擬化引擎（virtualization engines）被視為一種無須把資料集中放在 OLAP 系統裡即可供查詢的方法，聯合查詢變得越來越受歡迎。今日，你可以找到像 Trino 和 Presto 這樣的開源軟體（OSS）選項，以及像 Starburst 這樣的託管服務（managed services）。其中一些產品把自己描述為啟用資料網格（data mesh）的方法；時間會告訴我們未來的結果將會如何。

當為聯合查詢提供資料時，你應該意識到終端用戶可能會查詢多個系統，包括 OLTP、OLAP、API、檔案系統等等（圖 9-3）。與從單一系統提供資料不同，現在需要從多個系統提供資料，每個系統都有其使用模式、特點和細微差異。這給資料的提供帶來了挑戰。如果聯合查詢涉及即時生產的來源系統，則必須確保聯合查詢不會在來源系統中消耗過多資源。

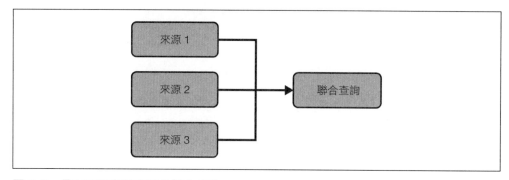

圖 9-3　具有三個資料來源的聯合查詢

根據我們的經驗，當你希望在分析資料時具有靈活性或者需要嚴格控制來源資料，聯合查詢非常適合。聯合查詢允許以即席查詢（ad hoc query）來進行探索性分析（exploratory analysis），把來自各種系統的資料混合在一起，並免去設置資料管道或 ETL 的複雜性。這將使你能夠確定聯合查詢的性能是否足以用於持續目的，或者你是否需要在部分或所有資料來源上設置資料的攝取，並把資料集中放在 OLAP 資料庫或資料湖泊中。

聯合查詢還提供了對來源系統的唯讀存取，這在你不想提供檔案、資料庫存取或資料轉存（data dumps）時非常有用。終端用戶只會讀取他們應該存取的資料版本，而不會讀取其他內容。當探索存取及合規性至關重要時，聯合查詢是一個很好的選擇。

資料共享

第 5 章包括了對資料共享的廣泛討論。任何組織之間或大型組織內單位之間的任何資料交換都可以被視為資料共享。不過，我們特別指的是在雲端環境中透過大規模多租戶儲存系統進行的共享。資料共享通常把資料的提供轉變為一個安全性和存取控制的問題。

實際的查詢現在由資料消費者（分析師和資料科學家）處理，而不是由資料來源的工程師處理。無論是在組織內部的資料網格中提供資料、向公眾提供資料，還是為合作夥伴企業提供資料，資料共享都是一種引人注目的服務模型。資料共享越來越成為主要資料平台（例如 Snowflake、Redshift 和 BigQuery）的核心功能，使公司能夠安全可靠地共享資料。

語義層和指標層

當資料工程師考慮資料的提供時，他們自然傾向於將注意力放在資料處理和儲存技術上，例如，你會使用 Spark 還是雲端資料倉儲？你的資料是保存在物件儲存中還是被快取在一個 SSD 陣列中？強大的處理引擎可以快速處理大量資料集的查詢結果，但並不一定能提供高品質的業務分析。當所饋入的是低品質的資料或低品質的查詢時，強大的查詢引擎很快就會傳回不良的結果。

資料品質（data quality）關注的是資料本身的特徵以及過濾或改進不良資料的各種技術，而查詢品質（query quality）則涉及建構具有適當邏輯的查詢以傳回對業務問題的準確答案。編寫高品質的 ETL 查詢和報告，是一項既耗時且細節繁瑣的工作。有各種工具可以幫忙自動化這個過程，同時促進一致性、維護和持續改進。

從根本上說，指標層（*metrics layer*）是用於維護和計算業務邏輯的工具[4]。（在概念上，它與語義層（*semantic layer*）非常相似[5]，無介面商業智慧（*headless BI*）是另一個密切相關的術語）。這一層可以存在於 BI 工具中，也可以存在於建構轉換查詢的軟體中。Looker 和資料建構工具（Data Build Tool，dbt）則是兩個具體的例子。

例如，Looker 的 LookML 允許用戶定義虛擬的複雜業務邏輯。報告和儀錶板指向特定的 LookML 來計算指標（computing metrics）。Looker 允許用戶定義標準指標（standard metrics），並在許多下游查詢中引用它們；這是為了解決傳統 ETL 命令稿中的重複和不一致的問題。Looker 使用 LookML 來產生 SQL 查詢，然後把這些查詢推送到資料庫。結果可以保存在 Looker 伺服器或資料庫中，以處理大型結果集。

如同 Looker，dbt 允許用戶定義複雜的 SQL 資料流，其中包含許多查詢和業務指標（business metrics）的標準定義。與 Looker 不同的是，dbt 僅在轉換層（transform layer）中運行，儘管這可能包括把查詢推送到「在查詢時計算的視

---

4 見 Benn Stancil 發表於 benn.substack 的文章〈The Missing Piece of the Modern Data Stack〉（現代資料堆疊中的缺失環節），發表日期 2021 年 4 月 22 日，*https://oreil.ly/wQyPb*。

5 見 Srini Kadamati 發表於 Preset 部落格的文章〈Understanding the Superset Semantic Layer〉（瞭解 Superset 語意層），發表日期 2021 年 12 月 21 日，*https://oreil.ly/6smWC*。

圖」中。雖然 Looker 專注於提供查詢和報告，但 dbt 可以作為一個強大的資料管道編排（data pipeline orchestration）工具，為分析工程師提供服務。

我們相信，隨著更廣泛的採用和更多進入者的加入，指標層工具將越來越受歡迎，並向上游應用程式發展。指標層工具有助於解決自從人們開始分析資料以來一直困擾組織的一個核心問題：「這些數字是否正確？」。除了我們提到的這些工具外，還有許多新的進入者。

以 Notebook 來提供資料

資料科學家在日常工作中通常會使用 notebook。無論是探索資料、產生工程特徵還是訓練模型，資料科學家都有可能會使用 notebook。在撰寫本文當時，最受歡迎的 notebook 平台是 Jupyter Notebook，以及其下一代版本 JupyterLab。Jupyter 是開源的，可以運行在筆記型電腦、伺服器或各種雲端託管服務上。*Jupyter* 代表的是 *Julia*、*Python* 和 *R* —— 後兩者在資料科學應用中很受歡迎，尤其是 notebooks。無論使用哪種語言，首先需要考慮的是如何從 notebook 來存取資料。

資料科學家將以程式設計的方式連接資料來源，例如 API、資料庫、資料倉儲或資料湖泊（圖 9-4）。在 notebook 中，所有的連接都是使用適當的內建或匯入之程式庫建立的，以便從檔案路徑載入檔案、連接到 API 端點或與資料庫建立 ODBC 連接。遠端連接（remote connection）可能需要正確的憑證和權限才能建立連接。連接後，用戶可能需要正確存取保存在物件儲存中的資料表（和列／行）或檔案。資料工程師通常會協助資料科學家查找正確的資料，然後確保他們擁有正確的權限來存取所需的列和行。

讓我們來看一個對資料科學家來說極為常見的工作流程：運行本地的 notebook 並把資料載入到 pandas 的 dataframe 中。*Pandas* 是一個流行的 Python 程式庫，用於資料操作和分析，通常用來把資料（例如 CSV 檔案）載入到 Jupyter notebook 中。當 pandas 載入資料集時，它會將這個資料集保存在記憶體中。

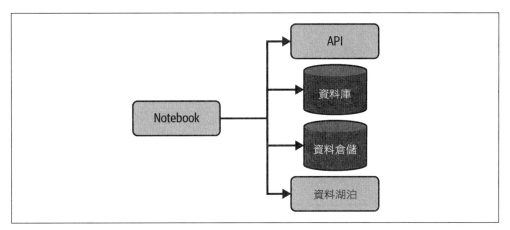

圖 9-4　notebook 可以從多個來源提供資料，例如物件儲存或資料庫、資料倉儲或資料湖泊

憑證處理

在 notebooks 和資料科學程式碼中，憑證（credentials）的處理不當是一個重大的安全風險；我們經常看到在此領域中憑證的處理不當。把憑證直接嵌入程式碼中是常見的作法，它們因而被經常洩漏到版本控制的儲存庫中。憑證還經常透過訊息和電子郵件傳遞。

我們鼓勵資料工程師審核資料科學的安全規範，並在改進方面進行協作。如果給予替代方案，資料科學家應該很容易接受。資料工程師應該設置處理憑證的標準。憑證絕不應該嵌入到程式碼中；理想情況下，資料科學家會使用憑證管理器或 CLI 工具來管理存取權限。

當資料集的大小超過本地電腦可用的記憶體時，會發生什麼情況？考慮到筆記型電腦和工作站的記憶體有限，這是不可避免的：它會阻礙資料科學專案的進展。是時候考慮更具可擴展性的選項了。首先，遷移到基於雲端的 notebook，在那裡 notebook 的底層儲存和記憶體可以靈活擴展。在超出此選項的能力時，請考慮使用分散式執行系統；基於 Python 的常見選項包括 Dask、Ray 和 Spark。如果成熟的雲端託管產品看起來很有吸引力，請考慮使用 Amazon SageMaker、Google

Cloud Vertex AI 或 Microsoft Azure Machine Learning 來設置資料科學的工作流程。最後，開源的端到端（end-to-end）ML 工作流程選項，例如 Kubeflow 和 MLflow，可以輕鬆地在 Kubernetes 和 Spark 中擴展 ML 工作負載。重點是讓資料科學家離開他們的筆記型電腦，並充分利用雲端的強大功能和可擴展性。

資料工程師和 ML 工程師在促進向可擴展雲端基礎架構的遷移方面，扮演著關鍵角色。確切的分工在很大程度上取決於你組織的細節。他們應該帶頭設置雲端基礎架構，監督環境管理，並培訓資料科學家使用基於雲端的工具。

雲端環境需要大量的運營工作，例如管理版本和更新、控制存取和維護 SLA。與其他運營工作一樣，當「資料科學運營」做得好時，可以獲得顯著的回報。

notebooks 甚至可能成為生產資料科學（production data science）的一部分；Netflix 便廣泛使用 notebooks。此方法有其吸引人之處，但同時也存在某些不足之處，需要權衡和考慮。經生產化的 notebooks 使得資料科學家能夠更快地將工作投入生產，但它們本質上是一種次標準的生產形式。另一種選擇是讓 ML 和資料工程師把 notebooks 轉換為生產用途，但會給這些團隊帶來相當大的負擔。這些方法的混合可能是理想的，notebooks 用於「輕量級」生產，而高價值的專案則需要完整的生產化（productionization）過程。

反向 ETL

現今，反向（reverse）ETL 是一個時髦的術語，用於描述透過「把資料從 OLAP 資料庫載入到來源系統」以提供資料。儘管如此，任何在該領域工作了幾年以上的資料工程師都可能進行過某種形式的反向 ETL。反向 ETL 在 2010 年代末期 /2020 年代初期越來越受歡迎，並越來越被認為是一個正式的資料工程責任。

資料工程師可能會從 CRM（客戶關係管理系統）中提取客戶和訂單資料，並將其保存在資料倉儲中。這些資料用於訓練潛在客戶評分模型（lead scoring model），其結果將傳回到資料倉儲。你公司的銷售團隊希望存取這些評過分的潛在客戶資料，試圖獲得更多銷售額。要把這個潛在客戶評分模型的結果交到銷售團隊手中，你有若干選擇。你可以把結果放在儀錶板中供他們查看。或者，你可以把結果以 Excel 檔案的形式透過電子郵件發送給他們。

這些作法的挑戰在於它們並未放回銷售人員使用的 CRM 系統中。為什麼不直接將評分過的潛在客戶放回 CRM 中呢？正如我們所提到的，成功的資料產品可以減少與終端用戶的摩擦。在此情況下，終端用戶是銷售團隊。

使用反向 ETL 並把評分過的潛在客戶載入回 CRM，是此資料產品最簡單和最好的作法。反向 ETL 會從資料工程生命週期的輸出端獲取處理過的資料，並將其反饋到來源系統中（圖 9-5）。

> 我們（作者）會半開玩笑地把「反向 ETL」稱為「雙向載入和轉換」（bidirectional load and transform，BLT）（*https://oreil.ly/SJmZn*）。術語「反向 ETL」並不能完全準確地描述此過程中發生的事情。儘管如此，這個術語已經深入人心，並在媒體上被廣泛使用，所以我們在整本書中都會使用它。更廣泛地說，「反向 ETL」這個術語是否會一直存在，誰也無法預測，但是把資料從 OLAP 系統載入回來源系統的作法仍然非常重要。

如何開始使用反向 ETL 提供資料？雖然你可以推出反向 ETL 解決方案，但有許多現成的反向 ETL 選項可用。我們建議使用開源解決方案或商業託管服務。然而，需要注意的是，反向 ETL 領域變化極快。目前還沒有出現明顯的贏家，許多反向 ETL 產品可能被主要的雲端供應商或其他資料產品供應商收購。因此，請謹慎選擇。

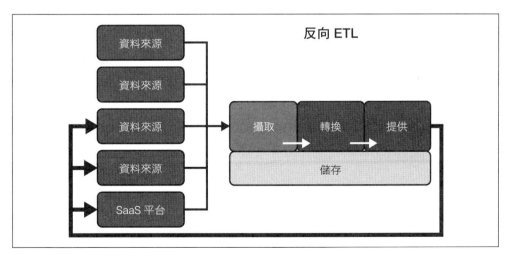

圖 9-5　反向 ETL

關於反向 ETL，我們有一些警告。反向 ETL 本質上會產生反饋迴圈。例如，假設我們下載了 Google Ads 資料，並使用模型計算新的出價，再把出價載入回 Google Ads，然後再開始這個過程。假設由於出價模型中存在錯誤，出價趨勢越來越高，而你的廣告所獲得的點擊次數也越來越多。你可能很快就會浪費大量資金！要小心並建構監控和保護機制。

你將與誰合作

正如我們所討論的，在資料提供階段，資料工程師將與許多利益相關者進行互動。其中包括（但不限於）以下人員：

- 資料分析師
- 資料科學家
- MLOps/ML 工程師
- 非資料或非技術相關之利益相關者、管理者和高階主管

提醒一下，資料工程師在這些利益相關者中扮演支援的角色，並不一定負責資料的最終用途。例如，資料工程師提供報告所需的資料，但資料工程師並不負責解讀，而由分析師進行解讀。相反地，資料工程師的責任是盡可能生產最高品質的資料產品。

資料工程師應該意識到，在「資料工程生命週期」與「資料交到利益相關者手中後的廣泛使用」之間的反饋迴圈（feedback loops）。資料很少是靜態的，外部世界將會影響到被攝取（ingested）、被提供（served）以及被重新攝取（reingested）和被重新提供（re-served）的資料。

在資料生命週期的提供階段（serving stage），對資料工程師來說一個重要的考慮因素是職責和關注點的區分。如果你在一家初創公司工作，資料工程師可能也兼任 ML 工程師或資料科學家的角色；但這種情況不具持續性。隨著公司的發展，你需要與其他資料團隊成員建立明確的職責分工。

採用資料網格（data mesh）會大幅重組團隊的責任，每個領域團隊都要承擔一些資料提供方面的工作。為了使資料網格成功，每個團隊都必須有效地履行其資料提供職責，並且各團隊還必須有效協作，以確保組織的成功。

潛在因素

隨著提供階段的到來，所有的潛在因素最終都會得到解決。請記住，資料工程生命週期就是一個生命週期。過去的事情總會再次出現。我們經常看到資料的提供（serving data）揭示了生命週期早期被忽略的問題。隨時留意這些潛在因素如何協助你發現改進資料產品的方法。

我們經常說：「資料是一個無聲的殺手」，而這些潛在因素在提供階段達到了頂峰。提供階段是你確保資料在進入終端用戶手中之前，處於良好狀態的最後機會。

安全性

無論是與人還是與系統共享資料，都應該遵循相同的安全原則。我們經常看到資料被不加區分地共享，幾乎沒有存取控制或考慮資料的用途。這是一個巨大的錯誤，可能會產生災難性的後果，例如資料洩漏以及由此產生的罰款、負面新聞和失業等。認真對待安全性，尤其是在生命週期的這個階段。在所有生命週期階段中，提供階段的安全問題最為重要。

與往常一樣，無論是對人還是系統，都要遵循最小特權原則，並且僅提供所需的存取權限以完成當前的目的和工作。高階主管所需要的資料與分析師或資料科學家有何不同？ML 管道（pipeline）或反向 ETL 過程（process）呢？這些用戶和目的地都有不同的資料需求，應該相應地提供存取權限。避免授予每個人和每件事物完全的權限。

資料的提供（serving data）通常是唯讀的，除非個人或流程需要更新被查詢系統中的資料。除非用戶的角色需要更高階的存取權限，例如寫入或更新，否則應該授予他們對特定資料庫和資料集唯讀的存取權限。這可以透過把用戶群組與某些 IAM 角色（即分析師群組、資料科學家群組）或自定義 IAM 角色（如果有意義）結合來實現。對於系統，請以類似的方式提供服務帳戶和角色。對於用戶和系統，如果有需要，應該對資料集的欄位（fields）、列（rows）、行（columns）和單元格（cells）進行存取限制。存取控制應該盡可能細粒度（fine-grained），並於不再需要存取時撤銷權限。

在多租戶環境中提供資料時，存取控制至關重要。確保用戶只能存取自己的資料，而不能存取其他資料。一個好的方法是透過篩選視圖（filtered views）來控管存取，進而減輕共享存取對公用資料表所固有的安全風險。另一個建議是在工作流程中使用資料共享，這樣就可以在你和使用資料的人之間，進行唯讀的細粒度控制。

檢查資料產品的使用頻率，並判斷是否有必要停止共享某些資料產品。高階主管經常會緊急要求分析師建立報告，但這些報告很快就可能被遺棄不用。如果資料產品未被使用，可以詢問用戶是否仍需要它們。如果不再需要，可以停用該資料產品。這意味著減少了一個潛在的安全漏洞。

最後，你不應該把存取控制和安全性視為資料提供的障礙，而應該將其視為關鍵的推動因素。我們知道，在許多情況下，建構複雜的先進資料系統，可能會對公司產生重大影響。由於安全性沒有正確實施，很少有人被允許存取這些資料，因此這些資料被擱置起來。細粒度、強大的存取控制，意味著可以進行更深入的資料分析和 ML，同時仍能保護企業及其客戶。

資料管理

在整個資料工程生命週期，你一直在把資料管理的概念和實踐方法融入其中，隨著人們使用你的資料產品，你的努力所造成的影響很快就會顯現出來。在資料提供階段，你主要關心的是確保人們可以存取高品質和值得信任的資料。

正如我們在本章一開頭提到的，信任可能是資料提供中最關鍵的變數。如果人們信任他們的資料，他們就會使用它；而不受信任的資料就會被忽略不用。請確保透過提供反饋迴圈（feedback loops）把資料信任（data trust）和資料改進（data improvement）變成一個主動的過程。當用戶與資料互動時，他們可以報告問題並要求改進。在進行變更時，主動與你的用戶溝通。

人們需要哪些資料來完成他們的工作？特別是在資料團隊面臨法規及合規性方面的擔憂時，讓人們存取原始資料（即使是有限的欄位和資料列）會引發從資料追溯到實體（例如，一個人或一群人）的問題。值得慶幸的是，資料混淆技術的進步讓你得以向終端用戶提供合成、加擾或匿名化的資料。這些「假」資料集應該足以讓分析師或資料科學家從資料中獲取必要的信號，但其方式會使得識別受保護的資訊變得困難。雖然這不是一個完美的方式——只要付出足夠的努力，許多資料集都可以被去匿名化或被逆向工程——但它至少降低了資料洩漏的風險。

此外，把語義和指標層整合到提供層（serving layer），同時進行嚴格的資料建模，以正確表達業務邏輯和定義。這為分析、機器學習、反向 ETL 或其他服務用途提供了單一的事實來源。

資料運營

你在資料管理中採取的步驟 —— 資料的品質、治理和安全性 —— 在資料運營（DataOps）中受到監控。基本上，DataOps 是把資料管理操作化的過程。以下是一些需要監控的事項：

- 資料健康狀況和資料停用時間

- 提供資料之系統（例如，儀錶板、資料庫…等等）的延遲時間

- 資料品質

- 資料和系統的安全性與存取限制

- 正在提供的資料和模型版本

- 達到 SLO 的正常運行時間

出現了各種新工具來解決各種監控問題。例如，許多流行的資料可觀測性工具（observability tools），旨在最大限度地減少資料停用時間（*data downtime*），並最大限度地提高資料品質。可觀測性工具可以從資料領域擴展到機器學習領域，支援模型和模型性能的監控。更傳統的開發運營（DevOps） 監控對於資料運營（DataOps）也至關重要，例如，你需要監控儲存、轉換和提供之間的連接是否穩定。

在資料工程生命週期的每個階段，都要對程式碼進行版本控制並將部署操作化。這適用於分析程式碼（analytical code）、資料邏輯程式碼（data logic code）、機器學習命令稿（ML scripts）和編排作業（orchestration jobs）。對報表和模型使用多個部署階段（開發、測試、生產）。

資料架構

提供資料應該具有與其他資料工程生命週期階段相同的架構注意事項。在提供階段，反饋迴圈必須快速且緊密。當用戶有需要時，他們應該能夠儘快存取他們所需的資料。

資料科學家以在其本地機器上進行大部分開發而聞名。如前所述，鼓勵他們把這些工作流程遷移到雲端環境中的通用系統上，這樣資料團隊就可以在開發、測試和生產環境中進行協作，並建立適當的生產架構。為你的分析師和資料科學家提供支援工具，讓他們在發佈資料見解時，幾乎沒有負擔。

編排

資料提供是資料工程生命週期的最後階段。由於提供階段位於許多流程的下游，因此這是一個極其複雜的重疊區域。編排（orchestration）不僅是一種組織和自動化複雜工作的方式，也是一種協調團隊之間資料流的手段，以便在承諾的時間把資料提供給消費者。

編排的擁有權是一項關鍵的組織決策。編排是集中式還是分散式？分散式的作法允許小型團隊管理其資料流，但它會增加跨團隊協調的負擔。不要僅僅在單一系統內管理流程，直接觸發屬於其他團隊之 DAG 或任務的完成，而是需要團隊在不同系統之間傳遞訊息或查詢。

集中式的作法意味著工作更容易協調，但還必須存在重要的把關機制，以保護單一的生產資產（production asset）。例如，一個編寫不佳的 DAG 可能會使 Airflow 停擺。集中式的作法意味著可能會導致整個組織停止資料的處理和提供。集中式編排需要高標準、自動化的 DAG 測試和把關機制。

如果編排是集中式的，那麼誰將擁有它？當一家公司擁有 DataOps 團隊時，編排的責任通常會落在這個團隊身上。通常，參與資料提供的團隊是一個自然的選擇，因為該團隊對所有資料工程生命週期階段都有相當全面的瞭解。這可能包括 DBA、分析工程師、資料工程師或機器學習工程師。機器學習工程師協調複雜的模型訓練流程，但有可能不希望把編排管理的運營複雜性添加到已經繁忙的責任清單中。

軟體工程

與幾年前相比，提供資料的方式變得更加簡單。編寫程式碼的需求大幅簡化。隨著以簡化「資料提供」為目標之開源框架（open source frameworks）的激增，資料也變得更加程式碼優先（code-first）。向終端用戶提供資料的方法有很多，資料工程師的工作重點應該是瞭解這些系統是如何工作的，以及資料是如何交付的。

儘管資料的提供很簡單，但如果涉及程式碼，資料工程師仍應該瞭解主要的提供介面是如何工作的。例如，資料工程師可能需要對資料科學家在筆電上運行的程式碼進行翻譯，將其轉換為報告或基本的機器學習模型以便操作。

資料工程師的另一個用武之地是瞭解程式碼和查詢對儲存系統執行方式的影響。分析師可以透過各種程式設計方式來產生 SQL，包括 LookML、經過 dbt 的 Jinja、各種物件關係映射（object-relational mapping，ORM）工具和指標層。當這些程式化層被編譯為 SQL 時，這個 SQL 將如何執行？資料工程師可以就 SQL 程式碼的性能可能不如手寫 SQL 的地方提出優化建議。

分析和 ML IaC（機器學習基礎架構即程式碼）的興起意味著，編寫程式碼的角色正朝著建構系統以支援資料科學家和分析師的方向發展。資料工程師可能負責為其資料團隊設置 CI/CD 管道和建構流程。他們還應該好好地培訓和支援其資料團隊使用他們建構的 Data/MLOps 基礎架構，以使這些資料團隊能夠盡可能自給自足。

對於嵌入式分析，資料工程師可能需要與應用程式開發人員合作，以確保查詢能夠快速且具成本效益傳回結果。應用程式開發人員將控制與用戶互動的前端程式碼。資料工程師則負責確保開發人員在請求時收到正確的有效負載（payloads）。

結語

資料工程生命週期在提供階段有一個合乎邏輯的結束。與所有生命週期一樣，會發生一個反饋迴圈（圖 9-6）。你應該將提供階段視為瞭解哪些有效以及哪些可以改進的機會。傾聽你的利益相關者。如果他們提出問題 —— 他們不可避免地會這樣做 —— 盡量不要生氣。相反地，將其視為改進你所建構的東西之機會。

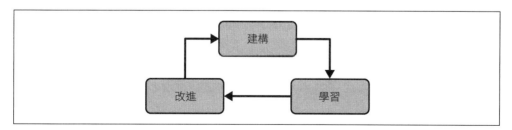

圖 9-6　建構、學習、改進

一個優秀的資料工程師總是對新的反饋持開放的態度，並不斷尋找改進自己技藝的方法。現在，我們已經走過了資料工程生命週期的旅程，你知道如何設計、架構、建構、維護和改進資料工程系統和產品。讓我們把注意力轉向本書的第三篇，在此篇中，我們將介紹自己經常被問及的關於資料工程的一些方面，坦率地說，這些方面值得更多的關注。

其他資源

- 〈Data as a Product vs. Data Products: What Are the Differences?〉（資料即產品與資料產品：有什麼區別？）（*https://oreil.ly/fRAA5*），作者：Xavier Gumara Rigol

- 〈Data Jujitsu: The Art of Turning Data into Product〉（資料柔道：將資料轉化為產品的藝術）（*https://oreil.ly/5TH6Q*），作者：D. J. Patil

- 《*Data Mesh*》（資料網格），作者：Zhamak Dehghani（O'Reilly 出版）

- 〈Data Mesh Principles and Logical Architecture〉（資料網格原則和邏輯架構）（*https://oreil.ly/JqaW6*），作者：Zhamak Dehghani

- 〈Designing Data Products〉（設計資料產品）（*https://oreil.ly/BKqu4*），作者：Seth O'Regan

- 〈The Evolution of Data Products〉（資料產品的演變）（*https://oreil.ly/DNk8x*）和〈What Is Data Science〉（什麼是資料科學）（*https://oreil.ly/xWL0w*），作者：Mike Loukides

- Forrester 的部落格文章〈Self-Service Business Intelligence: Dissolving the Barriers to Creative Decision-Support Solutions〉（自助式商業智慧：消除創意決策支援解決方案的障礙）（*https://oreil.ly/c3bpO*）

- 〈Fundamentals of Self-Service Machine Learning〉（自助式機器學習基礎）（*https://oreil.ly/aALpB*），作者：Paramita（Guha）Ghosh

- 〈The Future of BI Is Headless〉（商業智慧未來不再倚賴於傳統的前端介面）（*https://oreil.ly/INa17*），作者：ZD

- 〈How to Build Great Data Products〉（如何建構優秀的資料產品）（*https://oreil.ly/9cI55*），作者：Emily Glassberg Sands

- 〈How to Structure a Data Analytics Team〉（如何構建一支資料分析團隊）（*https://oreil.ly/mGtii*），作者：Niall Napier

- 〈Know Your Customers'‘Jobs to Be Done’〉（瞭解你的客戶之「待完成工作」）（*https://oreil.ly/1W1JV*），作者：Clayton M. Christensen 等人

- 〈The Missing Piece of the Modern Data Stack〉（現代資料堆疊的缺失部分）（*https://oreil.ly/NYs1A*）和〈Why Is Self-Serve Still a Problem?〉（為什麼自助式仍然是一個問題？）（*https://oreil.ly/0vYvs*），作者：Benn Stancil

- Gartner 詞彙表中的「Self-Service Analytics」（自助式分析）（*https://oreil.ly/NG1yA*）

- Ternary Data 的影片「What's Next for Analytical Databases? w/ Jordan Tigani（MotherDuck）」（分析資料庫的下一步是什麼？與喬丹・蒂加尼（鴨媽媽）的訪談）（*https://oreil.ly/8C4Gj*）

- 〈Understanding the Superset Semantic Layer〉（認識 Superset 語義層）（*https://oreil.ly/YqURr*），作者：Srini Kadamati

- 〈What Do Modern Self-Service BI and Data Analytics Really Mean?〉（現代自助式商業智慧和資料分析的真正含義是什麼？）（*https://oreil.ly/Q9Ux8*），作者：Harry Dix

- 〈What Is Operational Analytics（and How Is It Changing How We Work with Data）?〉（什麼是運營分析（以及它如何改變我們使用資料的方式）？）（*https://oreil.ly/5yU4p*），作者：Sylvain Giuliani

- 〈What Is User-Facing Analytics?〉（什麼是面向用戶的分析？）（*https://oreil.ly/HliJe*），作者：Chinmon Soman

第三篇

安全性、隱私以及
資料工程的未來

第十章

安全性和隱私

現在你已經瞭解資料工程生命週期，我們想再次強調安全性（security）的重要性，並分享一些簡單的實踐方法，你可以將其融入日常工作流程中。安全性對於資料工程的實踐至關重要。這應該是顯而易見的，但我們不時會驚訝於資料工程師經常把安全性視為次要的考慮因素。我們認為，安全性是資料工程師在工作的各個方面以及資料工程生命週期的每個階段，需要首先考慮的事情。你每天都在處理敏感資料、資訊和存取權限。你的組織、客戶和商業合作夥伴希望這些有價值的資產得到最大程度的關注和關心。一次安全漏洞或資料洩漏可能會使你的企業陷入困境；如果這是你的錯，你的事業和聲譽就會被毀掉。

安全性是隱私（privacy）的關鍵要素。在企業資訊技術領域，隱私長期以來一直是建立信任的關鍵；工程師直接或間接處理與人們私生活相關的資料。這包括財務資訊、私人通信資料（電子郵件、簡訊、電話）、病史、教育紀錄和工作經歷。洩漏或濫用此資訊的公司，一旦違規行為曝光，可能會成為眾矢之的。

隱私越來越成為一個具有重要法律意義的問題。例如，美國於 1970 年實施了「家庭教育權利和隱私權法案」（Family Educational Rights and Privacy Act，FERPA）；1990 年代實施了「健康保險可移植性與責任法案」（Health Insurance Portability and Accountability Act，HIPAA）；歐洲於 2010 年代中期通過了「一般資料保護規則」（GDPR）。美國已經通過或即將通過與隱私有關的法案。這僅僅是隱私相關法規的一小部分（我們認為這只是一個開始）。然而，違反這些法律的處罰對企業來說可能是巨大的，甚至是毀滅性的。由於資料系統已經融入教育、醫療保健和商業體系中，因此資料工程師需要處理與這些法律相關的敏感資料。

資料工程師在安全性和隱私方面的責任因組織而異。在小型初創公司中，資料工程師可能需要兼顧資料安全工程師的職責。而大型科技公司將會擁有一支安全工程師和安全研究人員大軍。即使在這種情況下，資料工程師通常也能夠識別其團隊和系統中的安全風險和技術漏洞，並與專門的安全人員合作報告和緩解這些漏洞。

由於安全性和隱私對於資料工程至關重要（安全性是一個潛在因素），我們希望花更多的時間來介紹安全性和隱私。在本章中，我們列出了資料工程師在安全方面應該考慮的事項，特別是在人、流程和技術方面（按此順序）。這不是一個完整的清單，但它列出了我們希望根據我們的經驗改進的主要事項。

人

安全性和隱私中最薄弱的環節就是你。安全性通常在人的層面上受到威脅，因此無論何時都應該考慮到自己可能成為攻擊者的目標。無論何時，都可能有機器人或人類參與者試圖滲透你的敏感憑據和資訊。這是我們目前所處的現實情況，而且這種情況不會消失或改變。我們在線上（online）和線下（offline）的所有行為都應該採取防禦態度。運用負面思考的力量，永遠保持警覺。

負面思考的力量

在一個癡迷於正面思考的世界中，負面思考是令人不快的。然而，美國外科醫生阿圖爾·加萬德（Atul Gawande）於 2007 年在《紐約時報》上發表了一篇關於這個主題的專欄文章（*https://oreil.ly/UtwPM*）。他的中心論點是，正面思考可能會讓我們對恐怖襲擊或突發之醫療事件的可能性視而不見，進而阻礙了準備工作。負面思考讓我們能夠考慮到災難性的情況並採取行動來防止它們的發生。

資料工程師應該積極思考資料利用的情境，只有在下游有實際需要時才蒐集敏感資料。保護私有和敏感資料的最佳方法是，一開始就避免攝取這些資料。

資料工程師應該考慮與他們使用的任何資料管道或儲存系統相關之攻擊和資料洩漏情況。在決定安全策略時，要確保你的方法有提供適當的安全性，而不僅僅是安全的假象。

永遠保持警覺

當有人要求你提供憑證時，請務必謹慎行事。如果有疑問——當被要求提供憑證時，你應該始終處於極度懷疑中——請暫時擱置，並徵求你的同事和朋友的第二意見。與其他人確認該請求確實合法。快速聊天或打電話比透過電子郵件點擊觸發的勒索軟體攻擊要便宜得多。當被要求提供憑證、敏感資料或機密資訊時，不要輕信任何人，包括你的同事。

你也是尊重隱私和倫理的第一道防線。你是否對被要求蒐集的敏感資料感到不舒服？你是否對專案中處理資料的方式覺得存在倫理問題？應該向同事和領導層提出你的疑慮。確保你的工作既合法又合乎倫理。

流程

當人們遵循常規的安全流程時，安全性就成為工作的一部分。養成安全習慣，定期實踐真正的安全措施，遵循最小特權原則，並瞭解雲端中的共同責任模型。

安全劇場與安全習慣的區別

在我們的企業客戶中，我們發現他們普遍關注合規性（遵守內部規則、法律、標準機構的建議），但對潛在的不良情境卻關注不夠。不幸的是，這造成了一種安全的假象，但往往會留下巨大的漏洞，只需要幾分鐘的反思就能看出來。

安全性需要簡單且有效，才能成為整個組織的習慣。讓我們感到驚訝的是，很多公司的安全政策長達數百頁，沒有人閱讀，安全政策年度審查後，人們立即忘記，只是為了在安全審計中達標。這就是安全劇院（security theater），安全只是在合規（例如 SOC-2、ISO 27001 等）的字面上完成，沒有真正的承諾（commitment）。

相反地，應該追求真正的和習慣性的安全精神；把安全思維融入你的企業文化中。安全性不需要很複雜。舉例來說，在我們公司，我們每月至少進行一次安全培訓和政策審查，以把這種思維根植於我們團隊的 DNA 中，並在團隊成員之間彼此交流，分享他們認為需要改進的安全措施。對於資料團隊來說，安全性絕不能是事後才考慮的問題。每個人都有責任，並可以發揮作用。它必須成為你以及與你一起工作的其他同事之首要任務。

主動安全

回到負面思維的概念，**主動安全**（*active security*）意味著在一個動態和不斷變化的世界中，思考和研究安全威脅。與僅僅是部署定期的模擬釣魚攻擊不同，你可以採取積極的安全態度，研究成功的釣魚攻擊案例並思考你組織的安全漏洞。與僅僅採用標準的合規性檢查表不同，你可以思考你的組織特有的內部漏洞，以及員工洩漏或濫用私人資訊的動機。

我們在第 423 頁的「技術」中有更多關於主動安全性的內容。

最小特權原則

最小特權原則（*principle of least privilege*）意味著一個人或系統應該只被授予完成手頭任務所需的特權和資料，僅此而已。在雲端中，我們經常看到一種反模式：一個普通用戶被授予對所有內容的管理員存取權限，儘管該用戶可能只需要少數幾個 IAM 角色即可完成工作。給予某人完全的管理員權限是一個巨大的錯誤，在最小特權原則下絕不應該發生。

相反地，應該在用戶（或他們所屬的群組）需要時，為他們提供所需的 IAM 角色。當不再需要這些角色時，應該將它們收回。相同的規則適用於服務帳戶。要以同樣的方式對待人類和機器：只給他們完成工作所需的特權和資料，並且只在需要的時段內提供。

當然，最小特權原則對隱私也至關重要。你的用戶和客戶希望只在有必要時才會有人查看他們的敏感資料。請確保這一點。為敏感資料實施行（column）、列（row）和儲存格（cell）等級的存取控制；考慮對 PII（個人身份資訊）和其他敏感資料進行遮罩，並建立僅包含查看者需要存取的資訊視圖。有些資料必須保留，但只能在緊急情況下存取。把這些資料放在**緊急應變程序**（*broken glass process*）之後：用戶只能在經過緊急批准流程（以便解決問題、查詢關鍵歷史資訊等）後存取它。一旦工作完成，立即撤銷存取權限。

雲端中的共同責任

安全性是雲端中的共同責任。雲端供應商負責確保其資料中心和硬體的實體安全性。同時，你負責在雲端中建構和維護應用程式和系統的安全性。大多數雲端安

全漏洞仍然是由終端用戶而非雲端造成的。發生安全漏洞的原因是意外的組態誤設、錯誤、疏忽和草率。

始終備份你的資料

資料會消失。有時是因為硬碟或伺服器損壞；而在其他情況下，可能有人意外刪除資料庫或物件儲存桶（object storage bucket）。不良分子也可能把資料鎖住。如今，勒索軟體攻擊非常普遍。一些保險公司正在降低攻擊事件的賠款，讓你既要恢復資料又要向挾持資料的壞人支付贖金。如果你的某個資料版本在勒索軟體攻擊中受到威脅，你需要定期備份資料，既是為了災難恢復的需要，也是為了業務運營的連續性。此外，請定期測試資料備份的復原流程。

嚴格來說，資料備份並不屬於安全性和隱私實踐的範疇；它屬於更大的災難預防（disaster prevention）範疇，但它與安全性密切相關，尤其是在勒索軟體攻擊的時代。

安全政策範例

本節提供了一個有關憑證、設備和敏感資訊的安全策略範例。請注意，我們不會讓事情過於複雜化；相反地，我們會給人們一個簡短的實用清單，列出他們可以立即採取的實際行動。

安全政策範例

保護您的憑證

不惜一切代價保護你的憑證。以下是一些有關憑證的基本規則：

- 盡可能使用單一登入（single-sign-on，SSO）。避免使用密碼，以 SSO 為預設選項。
- 在 SSO 中使用多重要素驗證（multifactor authentication）。
- 不要分享密碼或憑證。這包括客戶端密碼和憑證。如果有疑問，請向你的上級報告。如果上級有疑問，請繼續挖掘，直到找到答案。
- 注意釣魚和詐騙電話。絕不要洩漏你的密碼（再次強調，優先考慮 SSO）。

- 禁用或刪除舊憑證。最好是後者。

- 不要把你的憑證放在程式碼中。將機密資訊視為組態處理，切勿將其提交到版本控制系統中。盡可能使用機密管理工具。

- 始終遵循最小特權原則。切勿授予比完成工作所需更多的存取權限。這適用於雲端和本地的所有憑證和權限。

保護你的設備

- 對員工使用的所有設備進行設備管理。如果員工離開公司或你的設備丟失，可以遠端擦除該設備。

- 對所有設備使用多重身份驗證。

- 使用公司電子郵件憑證登入你的設備。

- 涵蓋憑證和行為的所有政策均適用於你的設備。

- 把你的設備視為自己的延伸。不要讓分配給你的設備離開你的視線。

- 進行螢幕共享時，要準確瞭解你共享的內容，以保護敏感資訊和通訊。僅共享單一文件、瀏覽器的分頁或視窗，避免共享整個桌面。只共享傳達你的觀點所需的內容。

- 在視訊通話時使用「勿擾」（do not disturb）模式；這可以防止在通話或錄影期間出現訊息。

軟體更新政策

- 看到更新提醒時，請重新啟動 Web 瀏覽器。

- 在公司和個人的設備上運行次要的作業系統更新。

- 公司將確定關鍵的主要作業系統更新並提供指導。

- 請勿使用作業系統的測試版。

- 等待一兩個星期，直到新的主要作業系統版本發佈。

這是一些簡單而有效的安全性基本範例。根據你公司的安全配置（security profile），你可能需要添加更多要求，以供人們遵循。同時，請永遠記住，人是安全性中最薄弱的環節。

技術

在解決了人和流程的安全問題後，現在是時候考慮如何利用技術來保護你的系統和資料資產。以下是一些你應該優先考慮的重要領域。

修補和更新系統

軟體會變得過時，安全漏洞會不斷被發現。為避免在所用工具的舊版本中暴露安全漏洞，請始終在有更新可用時修補和更新作業系統和軟體。幸運的是，許多 SaaS 和雲端託管服務可以自動進行升級和其他維護工作，無須你的干預。你可以使用自動化工具或設置警示系統，以便在自己的程式碼和依賴項有新版本釋出或存在漏洞時收到通知，進而手動進行更新。

加密

加密不是靈丹妙藥。當人為安全漏洞導致憑證被取得時，它對於保護你的安全幫助有限。然而，加密是任何尊重安全性和隱私之組織的基本要求。它可以保護你免受基本攻擊，例如網路流量攔截。

讓我們分別來看靜態加密（encryption at rest）和傳輸加密（encryption in transit）。

靜態加密

確保你的資料在靜態時（在儲存設備上）已被加密。你公司的筆記型電腦應該啟用全磁碟加密，以便在設備被盜時保護資料。對於保存在伺服器、檔案系統、資料庫和雲端物件儲存中的所有資料，應該實施伺服器端加密。歸檔用途（archival purposes）的所有資料備份也應該加密。最後，在適用的情況下，應該採用應用程式層級的加密措施。

傳輸加密

當前的協議已經將傳輸加密設置為預設選項。例如，現代的雲端 API 通常需要使用 HTTPS。資料工程師應該始終注意密鑰的處理方式；糟糕的金鑰處理是資料洩漏的重要來源。此外，如果向公眾開放儲存桶權限（bucket permissions），HTTPS 將無法保護資料，這也是過去十年中幾起資料醜聞的另一個原因。

工程師還應該瞭解舊協議的安全限制。例如，FTP 在公共網路上根本不安全。儘管在資料已經公開的情況下，這似乎不是問題，但 FTP 容易受到中間人攻擊的威脅，即攻擊者會攔截下載的資料，並在資料到達用戶端之前，對其進行更改。最好盡量避免使用 FTP。

確保所有資料都在傳輸時進行加密，即使是使用傳統的協議。如有疑問，請使用內置加密功能的強大技術。

日誌登錄、監控和警示

駭客和不良行為者，通常不會宣布他們正在滲透你的系統。大多數公司直到事後才會發現安全事件。資料運營（DataOps）的一部分是觀察、檢測和警示安全事件。作為資料工程師，你應該設置自動監控、日誌記錄和警示系統，以便在你的系統中發生異常事件時能及時得知。如果可能，請設置自動異常檢測功能。

以下是你應該監控的一些領域：

存取

誰在何時、何地存取了什麼？是否授予了新的存取權限？你的當前用戶是否存在奇怪的模式（patterns），這可能表明其帳戶已被入侵，例如嘗試存取他們通常不存取或不應存取的系統？是否看到新的無法識別的用戶存取你的系統？請務必定期查看存取日誌、用戶及其角色，以確保一切正常。

資源

監控你的磁碟、CPU、記憶體和 I/O 中是否存在看似不尋常的模式（patterns）。你的資源是否突然發生變化？如果是這樣，這可能表明存在安全漏洞。

帳單管理

特別是對於 SaaS 和雲端託管服務，你需要監控成本。設置預算警示以確保你的支出在預期範圍內。如果你的帳單出現意外飆升，這可能表示有人或某些東西正在把你的資源用於惡意目的。

過多的權限

越來越多的供應商提供了監控工具，用於檢測一段時間內**未被使用**之用戶帳號或服務帳號的權限。這些工具通常可以被設置為，在指定的時間後，自動提醒管理員或自動移除權限。

舉例來說，假設某位分析師已經六個月沒有存取 Redshift。此時可以移除其權限，以關閉潛在的安全漏洞。如果該分析師將來需要存取 Redshift，他可以提出申請來恢復權限。

最好將這些領域結合到你的監控中，以獲得對資源、存取和帳單概況的綜合視圖。我們建議為資料團隊中的每個人設置一個儀錶板以查看監控，並在出現異常情況時接收警示。再加上一個有效的事件回應計畫，以便在發生安全漏洞時對其進行管理，並定期運行該計畫，以確保你做好準備。

網路存取

我們經常看到資料工程師在網路存取方面採取了一些相當危險的作法。有幾次，我們看到公開可用的 Amazon S3 儲存桶中存放著大量敏感資料。我們還目睹過 Amazon EC2 實例對全世界開放 0.0.0.0/0（所有 IP 位址）的入站 SSH 存取，或者資料庫對公共網際網路上的所有入站請求都是開放的。這些只是糟糕之網路安全作法的幾個例子。

原則上，網路安全應該交由你公司的安全專家負責（實際上，在小公司中，你可能需要承擔網路安全的重大責任）。作為資料工程師，你將經常遇到資料庫、物件儲存和伺服器，因此你至少應該瞭解一些簡單措施，以確保你符合良好的網路存取作法。瞭解哪些 IP 和埠是開放的、對誰開放的以及為什麼。只允許系統和用戶的 IP 位址存取這些埠（也就是把 IP 位址列入白名單），並避免出於任何原因廣泛開放連接。當存取雲端或 SaaS 工具時，請使用加密連接。例如，不要在咖啡店使用未加密的網站。

此外，儘管本書幾乎完全專注於在雲端運行工作負載，但讓我們在此處簡要說明一下在本地託管伺服器的情況。回想一下，在第 3 章中，我們討論了強化邊界安全性（hardened perimeter security）和零信任安全性（zero-trust security）之間的區別。雲端通常更接近於零信任安全性——每個操作都需要身份驗證。我們認為，對於大多數組織來說，雲端是一種更安全的選擇，因為它實施了零信任的作法，並允許企業利用公共雲端所僱用的安全工程師大軍。

然而，有時強化邊界安全性仍然是有意義的；我們在知道核彈發射井是空氣隔離的（未連接到任何網路）時，會感到一些安慰。空氣隔離的伺服器是強化安全邊界的最完美典範。但請記住，即使在本地，空氣隔離的伺服器仍然容易受到人為安全失誤的影響。

低階資料工程的安全性

對於那些在資料儲存和處理系統之核心工作的工程師來說，考慮每個元素的安全性影響至關重要。任何軟體程式庫、儲存系統或計算節點都可能成為安全漏洞。一個不引人注目之日誌記錄庫中的缺陷，可能會使攻擊者繞過存取控制或加密。甚至是 CPU 架構和微程式碼也代表潛在的漏洞；當敏感資料處於記憶體或 CPU 快取中時，敏感資料可能容易受到危害（*https://meltdownattack.com*）。鏈條中的任何環節都不能被認為是理所當然的。

當然，本書關注的主要是高階資料工程——將工具組合在一起以處理整個生命週期。因此，複雜的技術細節就由讀者自行深入瞭解和研究。

內部安全研究

我們在第 419 頁的「流程」中討論了**主動安全**的概念。我們還強烈建議對技術採用**主動安全**的作法。具體來說，這意味著每位技術人員都應該思考安全問題。

為什麼這很重要？每位技術貢獻者都會發展出一個技術專長領域。即使你的公司僱用了大量的安全研究人員，資料工程師也會非常熟悉其職權範圍內的特定資料系統和雲端服務。專門從事特定技術的專家，很容易識別出該技術中的安全漏洞。

鼓勵每位資料工程師積極參與安全工作。當他們發現系統中的潛在安全風險時，應該思考風險的緩解措施，並在部署這些措施時積極參與其中。

結語

安全性需要成為一種思維和行動的習慣；把資料視為你的錢包或智慧手機。儘管你不太可能負責公司的安全工作，但瞭解基本的安全慣例，並把安全性放在首要位置，將有助於降低組織中資料安全漏洞的風險。

其他資源

- 《*Building Secure and Reliable Systems*》（建構安全可靠的系統），作者：Heather Adkins 等人（O'Reilly 出版）
- 開放式 Web 應用程式安全專案（Open Web Application Security Project，OWASP）的出版物（*https://owasp.org*）
- 《*Practical Cloud Security*》（雲端安全實務），作者：Chris Dotson（O'Reilly 出版）

第十一章

資料工程的未來

本書起源於作者們認識到，這個領域的急速變化已經為現有的資料工程師、有興趣進入資料工程職業的人、技術經理以及希望更好地瞭解資料工程如何融入其公司的高階主管，造成了巨大的知識差距。當我們開始思考如何組織這本書時，我們遭受到了來自朋友的一些反對意見，他們質問：「你怎麼敢寫一個變化如此之快的領域？！」。在許多方面，他們是對的。資料工程領域——實際上，所有的資料領域——每天都在變化。在組織和撰寫本書時，過濾噪音，找到**不太可能改變的信號**，是其中最具挑戰性的部分之一。

在本書中，我們把重點放在（我們認為）對未來幾年會有用的重要概念上——即資料工程生命週期的連續性及其潛在因素。操作順序以及最佳實踐方法和技術的名稱可能會發生變化，但生命週期的主要階段很可能在未來許多年內保持不變。我們清楚地意識到，技術仍在以令人疲憊的速度不斷變化；在我們當前的這個時代，在技術領域工作的感覺就像坐雲霄飛車或進入有無數鏡子的大廳，充滿不確定性和變動。

幾年前，資料工程甚至不是一個領域或職務。然而，現在你正在閱讀一本名為《資料工程基礎》的書籍！你已經學習了資料工程的所有基礎知識——它的生命週期、潛在因素、技術和最佳實踐方法。你可能會問自己，資料工程的下一步是什麼？儘管沒有人可以預測未來，但我們對過去、現在和當前的趨勢有很好的瞭解。我們有幸在前排座位上觀看了資料工程的起源和演變。本書的最後一章呈現了我們對未來的看法，包括對當前發展的觀察和對未來的大膽猜測。

資料工程生命週期不會消失

雖然資料科學近年來受到了廣泛的關注，但資料工程正迅速成熟為一個獨特且顯著的領域。它是技術領域發展最快的職業之一，而且沒有失去動力的跡象。隨著企業意識到在轉向人工智慧（AI）和機器學習（ML）等「更具吸引力」的領域之前，首先需要建構資料基礎，資料工程的受歡迎程度和重要性將繼續成長。此一進展將以資料工程生命週期為中心展開。

有些人質疑越來越簡單的工具和作法是否會導致資料工程師的消失。這種想法是膚淺、懶惰、短視的。隨著組織以新的方式利用資料，將需要新的基礎、系統和工作流程來滿足這些需求。資料工程師是設計、架構、構建和維護這些系統的核心。如果工具變得更容易使用，資料工程師將沿著價值鏈（value chain）向上移動，專注於更高層次的工作。資料工程生命週期不會很快消失。

複雜性的衰落和易用資料工具的興起

簡化且易於使用的工具持續降低了資料工程師的進入門檻。這是一件好事，特別是考慮到我們已經討論的資料工程師短缺問題。簡化的趨勢將繼續下去。資料工程不依賴於特定的技術或資料規模。這也不僅僅適用於大型公司。在 2000 年代，部署「大數據」技術需要一個龐大的團隊和雄厚的資金。SaaS 託管服務的興起在很大程度上消除了各種「大數據」系統的複雜性。資料工程現在已經成為所有公司都需要做的事情。

大數據是其非凡成功的犧牲品。例如，GFS 和 MapReduce 的後代 Google BigQuery 可以查詢 PB（即 petabytes，1024 TB）級的資料。這項非常強大的技術，曾經僅供 Google 內部使用，現在任何擁有 GCP 帳戶的人都可以使用。用戶只需為他們保存和查詢的資料付費，而不必建構龐大的基礎架構堆疊。Snowflake、Amazon EMR 和許多其他高度可擴展的雲端資料解決方案都在這一領域競爭，並提供類似的功能。

雲端讓開源工具的使用發生了重大轉變。即使在 2010 年代初期，使用開源工具通常需要下載程式碼並自行進行組態設定。如今，許多開源資料工具都以託管的雲端服務形式提供，直接與專有服務競爭。Linux 可以預先設定好組態並安裝在所有主要雲端之伺服器實例上。像 AWS Lambda 和 Google Cloud Functions 這樣的無伺服器平台（serverless platforms）允許你在幾分鐘內部署事件驅動的應

用程式，使用 Python、Java 和 Go 等主流語言，在幕後運行於 Linux 之上。希望使用 Apache Airflow 的工程師，可以採用 Google 的 Cloud Composer 或 AWS 的託管 Airflow 服務。託管的 Kubernetes 讓我們得以建構高度可擴展的微服務架構…等等。

這從根本上改變了關於開源程式碼的討論。在許多情況下，託管的開源程式碼與其專有服務的競爭對手一樣容易使用。有高度特殊需求的公司也可以部署託管的開源程式碼，然後在需要自定義底層程式碼時，再轉而使用自主管理（self-managed）的開源程式碼。

另一個顯著的趨勢是現成資料連接器的普及（在撰寫本文當時，流行的連接器包括 Fivetran 和 Airbyte）。資料工程師傳統上花費了大量時間和資源來建構和維護連接到外部資料源的管道。新一代的託管連接器（managed connectors）非常具有吸引力，即使對於高度技術性的工程師來說也是如此，因為他們開始認識到重新獲得時間和思考能力對其他專案的價值。API 連接器將成為一個外包的問題（outsourced problem），這樣資料工程師就能夠專注於推動其業務的獨特問題。

由於資料工具領域中激烈的競爭以及資料工程師人數的日益增加，資料工具將繼續減少複雜性，同時增加更多的功能和特性。這種簡化只會促使資料工程方法的不斷發展，因為越來越多的公司開始意識到資料有機會為他們帶來價值。

雲端規模的資料作業系統和改進的互通性

讓我們簡要回顧一下（單一設備）作業系統的一些內部工作原理，然後將其與資料和雲端相關聯。無論你使用的是智慧型手機、筆記型電腦、應用伺服器還是智慧恆溫器，這些設備都依賴於作業系統來提供基本的服務並協調任務和行程。例如，我可以看到大約 300 個行程在我所使用的 MacBook Pro 上運行。除此之外，我還看到了諸如 WindowServer（負責在圖形介面中提供視窗）和 CoreAudio（負責提供低階音訊功能）之類的服務。

當我在這台機器上運行應用程式時，它不會直接存取聲音和圖形硬體。相反地，它會把命令發送給作業系統的服務，以便繪製視窗和播放聲音。這些命令會發送到標準 API；一個規範用於告訴軟體開發人員如何與作業系統服務進行通訊。作業系統會編排（orchestrates）一個啟動行程來提供這些服務，根據它們之間的依賴關係以正確的順序啟動每個服務，同時它還透過監視服務並在故障發生時，以正確的順序重新啟動它們來維護這些服務。

現在讓我們回到雲端中的資料。我們在本書中介紹的簡化資料服務（例如，Google Cloud BigQuery、Azure Blob Storage、Snowflake 和 AWS Lambda）類似於作業系統服務，但規模要大得多，在多台機器上運行，而不是在單一伺服器上運行。

現在這些簡化服務已經可用，雲端資料作業系統的下一個發展前沿將發生在更高的抽象層次上。Benn Stancil 主張在資料管道和資料應用程式的建構中，需要出現標準化的資料 API[1]。我們預測，在資料工程領域，人們將會對於一些資料互通性標準（data interoperability standards）逐漸形成共識。雲端中的物件儲存將在各種資料服務之間扮演著批次介面層（batch interface layer）的重要角色。新一代的檔案格式（例如 Parquet 和 Avro）已經開始用於雲端資料交換的目的，顯著改善了 CSV 的互通性問題以及原始 JSON 的性能不佳問題。

資料 API 生態系統的另一個關鍵要素是描述綱要（schemas）和資料層次結構（data hierarchies）的中介資料編目（metadata catalog）。目前，這個角色主要由傳統的 Hive Metastore 擔任。我們預計將會出現新的競爭者來取代它。中介資料將在資料互通性中發揮關鍵作用，無論是應用程式和系統之間還是在雲端和網路之間，都將推動自動化和簡化。

我們還將看到在管理雲端資料服務的基礎架構中出現顯著的改進。Apache Airflow 已經成為第一個真正雲端導向的資料編排平台，Airflow 將在功能上不斷增強，而且由於它已經在市場上具有廣泛的知名度和用戶基礎，因此將在這個基礎上不斷壯大。新的競爭者，例如 Dagster 和 Prefect，將嘗試透過重建編排架構，以便從頭開始與 Airflow 競爭。

這個下一代的資料編排平台將具有增強的資料整合及資料感知功能。編排平台將與資料編目（cataloging）和沿襲（lineage）整合，進而在此過程中變得更加具備資料感知能力。此外，編排平台將建構 IaC 功能（類似於 Terraform）和程式碼部署功能（像是 GitHub Actions 和 Jenkins）。這將使工程師能夠編寫一個管道，然後將其傳遞給編排平台，以便進行自動建構、測試、部署和監控。工程師將能夠把基礎架構規範直接寫入其管道；缺少的基礎架構和服務（例如，

---

1 見 Benn Stancil 在 benn.substack 網站上的文章〈The Data OS〉（資料作業系統），發表日期 2021 年 9 月 3 日，*https://oreil.ly/HetE9*。

Snowflake 資料庫、Databricks 叢集和 Amazon Kinesis 串流），將在管道首次運行時部署。

我們還將看到即時資料（*live data*）領域的顯著增強——例如，能夠攝取和查詢串流資料的串流管道（streaming pipelines）和資料庫。過去，建構串流 DAG 是一個極其複雜的過程，具有很高的持續操作負擔（請參閱第 8 章）。像 Apache Pulsar 這樣的工具指明了未來的方向，即使用相對簡單的程式碼透過複雜的轉換來部署串流 DAG。我們已經看到了託管串流處理器（例如 Amazon Kinesis Data Analytics 和 Google Cloud Dataflow）的出現，但我們將看到新一代的編排工具，用於管理這些服務、將它們拼接在一起並監控它們。我們將在第 436 頁的「即時資料堆疊」中討論即時資料。

這種增強的抽象化程度對資料工程師意味著什麼？正如我們在本章中已經論述的那樣，資料工程師的角色不會消失，但它會顯著演變。相比之下，更複雜的行動作業系統和框架並沒有淘汰行動應用程式開發人員。相反地，行動應用程式開發人員現在可以專注於建構品質更好、更複雜的應用程式。我們預期資料工程將有類似的發展，因為雲端規模（cloud-scale）資料作業系統範式（data OS paradigm）提高了各種應用程式和系統的互通性和簡單性。

「企業級」資料工程

資料工具的日益簡化以及最佳實踐方法的出現和文件化，將使資料工程變得更具「企業級」（enterprisey）特色[2]。這會讓許多讀者感到極度畏縮。對一些人來說，「企業」這個詞會讓人聯想到卡夫卡式的夢魘（Kafkaesque nightmares）：未知身份的委員穿著過度整齊的藍色襯衫和卡其褲，無休止的繁文縟節，以及瀑布式管理的開發專案，這些專案的進度不斷拖延、預算不斷膨脹。簡而言之，有些人讀到「企業」這個詞，就會想到一個沒有靈魂、創新被扼殺的地方。

幸運的是，我們所討論的並不是指這種情況；我們指的是大公司對資料所做的一些*好事*——管理、運營、治理和其他「乏味」的事情。我們目前正處於「企業級」資料管理工具的黃金時代。曾經只有大型組織才使用的技術和作法正逐漸

2　見 Ben Rogojan 於 Better Programming 所發表的〈Three Data Engineering Experts Share Their Thoughts on Where Data Is Headed〉（三位資料工程專家分享他們對資料發展方向的看法），發表日期：2021 年 5 月 27 日，*https://oreil.ly/IsY4W*。

向下游滲透。大數據和串流資料曾經艱難的部分，現在已經在很大程度上被抽象化，焦點轉向了易用性、互通性和其他改進方面。

這使得從事新工具開發的資料工程師能夠在資料管理、資料運營和資料工程的所有其他潛在因素的抽象化中找到機會。資料工程師將變得更具「企業級」特色。說到這裡⋯

職稱和責任將發生變化⋯

雖然資料工程生命週期不會很快消失，但軟體工程、資料工程、資料科學和機器學習工程之間的界限變得越來越模糊。事實上，就像作者所描述的那樣，許多資料科學家經由一個有機過程變成了資料工程師；他們被指派了執行「資料科學」的任務，但缺乏完成工作所需的工具，因此需要進行系統設計和建構，以便更好地支援資料工程生命週期。

隨著簡化概念向上層堆疊移動，資料科學家將花費更少時間在蒐集和整理資料上。但這個趨勢不僅僅適用於資料科學家。簡化還意味著資料工程師在資料工程生命週期中的低階任務（管理伺服器、組態⋯等等）上所花費的時間將減少，而「企業級」資料工程將變得更加普遍。

隨著資料越來越緊密地融入到每個企業的流程中，資料和演算法領域將出現新的角色。其中一種可能性是介於機器學習（ML）工程和資料工程之間的角色。隨著 ML 工具集變得更易於使用，以及託管雲端 ML 服務在功能上的增加，ML 正從臨時性的探索和模型開發，轉變為一門運營學科。

這種以機器學習（ML）為重點的新型工程師，將瞭解演算法、ML 技術、模型優化、模型監控和資料監控。但是，他們的主要職責將是創建或利用自動訓練模型、監控性能的系統，以及對人們熟知的模型類型實施完整的 ML 流程。他們還將監控資料的管道和品質，與當前的資料工程領域重疊。ML 工程師將變得更加專業化，致力於處理那些更接近研究領域且不太為人所知的模型類型。

另一個職稱可能發生變化的領域是軟體工程和資料工程的交叉領域。融合了傳統軟體應用與分析技術的資料應用將推動此一趨勢。軟體工程師需要對資料工程有更深入的瞭解。他們將發展串流處理、資料管道、資料建模和資料品質等方面的專業知識。我們將超越目前普遍存在的「扔過牆」（throw it over the wall）的作

法。資料工程師將被納入應用程式開發團隊，而軟體開發人員將獲得資料工程技能。應用程式後端系統和資料工程工具之間存在的界限也將降低，透過串流處理和事件驅動架構進行深度整合。

超越現代資料堆疊，邁向即時資料堆疊

坦白說：現代資料堆疊（modern data stack，MDS）並不那麼現代。我們讚揚MDS 為大眾提供了許多強大的資料工具，降低了價格，並使資料分析師能夠控制他們的資料堆疊。ELT（擷取、載入、轉換）、雲端資料倉儲以及 SaaS（軟體即服務）資料管道的抽象化無疑改變了許多公司的遊戲規則，為 BI（商業智慧）、分析和資料科學開啟了新的力量。

儘管如此，現代資料堆疊（MDS）基本上是使用現代雲端（modern cloud）和軟體即服務（SaaS）技術對舊有的資料倉儲實踐方法所做之重新打包；因為 MDS是建構在雲端資料倉儲範式（paradigm）之上的，所以與下一代之即時資料應用的潛力相比，它存在一些嚴重的限制。從我們的觀點來看，當前世界正在超越僅僅使用基於資料倉儲之內部分析和資料科學的階段，轉向使用下一代的即時資料庫（real-time databases）即時地為整個企業和應用程式提供支援。

是什麼推動了這種演進？在許多情況下，分析（BI 和運營分析）將被自動化所取代。目前，大多數儀錶板和報告所回答的都是關於「什麼」和「何時」的問題。問問自己：「如果我正在問一個關於什麼或何時的問題，我接下來該採取什麼行動？」。如果這個行動是重複的，那麼它就是自動化的候選項。當你可以根據事件的發生自動採取行動時，為什麼要查看報告以確定是否採取行動呢？

它的影響遠不止於此。為什麼使用 TikTok、Uber、Google 或 DoorDash 這樣的產品感覺像魔術？雖然在你看來，點擊按鈕即可觀看短影音、叫車或點餐，或者找到搜尋結果，看似只是一個簡單的操作，但實際上在幕後發生了許多事情。這些產品都是真正的即時資料應用的例子，在你點擊按鈕時採取你所需的行動，同時在幕後以極小的延遲進行極其複雜的資料處埋和機器學習。目前，這種程度的複雜性被大型科技公司的自定義（custom-built）技術所禁錮，但這種複雜程度和力量正在變得民主化，就像 MDS 為大眾帶來雲端規模的資料倉儲和管道一樣。資料世界將很快「即時」（live）起來。

即時資料堆疊

這種即時（real-time）技術的民主化將引導我們成為 MDS 的後繼者：*即時資料堆疊*（*live data stack*）將很快變得可存取和普及。如圖 11-1 所示，即時資料堆疊將透過串流處理技術的使用，把即時分析和機器學習融入應用程式中，涵蓋從應用程式來源系統到資料處理再到機器學習的完整資料生命週期。

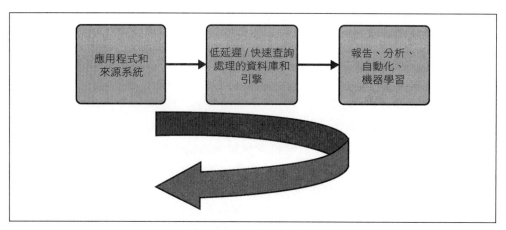

圖 11-1　在即時資料堆疊中，資料和智慧訊息在應用程式和支援系統之間即時移動

正如現代資料堆疊（MDS）利用雲端技術把本地資料倉儲和管道技術帶給大眾一樣，即時資料堆疊（live data stack）把精英科技公司所使用的即時資料應用技術轉化為易於使用的雲端服務，使其使用於各種規模的公司。這將為創造更好的用戶體驗和商業價值開闢了一個充滿可能性的新世界。

串流處理管道和即時分析資料庫

現代資料堆疊（MDS）僅使用批次處理技術，並把資料視為有界的（bounded）。相比之下，即時資料應用把資料視為無界的（unbounded）連續串流。串流處理管道（streaming pipelines）和即時分析資料庫（real-time analytical databases）是促使從 MDS 過渡到即時資料堆疊（live data stack）的兩項核心技術。雖然這些技術已經存在了一段時間，但快速成熟的託管雲端服務將使它們得到更廣泛的部署。

在可預見的未來，串流技術將繼續出現極大的成長。與此同時串流資料的商業用途也將得到更明確的關注。到目前為止，串流系統經常被視為昂貴的新奇事物，或者是把資料從 A 處傳遞到 B 處的純傳輸通道（dumb pipe）^{譯註 1}。未來，串流技術將徹底改變組織的技術和商業流程；資料架構師和工程師將在這些重大的改變中發揮帶頭作用。

即時分析資料庫支援對資料進行快速攝取（fast ingestion）和亞秒級查詢（subsecond queries）^{譯註 2}。這些資料可以與過去蒐集的歷史資料集進行結合，進而豐富資料的內容和價值。當結合串流管道和自動化或具有即時分析能力的儀錶板時，將開關一個全新的可能性。你不再受制於運行緩慢的 ELT 流程、15 分鐘的更新或其他運行緩慢的部分。資料以不間斷的流動方式進行傳輸和處理。隨著串流攝取（streaming ingestion）變得越來越普遍，批次攝取（batch ingestion）將變得越來越少見。為什麼要在資料管道的頭部造成一個批次處理的瓶頸？最終我們會像現在看待「撥接數據機」（dial-up modems）那樣來看待「批次攝取」。

隨著串流資料的興起，我們預期資料轉換將迎來一個「回到未來」（back-to-the-future）的時刻。我們將從資料庫轉換中的 ELT 方式轉向看起來更像 ETL 的方式。我們暫時將其稱為*串流*、*轉換*和*載入*（*stream*、*transform*、*load*，即 STL）。在串流語境中，提取（extraction）是一個持續不斷的過程。當然，批次轉換（batch transformations）不會完全消失。批次處理對於模型訓練、季度報告等方面仍然非常有用。但串流轉換（streaming transformation）將成為常態。

雖然資料倉儲（data warehouse）和資料湖泊（data lake）非常適合容納大量資料和執行臨時查詢（ad hoc queries），但它們並未對低延遲的資料攝取或快速移動資料的查詢進行優化。即時資料堆疊（live data stack）將由專為串流處理而建構的 OLAP 資料庫提供支援。如今，像 Druid、ClickHouse、Rockset 和 Firebolt 這樣的資料庫正引領下一代資料應用的後端技術。我們預計串流技術將繼續快速發展，新技術將不斷湧現。

譯註 1　純傳輸通道（dumb pipe）只用於把資料從一個地方傳遞到另一個地方，並沒有對資料進行任何有價值的處理。

譯註 2　亞秒級查詢係指間隔時間小於一秒的查詢。

我們認為另一個值得改變的領域是資料建模，自 2000 年代初以來，這個領域並沒有出現重大的創新。你在第 8 章中學到的傳統批次導向的資料建模技術並不適用於串流資料。新的資料建模技術將不會發生在資料倉儲中，而是出現在產生資料的系統中。我們預計資料建模將涉及上游定義層的一些概念，包括語義（semantics）、指標（metrics）、沿襲（lineage）和資料定義（請參閱第 9 章）——從應用程式中產生資料的地方開始。隨著資料在整個生命週期中流動和演變，建模也將發生在每個階段。

資料與應用程式的融合

我們預計下一次的革命將是應用程式和資料層的融合。現在，應用程式位於一個領域，而現代資料堆疊（MDS）位於另一個領域。更糟糕的是，資料的創建並沒有考慮如何用於分析。因此，需要許多臨時的解決方案來使系統相互溝通。這種拼湊、獨立的設置方式笨拙且不協調。

不久的將來，應用程式堆疊將成為資料堆疊，反之亦然。應用程式將整合即時自動化和決策制定，由串流管道和機器學習提供支援。資料工程生命週期不一定會改變，但生命週期各個階段之間的時間將大幅縮短。許多創新將在新技術和實踐方法中發生，這些創新和實踐方法將改善即時資料堆疊的工程體驗。要注意能同時處理 OLTP 和 OLAP 用例的新興資料庫技術；對於機器學習用例（ML use cases），特徵保存（feature stores）也可能扮演類似的角色。

應用程式和機器學習之間的緊密反饋

我們感到興奮的另一個領域是應用程式和機器學習（ML）的融合。如今，應用程式和 ML 是分離的系統，就像應用程式和分析一樣。軟體工程師在這裡做他們的事情，而資料科學家和 ML 工程師在那裡做他們的事情。

機器學習（ML）非常適合那些資料產生速度和數量如此之高，以致於人類無法手動處理資料的情境。隨著資料規模和產生速度的成長，這適用於每種情境。大量快速移動的資料，結合複雜的工作流程和操作，都是 ML 的應用情境。隨著資料反饋迴圈變得越來越短，我們預計大多數應用程式都會整合 ML。隨著資料移動速度的加快，應用程式和 ML 之間的反饋迴圈將變得更加緊密。即時資料堆疊中的應用程式是具有智慧的，能夠即時適應資料的變化。這創造了一個循環，可使應用程式變得越來越聰明，並增加了商業價值。

暗物質資料和⋯電子試算表的崛起？！

我們已經討論了快速移動的資料，以及隨著應用程式、資料和機器學習（ML）之間更緊密地協作，反饋迴圈將如何縮小的情況。這一節可能看起來有些奇怪，但我們需要解決當今資料世界中被廣泛忽視的問題，尤其是工程師。

使用得最廣泛的資料平台是什麼？那就是簡單的電子試算表。根據不同的估計，電子試算表的用戶群在 7 億到 20 億人之間。電子試算表是資料世界的暗物質。大量的資料分析工作在電子試算表中進行，從未進入我們在本書中描述的複雜資料系統。在許多組織中，電子試算表用於處理財務報告、供應鏈分析，甚至是客戶關係管理（CRM）。

本質上，電子試算表是什麼？電子試算表（*spreadsheet*）是支援複雜分析的互動式資料應用程式。與 pandas（全名 Python Data Analysis Library）之類純粹基於程式碼的工具不同，電子試算表適用於廣泛的用戶群體，包括僅知道如何開啟檔案和查看報告的用戶，以及能夠編寫複雜資料處理程序的高階用戶。到目前為止，BI（商業智慧）工具未能為資料庫帶來類似的互動性。與 UI 互動的用戶通常受到某些限制，僅能在特定範圍內對資料進行切片（slicing）和切塊（dicing），而不能進行通用的可程式設計分析。

我們預測將出現一類新工具，它會把電子試算表的互動分析能力與雲端 OLAP 系統的後端功能結合起來。事實上，已經有一些候選產品在競爭中。在這個產品類別中，最終的贏家可能會繼續使用電子試算表範式，或者可能會定義全新的介面習慣用法來與資料進行互動。

結語

非常感謝你加入我們的資料工程之旅！我們一起探討了良好的架構、資料工程生命週期的各個階段，以及安全方面的最佳實踐方法。我們討論了在我們的領域不斷以非比尋常的速度發生變化時，選擇技術的策略。在本章中，我們對近期和中期的未來進行了大膽的猜測。

我們的預測在某些方面具有相對安全的依據。在我們撰寫本書的過程中，託管工具的簡化和「企業級」資料工程的發展每天都在進行。其他預測在本質上更具投機性質；我們看到了出現即時資料堆疊（*live data stack*）的跡象，但這對個別工程師和僱用他們的組織來說意味著重大的範式轉變（paradigm shift）。也許，

即時資料的趨勢將再次停滯不前，大多數公司將繼續專注於基本的批次處理。當然，還存在我們完全未能確定的其他趨勢。技術的演進涉及技術和文化的複雜互動。兩者都是不可預測的。

資料工程是一個廣泛的主題；雖然我們無法深入探討各個領域的技術細節，但我們希望已經成功地創建了一種旅遊指南，可以幫助當前的資料工程師、未來的資料工程師以及那些與這個領域相關的人，在這個不斷變化的領域中找到自己的方向。我們建議你自己繼續探索。當你在本書中發現有興趣的主題和想法時，請繼續在社群中進行交流。找到領域的專家，他們可以幫助你發現時髦之技術和作法的優勢和陷阱。廣泛閱讀最新的書籍、部落格文章和論文。參加聚會並聽取演講。提出問題並分享你自己的專業知識。密切關注供應商的公告，以掌握最新的發展，但對所有說法要保持懷疑的態度。

經由這個過程，你可以選擇技術。接下來，你將需要採用技術並發展專業知識，或許作為個人貢獻者，或許作為團隊的領導者，或許跨足整個技術組織。在進行這些工作的同時，不要忽視資料工程的更大目標。專注於生命週期，為你的（內部和外部）客戶提供服務，關注於你的業務、服務和更大的目標。

關於未來，你們中的許多人將在「決定接下來會發生什麼」方面扮演重要的角色。科技趨勢不僅由創建基礎技術的人定義，也由採用它並充分利用它的人定義。成功的工具使用與工具的創建一樣重要。尋找應用即時技術的機會，以改善用戶體驗，創造價值並定義全新的應用程式類型。正是這種實際應用使得即時資料堆疊（*live data stack*）成為一個新的行業標準；或者也可能是其他我們未能識別的新技術趨勢將贏得勝利。

最後，祝願你擁有一個充滿挑戰和樂趣的職業生涯！我們選擇在資料工程領域工作、提供諮詢並撰寫這本書，並不僅僅是因為它很時尚，更是因為它很吸引人。希望我們已經成功地向你傳達了我們在這個領域所發現的一些樂趣。

序列化和壓縮技術細節

在雲端工作的資料工程師通常可以從管理物件儲存系統的複雜性中解脫出來。但是，他們需要瞭解序列化（serialization）和反序列化（deserialization）格式的細節。正如我們在第 6 章的「儲存基本要素」（storage raw ingredients）中提到的，序列化和壓縮演算法是相互關聯的。

序列化格式

資料工程師可以使用多種序列化演算法和格式。儘管選擇眾多是資料工程中的一大痛苦，但它們也是提高性能的巨大機會。我們有時會看到，僅僅透過從 CSV 切換到 Parquet 序列化，作業績效就提高了 100 倍。當資料在管道中移動時，工程師還需要管理重新序列化（reserialization）——即從一種格式轉換到另一種格式。有時，資料工程師別無選擇，只能接受以古老、糟糕的形式提供資料；他們必須設計流程來反序列化（deserialization）這種格式並處理異常情況，然後清理和轉換資料，以實現一致、快速的下游處理和使用。

基於列的序列化

正如其名，基於列的序列化（*row-based serialization*）係按「列」來組織資料。CSV 格式是一種典型的基於列的格式。對於半結構化資料（支援嵌套和綱要異動的資料物件），基於列的序列化需要把每個物件當作一個單元（unit）來保存。

CSV：非標準的標準

我們曾在第 7 章討論 CSV。CSV 是資料工程師既喜歡又討厭的一種序列化格式。*CSV* 本質上是定界文字（delimited text）的統稱，但在轉義（escaping）、引號字符（quote characters）、分隔符（delimiter）等約定方面存在彈性。

資料工程師應該避免在管道中使用 CSV 檔案，因為它們容易出錯且性能較差。然而，工程師通常需要使用 CSV 格式與不受其控制的系統和業務流程交換資料。CSV 是資料歸檔（data archival）的常用格式。如果你使用 CSV 進行歸檔，請包括檔案之序列化組態的完整技術說明，以便將來的用戶可以攝取這些資料。

XML

可擴展標記語言（Extensible Markup Language，XML）在 HTML 和網際網路剛興起時非常流行，但現在被視為過時的技術；對於資料工程應用程式來說，XML 的反序列化和序列化通常很慢。XML 是資料工程師在與傳統系統和軟體交換資料時經常被迫使用的另一種標準。在純文字物件序列化（plain-text object serialization）方面，JSON 已在很大程度上取代了 XML。

JSON 和 JSONL

JavaScript Object Notation（JSON）已成為 API 資料交換的新標準，也成為資料儲存極其流行的格式。在資料庫領域，隨著 MongoDB 和其他文件保存法的興起，JSON 的普及程度也與日俱增。Snowflake、BigQuery 和 SQL Server 等資料庫也提供廣泛的本地支援，為應用程式、API 和資料庫系統之間的資料交換提供了便利。

JSON Lines（JSONL）是 JSON 的一種專用版本，用於在檔案中保存大量半結構化資料。JSONL 保存了一系列 JSON 物件，物件之間由換列符（line breaks）進行分隔。從我們的角度來看，JSONL 是一種非常有用的格式，用於在從 API 或應用程式中攝取資料後立即保存資料。然而，許多的行格式（columnar formats）提供了明顯更好的性能。請考慮在中間管道階段和資料提供階段使用其他格式。

Avro

Avro 是一種列導向的資料格式，專為 RPC 和資料序列化而設計。Avro 把資料編碼為二進位格式，並在 JSON 中指定綱要中介資料（schema metadata）。Avro 在 Hadoop 生態系統中很受歡迎，並且還受到各種雲端資料工具的支援。

行式序列化

到目前為止，我們討論的序列化格式都是列導向的。資料會被編碼為完整的關係（CSV）或文件（XML 和 JSON），並按順序寫入檔案。

使用行式序列化（columnar serialization）時，資料的組織方式基本上是透過把每行保存到自己的檔案集（set of files）裡來進行的。行式儲存（columnar storage）的一個明顯優勢是它允許我們僅從某個欄位讀取資料，而不必一次讀取一整列。這在分析應用程式中是一種常見的方案，可以顯著減少執行查詢時必須掃描的資料量。

按「行」保存資料還可以把相似的值放在一起，進而使我們能夠高效地編碼行式資料（columnar data）。一種常見的技術是查找重複值並標記這些值，這是一種簡單但高效的壓縮方法，適用於具有大量重複值的行（columns）。

即使行（columns）中沒有包含大量重複值，它們可能仍然具有高度冗餘性。假設我們把客戶支援訊息（customer support message）組織成某個資料行。我們可能會在這些訊息中反覆看到相同的主題和措辭，這使得資料壓縮演算法能夠實現較高的壓縮比。因此，行式儲存（columnar storage）通常與壓縮相結合，使我們能夠最大限度地利用磁碟和網路頻寬資源。

行式儲存和壓縮也具有一些缺點。我們無法輕易存取個別的資料紀錄；我們必須透過從多個行檔案（column files）中讀取資料來重建紀錄。紀錄更新也具有挑戰性。要更改一筆紀錄中的某個欄位，我們必須解壓縮「行檔案」，修改它，重新壓縮它，然後將其寫回儲存。為了避免在每次更新時重新編寫一整行，通常會使用分區（partitioning）和叢集化（clustering）策略，根據資料表的查詢和更新模式組織資料，把行（columns）分解成多個檔案。即便如此，更新單列（single row）資料的開銷還是很可怕的。行式資料庫並不適合處理交易性工作負載，因此交易性資料庫通常會使用某種形式的列導向或記錄導向的儲存。

Parquet

以行格式（columnar format）保存資料，目的在實現資料湖泊（data lake）環境中出色的讀寫性能。Parquet 解決了幾個經常困擾資料工程師的問題。與 CSV 不同的是，Parquet 編碼的資料中內建了綱要資訊（schema information），並原生支援嵌套的資料（nested data）。此外，Parquet 具可移植性；雖然 BigQuery 和 Snowflake 之類的資料庫以專有的「行格式」來序列化資料，並對內部保存的資料提供出色的查詢性能，但在與外部工具互動時，性能會大幅下降。必須把資料反序列化，重新序列化為可交換的格式，然後匯出以使用 Spark 和 Presto 等資料湖泊工具。在多語言工具環境裡，資料湖泊中的 Parquet 檔案可能是優於專有雲端資料倉儲的選擇。

Parquet 格式可以跟各種壓縮演算法一起使用；優化速度的壓縮演算法，例如稍後將討論的 Snappy，特別受歡迎。

ORC

優化列行式（Optimized Row Columnar，ORC）是一種類似於 Parquet 的行式儲存格式。ORC 在與 Apache Hive 一起使用時非常受歡迎；雖然仍在廣泛使用，但我們通常看到它的次數比 Apache Parquet 少得多，而且現代雲端生態系統工具對它的支援也較少。例如，Snowflake 和 BigQuery 支援 Parquet 檔案的匯入和匯出；雖然它們可以讀取 ORC 檔案，但這兩種工具都不能匯出 ORC 檔案。

Apache Arrow 或記憶體中序列化

在本章開頭介紹序列化作為一種儲存的基本要素時，我們提到軟體可以把資料保存到分散在記憶體中、並透過指標（pointers）連接的複雜物件裡，也可以保存在更有序、密集打包的結構中，例如 Fortran 和 C 陣列。通常，密集打包的（densely packed）記憶體中資料結構（in-memory data structures）僅限於簡單的資料型別（例如，INT64）或固定寬度的資料結構（例如，定寬字串）。更複雜的結構（例如，JSON 檔案）無法密集保存在記憶體中，並且需要序列化才能保存和在系統之間傳輸。

Apache Arrow（*https://arrow.apache.org*）的理念是重新考慮序列化問題，採用一種既適合在記憶體中處理又適合匯出的二進位資料格式[1]。這使我們能夠避免序列化和反序列化的開銷；我們只需要在進行記憶體處理、網路匯出和長期儲存時使用相同的格式即可。Arrow 依賴於行式儲存，其中每行基本上都有自己的記憶體團塊。對於嵌套的資料，我們使用了一種稱為 *shredding*（切碎）的技術，該技術會把 JSON 文件之綱要中的每個位置映射到單獨的行中。

這種技術意味著我們可以把資料檔保存在磁碟上，透過虛擬記憶體的使用將其直接置換（swap）到程式位址空間，並開始對資料運行查詢，而不會產生反序列化的開銷。事實上，當我們掃描檔案時，可把檔案的片段置換到記憶體中，然後再將其置換回去，以避免對大型資料集造成記憶體不足的問題。

這種作法的一個明顯的問題是，不同的程式語言係以不同的方式序列化資料。為了解決這個問題，Arrow 專案為各種程式語言（包括 C、Go、Java、JavaScript、MATLAB、Python、R 和 Rust）建立了程式庫，使這些語言能夠與記憶體中的 Arrow 資料互動。在某些情況下，這些程式庫會使用所選語言與另一種語言（例如 C）的低階程式碼之間的介面來從 Arrow 讀寫資料。這實現了語言之間的高度互通性，而無須額外的序列化開銷。例如，Scala 程式可以使用 Java 程式庫寫入 Arrow 資料，然後將其作為訊息傳遞給 Python 程式。

Arrow 在各種流行的框架（例如 Apache Spark）中被廣泛採用，並且正在迅速獲得普及。Arrow 還推出了一款新的資料倉儲產品；Dremio（*https://www.dremio.com*）是一個以 Arrow 序列化為基礎的查詢引擎和資料倉儲，用於支援快速查詢。

混合序列化

我們使用混合序列化（*hybrid serialization*）這個詞彙來指稱結合多種序列化的技術，或把序列化與其他抽象層（例如，綱要管理）整合的技術。讓我們以 Apache Hudi 和 Apache Iceberg 為例進行說明。

---

[1] 見 Dejan Simic 的文章〈Apache Arrow: Read DataFrame with Zero Memory〉（Apache Arrow：零記憶體讀取 DataFrame），由 Towards Data Science 發表於 2020 年 6 月 25 日，*https://oreil.ly/TDAdY*。

Hudi

Hudi 是 *Hadoop Update Delete Incremental* 的縮寫。這種資料表管理技術結合了多種序列化技術，使得分析查詢可以達到行式資料庫（columnar databas）的性能，同時還支援不可分割的交易性更新。一個典型的 Hudi 應用是透過交易應用資料庫的 CDC 資料流來更新資料表。該資料流會被擷取到一種列導向的序列化格式中，同時資料表的大部分內容被保留在行格式（columnar format）中。查詢運行在行式或列式的檔案上，以便傳回資料表當前狀態的結果。重新打包流程會定期運行，把列式和行式檔案合併為經更新的行式檔案，以最大限度地提高查詢效率。

Iceberg

和 Hudi 類似，Iceberg 也是一種資料表管理技術。Iceberg 可以追蹤組成一個資料表的所有檔。它還可以隨時間追蹤每個資料表快照中的檔案，使得在資料湖泊環境中可以進行資料表的時間旅行。Iceberg 支援綱要的演進，並且可以輕鬆管理 PB（petabyte，1024 TB）級的資料表。

資料庫儲存引擎

為了完善序列化的討論，讓我們簡要討論一下資料庫儲存引擎。所有資料庫都有一個底層儲存引擎；許多資料庫並不會把它們的儲存引擎公開為獨立的抽象層（例如，BigQuery、Snowflake）。有些資料庫（特別是 MySQL）支援完全可插拔的儲存引擎。而有些資料庫（例如，SQL Server）則提供了主要的儲存引擎組態選項（基於行或列的儲存），這些選項對資料庫的行為會有顯著的影響。

通常，儲存引擎是一個獨立於查詢引擎的軟體層。儲存引擎負責管理資料在磁碟上的保存方式，包括序列化、資料的實際佈局和索引。

儲存引擎在 2000 年代和 2010 年代經歷了重大創新。過去的儲存引擎針對直接存取旋轉磁碟進行了優化，但現代的儲存引擎則針對 SSD 的性能特徵進行了優化。儲存引擎還改進了對現代型別和資料結構（例如，可變長度字串、陣列和嵌套的資料）的支援。

儲存引擎的另一個重大變化是轉向「行式儲存」（columnar storage），這種方式尤其適用於分析和資料倉儲的應用。SQL Server、PostgreSQL 和 MySQL 便提供了強大的行式儲存支援。

壓縮：gzip、bzip2、Snappy 等等

壓縮演算法背後的數學很複雜，但基本概念很容易理解：壓縮演算法會尋找資料中的冗餘和重複，然後重新編碼資料以減少冗餘。當我們想要讀取原始資料時，我們可以透過反轉演算法將冗餘還原回去的方式來解壓縮（decompress）它。

例如，在閱讀本書時，你已經注意到某些單詞反覆出現。對文字內容運行一些快速分析，你可以識別出最常出現的單詞，並為這些單詞創建簡短的標記。進行壓縮時，你可以把常用單詞替換為它們的標記；進行解壓縮時，你可以把標記替換為它們各自的單詞。

也許我們可以使用這種簡單的技術來實現 2：1 或更高的壓縮比。壓縮演算法利用更複雜的數學技術來識別和消除冗餘；它們通常可以在文字資料上實現 10：1 的壓縮比。

請注意，我們談論的是*無損壓縮演算法*（*lossless compression algorithms*）。解壓縮以無損演算法編碼的資料可以逐位元恢復與原始資料完全相同的副本。而音訊、圖像和視訊所使用的*有損壓縮演算法*（*Lossy compression algorithms*）旨在實現感官的保真度；解壓縮可以恢復聽起來像或看起來像原始資料但不完全相同的內容。在媒體處理管道中，資料工程師可能會處理有損壓縮演算法，但在分析序列化中，需要確保資料的保真度，因此不會使用有損壓縮演算法。

傳統的壓縮引擎，例如 gzip 和 bzip2，對文字的壓縮效果非常好；常用於 JSON、JSONL、XML、CSV 和其他基於文字的資料格式。近年來，工程師們創建了新一代的壓縮演算法，這些演算法優先考慮的是速度和 CPU 效率，而不是壓縮比。其中主要的例子有 Snappy、Zstandard、LZFSE 和 LZ4。這些演算法常用於壓縮資料湖泊（data lakes）或行式資料庫（columnar databases）中的資料，以優化快速查詢的性能。

雲端網路

本附錄將討論資料工程師在雲端網路中應該考慮的一些因素。資料工程師在其職業生涯中經常會遇到網路相關問題，儘管它很重要，但經常被忽略。

雲端網路拓撲

雲端網路拓撲（*cloud network topology*）描述了雲端中各種組件的排列和連接方式，例如雲端服務、網路、位置（區域、地區）等。資料工程師應該瞭解雲端網路拓撲將如何影響他們建構的資料系統之間的連通性。Microsoft Azure、Google Cloud Platform（GCP）和 Amazon Web Services（AWS）皆使用非常類似的可用區域和地區的資源層次結構。在撰寫本文當時，GCP 增加了一個額外的層次，詳見第 451 頁的「GCP 特有的網路連接和多地區冗餘機制」。

資料傳出費用

第 4 章曾討論雲端經濟學，指出實際的供應商成本並不一定會影響雲端定價。就網路而言，雲端對入站流量（inbound traffic）不收費，但對流向網際網路的出站流量（outbound traffic）收費。出站流量本質上並不便宜，但雲端使用此方法在其服務周圍建立一道壕溝，以提高所保存資料的黏著性，此一作法受到廣泛批評 [1]。值得注意的是，資料傳出費用（data egress charges）也適用於在雲端中的可用區域和地區之間傳遞的資料。

---

[1] 見 Matthew Prince 和 Nitin Rao 在 The Cloudflare 部落格的文章〈AWS's Egregious Egress〉（AWS 的驚人傳出費用），發表日期 2021 年 7 月 23 日，*https://oreil.ly/NZqKa*。

可用區域

可用區域（*availability zone*）是公共雲端讓客戶可見之網路拓撲（network topology）的最小單元（圖 B-1）。雖然一個區域可能包含多個資料中心，但雲端客戶無法在此層級上控制資源的放置。

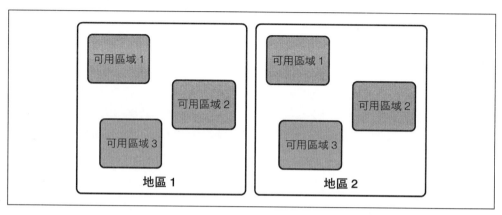

圖 B-1　兩個不同地區中的可用區域

通常，雲端在區域內支援最高的網路頻寬和最低的延遲，以利系統之間的通訊。基於性能和成本的考量，需要高吞吐量的資料工作負載，應該運行在位於單一區域的叢集中。例如，一個臨時的 Amazon EMR 叢群通常應該位於單一的可用區域中。

此外，發送到區域內之虛擬機（VM）的網路流量也是免費的，但有一個重要的限制：流量必須發送到私有 IP 位址。主要的雲端平台皆會使用稱為 *虛擬私有雲*（*virtual private clouds*，VPCs）的虛擬網路。虛擬機在 VPC 中具有私有 IP 位址。還可以為虛擬機分配公共 IP 位址以便與外界通訊，並接收來自網際網路的流量，但使用外部 IP 位址進行通訊可能會產生資料傳出費用。

地區

一個地區（*region*）係由兩個或多個可用區域（availability zones）組成。資料中心的運行需要許多資源（電力、水…等等）。不同可用區域的資源是相互獨立的，因此局部斷電不會使多個可用區域停擺。工程師可以透過在多個區域中運行伺服器或建立自動化的跨區域故障切換流程，在單一地區內建構高彈性的獨立基礎架構。

提供多個地區可以讓工程師把資源放在任何用戶的附近。距離近這意味著用戶在連接服務時可以實現良好的網路性能，進而最大限度地減少網路路徑的物理距離以及經過路由器的最小跳躍數。物理距離和網路跳躍數都會增加延遲並降低性能。主要的雲端供應商會持續添加新的地區。

通常，地區（regions）支援區域（zones）之間快速、低延遲的網路連接；區域之間的網路性能將會比單一區域中的網路性能差，並且會在虛擬機之間產生名義上的資料傳出費用。而在區域之間的網路資料移動速度甚至更慢，並且可能會產生更高的傳出費用。

通常，物件儲存是一種區域性資源。某些資料可能會經過不同區域以到達虛擬機，但這對雲端客戶來說主要是不可見的，並且沒有直接的網路費用（當然，客戶仍需承擔物件存取的成本）。

儘管地區採用了異地備援（geo-redundant）設計，但許多重大的雲端服務故障仍會影響整個地區，這是相關故障（*correlated failure*）的一個例子。工程師通常會把程式碼和組態部署到整個地區；我們觀察到的地區性故障通常是由區域級別的程式碼或組態的問題所引起。

GCP 特有的網路連接和多地區冗餘機制

GCP 提供了一些獨特的抽象概念，如果工程師在 GCP 中工作，應該予以注意。第一個是多地區（*multiregion*），即資源層次結構中的一個層級；多地區包含了多個地區。目前的多地區有美國（美國的資料中心）、歐盟（歐盟成員國的資料中心）和亞洲。

在 GCP 中，有幾個資源支援多地區機制，包括 Cloud Storage 和 BigQuery。資料以異地備援（geo-redundant）方式保存在多地區（multiregion）內的多個區域（multiple zones）中，以確保在地區性故障（regional failure）發生時仍然可用。多地區儲存（multiregional storage）還被設計為在多個地區內高效地向用戶傳遞資料，而無須在地區（regions）之間設置複雜的複製流程（replication processes）。此外，一個「多地區」中的虛擬機（VM）存取同一「多地區」內的 Cloud Storage 資料時，不需要支付資料傳出費用（data egress fees）。

在 AWS 或 Azure 上，雲端客戶可以設置多地區基礎架構。對於資料庫或物件儲存，這涉及在地區之間複製資料，以增加冗餘性並使資料更接近用戶。

與其他雲端供應商相比，Google 基本上擁有更多的全球規模網路資源，這使其能夠為客戶提供高層級的網路服務（*premium-tier networking*）。高層級的網路服務允許區域和地區之間的流量完全經由 Google 擁有的網路傳輸，而無須經過公共的網際網路。

直接連接雲端的網路連接

每個主要的公有雲都提供了增強的連接選項，允許客戶將其網路與一個雲端地區（cloud region）或虛擬私有雲（VPC）直接整合。例如，Amazon 便提供了 AWS Direct Connect。除了提供更高的頻寬和更低的延遲外，這些連接選項通常還提供資料傳出費用的大幅折扣。在美國的典型場景下，AWS 傳出費用從每 GB 支付 9 美分（經過公共的網際網路）下降為每 GB 支付 2 美分（經過直接連接）。

CDN

內容交付網路（*content delivery network*，CDN）可以大幅提升將資料資產（data assets）交付給公眾或客戶的性能並提供折扣。雲端供應商提供 CDN 選項，許多其他供應商也提供類似的服務，例如 Cloudflare。CDN 在反覆交付相同資料時效果最好，但請務必閱讀細則。請記住，CDN 並非在所有地方都有效，某些國家可能會阻擋網際網路流量和 CDN 交付。

資料傳出費用的未來

資料傳出費用是阻礙互通性、資料共享和資料遷移到雲端的重要障礙。目前，資料傳出費用是一道壕溝，目的在阻止公共雲端客戶離開或在多個雲端上進行部署。

但值得注意的信號表明，變化可能即將到來。特別是，在 COVID-19 大流行初期的 2020 年，Zoom 宣布選擇 Oracle 作為其雲端基礎架構供應商，這引起了許多雲端觀察者的注意[2]。Oracle 是如何擊敗雲端巨頭贏得這份針對關鍵遠端工作基

2　見 CRN 網站上 Mark Haranas 和 Steven Burke 的文章〈Oracle Bests Cloud Rivals to Win Blockbuster Cloud Deal〉（甲骨文擊敗雲端競爭對手贏得百視達雲端交易），發表日期：2020 年 4 月 28 日，*https://oreil. ly/LkqOi*。

礎架構之合約的？AWS 專家 Corey Quinn 給出了一個相當直接的答案 [3]。他經過粗略的估算得出，按照標價（list price）計算，Zoom 在 AWS 上的每月資料傳出費用將超過 1100 萬美元；而在 Oracle 上的費用則不到 200 萬美元。

我們懷疑在未來幾年內，GCP、AWS 或 Azure 可能會宣布大幅削減傳出費用（egress fees），進而導致雲端商業模式發生巨大變革。同樣地，傳出費用消失也是完全有可能的，類似於幾十年前消失的有限且昂貴的手機通話分鐘數。

3　見 Last Week in AWS 網站上 Corey Quinn 的文章〈Why Zoom Chose Oracle Cloud Over AWS and Maybe You Should Too〉（為什麼 Zoom 選擇了 Oracle Cloud 而不是 AWS，或許你也應該這樣做），發表日期：2020 年 4 月 28 日，*https://oreil.ly/Lx5uu*。

索引

※ 提醒您：由於翻譯書排版的關係，部分索引名詞的對應頁碼會和實際頁碼有一頁之差。

符號

1NF (first normal form)〔第一正規形式〕, 328

2NF (second normal form)〔第二正規形式〕, 328

3NF (third normal form)〔第三正規形式〕, 328

A

abstraction〔抽象〕, 25

access policies〔存取政策〕, 424

accountability〔可問責性〕, 64

accuracy〔準確性〕, 64

ACID (atomicity, consistency, isolation, and durability) transactions〔具不可分割性、一致性、隔離性和持久性的交易〕, 116, 182

active security〔主動安全〕, 419, 425

ad hoc analysis〔即興分析〕, 389

agile architecture〔敏捷的架構〕, 91

agility〔敏捷性〕, 87

AI researchers〔AI 研究人員〕, 30

Airflow DAG〔Apache Airflow 中的有向無環圖〕, 361

Airflow project〔Airflow 專案〕, 173

alerting〔警示〕, 423

Amazon Elastic Block Store (EBS)〔亞馬遜彈性區塊儲存〕, 232

Amazon EMR〔AWS 提供的服務〕, 252

analog data〔類比資料〕, 180

analytics〔分析〕
    as code〔即程式碼〕, 376
    OLTPs and〔線上交易處理和〕, 183
    serving data for〔提供資料〕, 388-393
    variations of〔的變化〕, 51

Apache Arrow〔一種開源的記憶體資料格式〕, 444

Apache Beam framework〔一種開源的大數據處理框架〕, 120

Apache Druid〔一種開源的分散式即時分析工具〕, 253

Apache Spark〔一種開源的大數據處理框架〕, 252

APIs (見 application program interfaces)〔應用程式設計介面〕

application architecture〔應用程式架構〕, 82

application databases〔應用程式資料庫〕, 181-183

application programming interfaces (APIs)〔應用程式設計介面〕, 181, 200-202, 288

architecture tiers〔架構層級〕, 102

archival storage〔歸檔儲存〕, 225

areal density〔面積密度〕, 220

asymmetric optimization〔非對稱優化〕, 171

asynchronous data ingestion〔非同步資料攝取〕, 270

atomic transactions〔不可分割交易〕, 181-182

atomicity, consistency, isolation, and durability (ACID) transactions〔具不可分割性、一致性、隔離性和持久性的交易〕, 116, 182

autogenerated metadata〔自動產生中介資料〕, 60

automated lifecycle policies〔自動的生命週期策略〕, 256

automatic data lifecycle management〔自動化的資料生命週期管理〕, 257

automation〔自動化〕, 70

availability〔可用性〕, 89, 101, 252

availability zones〔可用區域〕, 223, 450

Avro〔一種開源的資料序列化系統〕, 442

AWS Well-Architected Framework〔亞馬遜網路服務之完好架構框架〕, 87

B

B-trees〔B 樹〕, 191

backups〔備份〕, 420

baseline architecture〔基本架構〕, 91

bash, 22

basically available, soft-state, eventual consistency (BASE)〔基本可用、軟狀態、最終一致性〕, 226

batch data ingestion〔批次資料攝取〕, 47, 120, 277-280

batch data transformations〔批次資料轉換〕
　broadcast joins〔廣播聯接〕, 349
　business logic and derived data〔業務邏輯和衍生資料〕, 361
　data wrangling〔資料整理〕, 360
　distributed joins〔分散式聯接〕, 349
　ETL, ELT, and data pipelines〔ETL、ELT和資料管道〕, 351
　key considerations for〔關鍵考慮因素〕, 50
　MapReduce〔一種分散式計算模型〕, 363
　memory caching〔記憶體快取〕, 363
　schema updates〔綱要更新〕, 358
　shuffle hash joins〔隨機雜湊聯接〕, 351
　in Spark〔Spark 中的〕, 361
　SQL and code-based transformation tools〔基於 SQL 和程式碼的轉換工具〕, 352
　versus streaming transformations〔與串流轉換的區別〕, 349
　update patterns〔更新模式〕, 355

batch logs〔批次日誌〕, 185

batch size〔批次規模〕, 280

batch-oriented change data capture〔批次導向資料異動擷取〕, 286

benchmarks〔基準測試〕, 170

Bezos's API Mandate〔索斯之 API 授權〕, 93

big data engineers〔大數據工程師〕, 9

big data era〔大數據時代〕, 8, 171, 430

block storage〔區塊儲存〕, 231-234

blockchain technologies〔區塊鏈技術〕, 149

blocks〔區塊〕(HDFS), 240

bounded data〔有界資料〕, 268

Boyce-Codd system〔關聯式資料庫設計中的一種正規化標準〕, 332

bridge tables〔橋接資料表〕, 344

broadcast joins〔廣播聯接〕, 349

brownfield projects〔棕地專案〕, 108

budget alerts〔預算警示〕, 424

build〔建構〕, 25

build versus buy〔建構與購買的區別〕

    advice on selecting〔選擇的建議〕, 160

    benefits of buying〔購買的好處〕, 152

    open source software〔開源軟體〕, 153-158

    proprietary walled gardens〔專有封閉生態系統〕, 158-160

    technology adoption within companies〔公司內部的技術採用〕, 153

bulk data storage systems〔大容量資料儲存系統〕, 219

bursty data ingestion〔突發性資料攝取〕, 273

business analytics〔業務分析〕, 390

business architecture〔業務架構〕, 82

business data warehouses〔業務資料倉儲〕, 7

business intelligence (BI)〔商業智慧〕, 52, 388

business logic〔業務邏輯〕, 50, 361

business metadata〔業務中介資料〕, 61, 64

business stakeholders〔業務利益相關者〕, 126

business value, increasing〔增加商業價值〕, 146

    (另見 cost optimization and business value)

C

C-level executives〔高層管理人員〕, 32

cache hierarchy〔快取層級結構〕, 225

caching〔快取〕, 225, 240, 252, 317

CAO-2s (chief algorithms officers)〔首席演算法官〕, 34

CAOs (chief analytics officers)〔首席分析官〕, 33

capital expenses (capex)〔資本支出〕, 136

cargo-cult engineering〔貨物崇拜工程〕, 134

CDC (見 change data capture)〔資料異動擷取〕

CDOs (chief data officers)〔首席資料官〕, 33

CEOs (chief executive officers)〔首席執行官〕, 32

change data capture (CDC)〔資料異動擷取〕, 43, 183, 286-288, 317

chief algorithms officers (CAO-2s)〔首席演算法官〕, 34

chief analytics officers (CAOs)〔首席分析官〕, 33

chief data officers (CDOs)〔首席資料官〕, 33

chief executive officers (CEOs)〔首席執行官〕, 32

chief information officers (CIOs)〔首席資訊官〕, 33

chief operating officers (COOs)〔首席運營官〕, 33

chief technology officers (CTOs)〔首席技術官〕, 33

CIOs (chief information officers)〔首席資訊官〕, 33

cloning, zero-copy〔零副本複製〕, 254

cloud data warehouses〔雲端資料倉儲〕, 113, 246

cloud networking〔雲端網路〕

    cloud network topology〔雲端網路拓撲〕, 449-452

    content delivery networks〔內容交付網路〕, 452

    future of data egress fees〔資料傳出費用的未來〕, 452

cloud of clouds services〔由多個雲服務提供商所構成的整體雲環境〕, 149

cloud repatriation〔雲端遣返〕, 150-152

cloud services〔雲端服務〕

    adopting cloud-first approach〔採用以雲端優先的作法〕, xx

    adopting common components〔採用常用組件〕, 88

    advice on selecting〔選擇的建議〕, 149

    cloud economics〔雲經濟〕, 144-146

    cloud-scale data OS〔雲端規模的資料作業系統〕, 431-433

    considerations for choosing technologies〔選擇技術的考慮因素〕, 143-144

    costs of〔的成本〕, xxi

    decentralized〔去中心化〕, 149

    direct network connections to〔直接網路連接到〕, 451

    filesystems〔檔案系統〕, 230

    hybrid cloud〔混合雲〕, 146

    managing spending and resources〔管理支出和資源〕, 97

    motivation for using〔使用的動機〕, 138

    multicloud deployment〔多雲開發〕, 148

    multitenancy support〔多租戶支援〕, 106

    proprietary cloud offerings〔專有雲端產品〕, 160

    responsibility for security〔安全責任〕, 96, 420

    separation of compute from storage〔計算與儲存分離〕, 251-254

cloud virtualized block storage〔雲端虛擬化區塊儲存〕, 232

Cloudflare〔一家網路基礎設施和安全公司〕, 151-152

clustering〔叢集化〕, 243

code-based transformation tools〔基於程式碼的轉換工具〕, 352

cold data〔冷門資料〕, 45, 255

cold storage〔冷儲存〕, 256

collaborative architecture〔協作式架構〕, 91

collections〔集合〕, 194

colocation〔共置〕, 251

Colossus file storage system〔Colossus 檔儲存系統〕, 253

columnar serialization〔行式序列化〕, 243, 443-445

columns〔行〕, 192, 243, 327

comma-separated values (CSV) format〔逗號分隔值（CSV）的格式〕, 442

command-and-control architecture〔命令與控制架構〕, 91, 96

commercial open source software (COSS)〔商業型開源軟體〕, 156

commits〔提交〕, 314

common table expressions (CTEs)〔通用資料表運算式〕, 313

community-managed open source software〔社群管理型開源軟體〕, 155

completeness〔完整性〕, 64

compliance〔合規性〕, 257, 300

components, choosing〔選擇元件〕, 88

composable materialized views〔可組合具體化視圖〕, 366

compression algorithms〔壓縮演算法〕, 224, 446

compute, separating from storage〔計算，與儲存分離〕, 251-254

conceptual data models〔概念資料模型〕, 326

concurrency〔並行性〕, 393

conformed dimension〔一致維度〕, 340

consistency〔一致性〕, 182, 191, 196, 237

consumers (from a stream)〔串流的消費者〕, 187, 284

container escape〔容器逃逸〕, 166

container platforms〔容器平台〕, 166-167

content delivery networks (CDNs)〔內容交付網路〕, 452

continuous change data capture〔持續資料異動擷取〕, 287, 317

COOs (chief operating officers)〔首席運營官〕, 33

copy on write (COW)〔寫入時複製〕, 357

correlated failure〔相關故障〕, 242

COSS (commercial open source software)〔商業型開源軟體〕, 156

cost〔成本〕

  cloud economics〔雲經濟〕, 144

  cloud repatriation arguments〔雲端遣返論點〕, 150

  of cloud services〔雲服務的〕, xxi

  cost structure of data〔資料的成本結構〕, 97

  data egress costs〔資料傳出成本〕, 148, 151, 449, 452

  of data migration〔資料遷移的〕, 296

  data storage expenses〔資料儲存費用〕, 257

  direct costs〔直接成本〕, 136

  of distributed monolith pattern〔分散式單體架構模式〕, 164

  indirect costs〔間接成本〕, 136

  overseeing〔監督〕, 424

  of running servers〔運行伺服器的〕, 167

  of serverless approach〔無伺服器作法〕, 165, 170

  total cost of ownership〔總擁有成本〕, 136

  total opportunity cost of ownership〔總機會擁有成本〕, 137

cost comparisons〔成本比較〕, 171

cost optimization and business value〔成本優化和商業價值〕, 136-138

  FinOps〔財務運營〕, 138

  importance of〔的重要性〕, 136

  total cost of ownership〔總擁有成本〕, 136

total opportunity cost of ownership〔總機會擁有成本〕, 137

COW (copy on write)〔寫入時複製〕, 357

create, read, update, and delete (CRUD)〔建立、讀取、更新和刪除（增、查、改、刪）〕, 186, 191

credit default swaps〔信用違約交換〕, 144

CRUD (create, read, update, and delete)〔增、查、改、刪（建立、讀取、更新和刪除）〕, 186, 191

CSV (comma-separated values) format〔CSV（逗號分隔值）的格式〕, 442

CTEs (common table expressions)〔通用資料表運算式〕, 313

CTOs (chief technology officers)〔首席技術官〕, 33

curse of familiarity〔熟悉的詛咒〕, 145

D

DAGs (directed acyclic graphs)〔有向無環圖〕, 73, 361, 369

DAMA (Data Management Association International)〔國際資料管理協會〕, 58

dark data〔暗黑資料〕, 115

dashboards〔儀錶板〕, 388

data (另見 generation stage; source systems)

  analog data〔類比資料〕, 180

  backing up〔備份〕, 420

  bounded versus unbounded〔有界與無界的區別〕, 268

  cold data〔冷門資料〕, 45, 255

  combining streams with other data〔將串流與其他資料結合〕, 323

  cost structure of〔的成本結構〕, 97

  deleting〔刪除〕, 356

  digital data〔數位資料〕, 180

  durability and availability of〔持久性和可用性〕, 252

grain of〔的粒度〕, 327

hot data〔熱門資料〕, 45, 255

internal and external〔內部和外部〕, 28

kinds of〔的類型〕, 274

late-arriving data〔延遲到達的資料〕, 282

lukewarm data〔微溫資料〕, 45, 255

prejoining data〔預聯接資料〕, 312

productive uses of〔的有效利用〕, 383

self-service data〔自助式資料〕, 385

shape of〔的形狀〕, 274

size of〔的大小〕, 274

structured, unstructured, and semistructured〔結構化、非結構化和半結構化〕, 181

third-party sources for〔的第三方來源〕, 203

unbounded data〔無界資料〕, 120

warm data〔溫資料〕, 255

data access frequency〔資料存取頻率〕, 45

data accountability〔資料可問責性〕, 64

data analysts〔資料分析師〕, 30

data applications〔資料應用程式〕, 183, 392

data architects〔資料架構師〕, 28, 91, 126

data architecture〔資料架構〕

benefits of good data architecture〔良好資料架構的好處〕, 81

examples and types of〔的例子和類型〕, 111-126

architecture for IoT〔物聯網的架構〕, 120

data lakes〔資料湖泊〕, 114

data mesh〔資料網格〕, 123

data warehouses〔資料倉儲〕, 111

Dataflow model and unified batch and streaming〔資料流模型以及統一的批次處理和串流處理〕, 118

Kappa architecture〔Kappa 架構〕, 118

Lambda architecture〔Lambda 架構〕, 117

modern data stacks〔現代資料堆疊〕, 116

other examples〔其他例子〕, 125

trend toward convergence〔趨向融合〕, 115

impact on data storage〔對資料儲存影響〕, 261

impact on queries, transformations, and modeling〔對查詢、轉換和建模的影響〕, 376

impact on serving data〔對資料提供的影響〕, 409

impact on source systems〔對來源系統的影響〕, 211

impact on technology selection〔對技術選擇的影響〕, 173

major architecture concepts〔主要架構概念〕, 99-111

brownfield versus greenfield projects〔棕地專案與綠地專案的區別〕, 108

considerations for data architecture〔資料架構的考慮因素〕, 106

distributed systems, scalability, and designing for failure〔分散式系統、可擴充性及設計中考慮失敗容忍性〕, 100

domains and services〔領域和服務〕, 99

event-driven architecture〔事件驅動架構〕, 107

main goal of architectures〔架構的主要目標〕, 99

tight versus loose coupling〔緊耦合與鬆耦合的區別〕, 102

user access〔用戶存取〕, 106

principles of good data architecture〔良好資料架構的原則〕, 87-99

always be architecting〔始終保持架構思維〕, 89

architect for scalability〔為可擴展性進行架構設計〕, 88

architecture is leadership〔架構就是領導力〕, 90

AWS framework〔AWS 框架〕, 87

build loosely coupled systems〔建構鬆耦合系統〕, 93

choose common components wisely〔明智地選擇常用組件〕, 88

embrace FinOps〔擁抱財務運營〕, 96

Google Cloud's principles〔谷歌雲的原則〕, 87

make reversible decisions〔做出可逆的決策〕, 94

pillars of〔支柱〕, 88

plan for failure〔計劃中考慮失敗容忍性〕, 89

prioritize security〔優先考慮安全性〕, 95

recognizing good data architecture〔認識良好的數據架構〕, 86

role of data engineers in〔資料工程師在…的角色〕, 73

as subset of enterprise architecture〔企業架構的一個子集〕, 82

versus tools〔與工具的區別〕, 133

working definition of〔可行定義〕, 81-86

data block location〔資料區塊位置〕, 253

data breaches〔資料洩露〕, 96

Data Build Tool (dbt)〔資料建構工具〕, 401

data catalogs〔資料編目〕, 249

data connectors〔資料連接器〕, 431

data contracts〔資料合約〕, 208, 383

data control language (DCL)〔資料控制語言〕, 310

data definition language (DDL)〔資料定義語言〕, 309

data definitions〔資料定義〕, 386

data egress costs〔資料傳出成本〕, 148, 151, 449, 452

data engineering〔資料工程〕

approach to learning〔學習方法〕, xix, xx

data maturity and〔資料陳熟度和〕, 15-19

declining complexity〔降低複雜性〕, 430

definition of term〔術語的定義〕, 3-4

evolution of field〔領域的演進〕, 7-12

future of〔的未來〕

enterprise-level management tools〔企業級管理工具〕, 433

evolution of titles and responsibilities〔職稱和責任的變化〕, 434

fusion of data with applications〔資料與應用程式的融合〕, 437

improved interoperability〔改進互通性〕, 431-433

move toward live data stacks〔邁向即時資料堆疊〕, 435-436

rise of spreadsheets〔電子試算表的崛起〕, 438

streaming pipelines〔串流管道〕, 436

tight feedback between applications and machine learning〔應用程式和機器學習之間的緊密反饋〕, 438

learning goals of book〔本書的學習目標〕, xxi

object stores for〔物件保存〕, 236

prerequisites to learning〔學習的先備知識〕, xxi

primary and secondary languages used in〔在…中使用的主要和次要語言〕, 22-24

relationship to data science〔與資料科學的關係〕, 12-14

security for low-level〔低階…的安全性〕, 425

skills and activities〔技能和活動〕, 15

storage abstractions〔儲存抽象概念〕, 245-247

target audience for book〔本書的目標讀者〕, xx

data engineering lifecycle〔資料工程生命週期〕(另見 undercurrents)

definition of term〔術語的定義〕, xx

future of〔的未來〕, 429

generation stage〔產生階段〕, 41-43

ingestion stage〔攝取階段〕, 45-49

relationship to data lifecycle〔與資料生命週期的關係〕, 40

serving data stage〔資料提供階段〕, 51-56

stages of〔的階段〕, 5, 21, 39

storage stage〔儲存階段〕, 44-45

transformation stage〔轉換階段〕, 50-51

data engineers〔資料工程師〕

background and skills of〔的背景和技能〕, 19

big data engineers〔大數據工程師〕, 9

business leadership and〔企業領導層和〕, 32-35

business responsibilities of〔的業務職責〕, 20

cargo-cult engineering〔貨物崇拜工程〕, 134

continuum of roles for〔資料工程角色的分類〕, 24

versus data architects〔與資料架構師的區別〕, 73

data lifecycle engineers〔資料生命週期工程師〕, 11

definition of term〔術語的定義〕, 4

designing data architectures〔設計資料架構〕, 126

evolution into data lifecycle engineers〔演變成資料生命週期工程師〕, 39

new architectures and developments〔新的架構和發展〕, 125

other management roles and〔其他的管理角色和〕, 35

product managers and〔產品經理和〕, 34

project managers and〔專案經理和〕, 34

as security engineers〔作為安全工程師〕, 96

technical responsibilities of〔的技術責任〕, 21-24, 179

within organizations〔組織內部的〕, 25-32

data ethics and privacy〔道德和隱私〕, 68, 96, 300

data featurization〔資料特徵化〕, 51

data generation〔資料產生〕(見 generation stage)

data gravity〔資料引力〕, 146

data ingestion〔資料攝取〕(見 ingestion stage)

data integration〔資料整合〕, 67, 266

data lakehouses〔資料湖倉〕, 116, 246

data lakes〔資料湖泊〕, 114, 246, 352

data latency〔資料延遲〕, 393

data lifecycle〔資料生命週期〕, 40

data lifecycle engineers〔資料生命週期工程師〕, 11

data lifecycle management〔資料生命週期管理〕, 67

data lineage〔資料沿襲〕, 66

data lineage tools〔資料沿襲工具〕, 373

data logic〔資料邏輯〕, 387

data management〔資料管理〕

data accountability〔資料可問責性〕, 64

data governance〔資料治理〕, 59

data integration〔資料整合〕, 67

data lifecycle management〔資料生命週期管理〕, 67

data lineage〔資料沿襲〕, 66

data modeling and design〔資料建模和設計〕, 66

data quality〔資料品質〕, 64

definition of term〔術語的定義〕, 58

discoverability〔可發現性〕, 60

ethics and privacy〔道德和隱私〕, 68, 96

facets of〔的方面〕, 59

impact on data ingestion〔對資料攝取的影響〕, 299

impact on data storage〔對資料儲存的影響〕, 259

impact on queries, transformations, and modeling〔對查詢、轉換和建模的影響〕, 373

impact on serving data〔對資料提供的影響〕, 408

impact on source systems〔對來源系統的影響〕, 210

impact on technology selection〔對技術選擇的影響〕, 172

master data management〔主要資料管理〕, 65

metadata〔中介資料〕, 60-62

Data Management Association International (DAMA)〔國際資料管理協會〕, 58

Data Management Body of Knowledge (DMBOK)〔資料管理知識體系〕, 58, 85

Data Management Maturity (DMM)〔資料管理成熟度〕, 15-19

data manipulation language (DML)〔資料操作語言〕, 309

data marketplaces〔資料市場〕, 202

data marts〔資料市集〕, 114

data maturity〔資料成熟度〕, 15-19

data mesh〔資料網格〕, 106, 123, 368, 387

data migration〔資料遷移〕, 280

data modeling〔資料建模〕

alternatives to〔…的替代方案〕, 346

business outcomes and〔業務成果和〕, 325

conceptual, logical, and physical models〔概念、邏輯和實體資料模型〕, 326

considerations for successful〔成功的考慮因素〕, 326

definition of term〔術語的定義〕, 324

deriving business insights through〔透過…獲取業務見解〕, 66

examples of〔的例子〕, 324

future of〔的未來〕, 437

normalization〔正規化〕, 327

purpose of〔的目的〕, 325

stakeholders of〔的利益相關者〕, 371

techniques for batch analytical data〔批次分析資料的…技術〕, 332-345

combining〔結合〕, 332

Data Vault〔一種資料建模方法〕, 340

dimension tables〔維度資料〕, 336

fact tables〔事實資料表〕, 336

hubs〔樞紐〕(Data Vault), 341

Inmon〔資料倉儲之父 Bill Inmon〕, 333

Kimball〔人名〕, 335

link tables〔鏈接資料表〕(Data Vault), 342

modeling streaming data〔串流資料建模〕, 346

satellites〔衛星〕(Data Vault), 343

star schema〔星型綱要〕, 340

wide denormalized tables〔寬幅反正規化資料表〕, 344

data observability〔資料可觀測性〕, 383

Data Observability Driven Development (DODD)〔資料可觀測性驅動開發〕, 67, 71

data orchestration〔資料編排〕, 73, 78

data pipelines〔資料管道〕, 266, 436

data platforms〔資料平台〕, 116, 247, 431

data producers and consumers〔資料的生產者和消費者〕, 27

data products〔資料產品〕, 384

data quality〔資料品質〕, 64

data reliability engineers〔資料可靠性工程師〕, 374

data retention〔資料保留〕, 254, 256

data schemas〔資料綱要〕, 43

Data Science Hierarchy of Needs〔資料科學需求的層次結構〕, 12

data scientists〔資料科學家〕, 29

data security〔資料安全性〕, 57

data sharing〔資料共享〕, 202, 250, 297, 400

data stacks〔資料堆疊〕, 11, 116, 435-436

data stakeholders〔資料利益相關者〕, 208

data storage lifecycle〔資料儲存生命週期〕(另見 storage stage)

　compliance〔合規性〕, 257

　cost〔成本〕, 257

　data retention〔資料保留〕, 256

　hot, warm, and cold data〔熱資料、溫資料和冷資料〕, 254

　storage tier considerations〔儲存層級考慮事項〕, 255

　time〔時間〕, 257

　value〔價值〕, 256

data swamps〔資料沼澤〕, 115

data technologies〔資料技術〕

　architecture versus tools〔架構與工具的區別〕, 133

　considerations for choosing〔選擇時的考慮因素〕

　　benchmarking〔基準測試〕, 170

　　build versus buy〔建構與購買的區別〕, 152-161

　　cost optimization and business value〔成本優化和商業價值〕, 136-138

immutable versus transitory technologies〔不變的技術與暫時的技術之區別〕, 138-142

impact of undercurrents〔潛在因素的影響〕, 172-174

interoperability〔互通性〕, 135

location〔位置〕, 142-152

monolith versus modular〔單體式與模組化的區別〕, 161-165

overview of〔概觀〕, 134

serverless versus servers〔無伺服器與有伺服器的區別〕, 165-170

speed to market〔上市速度〕, 135
〔右邊〕

　team size and capabilities〔團隊規模和能力〕, 134

variety of choices available〔各種可用選項〕, 133

when to select〔何時選擇〕, 133

data validation〔資料驗證〕, 383

data value〔資料的價值〕, 51

Data Vaults〔一種資料建模方法〕, 340

data virtualization〔資料虛擬化〕, 367

data warehouses〔資料倉儲〕, 7, 111-114, 245, 333

data wrangling〔資料整理〕, 360

data-lineage metadata〔資料沿襲中介資料〕, 62

data-quality tests〔資料品質測試〕, 303

database logs〔資料庫日誌〕, 185

database management systems (DBMSs)〔資料庫管理系統〕, 191

database replication〔資料庫複製〕, 287

database storage engines〔資料庫儲存引擎〕, 445

databases〔資料庫〕

　commits to〔提交〕, 314

　connecting directly to〔直接連接到〕, 285

dead records in〔無效的紀錄〕, 316

file export from〔檔案匯出〕, 292

major considerations for understanding〔瞭解⋯的主要考慮因素〕, 191

versus query engines〔與查詢引擎的區別〕, 308

real-time analytical databases〔即時分析資料庫〕, 436

serving data via〔經由⋯提供資料〕, 396

transaction support〔支援交易〕, 314

Dataflow model〔資料流模型〕, 65, 120

DataOps〔資料運營〕

adopting cultural habits of〔採取⋯的文化習慣〕, 69

automation〔自動化〕, 70

core technical elements of〔的核心技術要素〕, 70

goals of〔的目標〕, 68

as a high priority〔作為高優先順序〕, 72

impact on data ingestion〔對資料攝取的影響〕, 301

impact on data storage〔對資料儲存影響〕, 260

impact on queries, transformations, and modeling〔對查詢、轉換和建模的影響〕, 374

impact on serving data〔對資料提供的影響〕, 408

impact on source systems〔對來源系統的影響〕, 210

impact on technology selection〔對技術選擇的影響〕, 172

incident response〔事故回應〕, 72

observability and monitoring〔可觀察性和監控〕, 71

relationship to lean manufacturing〔與精益製造的關係〕, 69

Dataportal concept〔資料門戶概念〕, 61

datastrophes〔資料災難〕, 303

DBMSs (database management systems)〔資料庫管理系統〕, 191

dbt (Data Build Tool)〔資料建構工具〕, 401

DCL (data control language)〔資料控制語言〕, 310

DDL (data definition language)〔資料定義語言〕, 309

dead database records〔無效的資料庫紀錄〕, 316

dead-letter queues〔無效字母佇列〕, 283

decentralized computing〔去中心化計算〕, 149

decision-making, eliminating irreversible decisions〔決策，消除不可逆轉的決定〕, 94

decompression〔解壓縮〕, 446

decoupling〔解耦〕, 94, 102

defensive posture〔防禦態度〕, 418

deletion〔刪除〕, 356

denormalization〔反正規化〕, 243, 328, 344

derived data〔衍生資料〕, 361

deserialization〔反序列化〕, 272

devices〔設備〕, 120

DevOps engineers〔開發運營工程師〕, 29

differential update pattern〔差異更新模式〕, 279

digital data〔數位資料〕, 180

dimension tables〔維度資料〕, 335-340

direct costs〔直接成本〕, 136

directed acyclic graphs (DAGs)〔有向無環圖〕, 73, 361, 369

disaster prevention〔災難預防〕, 421

discoverability〔可發現性〕, 60

disk transfer speed〔磁碟傳輸速度〕, 220

distributed joins〔分散式聯接〕, 349

distributed monolith pattern〔分散式單體架構模式〕, 164

distributed storage〔分散式儲存〕, 226

distributed systems〔分散式系統〕, 100

DMBOK (Data Management Body of Knowledge)〔資料管理知識體系〕, 58, 85

DML (data manipulation language)〔資料操作語言〕, 309

DMM (Data Management Maturity)〔資料管理成熟度〕, 15

document stores〔文件保存〕, 194

documents〔文件〕, 194

DODD (Data Observability Driven Development)〔資料可觀測性驅動開發〕, 67, 71

domain coupling〔領域耦合〕, 104

domains〔領域〕, 99

don't repeat yourself (DRY)〔不會重複自己〕, 327

downstream stakeholders〔下游利益相關者〕, 29

Dropbox〔一家提供雲端文件儲存和分享服務的科技公司〕, 151-152

durability〔持久性〕, 182, 252, 273

dynamic RAM (DRAM)〔動態隨機存取記憶體〕, 222, 252

E

EA (enterprise architecture)〔企業架構〕, 82-85

EABOK (Enterprise Architecture Book of Knowledge)〔企業架構知識手冊〕, 83, 91

EBS (Amazon Elastic Block Store)〔AWS 的一項服務〕, 232

edge computing〔邊緣計算〕, 149

edges (in a graph)〔邊（數學圖形結構）〕, 197

efficiency〔效率〕, 202

elastic systems〔彈性系統〕, 90, 100

electronic data interchange (EDI)〔電子資料交換〕, 292

ELT (extract, load, and transform)〔提取、載入和轉換〕, 112, 279, 352

embedded analytics〔嵌入式分析〕, 52, 392

emitted metrics〔所發出的指標〕, 399

encryption〔加密〕, 423

enrichment〔豐富化〕, 323

enterprise architecture (EA)〔企業架構〕, 82-85

Enterprise Architecture Book of Knowledge(EABOK)〔企業架構知識手冊〕, 83, 91

ephemerality〔短暫性〕, 251

error handling〔錯誤處理〕, 283

ethics〔倫理〕, 68, 96, 300

ETL(見 extract, transform, load process)

event time〔事件時間〕, 190

event-based data〔基於事件的資料〕, 200, 282-284

event-driven architecture〔事件驅動架構〕, 107

event-driven systems〔事件驅動系統〕, 187

event-streaming platforms〔事件串流平台〕, 188, 203, 205-207, 289

eventual consistency〔最終一致性〕, 182, 196, 226, 237

explain plan〔執行計劃〕, 313

Extensible Markup Language (XML)〔可擴展標記語言〕, 442

external data〔外部資料〕, 29

external-facing data engineers〔面向外部的資料工程師〕, 26

extract〔提取〕(ETL), 279

extract, load, and transform (ELT)〔提取、載入和轉換〕, 112, 279, 352

extract, transform, load (ETL) process〔提取、轉換、載入流程〕

batch data transformations〔批次資料轉換〕, 351

data warehouses and〔資料倉儲〕, 112

versus ELT〔與 ELT 的區別〕, 279

push versus pull models of data ingestion〔資料攝取之推送與拉取的區別〕, 49

reverse ETL〔反向 ETL〕, 55, 403-406

fact tables〔事實資料表〕, 335

failure, planning for〔為失敗做規劃〕, 89, 100

Family Educational Rights and Privacy Act (FERPA)〔家庭教育權利和隱私法〕, 417

fast-follower change data capture approach〔快速跟隨者資料異動擷取方法〕, 317

fault tolerance〔容錯性〕, 207

featurization〔特徵化〕, 51

federated queries〔聯合查詢〕, 366, 399

FERPA (Family Educational Rights and Privacy Act)〔家庭教育權利和隱私法〕, 417

fields〔欄位〕, 192, 327

FIFO (first in, first out)〔先入先出〕, 205

file exchange〔檔案交換〕, 395

file storage〔檔案儲存〕, 227-230

File Transfer Protocol (FTP)〔檔案傳輸協定〕, 423

file-based export〔基於檔案的匯出〕, 279

files and file formats〔檔案和檔案格式〕, 180, 292-293, 441-445

filesystems〔檔案系統〕, 230, 239

financial management〔財務管理〕, 96

FinOps〔財務運營〕, 96-99, 138

first in, first out (FIFO)〔先入先出〕, 205

first normal form (1NF)〔第一正規形式〕, 328

Five Principles for Cloud-Native Architecture〔雲端原生架構的五項原則〕, 87

fixed schema〔固定綱要〕, 43

fixed-time windows〔固定時間窗口〕, 321

foreign keys〔外鍵〕, 192

frequency〔頻率〕, 269

FTP (File Transfer Protocol)〔檔案傳輸協定〕, 423

full snapshots〔完整快照〕, 279

full table scans〔全資料表掃描〕, 313

full-disk encryption〔全磁碟加密〕, 423

G

Gartner Hype Cycle〔Gartner 的技術成熟度曲線〕, 82

generation stage〔產生階段〕
    source systems and〔來源系統和〕, 41-43
    sources of data〔資料的來源〕, 180

golden records〔黃金紀錄〕, 65

Google Cloud Platform–specific networking〔谷歌雲端平台特有的網路連接〕, 451

Google File System (GFS)〔谷歌檔案系統〕, 240

governance〔治理〕, 59

grain〔粒度〕, 327

graph databases〔圖形資料庫〕, 197

GraphQL〔一種由臉書開發的資料查詢語言和運行時期環境〕, 201

greenfield projects〔綠地專案〕, 109

gRPC〔一種由谷歌開發的開源高性能遠端程序調用框架〕, 202

H

Hadoop Distributed File System (HDFS)〔Hadoop 分散式檔案系統〕, 240, 251

Hadoop Update Delete Incremental (Hudi)〔Hadoop 更新刪除增量〕, 445

hard delete〔硬刪除〕, 356

Harvard architecture〔哈佛架構〕, 223

headless BI〔無介面商業智慧工具〕, 401

Health Insurance Portability and Accountability Act (HIPAA)〔醫療保險可攜性和責任法案〕, 417

horizontal scaling〔橫向擴展〕, 101

hot data〔熱門資料〕, 45, 255

hot storage〔熱儲存〕, 255

hotspotting〔熱點〕, 207

HTTPS (Hypertext Transfer Protocol Secure)〔超文本傳輸安全協議〕, 423

hubs〔樞紐〕(Data Vault), 341

Hudi (Hadoop Update Delete Incremental)〔Hadoop 更新刪除增量〕, 445

human security breaches〔人為安全漏洞〕, 418, 423

human-generated metadata〔由人產生的中介資料〕, 60

hybrid cloud〔混合雲〕, 146, 150

hybrid columnar storage〔混和行式儲存〕, 244

hybrid object storage〔混和物件儲存〕, 253

hybrid separation and colocation〔混合分離和共置〕, 252

hybrid serialization〔混和序列化〕, 445

Hypertext Transfer Protocol Secure (HTTPS)〔超文本傳輸安全協定〕, 423

I

IaaS (infrastructure as a service)〔基礎架構即服務〕, 143

IaC (infrastructure as code)〔基礎架構即程式碼〕, 77

Iceberg〔一種資料表管理技術〕, 445

idempotent message systems〔冪等訊息系統〕, 205

identifiable business element〔可識別的業務元素〕, 341

immutable technologies〔不變的技術〕, 140, 150

implicit data definitions〔隱含的資料定義〕, 387

in-memory serialization〔記憶體中序列化〕, 444

incident response〔事故回應〕, 72

incremental updates〔增量更新〕, 279

independent offerings〔獨立產品〕, 158

indexes〔索引〕, 191, 243

indirect costs〔間接成本〕, 136

infrastructure as a service (IaaS)〔基礎架構即服務〕, 143

infrastructure as code (IaC)〔基礎架構即程式碼〕, 77

ingestion stage〔攝取階段〕

batch ingestion considerations〔批次攝取時需要考慮的因素〕, 277-280

batch versus streaming〔批次與串流的區別〕, 47-49, 120

challenges faced in〔所面臨的挑戰〕, 47

change data capture〔異動資料擷取〕, 286

data pipelines and〔資料管道和〕, 266

definition of data ingestion〔資料攝取的定義〕, 266

impact of undercurrents on〔潛在因素的影響〕, 298-304

IoT gateways and〔物聯網閘道和〕, 122

key engineering considerations for〔關鍵工程考慮因素〕, 267-276

bounded versus unbounded data〔有界資料與無界資料的區別〕, 268

data-ingestion frequency〔資料攝取頻率〕, 269

overview of〔概述〕, 47, 267

payload〔有效負載〕, 274

reliability and durability〔可靠性和持久性〕, 273

serialization and deserialization〔序列化和反序列化〕, 272

synchronous versus asynchronous ingestion〔同步攝取與非同步攝取的區別〕, 270

throughput and scalability〔吞吐量和可擴展性〕, 272

message and stream ingestion considerations〔訊息和串流攝取的考慮因素〕, 282-284

push versus pull models〔推送模型與拉取模型的區別〕, 49, 277

stakeholders of〔利益相關者〕, 297

ways to ingest data〔攝取資料的方法〕, 284-297

APIs〔應用程式設計介面〕, 288

data sharing〔資料共享〕, 297

databases and file export〔資料庫和檔案匯出〕, 292

direct database connection〔直接資料庫連接〕, 285

electronic data interchange〔電子資料交換〕, 292

managed data connectors〔託管資料連接器〕, 290

message queues and event-streaming platforms〔訊息佇列和事件串流平台〕, 289

moving data with object storage〔使用物件儲存移動資料〕, 292

SFTP and SCP〔SFTP 和 SCP〕, 294

shell interface〔shell 介面〕, 293

SSH protocol〔SSH 協定〕, 294

transfer appliances for data migration〔用於資料遷移的傳輸設備〕, 296

web interfaces〔web 介面〕, 295

web scraping〔網頁抓取〕, 295

webhooks, 294

ingestion time〔攝取時間〕, 190

Inmon data model〔Inmon 資料模型〕, 333

insert deletion〔插入刪除〕, 356

insert-only pattern〔僅插入模式〕, 186, 356

inserts〔插入〕, 280

instance store volumes〔執行個體保存磁碟區〕, 233

institutional knowledge〔機構知識〕, 387

integration〔攝取〕, 67, 266, 333

internal data〔內部資料〕, 28

internal ingestion〔內部攝取〕, 266

internal security research〔內部安全研究〕, 425

internal-facing data engineers〔面對內部的資料工程師〕, 26

Internet of Things (IoT)〔物聯網〕, 120-123

interoperability〔互通性〕, 67, 135

IoT gateways〔物聯網閘道〕, 121

irreversible decisions〔不可逆決策〕, 94

isolation〔隔離性〕(ACID), 182

J

Java, 22

Java Virtual Machine languages〔Java 虛擬機器語言〕, 22

JavaScript Object Notation (JSON)〔JavaScript 物件表示法〕, 442

join strategy〔聯接策略〕, 311

joins〔聯接〕, 323

JSON Lines (JSONL)〔一種資料格式〕, 442

K

Kappa architecture〔Kappa 架構〕, 118, 318

key-value databases〔鍵值式資料庫〕, 194

key-value timestamps〔鍵值時間戳記〕, 206

keys〔鍵〕, 206

Kimball data model〔Kimball 資料模型〕, 335

L

lakehouses〔湖倉〕, 116

Lambda architecture〔Lambda 架構〕, 117

late-arriving data〔延遲到達的資料〕, 282

latency〔延遲〕, 185, 220, 393

leadership, architecture as〔架構就是領導力〕, 90

lean practices〔精益實踐方法〕, 69

lifecycle management〔生命週期管理〕, 67

lift and shift〔搬遷和轉移〕, 145

lightweight object caching〔輕量物件快取〕, 240

lightweight virtual machines〔輕量級虛擬機〕, 166

lineage〔沿襲〕, 66

linear density (magnetic storage)〔線性密度（磁碟）〕, 220

link tables〔鏈接資料表〕(Data Vault), 342

live data stacks〔即時資料堆疊〕, 435-436

live tables〔即時資料表〕, 366

load〔載入〕(ETL), 279

local disk storage〔本地磁碟儲存區〕, 228

local instance volumes〔本地執行個體磁碟區〕, 233

location〔位置〕, 284

log analysis〔日誌分析〕, 198

log-based change data captures〔基於日誌的資料異動擷取〕, 287

log-structured merge-trees (LSMs)〔日誌結構合併樹〕, 191

logging〔日誌登錄〕, 423

logic〔邏輯〕, 387

logical data models〔邏輯資料模型〕, 326

logs〔日誌〕, 184

Looker〔一種 BI 和資料分析平台〕, 401

lookup data〔查找資料〕, 62, 236

lookups〔查找〕, 191

loosely coupled communication〔鬆耦合的通訊方式〕, 94

loosely coupled systems〔鬆耦合的系統〕, 93, 102

lossless compression algorithms〔無損壓縮演算法〕, 446

lossy compression algorithms〔有損壓縮演算法〕, 446

LSMs (log-structured merge-trees)〔日誌結構合併樹〕, 191

lukewarm data〔微溫資料〕, 45, 255

M

machine learning (ML)〔機器學習〕, 54, 393-395, 438

machine learning engineers〔機器學習工程師〕, 30

machine learning operations (MLOps)〔機器學習運營〕4, 32

magnetic disks〔磁碟〕, 219-221

managed data connectors〔託管資料連接器〕, 290

MapReduce, 251, 363

massively parallel processing (MPP) databases〔大規模並行處理資料庫〕, 7, 112

master data management (MDM)〔主要資料管理〕, 65

materialized views〔具體化視圖〕, 366

maximum message retention time〔最大訊息保留時間〕, 283

MDSs (modern data stacks)〔現代資料堆疊〕, 11, 116, 435

measurement data〔測量資料〕, 200

memcached〔一種鍵值保存系統〕, 240

memory caching〔記憶體快取〕, 363

memory-based storage systems〔基於記憶體的儲存系統〕, 240

merge pattern〔合併模式〕, 357

message queues〔訊息佇列〕, 187, 203-205, 289

messages〔訊息〕

  basics of〔的基本原則〕, 187

  delivered out of order〔以錯誤的順序傳遞〕, 282

  error handling and dead-letter queues〔錯誤處理和無效字母佇列〕, 283

  late-arriving data〔延遲到達的資料〕, 282

  retrieving from history〔擷取自歷史記錄〕, 283

  size of〔的規模〕, 283

  versus streams〔與串流的區別〕, 289

metadata〔中介資料〕, 60-62, 276

metrics layers〔指標層〕, 400

micro-batch approach〔微批次的作法〕, 370

micro-partitioning〔微分區〕, 244

microservices architecture〔微服務架構〕, 105

migration〔遷移〕, 280

ML (machine learning)〔機器學習〕, 54, 393-395, 438

MLOps (machine learning operations)〔機器學習運營〕, 32

modeling and design〔建模和設計〕, 66
（另見 data modeling）

modeling patterns〔建模模式〕, 191

modern data stacks (MDSs)〔現代資料堆疊〕, 11, 116, 435

modularization〔模組化〕, 94, 161, 162, 164

monitoring〔監控〕, 71, 88, 423

monolithic architectures〔單體架構〕, 104, 161-162, 164

MPP (massively parallel processing) databases, 7, 112

multicloud deployment〔多雲開發〕, 148, 150

multiregion networking layer〔多地區網路層〕, 451

multitenancy support〔多租戶支援〕, 54, 106, 202

multitenant storage〔多租戶儲存〕, 257

multitier architectures〔多層架構〕, 103

multitier caching〔多層快取〕, 252

N

n-tier architectures〔n 層架構〕, 103

NAS (network-attached storage)〔網路附加儲存〕, 230

near real-time data ingestion〔接近即時的資料攝取〕, 48, 269

negative thinking〔負面思考〕, 418

nested subqueries〔嵌套子查詢〕, 313

network security〔網路安全性〕, 424

network-attached storage (NAS)〔網路附加儲存〕, 230

networking〔網路連線〕（見 cloud networking）

von Neumann architecture〔馮紐曼架構〕, 223

New Technology File System (NTFS)〔新技術檔案系統〕, 228

node joins〔節點聯接〕, 349

nodes〔節點〕, 197

nonrelational (NoSQL) databases〔非關聯式資料庫〕, 193-200

  document stores〔文件保存〕, 194

  graph databases〔圖形式資料庫〕, 197

  history of〔的歷史〕, 193

  key-value stores〔鍵值保存〕, 194

  versus relational databases〔與關聯式資料庫的區別〕, 193

  search databases〔搜索式資料庫〕, 198

  time-series databases〔時間序列資料庫〕, 198

  wide-column databases〔寬行式資料庫〕, 196

nonvolatile random access memory (NVRAM)〔非易失性隨機存取記憶體〕, 222

normal forms〔正規形式〕, 328

normalization〔正規化〕, 327

normalized schemas, 192

NoSQL (not only SQL)〔不僅僅是 SQL〕(見 nonrelational databases)

notebooks, serving data in〔以 Notebook 來提供資料〕, 401

NTFS (New Technology File System)〔新技術檔案系統〕, 228

NVRAM (nonvolatile random access memory)〔非易失性隨機存取記憶體〕, 222

O

object storage〔物件儲存〕, 228, 234-240
  availability zones and〔可用區域和〕, 235
  benefits of〔的性能優勢〕, 235
  for data engineering applications〔資料工程應用〕, 236
  definition of term〔術語的定義〕, 234
  versus file storage〔與檔案儲存的區別〕, 228
  versus local disk〔與本地磁碟的區別〕, 235
  moving data with〔使用…移動資料〕, 292
  object consistency and versioning〔物件一致性和版本控制〕, 237
  object lookup〔物件查找〕, 236
  object store-backed filesystems〔基於物件保存的檔案系統〕, 239
  popularity of〔的普及程度〕, 235
  scalability of〔的可擴展性〕, 236
  storage classes and tiers〔儲存類別和層級〕, 239

observability〔可觀察性〕, 71, 88, 383

off-the-shelf data connectors〔現成資料連接器的〕, 431

on-premises technology stacks〔本地部署技術堆疊〕, 142, 145

one-size-fits-all technology solutions〔通用技術解決方案〕, 89

one-way doors〔單向門〕, 83, 94

online analytical processing (OLAP) systems〔線上分析處理系統〕, 183

online transaction processing (OLTP) systems〔線上交易處理系統〕, 181

Open Group Architecture Framework, The (TOGAF)〔開放組織架構框架〕
  data architecture〔資料架構〕, 85
  enterprise architecture〔企業架構〕, 82

open source software (OSS)〔開源軟體〕, 153-158, 431, 438

operational analytics〔運營分析〕, 52, 390

operational architecture〔運營架構〕, 86

operational expenses (opex)〔運營支出〕, 137

operational metadata〔運營中介資料〕, 62

Optimized Row Columnar (ORC)〔優化列行式〕, 444

optional persistence〔可選持久性〕, 240

orchestration〔編排〕
  choosing components wisely〔明智地選擇常用組件〕, 88
  impact on data ingestion〔對資料攝取的影響〕, 304
  impact on data storage〔對資料儲存的影響〕, 261
  impact on queries, transformations, and modeling〔對查詢、轉換和建模的影響〕, 376
  impact on serving data〔對資料提供的影響〕, 409
  impact on source systems〔對來源系統的影響〕, 212
  impact on technology selection〔對技術選擇的影響〕, 173

pipelines and〔管道和〕, 78

process of〔的過程〕, 73

organizational characteristics〔組織特徵〕, 93

organizational data warehouse architecture〔組織型資料倉儲架構〕, 111

overarchitecting〔過度設計架構〕, 138

overhead〔經常性費用；開銷〕, 136

P

PaaS (platform as a service)〔平台即服務〕, 143

parallel processing databases〔平行處理資料庫〕, 7, 112

paranoia〔保持警覺〕, 418

Parquet〔即 Apache Parquet，是一種資料儲存格式〕, 443

partial dependency〔部分依賴關係〕, 328

partition keys〔分區鍵〕, 206

partitioning〔分區〕, 243

patches〔修補〕, 422

payloads〔有效負載〕, 274-276

performance〔性能〕, 107

permissions, monitoring〔權限，監控〕, 424

persistence, optional〔可選持久性〕, 240

physical data models〔實體資料模型〕, 326

pipeline metadata〔管道中介資料〕, 62

pipelines as code〔管道即程式碼〕, 78

PIT (point-in-time) tables〔時間點資料表〕, 344

platform as a service (PaaS)〔平台即服務〕, 143

plumbing tasks〔管道任務〕, 201

point-in-time (PIT) tables〔時間點資料表〕, 344

polyglot applications〔多種程式語言應用程式〕, 163

prejoining data〔預聯接資料〕, 312

premium-tier networking〔高層級的網路服務〕, 451

prerequisites for book〔先備知識和技能〕, xxi

primary keys〔主鍵〕, 192

principle of least privilege〔最小特權原則〕, 57, 420

privacy〔隱私〕, 68, 96, 300, 417

process time〔處理時間〕, 190

processing engines, choosing〔選擇處理引擎〕, 88

processing time〔處理時間〕, 190

product managers〔產品經理〕, 34

project managers〔專案經理〕, 34

proprietary cloud offerings〔專有雲端產品〕, 160

proprietary walled gardens〔專有封閉生態系統〕, 158-160

pruning〔修剪〕, 314

public access〔公開存取〕, 96

publishers〔發布者〕, 187

pull model of data ingestion〔資料攝取的拉取模型〕, 49, 277, 284

push model of data ingestion〔資料攝取的推送模型〕, 49, 277, 279, 284

Python, 22

Q

quality〔品質〕, 64

queries〔查詢〕

basics of〔的基本原則〕, 309-310

execution of〔的執行〕, 310

federated queries〔聯合查詢〕, 366, 399

improving performance of〔改善性能〕, 311-317

stakeholders of〔的利益相關者〕, 371

on streaming data〔串流資料的〕, 317-324

techniques and languages used for〔所使用的技術和語言〕, 308

versus transformations〔與轉換的區別〕，348

query engines〔查詢引擎〕，308

query optimizers〔查詢優化器〕，191, 311

query performance〔查詢性能〕，393

query pushdown〔查詢下推〕，368, 398

R

RAID (redundant array of independent disks)〔獨立磁碟冗餘陣列〕，231

random access memory (RAM)〔隨機存取記憶體〕，222

RDBMSs (relational database management systems)〔關聯式資料庫管理系統〕，41, 181, 192

real-time analytical databases〔即時分析資料庫〕，436

real-time data ingestion〔即時資料攝取〕，48, 120, 269

real-time logs〔即時日誌〕，185

recovery point objective (RPO)〔恢復點目標〕，89

recovery time objective (RTO)〔恢復時間目標〕，89

reduce step〔reduce 步驟〕，251

redundancy〔冗餘機制〕，451

redundant array of independent disks (RAID)〔獨立磁碟冗餘陣列〕，231

reference metadata〔參考中介資料〕，62

regions〔地區〕，450

regulations〔法規〕，257

relational database management systems (RDBMSs)〔關聯式資料庫管理系統〕，41, 181, 192

relational schema〔關聯綱要〕，250

relations (rows)〔關聯（列）〕，192, 194

reliability〔可靠性〕，89, 101, 273

remote procedure calls (RPCs), 202

repatriation〔遣返〕，150

replay〔重播〕，242, 283

reports〔報告〕，389

representational state transfer (REST)〔表徵性狀態傳輸〕APIs〔應用程式設計介面〕，200

resilience〔復原能力〕，207

resolution〔解析度〕，185

resource use〔資源使用〕，424

resume-driven development〔為了炫耀自己的履歷而開發〕，109, 133

reverse cache〔反向快取〕，225

reverse ETL〔反向 ETL〕，55, 403-406

reversible decisions〔可逆決策〕，94

rotational latency〔旋轉延遲〕，220

row explosion〔列爆炸〕，312

row-based serialization〔基於列的序列化〕，441

rows〔列〕，243, 327

RPO (recovery point objective)〔恢復點目標〕，89

RTO (recovery time objective)〔恢復時間目標〕，89

S

S3 Standard-Infrequent Access storage class〔S3 標準低頻存取存儲類別〕，239

SaaS (software as a service)〔軟體即服務〕，143

SAN (storage area network) systems〔儲存區域網路系統〕，232

satellites〔衛星〕(Data Vault), 343

Scala〔一種綜合物件導向和函數式程式設計特性的程式語言〕，22

scalability〔可擴展性〕

architecting for〔為…進行架構設計〕，90

benefits of〔的好處〕，100

databases and〔資料庫和〕，191

ingestion stage and〔攝取階段和〕, 272

message systems and〔訊息系統和〕, 205

object storage and〔物件儲存和〕, 236

pay-as-you-go systems〔按需要付費系統〕, 97

separation of compute from storage〔計算與儲存分離〕, 251

scans, full table〔全資料表掃描〕, 313

SCDs (slowly changing dimensions)〔緩慢變化的維度〕, 339

schedulers〔排程器〕, 73

schema changes〔綱要異動〕, 299

schema evolution〔綱要演進〕, 282

schema metadata〔綱要中介資料〕, 62

schema on read technique〔讀取時綱要技術〕, 250

schema on write technique〔寫入時綱要技術〕, 250

schema updates〔綱要更新〕, 358

schemaless option〔無綱要選項〕, 43

schemas〔綱要〕

basics of〔的基本原則〕, 250

definition of term〔術語的定義〕, 43

detecting and handling changes in〔偵測和處理其中的異動〕, 276

in data payloads〔資料有效負載中的〕, 275

registries for〔註冊表〕, 276

in relational databases〔關聯式資料庫中的〕, 192

star schema〔星型綱要〕, 340

search databases〔搜索式資料庫〕, 198

second normal form (2NF)〔第二正規形式〕, 328

secure copy (SCP), 294

secure FTP (SFTP), 294

security〔安全性〕

credential handling in notebooks〔notebooks 中的憑證處理〕, 402

human activities and〔人類活動和〕, 418

impact on data engineering lifecycle〔對資料工程生命週期的影響〕, 57

impact on data ingestion〔對資料攝取的影響〕, 299

impact on data storage〔對資料儲存的影響〕, 259

impact on queries, transformations, and modeling〔對查詢、轉換和建模的影響〕, 372

impact on serving data〔對資料提供的影響〕, 407

impact on source systems〔對來源系統的影響〕, 209

prioritizing〔優先考慮〕, 95

processes and〔流程和〕, 419-422

role in privacy〔在隱私中的角色〕, 417

single versus multitenant〔單租戶與多租戶的區別〕, 107

technology and〔技術和〕, 422-426

zero-trust models〔零信任模型〕, 95

security policies〔安全策略〕, 421

self-service data〔自助服務資料〕, 385

semantic layers〔語意層〕, 400

semistructured data〔半結構化資料〕, 181

sequencing plans〔有序計劃〕, 91

serialization〔序列化〕, 223, 272

serialization formats〔序列化的格式〕, 441-445

columnar serialization〔行式序列化〕, 443

hybrid serialization〔混合序列化〕, 445

improving performance and〔提高性能和〕, 441

row-based serialization〔基於列的序列化〕, 441

serverless cloud offerings〔無伺服器與有伺服器的區別〕, 165, 169

servers, considerations when using〔使用伺服器時的考慮事項〕, 167

service-level agreements (SLAs)〔服務水準協議〕, 209

service-level objectives (SLOs)〔服務水準目標〕, 209

services〔服務〕, 99

serving data stage〔提供資料階段〕

    analytics〔分析〕, 51, 388-393

    business intelligence〔商業智慧〕, 52, 388

    embedded analytics〔嵌入式分析〕, 52, 392

    general considerations for〔的一般考慮事項〕, 382-388

    getting value from data〔從資料中獲取價值〕, 51

    IoT devices and〔物聯網服務和〕, 122

    machine learning〔機器學習〕, 54, 393-395

    multitenancy support〔多租戶支援〕, 54

    operational analytics〔運營分析〕, 52, 390

    reverse ETL〔反向 ETL〕, 55, 403-406

    stakeholders of〔的利益相關者〕, 406

    ways to serve data〔提供資料的方法〕, 395-403

session windows〔期程窗口〕, 319

sessionization〔期程化〕, 321

SFTP (secure FTP), 294

shape〔形狀〕, 274

shared disk architectures〔共享磁碟架構〕, 104

shared responsibility security model〔責任共擔安全模型〕, 95, 420

shared-nothing architectures〔無共享架構〕, 104

shell interface〔shell 介面〕, 293

shiny object syndrome〔追逐閃亮的新科技〕, 133

shuffle hash joins〔隨機雜湊聯接〕, 351

single machine data storage〔單機資料儲存〕, 226

single-row inserts〔單列插入〕, 356

single-tenant storage〔單租戶儲存〕, 257

single-tier architectures〔單層架構〕, 102

site-reliability engineers (SREs)〔網站可靠性工程師〕, 29

size〔大小〕, 274, 283

size-based batch ingestion〔基於大小的批次攝取〕, 278

SLAs (service-level agreements)〔服務水準協議〕, 209

sliding windows〔滑動窗口〕, 321

SLOs (service-level objectives)〔服務水準目標〕, 209

slowly changing dimensions (SCDs)〔緩慢變化的維度〕, 339

snapshots〔快照〕, 279

Snowflake micro-partitioning〔Snowflake 微分區〕, 244

social capital and knowledge〔社會資本和知識〕, 61

soft delete〔軟刪除〕, 356

software as a service (SaaS)〔軟體即服務〕, 143

software engineering〔軟體工程〕

    core data processing code〔核心資料處理程式碼〕, 76

    impact on data ingestion〔對資料攝取的影響〕, 304

    impact on data storage〔對資料儲存的影響〕, 261

    impact on queries, transformations, and modeling〔對查詢、轉換和建模的影響〕, 376

    impact on serving data〔對資料提供的影響〕, 410

impact on source systems〔對來源系統的影響〕, 214

impact on technology selection〔對技術選擇的影響〕, 174

infrastructure as code (IaC)〔基礎架構即程式碼〕, 77

open source frameworks〔開源框架〕, 76

pipelines as code〔管道即程式碼〕, 78

streaming data processing〔串流資料處理〕, 77

transition from coding to dataframes〔從傳統的撰碼轉向使用資料框架〕, 76

software engineers〔軟體工程師〕, 28

solid-state drives (SSDs)〔固態硬碟〕, 221

source systems〔來源系統〕（另見 generation stage）

application database example〔應用程式資料庫範例〕, 41

avoiding breaks in pipelines and analytics〔避免管道和分析中斷〕, 41

basics of〔的基本原則〕, 180-190

APIs〔應用程式設計介面〕, 181

application databases〔應用程式資料庫〕, 181

change data capture method〔異動資料擷取方法〕, 183

database logs〔資料庫日誌〕, 185

files and unstructured data〔檔案和非結構化資料〕, 180

insert-only pattern〔僅插入模式〕, 186

logs〔日誌〕, 184

messages and streams〔訊息和串流〕, 187

online analytical processing (OLAP) systems〔線上交易處理系統〕, 183

types of time〔時間類型〕, 188

definition of term〔術語的定義〕, 41

evaluating〔評估〕, 42-43

impact of undercurrents on〔潛在因素的影響〕, 209-214

IoT swarm and message queue example〔物聯網群集和訊息佇列範例〕, 42

practical details〔實際細節〕, 190-207

APIs〔應用程式設計介面〕, 200

data sharing〔資料共享〕, 202

databases〔資料庫〕, 191

message queues and event-streaming platforms〔訊息佇列和事件串流平台〕, 203

third-party data sources〔第三方資料來源〕, 203

stakeholders of〔的利益相關者〕, 207

unique aspects of〔的特點〕, 43

Spark API〔Apache Spark 的應用程式編程介面〕, 354, 361

speed to market〔上市速度〕, 135

spending and resources, managing〔支出和資源的管理〕, 96

spill to disk〔溢寫至磁碟〕, 364

spreadsheets〔電子試算表〕, 438

SQL（見 Structured Query Language）

SREs (site-reliability engineers)〔網站可靠性工程師〕, 29

SSDs (solid-state drives)〔固態硬碟〕, 221

SSH protocol〔SSH 協定〕, 294

stakeholders〔利益相關者〕

downstream〔下游〕, 29

ingestion stage and〔攝取階段和〕, 297

for queries, transformations, and modeling〔查詢、轉換和建模〕, 371

serving data and〔提供資料和〕, 406

source systems and〔來源系統和〕, 207

upstream〔上游〕, 28

working alongside〔與…合作〕, 126

star schema〔星型綱要〕, 340

state〔狀態〕, 206

STL (stream, transform, and load)〔串流、轉換和載入〕, 437

storage area network (SAN) systems〔儲存區域網路系統〕, 232

storage stage〔儲存階段〕

  big ideas and trends in storage〔儲存領域的重要概念和趨勢〕, 249-258

    data catalogs〔資料編目〕, 249

    data sharing〔資料共享〕, 250

    data storage lifecycle and data retention〔資料儲存生命週期和資料保留〕, 254

    schemas〔綱要〕, 250

    separation of compute from storage〔計算與儲存分離〕, 251

    single-tenant versus multitenant storage〔單租戶儲存與多租戶儲存的區別〕, 257

  caching〔快取〕, 225

  data engineering storage abstractions〔資料工程的儲存抽象概念〕, 245-247

  data storage systems〔資料儲存系統〕, 225-244

    block storage〔區塊儲存〕, 231

    cache and memory-based storage〔快取和基於記憶體的儲存〕, 240

    eventual versus strong consistency〔最終一致性與強一致性的區別〕, 226

    file storage〔檔案儲存〕, 227

    Hadoop Distributed File System〔Hadoop分散式檔案系統〕, 240

    indexes, partitioning, and clustering〔索引、分割和叢集化〕, 243

    object storage〔物件儲存〕, 234

    single machine versus distributed〔單機與分散的區別〕, 226

    streaming storage〔串流儲存〕, 242

  division of responsibilities for〔的責任劃分〕, 258

  IoT devices and〔物聯網設備和〕, 122

  key engineering considerations〔關鍵的工程考慮因素〕, 44

  lifecycle stages encompassed by〔所包含的生命週期階段〕, 218

  physical and software elements of〔的實體和軟體元素〕, 218

  raw ingredients of data storage〔資料儲存的基本要素〕, 219-225

    compression〔壓縮〕, 224

    magnetic disks〔磁碟〕, 219

    networking and CPU〔網路和 CPU〕, 223

    random access memory〔隨機存取記憶體〕, 222

    serialization〔序列化〕, 223

    solid-state drives〔固態硬碟〕, 221

  selecting storage systems〔選擇儲存系統〕, 45, 88, 217

  storage solution basics〔儲存解決方案基礎〕, 44

  understanding data access frequency〔瞭解資料存取頻率〕, 45

stream partitions〔串流分區〕, 206

stream, transform, and load (STL)〔串流、轉換和載入〕, 437

stream-to-batch storage architecture〔串流到批次儲存架構〕, 247

streaming data ingestion〔串流資料攝取〕, 47, 269, 282-284

streaming data modeling〔串流資料建模〕, 346

streaming data processing〔串流資料處理〕, 77

streaming data queries〔串流資料查詢〕, 317-324

streaming directed acyclic graphs〔串流有向無環圖〕, 369

streaming pipelines〔串流資料管道〕, 436

streaming platforms〔串流資料平台〕, 187, 399

streaming queries〔串流資料查詢〕, 368

streaming transformations〔串流轉換〕, 368-371

streams〔串流〕

  basics of〔的基本原則〕, 188

  combining with other data〔與其他資料結合〕, 323

  enriching〔經豐富化的〕, 323

  stream-to-stream joining〔串流到串流聯接〕, 323

  streaming buffers〔串流緩衝區〕, 324

strong consistency〔強一致性〕, 226, 237

Structured Query Language (SQL)〔結構化查詢語言〕

  batch data transformations〔批次資料轉換〕, 352

  complex data workflows〔建構複雜的資料工作流程〕, 353

  developments based on〔基於…開發〕, 7

  effectiveness of〔的有效性〕, 22-24

  focus on〔專注於〕, 308

  optimizing processing frameworks〔優化處理框架〕, 354

  when to avoid〔何時避免〕, 353

subject orientation〔主題導向〕, 333

synchronous data ingestion〔同步資料攝取〕, 270

systems stakeholder〔系統利益相關者〕, 208

T

table joins〔資料表聯接〕, 323

table management technologies〔資料表管理技術〕, 445

tables〔資料表〕, 194

target architecture〔目標架構〕, 91

target audience for book〔本書的目標讀者〕, xx

TCO (total cost of ownership)〔總擁有成本〕, 136

TDD (test-driven development)〔測試驅動開發〕, 71

technical architecture〔技術架構〕, 82, 86

technical coupling〔技術耦合〕, 104

technical data warehouse architecture〔技術型資料倉儲架構〕, 111

technical metadata〔技術中介資料〕, 61

technologies〔技術〕（見 data technologies）

temporary tables〔臨時資料表〕, 313

test-driven development (TDD)〔文字驅動開發〕, 71

text search〔文字搜索〕, 198

third normal form (3NF)〔第三正規形式〕, 328

third-party data sources〔第三方資料來源〕, 203

three-tier architectures〔三層架構〕, 103

throughput〔吞吐量〕, 272

tiers〔層級〕

  multitier architectures〔多層架構〕, 103

  premium-tier networking〔高層級的網路服務〕, 451

  single-tier architectures〔單層架構〕, 102

  storage classes and〔儲存類別和〕, 239, 255

  structuring laycrs of architecture〔構建架構的各個層級〕, 102

tight coupling〔緊耦合〕, 102

time to live (TTL)〔存留時間〕, 257, 283

time, types of〔時間類型〕, 188

time-interval batch ingestion〔時間間隔批次攝取〕, 278

time-series databases〔時間序列資料庫〕, 198

timeliness〔及時性〕, 65

timestamps〔時間戳記〕, 206

TOCO (total opportunity cost of ownership)〔總機會擁有成本〕, 137

TOGAF (見 Open Group Architecture Framework, The)〔開放組織架構框架〕

tools, versus architecture〔工具，相對於架構〕, 133
(另見 technologies)

topics〔主題〕, 206

total cost of ownership (TCO)〔總擁有成本〕, 136

total opportunity cost of ownership (TOCO)〔總機會擁有成本〕, 137

touchless production〔非接觸式生產〕, 300

transaction control language (TCL)〔交易控制語言〕, 310

transactional databases〔交易式資料庫〕, 181, 287

transactions〔交易〕, 182, 314

transfer appliances〔傳輸設備〕, 296

transform-on-read ELT〔讀取時轉換的 ELT 方式〕, 113

transformation stage〔轉換階段〕, 50

transformations〔轉換〕
    batch transformations〔批次轉換〕, 349-364
    data virtualization〔資料虛擬化〕, 367
    federated queries〔聯合查詢〕, 366
    materialized views〔具體化視圖〕, 366
    purpose of〔的目的〕, 348
    versus queries〔與查詢的區別〕, 348
    stakeholders of〔的利益相關者〕, 371
    streaming transformations and processing〔串流轉換和處理〕, 368-371, 437
    views〔視圖〕, 364

transitive dependency〔遞移依賴關係〕, 328

transitory technologies〔暫時的技術〕, 140, 150

truncate update pattern〔截斷更新模式〕, 356

trust〔信任〕, 382

TTL (time to live)〔存留時間〕, 257

tumbling windows〔滾動窗口〕, 321

two-way doors〔雙向門〕, 84, 94

types A and B data scientists〔A 型和 B 型資料科學家〕, 25

U

unbounded data〔無界資料〕, 120, 268

undercurrents〔潛在因素〕
    considerations for choosing technologies〔選擇技術的考慮因素〕, 172-174
    data architecture〔資料架構〕, 73
    data management〔資料管理〕, 58-68
    DataOps〔資料運營〕, 68-73
    examples of〔的例子〕, 5, 57
    impact on data storage〔對資料儲存的影響〕, 259-261
    impact on queries, transformations, and modeling〔對查詢、轉換和建模的影響〕, 372-377
    impact on serving data〔對資料提供的影響〕, 406-411
    orchestration〔編排〕, 73, 78
    role in data engineering〔在資料工程中的角色〕, 15, 40
    security〔安全性〕, 57
    software engineering〔軟體工程〕, 76-78
    technical responsibilities and〔技術責任和〕, 21

unique primary keys〔唯一主鍵〕, 328

unstructured data〔無結構的資料〕, 181

update operations〔更新操作〕, 280, 422

update patterns〔更新模式〕, 355-360

upsert pattern〔更新或插入模式〕, 357

upstream stakeholders〔上游利益相關者〕, 28

use cases, determining〔確定使用案例〕, 383

V

vacuuming〔清掃〕, 316

validation〔驗證〕, 383

value of data〔資料的價值〕, 51

values〔值〕, 206

version metadata〔版本中介資料〕, 238

version-control systems, selecting〔選擇版本控制系統〕, 88

views〔視圖〕, 364

volatility〔易失性〕, 222

von Neumann architecture〔馮紐曼架構〕, 223

W

warm data〔溫資料〕, 255

waterfall project management〔瀑布式專案管理〕, 91

watermarks〔水印〕, 322

web interfaces〔web 介面〕, 295

web scraping〔網頁抓取〕, 295

webhooks, 202, 294

wide denormalized tables〔寬幅反正規化資料表〕, 344

wide tables〔寬幅資料表〕, 344

wide-column databases〔寬幅行式資料庫〕, 196

windowing methods〔窗口化方法〕, 77, 120, 319-322

write once, read never (WORN)〔只寫一次，從不讀取〕, 115

X

XML (Extensible Markup Language)〔可擴展標記語言〕, 442

Z

zero-copy cloning〔零副本複製〕, 254

zero-trust security models〔零信任安全性模型〕, 95

關於作者

Joe Reis 是一位具有商業頭腦的資料狂熱者,已在資料行業工作了 20 年,職責範圍包括統計建模、預測、機器學習、資料工程、資料架構等幾乎所有相關領域。Joe 是 Ternary Data 的 CEO 和共同創始人,Ternary Data 是一家位於猶他州鹽湖城的資料工程和架構諮詢公司。此外,他還在多個技術團體擔任志願者,並在猶他大學任教。在業餘時間,Joe 喜歡攀岩、製作電子音樂,並帶著他的孩子進行瘋狂的冒險。

Matt Housley 是一位資料工程顧問和雲端專家。在早年學習過 Logo、Basic 和 6502 組合語言,之後他在猶他大學獲得了數學博士學位。Matt 隨後開始從事資料科學工作,最終專攻基於雲端的資料工程。他與 Joe Reis 共同創立了 Ternary Data 公司,在那裡他利用自己的教學經驗培訓未來的資料工程師,並就強大的資料架構向團隊提供建議。Matt 和 Joe 還在「週一早上的資料聊天室」(*The Monday Morning Data Chat*)節目中就所有資料議題發表見解。

出版記事

本書封面上的動物是**白耳蓬鳥**(*Nystalus chacuru*)。

白耳蓬鳥因其耳朵上有醒目的白色斑塊以及蓬鬆的羽毛而得名。這些小巧而圓胖的鳥類分布在南美洲中部的廣闊地區,棲息在森林邊緣和草原上。

白耳蓬鳥是坐等獵食的鳥類,牠們會長時間棲息在空曠的地方,機會性地以昆蟲、蜥蜴甚至靠近的小型哺乳動物為食。牠們通常是獨自或成對出現,是相對安靜的鳥類,很少發出聲音。

國際自然保護聯盟(International Union for Conservation of Nature)把白耳蓬鳥列為最不受關注的物種之一,部分原因是牠們分布範圍廣泛而且族群數量相對穩定。O'Reilly 書籍封面上的許多動物都瀕臨滅絕;牠們對世界都很重要。

封面插圖由 Karen Montgomery 根據 Shaw 之《*General Zoology*》中的一幅古老線條雕刻作品繪製而成。

資料工程基礎｜規劃和建構強大、穩健的資料系統

作　　者：Joe Reis, Matt Housley
譯　　者：蔣大偉
企劃編輯：詹祐甯
文字編輯：江雅鈴
設計裝幀：陶相騰
發 行 人：廖文良

發 行 所：碁峰資訊股份有限公司
地　　址：台北市南港區三重路 66 號 7 樓之 6
電　　話：(02)2788-2408
傳　　真：(02)8192-4433
網　　站：www.gotop.com.tw
書　　號：A745
版　　次：2024 年 11 月初版
建議售價：NT$980

國家圖書館出版品預行編目資料

資料工程基礎：規劃和建構強大、穩健的資料系統　/ Joe Reis,
Matt Housley 原著；蔣大偉譯. -- 初版. -- 臺北市：碁峰資訊,
2024.11
　　面；　公分
　譯自：Fundamentals of data engineering.
　ISBN 978-626-324-874-8(平裝)
　1.CST：資料庫設計　2.CST：資料庫管理
312.74　　　　　　　　　　　　　　　　　113010743